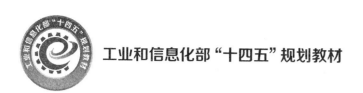工业和信息化部"十四五"规划教材

发射药燃烧学

（第 2 版）

余永刚　薛晓春　编著

北京航空航天大学出版社

内 容 简 介

本书介绍国内外火炮、火箭武器发射药燃烧的新成果,阐述发射药燃烧机理及特性,主要内容包括:燃烧物理学、燃烧化学热力学和化学反应动力学的基础知识,固体火药点火、燃烧模型,固体推进剂稳态燃烧特性及理论模型,固体推进剂非稳态燃烧特性及简化模型,液体推进剂的燃烧特性及简化模型,烟火药燃烧特性及简化模型等。

本书可作为兵器发射理论与技术及相关专业的本科生和研究生教材,也可供从事武器弹药科研、生产及试验的工程技术人员参考和使用。

图书在版编目(CIP)数据

发射药燃烧学 / 余永刚,薛晓春编著. -- 2 版. --
北京 :北京航空航天大学出版社,2022.12
ISBN 978 - 7 - 5124 - 3938 - 2

Ⅰ. ①发… Ⅱ. ①余… ②薛… Ⅲ. ①发射药－燃烧
学 Ⅳ. ①TQ562

中国版本图书馆 CIP 数据核字(2022)第 210063 号

发射药燃烧学(第 2 版)
余永刚　薛晓春　编著

策划编辑　董　瑞　　责任编辑　周世婷
*
北京航空航天大学出版社出版发行

北京市海淀区学院路 37 号(邮编 100191)　http://www.buaapress.com.cn
发行部电话:(010)82317024　传真:(010)82328026
读者信箱:goodtextbook@126.com　邮购电话:(010)82316936
北京建筑工业印刷厂印装　各地书店经销
*
开本:787×1 092　1/16　印张:17.5　字数:470 千字
2022 年 12 月第 2 版　2022 年 12 月第 1 次印刷　印数:1 000 册
ISBN 978 - 7 - 5124 - 3938 - 2　定价:66.00 元

前　言

发射药是含有氧化剂和可燃物、能独立进行化学反应并输出能量的化合物或混合物,通常作为武器发射系统的能源。发射药的燃烧性能与武器系统的性能紧密相关,但它的燃烧规律又和一般工业用燃料的燃烧有显著差别。因此,发射药的燃烧已经形成一个专门的研究领域,成为燃烧学的一个重要分支,越来越受到人们的重视。

本书主要针对火炮、火箭发射能源,系统介绍固体火药、固体推进剂、液体推进剂的燃烧特性及理论模型,参考和吸纳了国内外有关专著及大量文献资料的精华;内容兼顾理论和实践两个方面,并注意理论联系实际;对数学公式尽量避免繁琐的推导,力求简明扼要;对实验研究方法和测试技术给予了重视,除了比较详细地归纳前人用过的实验方法,还介绍一些新的研究途径和测试技术,力求比较系统地反映国内外有关发射药燃烧方面的先进技术和研究成果。在写作方法上力求由浅入深,通俗易懂。

第1章简要介绍燃烧学的基本概念、燃烧科学的发展简史,武器系统对发射药燃烧性能的基本要求。

第2章介绍燃烧物理学基础知识,主要包括:多组分反应系统的基本参量及关系式,分子输运定律,多组分反应系统的守恒方程、相似原理等。

第3章介绍燃烧化学热力学基础知识,主要包括:生成热、反应热、燃烧热、平衡常数等参量的基本概念和基本计算,热化学定律,绝热火焰温度的计算等。

第4章介绍燃烧化学反应动力学基础知识,主要包括:化学反应速率以及各种因素对反应速率的影响,催化反应和链式反应的机理等。

第5章阐述固体火药点火、燃烧模型,主要包括:黑火药点火燃烧特性,枪炮发射装药的点火方法及其影响因素,固体火药的点火模型和高压燃烧特性等。

第6章阐述固体推进剂稳态燃烧特性和理论模型,主要包括:固体推进剂的分类与特点,双基和复合固体推进剂高压稳态燃烧波结构、测试方法及影响因素,AP/HTPB复合推进剂气相燃烧模型、气固耦合燃烧模型及相应的数值模拟。

第7章阐述固体推进剂非稳态燃烧特性和理论模型,主要包括:固体推进剂非稳态燃烧特性的测试装置,AP/HTPB复合推进剂在瞬态泄压和旋转工况下典型的非稳态燃烧行为,AP/HTPB复合推进剂一维、二维非稳态燃烧模型及相应的数值模拟。

第8章阐述液体推进剂燃烧特性及理论模型,主要包括:液体推进剂的分类与特点,HAN基液体推进剂的热物理性质,HAN基液滴的燃烧特性与简化模型,液体推进剂在线状燃烧器中的燃烧特性及相应的一维燃烧模型。

第 9 章阐述烟火药燃烧特性及简化模型,主要包括:不同工作环境中烟火药的燃烧特性,烟火药二维和三维稳态燃烧特性及理论模型,烟火药非稳态燃烧特性及理论模型,实际底排装置中的烟火药非稳态燃烧特性及理论模型。

本书第 1~5 章由薛晓春博士撰写,第 6~9 章由余永刚教授撰写,全书由余永刚教授统稿。本书为工业和信息化部"十四五"规划教材,本书的出版得到了南京理工大学教务处、研究生院的大力支持和帮助。书中第 6~9 章的部分成果是在国家自然科学基金(51176076、50776048)的资助下获得的。曹永杰博士、叶锐博士、潘玉竹博士、马龙泽博士、叶振威博士等的研究成果充实了本书内容。北京航空航天大学出版社的编辑为本书的出版付出了辛勤劳动,在此一并表示衷心的感谢。

由于作者水平有限,书中的错误和不妥之处欢迎广大读者批评、指正。

余永刚

2022 年 7 月于南京理工大学

主要符号表

拉丁字母

A	面积，指前因子	n_0	气体每单位体积的分子数
a	热扩散率	p	压力
C_D	喷管质量流率系数	Q	热效应；放热量；化学反应热
c	比热容；物质的量的浓度（亦称浓度）	Q_{ex}	推进剂爆热
$c_{p,i}$	i 组分的比定压热容（亦称质量定压热容）	Q_s	燃烧表面上的净反应热
D	质扩散系数；输运系数	q	热流量；导热
D_I	反应热与对流热之比	q_b	热扩散
D_{II}	反应热与传导热之比	q_r	热辐射
d	直径	R	摩尔气体常数（亦称通用气体常数）
E	活化能	T	温度
E_k	分子动能	T_f	绝热火焰温度；气相火焰温度
F	输运物理量的通量；力	T_0	环境温度
f	火药力；力	T_{ig}	点火温度
g	物质流量；重力加速度	T_s	燃烧表面温度
g_s	斯蒂芬流	T_{AP}	AP 单元推进剂火焰温度
g_c	碳的燃烧速率	t	时间
ΔG^0_{R298}	标准反应自由能	t_{is}	氧化剂晶粒点火延迟期
H_s	燃面上单位质量固相与气相的焓差	u	内能；x 方向速度分量；推进剂线燃速
h	传热系数	u_m	推进剂质量燃速
$h_{0,i}$	i 组分的标准生成焓	V	体积
h_D	传质系数	v	速度
ΔH_R	反应热	v_L	火焰传播速度
ΔH^0_{R298}	标准反应热	$\boldsymbol{v}_c$	牵连速度
J	物质的扩散流	$\boldsymbol{v}_{\tau i}$	扩散速度
$K^\ominus$	标准平衡常数	$\boldsymbol{v}_{ci}$	绝对速度
K_p	平衡常数	v_x，v_y，v_z	x，y，z 方向速度分量
k	玻尔兹曼常数；化学反应速率常数；表观速率常数	w	z 方向速度分量；气流速度；化学反应速率
k_0	频率因子；非催化反应的速度常数	$w_{i\infty}$	特征反应速率
L	物体特征尺度；蒸发潜热	X_c	预热区的特征厚度
M	物质的量	x_i	i 组分的摩尔分数（亦称摩尔相对浓度）
m	质量；氧化剂颗粒直径指数	x_a	α 阶段预热层厚度
$\dot{m}$	质量流率	x_1	β 阶段预热层厚度
N	分子总数	x_{f-1}	γ 阶段预热层厚度
N_0	阿伏加德罗常数	x_q	预混气体的淬熄距离
n	分子浓度；物质的量；燃速压力指数；反应级数	Y	质量分数（亦称质量相对浓度）
		z	有效碰撞次数

希腊字母

α　火药余容;氧化剂质量分数

β　温差比;嘶嘶区反应有效的组分百分比;氧化性反应物的质量分数

δ　两板相隔距离

Δ　密闭爆发器装填密度

ε　反应物反应程度的参数

η　动力黏度(亦称动力黏性系数)

η_T　反应速率的温度因数

λ　导热系数

μ　气袋质量

ν　运动黏度(亦称运动黏性系数)

π_K　K_n常值条件下的压力温度敏感度

ρ　密度,质量浓度

目　　录

第 1 章　绪　论

【内容提要】

　　燃烧是一个包括热量传递、动量传递、质量传递和高速化学反应的综合物理化学过程,发射药的燃烧则是集氧化剂和燃料于一体的特殊物质燃烧,燃烧过程还伴随生成大量的气体和释放出大量的热。燃烧过程都要经过热分解、预混合、扩散等中间阶段才能转变成燃烧的最终产物,那么到底什么是燃烧?燃烧过程中都会发生什么现象?燃烧都有哪些研究方法?本章将着重介绍燃烧的基本理论。

【本章学习要求】

　　通过本章的学习,应熟悉并掌握以下主要内容:

　　(1) 燃烧理论的研究方法;

　　(2) 发射药的典型特征;

　　(3) 着火理论和着火方式;

　　(4) 熄火理论和熄火方式;

　　(5) 火焰传播现象;

　　(6) 火焰稳定的原理和方法。

1.1　燃烧科学与含能材料的发展概况

1.1.1　燃烧科学概述

　　人们通常把燃烧的表观现象称为"火"。火对于人类已经习以为常,人类用火的历史至少也有 50 万年了。随着科学技术的进步,尽管人们对燃烧技术的掌握与应用已有了相当高的水平(如喷气发动机中的燃烧,沸腾床燃烧,火箭发动机中的燃烧等),但由于燃烧是一个包括热量传递、动量传递、质量传递和高速化学反应的综合物理化学过程,因此人们至今对燃烧的认识还很不全面。通常把一切强烈放热的、伴随有光辐射的快速化学反应过程都称为燃烧。有两种组分参加的燃烧反应中,把放出活泼氧原子(或类似的原子)的物质称为氧化剂,被氧化剂氧化的另一类组分就称为燃料。如氧、双氧水、高锰酸钾等是氧化剂,氢、酒精、汽油、木炭等是燃料。含能材料的燃烧则是集氧化剂和燃料于一体的特殊物质的燃烧,其燃烧过程还伴随生成大量的气体和释放出大量的热。火药的燃烧一般是有规律的,通常是逐层燃烧,即所谓平行层燃烧。燃烧过程都要经过热分解、预混合、扩散等中间阶段才能转变成燃烧的最终产物。由于火药是多组分的混合物,燃烧过程存在着更为复杂的传热、传质和动量传递的物理过程和激烈的化学反应过程。

1.1.2　燃烧科学的发展简史

　　火给人类带来了进步,火的使用是人类进化的标志之一。第一次产业革命在英国出现,其标志就是蒸汽机的产生,这是人类对"火"(燃烧)现象的长期认识和经验积累的结果。人类的物质文明史与燃烧技术的发展史是不可分割的，可以说，火的使用历史也就是人类社会进步的历史。

　　人类在征服和利用火的过程中，对火有一个认识过程。在古希腊的神话中，火是神的贡献，在我国，燧人氏钻木取火的故事更为切合实际，但这些离火的本质相距甚远。17世纪末，德国的施塔尔（Stahl）提出燃素论作为燃烧理论，可以说是让燃烧成为一门科学的最早的努力，虽然不久以后就被证明是完全错误的，但以他为代表的一代科学家注意观察和理论总结的研究方法，为后来的科学家提供了一个范例。也正是这种精神，使后来正确的燃烧学说得到很快的发展。按照燃素学说，一切物质之所以能够燃烧，都是由于其中含有被称为燃素的物质。当燃素逸至空气中时就引起了燃烧现象，逸出的程度愈强，就愈容易产生高热、强光和火焰。物质易燃和不易燃的区别，就在于其中含有燃素量的多少。这一学说对于许多燃烧现象给予了说明，但是对一些本质问题则无法解释，如燃素的本质是什么，为什么物质燃烧后质量反而增加，为什么燃烧使空气体积减小等。1772年11月1日，法国科学家拉瓦锡（Lavoisier）发表了关于燃烧的第一篇论文，其要点是：由燃烧而引起的质量增加，并不限于锡、铝等金属，硫、磷的燃烧也相同，只是它们的燃烧产物为气体或粉末。这种燃烧后质量增加的现象，即燃素论所认为的怪事，绝不是两三个特殊情况，而是极其普遍的现象。拉瓦锡根据实验进一步提出，这种"质量的增加"是由于可燃物同空气中的一部分物质化合的结果，燃烧是一种化合现象。当时，拉瓦锡尚未完全弄清楚这空气中的一部分是什么物质。1774年，普里斯特利（Priestley）发现了氧，并且与拉瓦锡有了接触。拉瓦锡很快在实验中证明，这种物质在空气中的比例为1∶5，并命名这一物质为"氧"（原意为酸之源）。这样，拉瓦锡的燃烧学说得以确立，并因此而引起了化学界的一大革新，但这仅仅是揭示燃烧本质的开始。

　　19世纪，由于热力学和热化学的发展，燃烧过程开始被作为热力学平衡体系来研究，从而阐明了燃烧过程中一些最重要的平衡热力学特性，如：燃烧反应的热效应，燃烧产物平衡组分，绝热燃烧温度，着火温度等。热力学成了认识燃烧现象的重要而唯一的基础。直到20世纪30年代，美国化学家刘易斯（Lewis）和苏联化学家谢苗诺夫（Semenov）等人将化学动力学的机理引入燃烧的研究，并确认燃烧的化学反应动力学是影响燃烧速率的重要因素，并且发现燃烧反应具有链反应的特点，这才初步奠定了燃烧理论的基础。随着20世纪初各学科的迅猛发展，在30年代到50年代，人们开始认识到影响和控制燃烧过程的因素不仅仅是化学反应动力学因素，还有气体流动、传热、传质等物理因素，燃烧则是这些因素综合作用的结果，从而建立了着火、火焰传播、湍流燃烧的理论。20世纪50年代到60年代，美国力学家冯·卡门（Vol Karman）和我国力学家钱学森首先倡议用连续介质力学来研究燃烧基本过程，并逐渐建立了"反应流体力学"，学者们开始以此为基础，对一系列的燃烧现象进行了广泛的研究。计算机的出现为燃烧理论与数值方法的结合，展现出了巨大的威力。斯波尔丁（Spalding）在20世纪60年代后期首先得到了层流边界层燃烧过程控制微分方程的数值解，并成功地接受了实验的检验。但在进一步研究中，遇到了湍流问题。斯波尔丁和哈洛（Harlow）在继承和发展普朗特（Prandtl）、雷诺（Reynolds）和周培源等研究成果的基础上，将"湍流模型方法"引入了燃烧学的研究，提出了一系列的湍流输运模型和湍流燃烧模型，并对一大批描述基本燃烧现象和实际的燃烧过程实例成功地进行了数值求解。

1.1.3　含能材料的发展简史

　　火药、炸药和烟火剂有很多共同之处。它们都是处于亚稳定状态的一类物质，其主要的化学反应是燃烧和爆炸。可以归纳出它们所具有的重要特征有：

① 它们是分子中有含能基团的化合物,或含有该化合物的混合物,或含有氧化剂、可燃物的混合物。这些含能基团可能是 $\equiv C-NO_2$,$=N-NO_2$,$-O-NO_2$,$-ClO_4$,$-NF_2$,$-N_3$,$-N=N-$等。

② 它们的化学反应可以在隔绝大气的条件下进行。

③ 它们的化学反应能在瞬间输出巨大的功。

人们根据这些特征逐渐认识到,无论是火药、推进剂、炸药或是烟火剂,都是用来制造弹药和制造火工部件的材料,而且是同一类型的材料,都是含能的,即它们是含能材料。因此,可以将含能材料表述为:一类含有爆炸性基团或含有氧化剂和可燃物,能独立地进行化学反应并输出能量的化合物或混合物。

能独立地进行化学反应并输出能量,这是含能材料的重要特征,也是判断某些物质是否归属为含能材料的依据。有些物质虽具有含能材料的一些功能,但不具有含能材料的组成和结构,如石油、煤、木材等,它们能进行化学反应并释放能量,但它们的化学反应需要外界供氧;有些物质也不需要外界物质参与反应,也可以提供能量,如驱动活塞运动的水蒸气、能产生核裂变的铀-235 等,但它们所发生的不是化学反应。这些物质都不能算作含能材料。

火炸药的能量释放是有规律的,是可以控制和可被人们所利用的。它们是"药",是被实际使用过或正在被使用的材料。而像硝基二苯胺、氯酸钾和赤磷的混合物等,它们独立进行的化学反应有能量输出,但其能量释放还没有达到有规律和可被人们所利用的程度。所以,它们不是火炸药,但它们的能量释放问题可能会被解决并得到应用。这类"含能"的、但现在还不能作为能量材料利用的材料不是火炸药,但它们是含能材料。

严格地讲,火炸药(发射药、推进剂、炸药和烟火剂)是含能材料,但含能材料不只有火炸药,还有尚未被人们作为能量利用的含能物质。由于含能材料的主体材料是火炸药,所以目前可以粗略地认为"含能材料就是火炸药"。

我国古代四大发明之一的黑火药,可以说是人类历史上最早使用的火炸药。火炸药的发展可以简单地划分为黑火药时期、近代火炸药兴起和发展时期、火炸药品种快速增加和综合性能快速提高时期、火炸药发展新时期四个阶段。

距今 2 000 多年前,我国汉代已开始使用硝石、硫黄和木炭的混合物作为火攻的武器,这是世界上最早的黑火药。其主要成分不但与现代的黑火药相似,而且在基本原理上也有所论证,例如在《天工开物》中记载:"凡火药用硝石、硫磺为主,草木灰为辅。硝性至阴,磺性至阳。"这种阴阳相辅的学说,实际上与近代的氧平衡原理相似。

12 世纪,我国发明的黑火药由商人从印度传入阿拉伯国家,再由阿拉伯国家传入欧洲。1260 年元兵西征中亚、波斯湾,也将火药武器、火箭等带入阿拉伯。直至 13 世纪后期,欧洲人才从翻译的阿拉伯书籍中知道了黑火药。至 16 世纪下半叶,欧洲人将黑火药用于武器,制造出了装填黑火药的球形爆破弹。16 世纪至 17 世纪末,欧洲人将黑火药用于工程爆破、矿山爆破、煤矿爆破等。从此,黑火药在世界范围内广泛地用于开矿、采煤、道路建设和隧道工程中,开创了黑火药的灿烂时代。黑火药的发明和使用历时两千余年,至今还在使用,对世界文明的建设和科学技术的进步起到了巨大的推动作用。

19 世纪中叶至 20 世纪 40 年代是近代火炸药的兴起和发展时期。18 世纪末,欧洲的生产力有了很大发展,进而对火炸药提出了更高的要求,也为火炸药的发展提供了物质基础。同时"化学"摆脱了"经营哲学"的束缚,从玄秘的炼丹术中解放出来上升为一门科学。在逐步建立起来的无机和有机化学的指导下,火炸药以更快的速度发展起来。到 19 世纪末,炸药投入大规模工业生产,单体炸药、军用混合炸药、工业炸药、发射药和推进剂相继出现并得到应用。

　　1771年，欧洲首先制得了苦味酸；1799年，雷汞被发现具有爆炸性质；1838年，棉花被发现浸没于硝酸后会爆炸；1845年，德国化学家研制出硝化纤维；1847年，意大利人发明了硝化甘油；1863年，德国化学家研制了梯恩梯；1883年，法国化学家研制出了硝化棉。

　　在单体炸药发展史中，还有一个有趣的现象，许多重要的炸药从研制到应用，常常要经历一个相当长的过程。如雷汞于1660年被发现，当时作驱霉剂使用，到1799年才确认它的爆炸性质，直到1864年才被用作起爆药；硝酸铵于1659年被发现，直到1867年才被作为炸药（组分）使用。苦味酸于1771年被发现，起初作丝和羊毛的染料，直到1867年才发现它的爆炸性质，1873年将其作为炸药组分使用，而到1885年才第一次用它作炮弹的弹丸装药；梯恩梯于1863年被发现，到1900年后才开始作为炸药使用；黑索金于1899年被发现，到1920年确定了它的爆炸性质及作为炸药的价值。这是人们认识炸药的一个历史过程。

　　在火炸药的发展中，很多火炸药首先被用于武器。例如：1867年发现了苦味酸的爆炸性质，1887年苦味酸被广泛应用于装填各种弹药。硝化甘油和硝化棉出现后，1886年即被制成单基发射药，1890年又被制成双基发射药用于枪炮武器的发射装药。梯恩梯在解决了其制造材料（甲苯）的来源后，在20世纪初被大量应用于战斗装药，并很快取代了苦味酸。

　　在火炸药的发展史上，许多火炸药工作者进行了多方面的探索。值得一提的是，瑞典杰出的炸药工程师诺贝尔对火炸药事业的发展做出了很大贡献。1847年，意大利人索布雷诺发明了硝化甘油，但由于硝化甘油十分敏感，轻微的撞击即会发生爆炸，因此无法生产和使用。诺贝尔以科学的态度、顽强的精神反复进行了多次试验，虽一再失败，其实验室几度被炸成废墟，仍百折不挠，终于探索出以多孔硅藻土吸收硝化甘油而制得的硅藻土代拿买特，又称为古尔代拿买特（Gubr dynamite），其硝化甘油的质量分数为75%。古尔代拿买特的威力比黑火药大得多，因此很快在矿山爆破中得到广泛使用。1869年，诺贝尔又加入一些少量的可燃剂硫黄、抗酸剂碳酸钙和氧化锌等以提高其爆炸性能和稳定性，从而又发明了一个新品种纯代拿买特（streat dynamite）。诺贝尔继续努力地研究和探索，于1875年发明了爆胶。他研制成功的爆胶及由此而发展起来的胶质代拿买特炸药，将工业炸药带入了一个新时代。

　　火炸药的发展除火炸药工作者的辛勤努力外，战争也起到了很大的推动作用。在第一次世界大战前后，对炸药的需求量急剧增加。为了解决炸药量不足的问题，人们发展了硝铵混合炸药。硝铵混合炸药在第一、第二次世界大战中广泛地被用作炮弹和手榴弹的爆炸装药。

　　黑索金和太安是能量远高于梯恩梯的猛炸药。它们分别于1897年和1891年制得，但当时受合成工业发展的限制，并未在军事上应用。由于对猛炸药的需要量很大，特别在战时更不得不广泛地采用代用品，这就要求提高起爆装置（雷管和传爆管）的威力，需要使用高能炸药。随着坦克的出现，一方面要求提高武器的破甲能力，另一方面也需要使用高能炸药。在20世纪30年代前后，人们加紧了对黑索金和太安的研究，并开始了大规模工业生产。在第二次世界大战中，黑索金和太安被广泛地用作空心装药破甲弹的爆炸装药、传爆药及雷管副药。目前，黑索金和太安已经是广泛使用的高能炸药了。

　　人类认识火炸药已有近2 000年的历史，认识单体火炸药也有近300年的历史。然而人们根据需要，用化学方法合成火炸药，只是近百年的事情。

　　早期只是基于容易得到的天然化合物，如：五谷、薯类的淀粉、动植物的纤维、油脂产品等，以它们作原料经硝化处理后制得硝化淀粉、硝化纤维素、硝化甘油炸药。以后，随着煤化学和石油化学工业的发展，开始了以从煤和石油中分离出来的化合物（如苯及其衍生物）为原料，经硝化制得苦味酸、梯恩梯等炸药。再以后，随着合成化学的发展，便有可能以合成化合物为原料来制取炸药了。最早出现的属于这种合成的重要炸药就是由乌洛托品经硝酸处理后制得的黑索金。20 世纪 80 年代中后期,进入了火炸药发展的新时期。随着化学工业的发展和各行各业对火炸药需求的变化,人们逐渐认识了一些可发生燃烧爆炸的化学基因。现代火炸药工作者利用化学有机合成理论,合成出许多含有这些易爆基因的火炸药,为合成火炸药开辟了一条科学的道路。不仅如此,现代火炸药工作者利用物理的方法,如利用表面改性技术等,对原有火炸药的性能进行改造或研制出特殊性能的火炸药,军用混合炸药方面研制出了高聚物黏结炸药,发射药方面研制出了高能硝胺发射药、低易损性发射药、双基球型药以及液体发射药等新型火炸药,使火炸药品种日益繁多,应用越来越广,性能越来越优良,火炸药科学技术的理论体系和工程化应用技术也越来越完善、先进。

1.2　燃烧学的应用与研究方法

1.2.1　燃烧学的应用

　　燃烧学是一门内容丰富、发展迅速、既古老又年轻且实用性很强的交叉学科。过去因为生产水平低下,对燃烧设备的技术要求不高,发热强度比较低,故根据已掌握的经验与规律也能设计制造出各种燃烧装置与设备。现在,特别是喷气发动机、火箭技术高速发展的今天,要求制造发热强度高、运行范围广的燃烧装置,并越来越趋向于高温、高压、高速下进行燃烧,单靠过去的经验与有限的试验无法达到这个目的。显然,对燃烧基本过程缺乏认识与理解会阻碍新的设计、试制工作的顺利进行。这就迫使人们对燃烧过程从根本上进行深入的研究,以求在设计、试制和试验中有正确的理论指导。在对燃烧过程开展大量基础研究的同时,逐步形成了一门崭新的、高速发展的基础技术学科——燃烧学。

　　燃烧学的研究内容包含燃烧基本理论和燃烧技术两个方面。对燃烧基本理论和实验方法的研究,对旧的燃烧技术的分析与改进以及对新的燃烧技术的探索与研究等,务求最合理、最有效地组织燃烧过程和控制燃烧过程。为达到这一目的,还必须掌握各种燃料(包括劣质燃料、高能燃料、代用燃料等)的燃烧特性,以便选用最适宜的燃烧方法与燃烧装置。因此,燃料的燃烧物性研究亦成为燃烧学的一个重要方面。

　　燃料燃烧时,除了发出光与热外,还会散发出大量烟尘、灰分、有害与无害的气体以及臭味和噪声,有时还有未经燃烧的部分燃料随着烟气被排放出来。燃烧排放物会污染环境,妨碍人们的健康和动植物的生长。为此,应积极开展燃烧污染物形成机理的研究,探索通过改变燃烧工艺、精心控制燃烧过程以减少或消除污染物排放的有效方法,研究所谓无公害(低污染)或"洁净"的燃烧技术把污染消灭在燃烧过程之中。这些研究都已成为燃烧科学近年来研究的又一个重要方向。

　　火,可促进人类的进步,给人类带来文明,但也能给人类造成灾难。世界上,每年发生的各种火灾与爆炸(森林火灾、建筑物火灾、工业性爆炸与火灾)不知要毁掉多少生命和财产。为了预防与减少因火灾造成的生命、财产与资源的损失,对燃烧学的研究者提出了不少新的课题,例如:需要研究火焰沿各种材料表面的传播、大液面的燃烧、闷烧、多孔介质中的燃烧以及掌握燃料、燃烧与环境之间的相互关系,以便可靠地确定各种建筑材料在火灾中所起的作用等。

　　燃烧学的应用是极其广泛的,对人民生活、工业生产、国防技术以及宇宙航行等都具有十分重要的意义。为此,需要一批科学家和工程师为燃烧科学的发展与应用作出不懈的努力。

1.2.2 燃烧理论的研究方法

（1）一般燃烧理论的研究方法

从化学观点看，燃烧过程是氧化剂和燃料的分子间进行激烈的快速化学反应，原来的分子结构被破坏，原子的外层电子重新组合，经过一系列中间产物的变化，最后生成最终燃烧产物。在这一过程中，物质总的热能是降低的，降低的能量大都以热能和光能的形式释放出来而形成火焰。从物理观点看，燃烧过程总伴随物质的流动，可能是均相流也可能是多相流，可能是层流也可能是湍流。同时，燃烧过程大都是多种物质的不均匀场，特别对于火药的燃烧，由于火药的多组分、多种分解反应产物、多种燃烧反应产物，更易形成不均匀的物质场，因而伴随着不同物质间的混合、扩散和相变，由于多种反应热效应的不同，还产生着不均匀的温度场，形成温度梯度，因而还伴随着能量的传递。因此，燃烧是一种物理和化学的综合高速变化过程。

由以上燃烧过程的分析可知，从学科角度看，燃烧学是一门包括化学动力学、热力学、反应流体力学、传热传质学以及数学等多种学科在内的综合性交叉学科。燃烧学所研究的内容可分为两个方面：一方面是燃烧理论的研究，主要研究燃烧过程所涉及的各种基本现象，如燃烧反应的化学动力学机理、点火和着火机理、火焰稳定和传播的机理、熄火的机理以及催化燃烧机理等。另一方面是燃烧技术的研究，主要是应用燃烧基本理论解决工程技术中的各种实际燃烧问题，例如：对现有燃烧方法进行改进，对新的燃烧方法和燃烧器进行探索，对节能途径和防止污染的研究，对新型燃烧催化剂的探索等。

燃烧理论研究主要是根据一定的试验现象，经过分析对特定的燃烧过程提出某些看法，即首先建立物理模型；然后，为便于数学处理，再作一些假设，忽略一些次要因素，进行数学处理和推导，建立数学模型。但由于燃烧现象的复杂性，所作的假设和忽略的"次要"因素，往往难于与实际燃烧过程吻合，因而所提出的理论的指导意义有限。因此，目前研究燃烧理论最重要的方法还是实验研究方法，大体可分为以下三类。

① 基本现象的研究。利用实验室手段，人为造成单一的简化条件，使综合的燃烧现象转化为其他条件恒定、单一条件变化的燃烧问题。这种方法有利于分析各种条件对燃烧的影响。但这种研究方法只有理论价值，与实用条件有较大差距，只是基础性研究方法。

② 综合性研究。在实用燃烧装置条件下对各种工况的燃烧规律进行研究，包括模型装置和中间装置的研究。这类研究很有实用价值，所得各种规律可以直接指导工程实践。但由于燃烧现象复杂，这种方法难于剖析其机制，不易获得较深入的理论认识。

③ 介于前两者之间的半基础半综合性的研究。

（2）火药燃烧理论的研究方法

对于火药燃烧机理的实验研究方法，归纳起来也可分为以下三类。

① 第一类实验方法是要测定火药每一种组分的物理化学特性。如：测定线性热分解速率、测定经过适当配制的氧化组分的分解率等。在这些实验中所测得的数据可用于燃烧模型中，从而对燃烧机理进行研究。

② 第二类实验方法是要创造那些尽可能接近于真实工况，但又便于分析的燃烧模型。这类实验方法之一便是研究气态气流中氧化剂小球的燃烧，另一方法就是配制一种双组元火药（其中一种为固体组元，另一种为气体组元）。组成火药的物质之间的气相燃烧的研究，使研究人员能够查明气相过程重要与否；而研究气态氧化气流中金属颗粒的燃烧则简化了金属燃烧现象的分析，并能得出对了解含金属火药燃烧有用的金属燃烧特征时间。这些简化了的实验模型为研究基本燃烧过程指明了方向，并重点指出了火焰结构对火药燃速的影响。火焰与固体表面之间的相互作用是异质火药燃烧机理的一个重要组成部分。

③ 第三类实验方法是研究真实火药的燃烧。这类方法是以直接或间接的观察及测定为

基础的。直接方法包括通过显微摄影方法来考查燃烧区和燃烧表面,目的是观察火焰几何形状和固体外表形状的演变细节,辅助的非摄影测量方法也包括在其中。间接方法则是用一个同燃烧现象有关联的可测参数(例如火药燃速)作为比较的依据,根据这个参数对其他参数的依赖关系即可得出有关燃烧机理的某些结论。

实验技术的发展,如激光技术、时间分辨光谱技术等各种现代测试手段的出现,为燃烧的实验研究增添了强有力的工具,对燃烧火焰结构可进行非接触测量,可测量温度场分布、气态产物的组成及其分布场等,这些都有利于深入研究复杂的燃烧现象。另外,随着计算机的应用,燃烧模型的数值计算方法得以迅速发展,已形成了计算燃烧学,能很好地定量预测燃烧过程和燃烧特性,使燃烧理论的研究方法达到一个新的高度。

1.3 着火、熄火的基本概念

1.3.1 着 火

着火是指能够进行燃烧反应的物质自动加速、自动升温达到化学反应速度出现剧增突变,并伴随出现火焰的过程。着火也是稳态燃烧的过渡和准备阶段。因此,研究燃烧过程不可避免地需要研究着火过程。可燃物质的着火方式可分为自发着火(又称自燃)和强迫着火(也称点火),自发着火的研究可对可燃物的安全储存条件和储存寿命的分析起指导作用;强迫着火的研究则对可燃物的点火可靠性及点火条件的分析起指导作用。现对上述两种着火方式分析如下。

① 自发着火。可燃物在一定的环境温度下,当缓慢的分解反应所释放的热量足以抵消并大于热散失时,反应物将自动升温,反应将自动加速,直至达到可燃物的发火温度而着火,这种现象称为自发着火。如:喷气发动机补燃室中的燃料喷雾着火;储存条件差,长期堆积的火药或燃料物质有时可发生自动着火等。

② 强迫着火。强迫着火又称点燃或点火,是在可燃物的某处,用外部能源强制加热而使可燃物的局部区域温度迅速升高达到发火温度而着火,然后燃烧波再自动地传播到可燃物的其余部分。因此,强迫着火就是火焰的局部引发以及相继的火焰传播。点火源可以是电热丝、电热线圈、电火花、炽热质点、点火烟火剂、点火火焰等。

以上只是从形式上直观的区分,没有反映它们的内在联系和差别。从机理考虑,着火可分为以下三种类型。

(1) 链锁自燃

燃料和氧化剂的混合物,在一定的温度和压力下,当其中活性中间产物(游离基)的增殖率超过了它的衰减率,经过一段感应期以后(即游离基积累得足够多时),就会使反应物燃烧或爆炸,这就是链锁自燃。内燃机燃料的提早爆发、矿井瓦斯的燃烧爆炸等都是可燃混合物链锁自燃。

(2) 热自燃

当燃料和氧化剂的混合物受到外界热源(包括高的环境温度)均匀地加热时,可燃混合物温度升高,化学反应速度加快,当温度达到一定值后,化学反应释放热量大于散热量,系统由于热量的积累又促使温度继续升高,反应进一步加速,最后导致着火,这就是热自燃。热自燃的温度比链锁自燃的高。热自燃时,混合物氧化反应所产生的热量有一部分传到了外界,另一部分使混合物温度升高。经过一段时间以后,热量的积累足够多了,使混合物温度达到着火点,于是就发生燃烧或爆炸。燃烧装置着火过程的基础是热着火过程。通过对它的热量平衡的分析，可以得到一些有用的结论。链锁自燃和热自燃都属于自发着火过程。

实际燃烧过程不可能有单纯的热自燃或链锁自燃情况，往往是同时存在，且相互促进。在低温时，链锁反应的进行可使系统逐渐加热，从而也加强了分子的热活化。所以自燃现象不能用单一的自燃机理来解释。一般来说，在高温下，热自燃是着火的主要原因，而在低温时，链锁反应则是主要原因。

自燃过程还存在爆发点和着火延迟期的概念。爆发点是在热作用下，其反应能自动加速而导致自燃的最低环境温度。着火延迟期则是在热作用下，燃料体系由初温到温度骤升，达到着火所需要的时间。加热介质温度越高，延迟期则越短。研究火药自燃过程的原因、机理及影响因素，可以指导火药如何安全贮存，以及如何使火药的安定性符合要求。

（3）点 燃

点燃属于强迫着火过程，用电火花或炽热物体等高温的外界热源使可燃混合物局部区域受到加热而着火；然后，火焰向混合物的其余部分传播，使整个反应体系燃烧，这就是点燃过程。点燃过程存在点燃延迟期，它被定义为从点火加热开始到出现第一个火焰的时间间隔。

在火药点火研究中，通常分三方面内容：第一类是关于各种火药材料点火条件的研究，属偏重于基础方面的研究，其中有代表性的实验是对火药试件持续施加一定的热流，研究在此期间火药试件性态的变化并测定点火延迟期。这类研究对解决点火实际问题是有用的。点火实验研究通常分静态法和动态法两种。在静态法中，可对火药表面瞬时加热，一般将电弧热源的映象焦聚在火药表面上，因而点火所需能量便通过辐射方式输入。在动态方法中，可把火药放在热气流内，这样相对于火药表面的热源便是运动的。这两种实验方法是同样重要的：第一种较接近于理论模型，第二种较接近于发动机中的实际点火过程。但这两种方法的结果不能彼此进行比较。第二类是研究发动机的点火，其目的是能设计一种可以产生预期压力峰曲线的点火系统。第三类即点火理论研究。

普赖斯等人把点火理论分成三大类：气相点火理论，非均相点火理论和固相点火理论。气相点火理论认为点火过程是由气化了的富燃料混合物和富氧化剂混合物与周围氧化剂气体的化学反应所控制。在非均相点火理论中，则把固相燃料与周围氧化剂在界面处的化学反应看作为控制机理。固相点火理论不考虑气相中的释放热和质量扩散，相反，它认为火药内的温升应该是火药表面下的化学反应导致的释热和来自外部环境对固体的加热所造成的。

1.3.2 熄 火

熄火是燃烧的终断。当燃烧系统的生热速率小于散热速率时，就会熄火。要达到生热率小于散热率可通过以下两种方法：一是通过增大散热率的方法，如突然给燃烧体系施加一个强的气流，使散热率突然增大而达到熄火；二是通过减小生热率的方法，如对燃烧体系突然施加减弱或阻止燃烧反应进行的药剂也可熄火。熄火与点火一样，也存在熄火延迟期。

多级火箭发动机分离时，要求推力大约在 $10\sim20$ ms 内终止，这就需要发动机可控熄火，即推进剂燃烧的可控熄火。对于推进剂的熄火曾试验过以下方法。

（1）快速降压动态熄火法

在实验室，通常是使用可击穿薄膜的办法使燃烧器的压力突降来获得熄火。在发动机中往往是利用爆破螺栓使喷管脱离，从而使喷喉面积突增，发动机内压力突降而熄火。1961 年，西帕拉奇在严格模拟实际发动机的实验燃烧室中，首次进行了系统的降压瞬变实验研究，通过突然打开燃烧室放气孔获得快速降压。燃烧室初始压力在 $3.4\sim8.2$ MPa 范围，环

境压力最低达 466.4 Pa。由试验的几种 AP 复合推进剂和双基推进剂的数据,得出了几点结论:

① 存在一个临界降压速率,在它以下可以继续燃烧,在它以上便发生熄火;

② 临界降压速率随放气以前的燃烧室压力的增加而线性增大;

③ 临界降压速率相当程度上受推进剂组分的影响;

④ 如果降压速率低或喷管反压较高,则熄火之后可以重新点燃。

降压熄火机理:由于压力减小使火焰与火药表面的距离增大,减小了温度梯度和向推进剂表面的热流率。另一方面,压力减小引起气相反应速率的减小和气相反应区的增厚,使推进剂表面温度和分解速率均减小,最终导致熄火。

(2) 注入火焰抑制剂法

当注入火焰抑制剂(典型的是液态冷却剂)时,几个机理同时起作用以达到熄火:

① 冷的抑制剂接触到燃烧表面吸热,并使燃烧表面变湿;

② 火焰区冷却(由于抑制剂液滴气化),最终消除了对凝聚相的热反馈;

③ 燃烧室中气体强烈冷却引起压力急剧下降,原则上可以引起降压熄火。

适合作冷却剂的液体应具有高比热容、高汽化热、低沸点等特性。水是最好的一种(过去也用过氟里昂)冷却剂。冷却剂的注入方式应使液体在推进剂药柱燃烧表面上打旋。在高达 4.2 MPa 的燃烧压力下,可实现不会重新点火的熄火,与不使用冷却剂的快速降压比较,降压速率低 1/2～1/3。

(3) 喷入阻燃粉末法

该方法是将爆炸霰弹置于燃烧室内放出良好弥散的化学阻燃剂云雾,其作用是抑制氧化剂分解或抑制气态燃烧剂与氧化剂的反应,以防止重新点火。采用能够放出氨(以减慢氧化剂 AP 的分解)和碱金属或卤素原子团(终止燃烧链式反应)的阻燃剂,通过引爆置于发动机前端的少量炸药来终断火焰。研究发现,碳酸氢铵雾能够有效地防止重新点火,其熄火延迟期只有几毫秒。

(4) 快速辐射衰减动态熄火法

1970 年,美国的欧拉米勒(Ohlemiller T J)利用 CO_2 激光束研究双基推进剂点火时,首次观察到快速辐射衰减动态熄火。随后由普林斯顿大学和苏联给出了证实这一熄火动态特性的证据和进一步的实验数据。普林斯顿大学的数据表明,在 0.5～2.1 MPa(有时高达 3.4 MPa)下的氮气中,通过 12 种各类发射药的辐射点火试验,都显示出在辐射加热时间与辐射强度的对数坐标图上存在由两条平行线限定的可点燃带。下边界确定点燃的最小辐射时间,上边界确定最大辐射时间。超过这一时间,当外部辐射束消失时,辐射高度激励而使火焰熄灭。

(5) 接触导热板熄火法

诺维坷(Novikov S S)和日尔扎特瑟夫(Ryazantsev Yu S)于 1970 年进行了双基、复合推进剂在 0.1～0.4 MPa 氮气中用恒压弹做的实验。圆柱形试件安装在一个抛光的大块铜板上,在上端面点火。观察到靠近推进剂和金属接触处,燃烧表面凝聚相一侧的温度梯度增加,燃速降低,在离开接触面的某一距离处发生熄火。铜板上仍留着一层未燃烧的材料,它的厚度取决于工作状况。如果导热板与试验用推进剂具有同样导热率,则导热板上将不留下残药层。

上述的熄火方法只有前三种由于不需要增加设备或增加装置不多,因此在发动机中具有实际应用的价值。

1.4 火焰的概念及火焰传播现象

1.4.1 火焰的基本概念

火焰是在气相状态下发生燃烧的外部表现。火焰除了具有发热、发光的特征外，还具有电离、自行传播等特征。

发光、发热使火焰具有热和辐射的现象。火焰的辐射一部分来源于热辐射，一部分来源于化学发光辐射，还有一部分来自炽热固态烟类和碳类的辐射。热辐射来自火焰中一些化学性能稳定的燃烧产物的光谱带，如 H_2O、CO_2 以及各种碳氢化合物等。这类辐射的波长处于 $0.75~\mu m \sim 0.1~mm$ 之间。最强的光谱带是红外区，它由燃烧的主要产物 CO_2 和 H_2O 形成。化学发光辐射是一种由化学反应而产生的光辐射，这种发光是不连续辐射光谱带发射的结果，它来自电子激发态的各种组分，例如 CH、OH、CC 等自由基，这些自由基存在于火焰区，是在化学反应瞬时产生的。普遍认为，火焰中存在的固态烟粒和碳粒发射出的连续光谱使火焰辐射增强。

1.4.2 火焰传播现象

气体燃料的燃烧过程基本包括以下三个阶段：燃料与空气的混合阶段（形成可燃混合气），混合后可燃气体混合物的加热与着火阶段，完成燃烧化学反应阶段。气体燃料（简称燃气）和氧化剂（空气或氧气）同为气相，因而气体燃料的燃烧称为均相燃烧或同相燃烧。

当一个炽热物体或电火花将可燃混合气的某一局部点燃着火时，将形成一个薄层火焰面，火焰面产生的热量将加热邻近层的可燃混合气，使其温度升高至着火燃烧。这样一层一层地着火燃烧，把燃烧逐渐扩展到整个可燃混合气，这种现象称为火焰传播。

图 1-1 所示的玻璃瓶中充满可燃混合气（主要成分为 CH_4 和空气），用打火机点燃瓶口处可燃混合气后，可以看见在瓶颈处形成一层蓝色薄平面的火焰，并朝瓶底方向传播。显然，这种蓝色火焰是一种发光的高温反应区，它像一个固定面一样向可燃混合气中传播。此时，燃烧产生的热量用于加热包括预混的空气和 CH_4 在内的气体介质。只

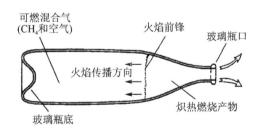

图 1-1 可燃气体混合物中火焰的传播

有当火焰通过热传导使附近的可燃混合气温度升高并达到其着火温度时，才能使燃烧反应延续下去，火焰才得以向瓶底方向传播，直到瓶中可燃混合气完全燃尽。

图 1-1 所示玻璃瓶中的火焰传播形式称为正常火焰传播。这种正常火焰传播过程具有以下特点。

① 炽热燃烧反应产物以自由膨胀的方式经瓶口喷出，瓶内压力可以认为是常数。

② 燃烧化学反应只在薄薄的一层火焰面内进行，火焰将已燃气体与未燃气体分隔开来。由于火焰传播速度不大，火焰传播完全依靠气体分子热运动的方式将热量通过火焰前锋传递给与其邻近的低温可燃混合气，从而使其温度升高至着火温度并燃烧。因此，燃烧化学反应不是在整个可燃混合气内同时进行，而是集中在火焰面内逐层进行。

③ 火焰传播速度的大小取决于可燃混合气的物理化学性质与气体的流动状况。正常火焰传播过程依靠热传导来进行，其火焰传播速度有限，每秒只有几米。

火焰传播的另外一种典型的形式是"爆燃"，主要是由于可燃混合气受到冲击波的绝热压缩作用而引起的。此时，火焰以爆炸波的形式传播，传播速度高于声速，一般可达 $1\,000 \sim 4\,000$ m/s。正常火焰传播和爆燃均为稳定的火焰传播过程，而作为两者之间过渡过程的振荡传播则是非常不稳定的。假定图 1-1 所示玻璃瓶足够长，火焰在经过一段较长距离（约为瓶子内径的 10 倍）的正常传播后将不再保持稳定的传播，而会产生火焰的振荡运动，火焰变得非常不稳定，如果火焰振荡运动的振幅非常大，则可能发生熄火现象，或者发生爆燃。

1.5　火焰稳定的原理和方法

对于燃烧装置来说，不仅要保证燃料能顺利着火，而且还要求在着火后形成稳定火焰，不出现离焰、吹熄、脱火、回火等问题，从而具有稳定的燃烧过程。如果着火后的燃烧火焰时断时续，那么该燃烧装置就不具备实用价值。因此，如何保证火焰能稳定在某一位置，使已着火的燃料能持续稳定燃烧而不再熄灭，是燃烧技术中一个十分关键的问题，也是燃烧技术研究的一个比较复杂而又极为重要的课题。

通常将火焰稳定分为两种：一种是低速气流情况下的火焰稳定，包括回火、脱火、吹熄等问题；另一种是高速气流下的火焰稳定。

1.5.1　火焰稳定的基本条件

假定可燃混合气以等速 w 在管道内向前流动，如图 1-2 所示。如果火焰传播速度 v_L 与气流速度 w 相等，所形成的火焰前锋则会稳定在管道内某一位置上；如果 $v_L > w$，火焰前锋位置则会一直向可燃物的上游方向移动，从而发生回火；如果 $v_L < w$，火焰前锋则会一直向燃烧反应产物的下游方向移动，直至被可燃混合气吹走而熄灭。

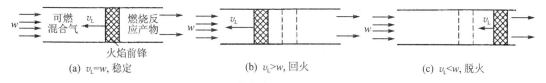

(a) $v_L = w$, 稳定　　　　(b) $v_L > w$, 回火　　　　(c) $v_L < w$, 脱火

图 1-2　管内等速流动的火焰传播

由此可见，为了保证管中流动的可燃混合气能够连续稳定地燃烧，而不致产生回火或脱火问题，就要求火焰前锋稳定在某一位置上不动，即火焰传播速度与可燃混合气的流动速度两者方向相反，但大小相等，表达式为

$$w = -v_L \tag{1-1}$$

式(1-1)即为一维管流火焰稳定的基本条件。

在上述分析中，假定管内可燃混合气的流速是均匀的，则火焰前锋为一平面。但实际上管内流速并不均匀，而是呈抛物面分布，因而其火焰前锋呈抛物面状，如图 1-3 所示。此时，火焰前锋各处的法向火焰传播速度并不相同。但火焰稳定的条件依然是：火焰前

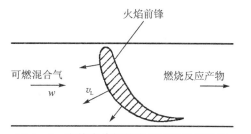

图 1-3　在管内传播的火焰前锋实际形状

锋各处的法向火焰传播速度等于可燃混合气在火焰前锋法向的分速度。也就是说,假定流速 w 在垂直于焰锋表面的法向分速为 w_n,火焰稳定的条件则为 $v_L = w_n$。

1.5.2 预混火焰稳定的特征和条件

可燃混合气由燃烧器喷口以流速 w 喷出并点燃后,将在喷口形成一位置稳定的曲面锥形火焰前锋,如图 1-4 所示。该火焰前锋的外形特征为:火焰顶部呈圆角形,而不是尖锥形;火焰根部不与喷口相重合,而存在一个向外突出的区域,且靠近壁面处有一段无火焰区域(静区或熄火区)。

可燃混合气以与火焰前锋表面法线方向成角度 ϕ 平行地流向焰锋,其流速 w 可分解为平行于火焰前锋的切向分速 w_t 和垂直于火焰前锋的法向分速 w_n。切向分速 w_t 的存在是使火焰前锋沿其切线方向($A-B$)移动,而法向分速 w_n 则使火焰前锋沿其法向($N-N$)移动。显然,为了维持火焰前锋的稳定,使其空间位置不动,则务必设法平衡 w_t 和 w_n 两个速度分量的影响。

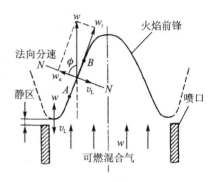

图 1-4 预混火焰的稳定

平衡法向分速 w_n,使火焰前锋不致沿 $N-N$ 方向移动的必要条件是,可燃混合气的法向分速 w_n 等于火焰传播速度 v_L,即

$$v_L = w_n = w \cos \phi \tag{1-2}$$

式中,ϕ 的变化范围为 $0 \leqslant \phi < 90°$。

若 $\phi = 0$,即气流速度垂直于火焰前锋,则为平面火焰。平面火焰实际上极不稳定,气流速度只要稍微发生变化,即会破坏平衡条件,而使火焰发生变形。

若 $\phi = 90°$,即气流速度平行于火焰前锋,$v_L = 0$。可见,实际上不可能出现这样的情况。

因此,为了维持火焰的稳定,可燃混合气必须与火焰前锋的法向成一个小于 $90°$ 的锐角 ϕ 流向火焰前锋,且必须满足式(1-2)的要求。

对于一定的可燃混合气,当 v_L 变化不大时,可认为 v_L 为常数。因此,在一定的气流速度变化范围内,随着气流速度 w 的增大,为维持火焰的稳定,火焰则会变得越来越细长(ϕ 增大);反之,当 w 减小时,火焰则会变短(ϕ 减小)。也就是说,w 发生变化时,火焰前锋会调整其形状并在新的条件下稳定下来。

除了气流法向分速 w_n 之外,切向分速 w_t 对火焰前锋位置的移动影响也很大。w_t 力图使火焰前锋上的质点沿着焰面向 $A-B$ 方向移动,从而不断将火焰前锋带离喷口。当气流速度增大时,切向速度增大,使火焰前锋表面上的质点向前移动。为了保证火焰的稳定,必须有另一质点补充到被移动点的位置,这对于远离火焰根部表面的质点是不成问题的;但火焰前锋根部的质点则将被新鲜气流带走,从而使火焰被吹走,如图 1-5 所示。

图 1-5 火焰的吹熄

因此,为了避免火焰被吹走,确保火焰稳定,在火焰的根部必须有固定的点火源,不断地点燃火焰根部附近新鲜可燃混合气,以补充在根部被气流带走的质点。显然这个点火源应具有

足够的能量,否则也无法保证火焰稳定。

综上所述,为了确保气流中的火焰稳定,必须具备两个基本条件:

① 火焰传播速度 v_L 应与可燃混合气在火焰前锋法线方向上的分速度 w_n 相等;

② 在火焰的根部必须有固定的点火源,且该点火源应具有足够的能量。

1.5.3 发射药燃烧火焰的稳定传播

对于发射药的火焰传播,麦克阿列维等人研究了在静止大气中火焰沿双基火药和复合推进剂组分表面的传播情况。观察到:在点火之后的瞬间,火焰传播速率有点不稳定,但到试样一定长度之后就变得很稳定了。火焰传播速率直接随压力和气体中氧含量及火药表面的粗糙度而变化。火焰传播速率随压力的大小和气体中可反应组分的质量分数成指数关系变化,指数和系数都随表面粗糙度而增大。对表面粗糙化的试样,还观测到在火焰锋前头的偶然点火现象,估计这是由于粗糙表面接受较多的辐射加热的结果。他们提出了气相点火过程的平滑表面简化分析模型。米奇尔和瑞安研究了火焰沿不含铝的复合推进剂新切断面传播的情况,观察到燃烧区的扩展是由于出现分散的微小火焰团而引起的,而不是连续的火焰锋的移动。在主火焰锋前某个位置上出现二次小的火焰微团以慢于主火焰锋的速率传播,这些小的火焰微团通常被主火焰锋赶上并被吞并。他们把压力的影响和燃气速度的影响分开考虑,两种影响都可提高火焰传播速率,并且压力的影响比燃气速度的影响更大些。目前,对发射药的火焰传播和点火过渡过程的认识还不完全,有待进一步深化。

1.6 武器系统对发射药燃烧性能的基本要求

发射药的燃烧性能是指火药和推进剂燃烧速度的规律性和燃烧过程的稳定性。发射药在枪炮膛内和火箭发动机内燃烧时应具有一定的规律性和燃烧过程可控性,否则就不能满足武器的弹道要求和射击精度要求。

对于枪炮发射药,表征其燃烧性能的参数是火药的燃速、燃速压力指数和燃速对温度变化的敏感性。要保证武器的射程和精度,则要求火药的燃烧规律服从几何燃烧定律,燃速对压力和温度变化的敏感性小。

对于火箭推进剂,表征其燃烧性能的参数是推进剂的燃速、燃速压力指数、燃速的温度系数和侵蚀燃速比。表 1-1 所列为各种推进剂的典型内弹道性能。

表 1-1 各种推进剂典型的内弹道性能

推进剂类型	所含金属质量分数/%	燃速[①]/(mm·s⁻¹)	压力指数 n[②]
FC/AP/Al	19.5	7.62	0.54
NC - NG/AP/Al	20.9	19.81	0.40
	18.0	20.96	0.50
NC - TEGDN/AP/Al	2.0	17.78	0.36
	16.0	7.11	0.200
	14.0	8.13	0.349

推进剂类型	所含金属质量分数/%	燃速①/(mm·s⁻¹)	压力指数 n②
PBAA/AP/Al	5.0	11.94	0.362
PBAN/AP/Al	15	13.97	0.33
CTPB/AP/Al	17	11.30	0.40
CTPB/AP/Al	16	8.64	0.30
	10	7.62	0.26
CTPB/AP/Be	11.0	9.65	0.33
PSR/AP	0.0	8.89	0.433
PSR/AP/Al	2.0	7.87	0.333
PU/AP/Al	20.0	7.87	0.32
	15.0	6.99	0.15
	7.75	8.00	0.214
	2.0	7.37	0.387
PU/AP/Be	14.0	7.24	0.43
PVC/AP	0.0	11.18	0.38
NC－TMETN－TEGND/AP－HMX	17	11.94	0.64
NC－NG/AP－HMX－AP	16.8	13.97	0.49
NC/NG	0.0	11.43	0.0
NEPE	17～20	26.9	0.58(4～8 MPa)

① 为 6.86 MPa 下的燃速；② 为 5.52～6.86 MPa 范围的压力指数。

表 1－1 所列数据为典型数据。通过燃速调节技术，可以扩大燃速范围。一般来说，希望一种发射药的燃速系列化，这样就可以扩大该种发射药应用范围，同时，希望燃速压力指数和燃速温度系数愈小愈好，这是所有武器的共同要求，因为可以减轻武器的消极质量、提高武器的精度。

除对上述各燃烧性能有所要求外，还必须要求发射药燃烧稳定。"燃烧稳定"包含两个方面含义，一方面是按照预定的规律进行燃烧，不能转变为爆轰；另一方面是发射药燃烧过程受环境条件（如压力、温度、气流速度和加速度）的影响越小越好。

习题与思考题

1－1　什么是含能材料？请举例说明。

1－2　请简述火药的燃烧特征，并给出火药燃速的一般表达式。

1－3　请举例说明几种燃烧的试验测试方法。

1－4　请简述链锁自燃和热自燃的发生条件，并说明二者的差别。

1－5　在燃烧室内部的火焰结构有什么特点，如何维持火焰稳定？

1－6　请简述火焰传播的现象，并说明稳定火焰传播有哪几种类型？如何区分？

1－7　如果燃烧室足够长，火焰在传播过程中，是否能稳定传播？请说明原因。

1－8　请用本章已学的知识，给出维持燃烧室出口处预混火焰稳定的方法，并说明原因。

1－9　请查找资料列举几位我国在燃烧领域有代表性的专家，简述他们的主要研究领域及代表性成果。

1－10　请结合所学的燃烧学知识，畅想燃烧在未来新概念武器中的作用。

第 2 章　燃烧物理学基础

【内容提要】

燃烧过程总是伴随物质的流动,这个物质流可能是均相流也可能是多相流,可能是层流也可能是湍流。燃烧过程大都是多种物质的不均匀场,其中伴随着不同物质间的混合、扩散和相变;由于多种反应热效应的不同,物质流内部存在不均匀的温度场,产生温度梯度,因而还伴随着能量的传递。故燃烧是一种物理和化学的综合高速变化过程。本章主要介绍燃烧的物理学基础,涉及燃烧过程中复杂的传热和传质现象。

【本章学习要求】

通过本章的学习,应熟悉并掌握以下主要内容:

(1) 分子输运定律;

(2) 多组分反应系统的守恒方程;

(3) 泽尔多维奇转换和广义雷诺比拟的物理意义;

(4) 多组分反应系统的相似原理及相似准数;

(5) 斯蒂芬(Stefan)流和相分界面上的边界条件。

2.1　多组分反应系统的基本参量及关系式

单位体积中所含某物质的量即为该物质的浓度,其表示方法如下。

分子浓度:单位容积内某物质的分子数,即

$$n_i = \frac{N_i}{V} \tag{2-1}$$

式中,n_i 的单位为 $1/cm^3$;N_i 为某物质的分子数目;V 为体积。

物质的量的浓度(浓度):单位体积内所含某物质的量,即

$$C_i = \frac{M_i}{V} = \frac{N_i/N_0}{V} \tag{2-2}$$

式中,c_i 的单位为 mol/cm^3;M_i 为某物质的量;N_i 为某物质的分子数目;N_0 为阿伏加德罗常数。物质的量的浓度与分子浓度的关系为

$$C_i = \frac{n_i}{N_0} \tag{2-3}$$

质量浓度:单位容积内所含某物质的质量,即

$$\rho_i = \frac{M_{m_i}}{V} \tag{2-4}$$

式中,ρ_i 的单位为 g/cm^3;M_{m_i} 为某物质的质量。

质量浓度与物质的量的浓度的关系为

$$\rho_i = m_i C_i \tag{2-5}$$

式中,m_i 为某物质的分子质量。

摩尔分数(摩尔相对浓度): 某物质的量(或分子数)与同一容积内总物质的量(或分子数)的比值,即

$$x_i = \frac{N_i}{N_总} = \frac{n_i}{n_总} = \frac{C_i}{C_总} \tag{2-6}$$

式中,$N_总$,$n_总$ 分别为容积中的总分子数和总分子浓度。

质量分数(质量相对浓度): 某物质的质量与同一容积内总质量之比,即

$$Y_i = \frac{M_{m_i}}{M_m} = \frac{M_{m_i}/V}{M_m/V} = \frac{\rho_i}{\rho} \tag{2-7}$$

式中,ρ 为混合物密度;ρ_i 为某一物质的质量浓度;M_m 为总质量。

2.2 分子输运基本定律

2.2.1 牛顿(Newton)黏性定律

考虑两个无限宽和无限长的不能渗透的平板,它们相隔距离为 δ,在该空间中充满着流体。设系统是等温的,若使下面平板固定不动,上面平板以恒定的速度 v_∞ 运动(见图 2-1),通过实验发现,流体流动的速度从上板处的 v_∞ 变化至下板处的 $v=0$。

通过实验发现,当流体各层流速不同时,任何相邻各层流体将存在相互作用的切向力。根据实验结果的分析可以确定,作用在单位面积上的切向力 τ 正比于速度 v_∞,而反比于相隔距离 δ,即

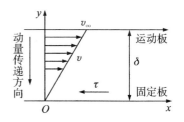

图 2-1 牛顿黏性定律

$$\tau = \frac{F}{A} \propto \frac{v_\infty}{\delta} \tag{2-8}$$

当 δ 无限小时,相邻两层流体的速度差 Δv 也无限减小,故式(2-8)可写成微分形式,从而得到牛顿黏性定律为

$$\tau = -\eta \frac{\partial v}{\partial y} \tag{2-9}$$

式中,η 称为动力黏度或动力黏性系数,它与流体的性质和状态有关,单位为 $N \cdot S/m^2$;τ 为切向应力;$\partial v/\partial y$ 称为速度梯度;负号(—)表示切向应力 τ 指向速度降低的方向。

牛顿黏性定律还可用另一种形式来表达。从效果上看,黏性的作用是使上层流体的流动动量减小,下层的动量增大,即相当于向下输运动量。如以 dM 表示在 dt 时间内通过截面 dS 沿 y 轴正方向输运的动量,则根据动量原理,式(2-9)可改为

$$dM = -\eta \left(\frac{\partial v}{\partial y} \right) dS dt \tag{2-10}$$

式中,负号同样表示动量输运的方向与速度梯度的正向相反。

2.2.2 傅里叶(Fourier)导热定律

仍考虑两块相隔距离为 δ 的无限大的平行平板,上板温度为 T_∞,下板温度为 T_w,$T_\infty >$

T_{w}，平板之间充满静止流体。由于流体的温度是由热板处的 T_{∞} 变到冷板处的 T_{w}，故热量是通过流体层从热板传向冷板的(见图 2-2)。

由实验结果可知，在单位时间内通过单位面积所输运的热量即热流 q 与温差($T_{\infty}-T_{w}$)成正比，而与距离 δ 成反比，即

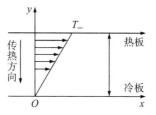

$$q = \frac{Q}{A} \propto \frac{T_{\infty}-T_{w}}{\delta} \qquad (2-11)$$

当考虑无限接近的两层流体间的传热，则以微分形式表示的傅里叶热传导定律为

图 2-2　傅里叶热传导定律

$$q = -\lambda \frac{\partial T}{\partial y} \qquad (2-12)$$

式中，λ 称为导热系数，它主要决定于流体的性质，单位是 N/(s·K)或 W/(m·K)；负号(—)表明热量沿着温度减小的方向传输，或者说热流指向与温度梯度 $\partial T/\partial y$ 的正向相反。

2.2.3　费克(Fick)扩散定律

在混合气体内部，当某种气体的浓度不均匀时，这种气体分子将从浓度大的地方移向浓度小的地方，这种现象叫作扩散现象。扩散现象比较复杂，单就一种气体来说，在温度均匀的情况下，浓度的不均匀将导致压强的不均匀，从而产生宏观气流，这样在气体内主要发生的就不是扩散过程；就两种分子组成的混合气体来说，也只有保持温度和总压强处处均匀的情况下，才能发生单纯的扩散过程。

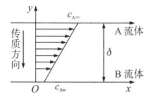

图 2-3　费克扩散定律

仍考虑两块相隔距离为 δ 的无限大的平行平板，平板是多孔的，平板之间充满流体 B。让另一种不同的流体 A 由上板渗入，从下板渗出，其输运速度可以忽略不计，使平板之间的流体仍保持静止和温度均匀的状态(见图 2-3)。令流体 A 在上板处的浓度为 $c_{A\infty}$，下板处的浓度是 c_{Aw}。根据实验结果可得到从下板处渗出的 A 流体的质量流 W_{A} 与浓度差($c_{A\infty}-c_{Aw}$)成正比，而与距离 δ 成反比，即

$$W_{A} \propto \frac{c_{A\infty}-c_{Aw}}{\delta} \qquad (2-13)$$

同样，微分形式的费克扩散定律为

$$W_{A} = -D_{A} \frac{\partial c_{A}}{\partial y} \qquad (2-14)$$

式中，D_{A} 称为质量扩散系数，m²/s；负号的意义同样表明质量是沿着浓度减小的方向传输的。需要指出的是，这个定律对任意两种不同的流体的相互扩散过程是同样适用的。

费克扩散定律还可以用 A 组分在混合气体中的质量分数 Y_{A} 来表示，这样做不仅公式比较简单，而且容易把公式推广到有化学反应的过程中去。于是费克扩散定律可以改为

$$W_{A} = -\rho D_{A} \frac{\partial Y_{A}}{\partial y} \qquad (2-15)$$

由以上的讨论可见，上述三种输运过程具有共同的宏观特征。这说明，这三种不同的物理现象具有同样的微观机理。它们都是由于气体内部存在着某种不均匀性并通过气体分子的热运动和碰撞而消除这种不均匀性的。式(2-9)、式(2-12)和式(2-14)右端的梯度正是对这

种不均匀性的定量描述,而各式左端所表示的却是消除这些不均匀性的通量。在火焰中,气流的速度、温度和组成成分通常都随时间变化,在空间上也是不均匀的,因而必然引起动量、热量和质量的交换,因此在研究燃烧过程时必然会应用到上述各方程。考虑到它们具有类似的宏观规律和共同的微观机理,因此可以把输运过程统一为

$$F = -D \frac{\partial \Phi}{\partial y} \qquad (2-16)$$

式中,F 表示所输运的物理量的通量;D 表示输运系数;Φ 表示构成某种物理场的物理量;$\partial \Phi / \partial y$ 是这种物理量在 y 方向的梯度。

如果这种输运过程不是一维的而是三维的,则有

$$\boldsymbol{F} = -D \left(\frac{\partial \Phi}{\partial x} \boldsymbol{i} + \frac{\partial \Phi}{\partial y} \boldsymbol{j} + \frac{\partial \Phi}{\partial z} \boldsymbol{k} \right) = -D \ \boldsymbol{\nabla} \Phi \qquad (2-17)$$

2.2.4 多组分气体的交叉输运现象

燃烧过程涉及的都是多组分气体,多组分气体的输运现象与单一组分的输运现象不同,输运现象之间会相互影响。

(1) 传 热

除了因温度梯度所产生的热流外,还有因扩散的物质流所携带的热流。

为了说明这个问题,必须明确区分几个速度概念。它们类似于理论力学中的绝对速度、相对速度和牵连速度。

假定多组分气体处于流动状态,则其总体在空间静止坐标系中有一个宏观流动速度 $\boldsymbol{v}_c$ (牵连速度),而其中的 i 组分相对于混合气体整体有一个扩散速度 $\boldsymbol{v}_{\tau i}$ (相对速度),这时 i 组分在空间静止坐标系中的绝对速度 $\boldsymbol{v}_{ci} = \boldsymbol{v}_{\tau i} + \boldsymbol{v}_c$。

相应地,可以得到混合气体整体在空间静止坐标系中通过一个微元面积的物质流量 $\boldsymbol{g} = \rho \boldsymbol{v}_c$,$i$ 组分相对于空间静止坐标系的物质流量 $\boldsymbol{g}_i = \rho_i \boldsymbol{v}_{ci}$。$i$ 组分相对于混合气体整体的扩散物质流量为 $\boldsymbol{J}_i = \rho_i \boldsymbol{v}_{\tau i}$。由 $\boldsymbol{v}_{ci} = \boldsymbol{v}_{\tau i} + \boldsymbol{v}_c$ 可得

$$\boldsymbol{g}_i = \rho_i \boldsymbol{v}_{ci} = \rho_i \boldsymbol{v}_{\tau i} + \rho_i \boldsymbol{v}_c = \boldsymbol{J}_i + Y_i \rho \boldsymbol{v}_c = \boldsymbol{J}_i + Y_i \boldsymbol{g} \qquad (2-18)$$

其中,$Y_i = \rho_i / \rho$,$\rho = \sum_i \rho_i$,Y_i 称为 i 组分的质量分数;$Y_i \boldsymbol{g} = Y_i \rho \boldsymbol{v}_c$ 是混合气体整体所携带的 i 组分的物质流。

混合气体整体对于静止坐标系的物质流应等于各组分对于静止物质流分量之和,即

$$\boldsymbol{g} = \sum_i \boldsymbol{g}_i \qquad \text{或} \qquad \rho \boldsymbol{v}_c = \sum_i Y_i \rho \boldsymbol{v}_{ci} \qquad (2-19)$$

对 $\boldsymbol{J}_i = \boldsymbol{g}_i - Y_i \boldsymbol{g}$ 两边求和,得

$$\sum_i \boldsymbol{J}_i = \sum_i \boldsymbol{g}_i - \sum_i Y_i \boldsymbol{g} = \boldsymbol{g} - \boldsymbol{g} \sum_i Y_i = \boldsymbol{g} - \boldsymbol{g} = 0 \qquad (2-20)$$

在推导中利用了 $\sum_i Y_i = 1$。式(2-20)说明在多组分混合气体中,通过一个微元面积各组分扩散的物质流矢量之和为零,即

$$\sum_i \boldsymbol{J}_i = \sum_i \rho_i \boldsymbol{v}_{\tau i} = 0 \qquad (2-21)$$

而不是各组分扩散速度矢量之和为零 $\left(\sum_i \boldsymbol{v}_{\tau i} = 0 \right)$。

因此对于多组分气体,描述导热现象的傅里叶定律应加以修正,应在温度梯度所产生的热流基础上,再加上扩散的物质流所携带的值 $\sum_i \rho_i \boldsymbol{v}_{\tau i} h_i$,即

$$q = -\lambda \, \boldsymbol{\nabla} T + \sum_i \rho Y_i h_i \boldsymbol{v}_{\tau i} \qquad (2-22)$$

式中，h_i 为 i 组分的焓，包括显焓（物理焓）和生成焓（化学焓），即

$$h_i = h_{0,i} + \int_0^T c_{p,i} \mathrm{d}T \qquad (2-23)$$

式中，$h_{0,i}$ 是 i 组分的生成焓；$c_{p,i}$ 是 i 组分的比定压热容。

如果各组分的焓 h_i 都相同，即相当于一种单组分气体。于是各组分扩散的物质流所携带的热流矢量之和就等于零，式（2-22）恢复为普通的傅里叶定律。

现对于一维的、在两个无限大平板间同时有传热和组分定向扩散流的情况作一具体的讨论。

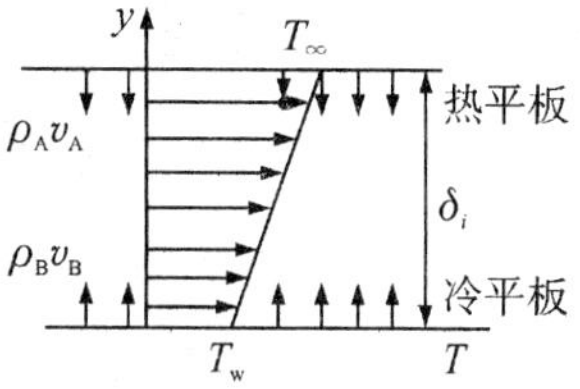

设流体 A 以扩散流量 $\rho_A v_A$ 从热板（T_∞）向下扩散，流体 B 以 $\rho_B v_B$ 从冷板（T_w）向上扩散（见图 2-4）。$\rho_A v_A = \rho_B v_B$ 使平板间整体质量平衡。

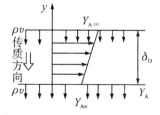

图 2-4　有组分扩散的传热

设流体 A 的生成焓为 $h_{0,A}$，显焓为 $\int_0^{T_\infty} c_{p,A} \mathrm{d}T = c_{p,A} T_\infty$；流体 B 的生成焓为 $h_{0,B}$，显焓为 $\int_0^{T_w} c_{p,B} \mathrm{d}T = c_{p,B} T_w$。则总传递的热流为

$$q = \frac{\lambda}{\delta_i}(T_\infty - T_w) + \rho_A v_A (h_{0,A} + c_{p,A} T_\infty) - \rho_B v_B (h_{0,B} + c_{p,B} T_w) \qquad (2-24)$$

若近似认为 $h_{0,A} \approx h_{0,B}, c_{p,A} \approx c_{p,B} = c_p$，并考虑到 $\rho_A v_A = \rho_B v_B = \rho v$，则可简化为

$$q = \frac{\lambda}{\delta_i}(T_\infty - T_w) + \rho v c_p (T_\infty - T_w) \qquad (2-25)$$

令 $h = \lambda / \delta_i$，h 称为传热系数；$Pe = \rho v c_p \delta_i / \lambda$，是一个无因次参数，称为贝克莱数。它是扩散热流量（或对流热流量）与传导热流量比的度量。于是有

$$q = h(T_\infty - T_w)(1 + Pe) \qquad (2-26)$$

对于大多数燃烧情况有 $Pe \ll 1$，故

$$q = h(T_\infty - T_w) \qquad (2-27)$$

（2）传　质

考虑既有浓度梯度造成的物质流，又有因对流流动造成的物质流。如图 2-5 所示，在两块无限大的多孔平板间是混合流体（A+B），上、下板处组分 A 的质量相对浓度分别为 $Y_{A\infty}$ 和 $Y_{Aw}（Y_{A\infty} > Y_{Aw}）$，组分 A 由上向下扩散，同时混合流体的流量 ρv 向下运动，并且在整个所讨论的时间内，平板的浓度场是稳定的，故通过上板在单位时间单位面积上流向下板的组分 A 的质量为 $\rho v Y_{A\infty}$，而由下板流出的组分 A 的质量为 $\rho v Y_{Aw}$。故通过对流传输的组分 A 的质量为 $\rho v (Y_{A\infty} - Y_{Aw})$。因此传质的总量为

图 2-5　具有对流时的传质

$$W_A = \rho D \frac{Y_{A\infty} - Y_{Aw}}{\delta_D} + \rho v (Y_{A\infty} - Y_{Aw}) \qquad (2-28)$$

类似地定义传质系数 $h_D = \rho D / \delta_D$ 和传质贝克莱数 $Pe_D = \rho v \delta_D / \rho D = v \delta_D / D$，得

$$W_A = h_D (Y_{A\infty} - Y_{Aw})(1 + Pe_D) \qquad (2-29)$$

但是与传热情况不同的是，$Pe_D \approx 1$，是不能忽略的。

2.3 多组分反应系统的守恒方程

一般单一组分的流体运动的基本方程,通常包括质量守恒(连续)方程、动量守恒(运动)方程和能量方程;在多组分流体中,还要加上组分守恒(扩散)方程,这四个流动基本方程再加上化学动力学燃烧速率方程和各种不同的边界条件、初始条件及所涉及的各组分的物理化学性能参数,就能解出方程组,求出燃烧速率、燃烧温度和组成分布等最终参数。

2.3.1 质量守恒方程(连续方程)

选择多元混合气流体的一个体积微元 ΔV(见图 2-6),a,c,e 表示流体微元后表面;b,d,f 表示前表面。流体在 x,y,z 三个方向上的速度分别为 v_x,v_y,v_z。假设质量流量、流体密度都是坐标 x,y,z 的连续函数,讨论在 Δt 时刻内这一微元中的质量平衡。

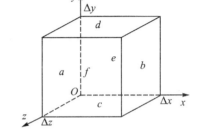

图 2-6 流体中选择的微元体

在体积微元 ΔV 的 a 面上流入的质量是

$$\rho_a u_a \Delta y \Delta z \Delta t$$

在 b 面上流出的质量是

$$\rho_b u_b \Delta y \Delta z \Delta t$$

在 b 面上流出的质量可以近似为

$$\rho_b u_b \Delta y \Delta z \Delta t = \rho_a u_a \Delta y \Delta z \Delta t + \frac{\partial (\rho_a u_a)}{\partial x} \Delta y \Delta z \Delta x \Delta t$$

$$(2-30)$$

所以在 x 方向上流出的质量净值 Δm_x 为

$$\Delta m_x = \frac{\partial (\rho_a u_a)}{\partial x} \Delta y \Delta z \Delta x \Delta t \qquad (2-31)$$

同理可得到 y,z 方向上微元体内流出的质量净值分别为

$$\Delta m_y = \frac{\partial (\rho_c v_c)}{\partial y} \Delta x \Delta y \Delta z \Delta t \qquad (2-32)$$

$$\Delta m_z = \frac{\partial (\rho_e w_e)}{\partial z} \Delta x \Delta y \Delta z \Delta t \qquad (2-33)$$

由式(2-31)~(2-33)得到 Δt 时间内微元体中流出的净质量是

$$\Delta m = \left[\frac{\partial}{\partial x}(\rho_a u_a) + \frac{\partial}{\partial y}(\rho_c v_c) + \frac{\partial}{\partial z}(\rho_e w_e) \right] \Delta x \Delta y \Delta z \Delta t \qquad (2-34)$$

同时,在时间 Δt 内,体积微元中质量的变化为

$$\frac{\partial \rho}{\partial t} \Delta x \Delta y \Delta z \Delta t$$

假定流体微元内没有物质源,则根据质量守恒定律,流出的质量净值就应该等于同一时间内微元体内质量的变化,故有

$$\frac{\partial \rho}{\partial t} \Delta x \Delta y \Delta z \Delta t + \left[\frac{\partial}{\partial x}(\rho_a u_a) + \frac{\partial}{\partial y}(\rho_c v_c) + \frac{\partial}{\partial z}(\rho_e w_e) \right] \Delta x \Delta y \Delta z \Delta t = 0 \quad (2-35)$$

将式(2-35)两边同除以 $\Delta x \Delta y \Delta z \Delta t$,同时考虑到微元体 $\Delta x \Delta y \Delta z$ 是任意选取的,则

式(2-35)变为

$$\frac{\partial \rho}{\partial t} + \frac{\partial}{\partial x}(\rho v_x) + \frac{\partial}{\partial y}(\rho v_y) + \frac{\partial}{\partial z}(\rho v_z) = 0 \qquad (2-36)$$

式(2-36)即为多组分混合气体的连续方程,在形式上与单组分气体的连续方程一样。但要注意,多组分气体的质量浓度是多组分气体中各组分质量浓度的和,即

$$\rho = \sum_i \rho_i \qquad (2-37)$$

连续方程(2-36)矢量形式为

$$\frac{\partial \rho}{\partial t} + \nabla \cdot (\rho v) = 0 \qquad (2-38)$$

利用全导数公式和"∇"公式,方程(2-38)还可以改为

$$\frac{\partial \rho}{\partial t} + \rho \nabla \cdot v = 0 \qquad (2-39)$$

对于定常流动,$\partial \rho / \partial t = 0$,方程(2-38)简化为

$$\nabla \cdot (\rho v) = 0 \qquad (2-40)$$

对于不可压缩流动,$\partial \rho / \partial t = 0$,方程(2-38)进一步简化为

$$\nabla \cdot v = 0 \qquad (2-41)$$

2.3.2　动量守恒方程

动量守恒方程的基础就是牛顿第二定律,即微元体动量的变化率等于作用在微元体上外力的矢量和。作用在微元体上的外力按其性质可以概括地分为表面力和体积力两类。表面力分布在所研究的流体体积的表面上,它可以是切向的(如黏性阻力),也可以是法向的(如静压力和表面张力),体积力作用在所研究的流体体积中每个质点上,最常见的体积力是重力、电磁力和惯性力。

为了使推导易于理解,使图形更加清楚,这里仅画出 x 轴方向的应力(见图 2-7)并列出 x 轴方向的动量守恒方程

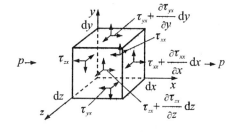

图 2-7　微元体各面元素上 x 方向的应力

$$\rho \frac{Dv_x}{Dt} = \sum_i (\rho_i F_i)_x + f_x x \qquad (2-42)$$

式中,$(\rho_i F_i)_x$ 是微元体内 i 组分所受的体积力在 x 轴方向的分量;f_x 是作用在微元体各表面上的表面力在 x 轴方向的分量之和,即

$$f_x = \frac{\partial \tau_{xx}}{\partial x} + \frac{\partial \tau_{yx}}{\partial y} + \frac{\partial \tau_{zx}}{\partial z} \qquad (2-43)$$

$\dfrac{Dv_x}{Dt}$ 是微元体气团在 x 轴上的加速度,即

$$\frac{Dv_x}{Dt} = \frac{\partial v_x}{\partial t} + v_x \frac{\partial v_x}{\partial x} + v_y \frac{\partial v_x}{\partial y} + v_z \frac{\partial v_x}{\partial z} = \frac{\partial v_x}{\partial t} + \nabla v_x \cdot v \qquad (2-44)$$

根据黏性流体力学中的纳维尔-斯托克斯(Navier-Stockes)方程,有

$$\sigma_x = \tau_{xx} = 2\eta \frac{\partial v_x}{\partial x} - \frac{2}{3}\eta \left(\frac{\partial v_x}{\partial x} + \frac{\partial v_y}{\partial y} + \frac{\partial v_z}{\partial z}\right) - p$$

$$\sigma_y = \tau_{yy} = 2\eta \frac{\partial v_y}{\partial y} - \frac{2}{3}\eta \left(\frac{\partial v_x}{\partial x} + \frac{\partial v_y}{\partial y} + \frac{\partial v_z}{\partial z}\right) - p$$

$$\sigma_z = \tau_{zz} = 2\eta \frac{\partial v_z}{\partial x} - \frac{2}{3}\eta \left(\frac{\partial v_x}{\partial x} + \frac{\partial v_y}{\partial y} + \frac{\partial v_z}{\partial z}\right) - p \qquad (2-45)$$

$$\tau_{xy} = \tau_{yx} = \eta \left(\frac{\partial v_x}{\partial y} + \frac{\partial v_y}{\partial x}\right)$$

$$\tau_{yz} = \tau_{zy} = \eta \left(\frac{\partial v_y}{\partial z} + \frac{\partial v_z}{\partial y}\right)$$

$$\tau_{xz} = \tau_{zx} = \eta \left(\frac{\partial v_z}{\partial x} + \frac{\partial v_x}{\partial z}\right)$$

将式(2-45)中有关量求导后,代入式(2-42)得

$$\rho \frac{Dv_x}{Dt} = \sum_i (\rho_i F_i)_x - \frac{\partial p}{\partial x} + \frac{\partial}{\partial x}\left[2\eta \frac{\partial v_x}{\partial x} - \frac{2}{3}\eta \left(\frac{\partial v_x}{\partial x} + \frac{\partial v_y}{\partial y} + \frac{\partial v_z}{\partial z}\right)\right] +$$

$$\frac{\partial}{\partial y}\left[\eta \left(\frac{\partial v_x}{\partial y} + \frac{\partial v_y}{\partial x}\right)\right] + \frac{\partial}{\partial z}\left[\eta \left(\frac{\partial v_x}{\partial z} + \frac{\partial v_z}{\partial x}\right)\right]$$

$$= \sum_i (\rho_i F_i)_x - \frac{\partial p}{\partial x} + \frac{1}{3}\frac{\partial}{\partial x}$$

$$\left[\eta \left(\frac{\partial v_x}{\partial x} + \frac{\partial v_y}{\partial y} + \frac{\partial v_z}{\partial z}\right)\right] + \frac{\partial}{\partial x}\left(\eta \frac{\partial v_x}{\partial x}\right) + \frac{\partial}{\partial y}\left(\eta \frac{\partial v_x}{\partial y}\right) + \frac{\partial}{\partial z}\left(\eta \frac{\partial v_x}{\partial z}\right) \quad (2-46)$$

用算符表示,则有

$$\rho \frac{Dv_x}{Dt} = \sum_i (\rho_i F_i)_x - \frac{\partial p}{\partial x} + \frac{1}{3}\frac{\partial}{\partial x}(\eta \boldsymbol{\nabla} \cdot v) + (\boldsymbol{\nabla} \cdot \eta \boldsymbol{\nabla})v_x \qquad (2-47)$$

若引入假设:

① 定常流,$\dfrac{\partial v_x}{\partial t}=0$,则式(2-44)简化为

$$\rho \frac{Dv_x}{Dt} = \rho \frac{\partial v_x}{\partial t} + \rho(v \cdot \boldsymbol{\nabla} v_x) = \rho(v \cdot \boldsymbol{\nabla} v_x) \qquad (2-48)$$

② 动力黏度为常数,$\eta = \mathrm{const}$,则

$$\frac{\partial}{\partial x}(\eta \boldsymbol{\nabla} \cdot v) = \eta \frac{\partial}{\partial x}(\boldsymbol{\nabla} \cdot v) \qquad (2-49)$$

$$(\boldsymbol{\nabla} \cdot \eta \boldsymbol{\nabla})v_x = \eta \boldsymbol{\nabla} v_x \qquad (2-50)$$

代入式(2-47),得到 x 轴方向的简化动量守恒方程为

$$\rho(v \cdot \boldsymbol{\nabla} v_x) = \sum_i (\rho_i F_i)_x - \frac{\partial p}{\partial x} + \frac{1}{3}\eta \frac{\partial}{\partial x}(\boldsymbol{\nabla} \cdot v) + \eta \boldsymbol{\nabla} v_x \qquad (2-51)$$

同样地,也可得到 y 方向和 z 方向的动量守恒方程为

$$\rho \frac{Dv_y}{Dt} = \sum_i (\rho_i F_i)_y - \frac{\partial p}{\partial y} + \frac{1}{3}\frac{\partial}{\partial y}(\eta \boldsymbol{\nabla} \cdot v) + (\boldsymbol{\nabla} \cdot \eta \boldsymbol{\nabla})v_y \qquad (2-52)$$

$$\rho \frac{Dv_z}{Dt} = \sum_i (\rho_i F_i)_z - \frac{\partial p}{\partial z} + \frac{1}{3}\frac{\partial}{\partial z}(\eta \boldsymbol{\nabla} \cdot v) + (\boldsymbol{\nabla} \cdot \eta \boldsymbol{\nabla})v_z \qquad (2-53)$$

将式(2-47)、式(2-52)和式(2-53)合并,即可得到三维矢量形式的动量守恒方程:

$$\rho \frac{Dv}{Dt} = \sum_i \rho_i \mathbf{F}_i - \nabla p + \frac{1}{3} \nabla (\eta \nabla \cdot v) + (\nabla \cdot \eta \nabla) v \qquad (2-54)$$

类似地,若引入定常流和黏性不变的假设,则式(2-54)可简化为

$$\rho (v \cdot \nabla v) = \sum_i \rho_i \mathbf{F}_i - \nabla p + \frac{\eta}{3} \nabla (\nabla \cdot v) + \eta \nabla v \qquad (2-55)$$

若是不可压缩流体,则 $\nabla \cdot v = 0$,式(2-55)可作出相应的简化。

2.3.3　组分守恒方程(扩散方程)

　　组分守恒方程是描述多组分气体中某一组分 i 的质量守恒方程。由于各组分在所讨论空间中分布是不均匀的,因而各组分除了参与混合气体整体宏观的对流运动外,还有各自的扩散运动。

　　在推导扩散方程时,没有现成的流体力学公式可直接引用。这里采用如图 2-8 所示的有组分扩散的微元正六面体进行分析。这时 i 组分的守恒关系是:由于多组分混合气体的宏观运动从微元体 $\mathrm{d}x\mathrm{d}y\mathrm{d}z$ 带走的 i 组分的量,加上由于扩散运动 i 组分扩散出去的量,再加上由于化学反应所消耗掉的 i

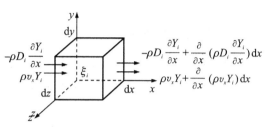

图 2-8　考虑组分扩散的微元体

组分的量,应该等于同一时间内微元体内 i 组分的物质质量的减少。

　　由图 2-8 容易看出,由于混合气体的宏观流动,i 组分在 x 方向的流入量为 $\rho v_x Y_i \mathrm{d}y\mathrm{d}z\mathrm{d}t$,流出量为 $\rho v_x Y_i \mathrm{d}y\mathrm{d}z\mathrm{d}t + [(\partial/\partial x)(\rho v_x Y_i)]\mathrm{d}x\mathrm{d}y\mathrm{d}z\mathrm{d}t$,净流出量为 $[(\partial/\partial x)(\rho v_x Y_i)]\mathrm{d}x\mathrm{d}y\mathrm{d}z\mathrm{d}t$。

　　用同样的讨论方法,可以得到在 x 方向上的净扩散流量和在 y 方向、z 方向上的净流出量和净扩散流量,其结果可见表 2-1。

表 2-1　各方向流出量

方　向	净流出量	净扩散量
x 方向	$\dfrac{\partial}{\partial x}(\rho v_x Y_i)\mathrm{d}x\mathrm{d}y\mathrm{d}z\mathrm{d}t$	$-\dfrac{\partial}{\partial x}\left(\rho D_i \dfrac{\partial Y_i}{\partial x}\right)\mathrm{d}x\mathrm{d}y\mathrm{d}z\mathrm{d}t$
y 方向	$\dfrac{\partial}{\partial y}(\rho v_y Y_i)\mathrm{d}x\mathrm{d}y\mathrm{d}z\mathrm{d}t$	$-\dfrac{\partial}{\partial y}\left(\rho D_i \dfrac{\partial Y_i}{\partial y}\right)\mathrm{d}x\mathrm{d}y\mathrm{d}z\mathrm{d}t$
z 方向	$\dfrac{\partial}{\partial z}(\rho v_z Y_i)\mathrm{d}x\mathrm{d}y\mathrm{d}z\mathrm{d}t$	$-\dfrac{\partial}{\partial z}\left(\rho D_i \dfrac{\partial Y_i}{\partial z}\right)\mathrm{d}x\mathrm{d}y\mathrm{d}z\mathrm{d}t$

　　在该微元体 $\mathrm{d}x\mathrm{d}y\mathrm{d}z$ 中,在 $\mathrm{d}t$ 时间内,由于化学反应,i 组分的消耗量为 $w_i \mathrm{d}x\mathrm{d}y\mathrm{d}z\mathrm{d}t$。

　　在同一时间内,该微元体内 i 组分质量的变化量为 $-\dfrac{\partial}{\partial t}(\rho Y_i)\mathrm{d}x\mathrm{d}y\mathrm{d}z\mathrm{d}t$。

　　合并上述各项,根据质量守恒原理:净变化量=净流出量+净扩散量+化学消耗量,可得

$$-\frac{\partial}{\partial t}(\rho Y_i) = \frac{\partial}{\partial x}(\rho v_x Y_i) + \frac{\partial}{\partial y}(\rho v_y Y_i) + \frac{\partial}{\partial z}(\rho v_z Y_i) - \frac{\partial}{\partial x}\left(\rho D_i \frac{\partial Y_i}{\partial x}\right) -$$

$$\frac{\partial}{\partial y}\left(\rho D_i \frac{\partial Y_i}{\partial y}\right) - \frac{\partial}{\partial z}\left(\rho D_i \frac{\partial Y_i}{\partial z}\right) + w_i \qquad (2-56)$$

根据连续方程(2-36),方程(2-56)可简化为

$$\rho \frac{\partial Y_i}{\partial t} + \rho v_x \frac{\partial Y_i}{\partial x} + \rho v_y \frac{\partial Y_i}{\partial y} + \rho v_z \frac{\partial Y_i}{\partial z} = \frac{\partial}{\partial x}\left(\rho D_i \frac{\partial Y_i}{\partial x}\right) +$$

$$\frac{\partial}{\partial y}\left(\rho D_i \frac{\partial Y_i}{\partial y}\right) + \frac{\partial}{\partial z}\left(\rho D_i \frac{\partial Y_i}{\partial z}\right) - w_i \qquad (2-57)$$

矢量形式为

$$\rho \frac{\partial Y_i}{\partial t} + \rho v \cdot \nabla Y_i = (\nabla \cdot \rho D_i \nabla) Y_i - w_i \qquad (2-58)$$

或

$$\rho \frac{DY_i}{Dt} = (\nabla \cdot \rho D_i \nabla) Y_i - w_i \qquad (2-59)$$

如果混合气体中有 n 种组分,那么就有 n 个像式(2-58)这样的方程,但是整个混合气体要服从连续方程(2-36),所以这 n 个组分守恒方程中只有 $n-1$ 个是独立的,它们之间可以用 $\sum\limits_i Y_i = 1$ 或 $\sum\limits_i \rho_i = \rho$ 联系起来。

2.3.4 能量守恒方程

能量守恒方程实质上就是热力学第一定律,即微元体内能量的增量应等于外界传给微元体的热量与外界力对微元体做的功之和,用公式表示即为

$$dU = \delta Q + \delta W \qquad (2-60)$$

在图 2-9 所示的微元体内,其总能量 U 的增量为

$$dU = \frac{D}{Dt}\left[\rho\left(u + \frac{v_x^2}{2} + \frac{v_y^2}{2} + \frac{v_z^2}{2}\right)\right] dx\,dy\,dz\,dt =$$

$$\left[\rho \frac{D}{Dt}\left(u + \frac{v_x^2}{2} + \frac{v_y^2}{2} + \frac{v_z^2}{2}\right) + \left(u + \frac{v_x^2}{2} + \frac{v_y^2}{2} + \frac{v_z^2}{2}\right) \times \frac{D\rho}{Dt}\right] dx\,dy\,dz\,dt \quad (2-61)$$

式中,u 是单位质量的内能。由连续方程知 $D\rho/Dt = 0$,因此式(2-61)简化为

$$dU = \rho \frac{D}{Dt}\left(u + \frac{v_x^2}{2} + \frac{v_y^2}{2} + \frac{v_z^2}{2}\right) dx\,dy\,dz\,dt \qquad (2-62)$$

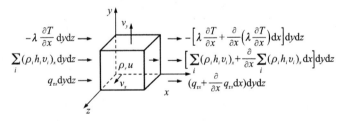

图 2-9 在微元体 x 方向上的热流

应该注意式(2-62)中内能 u、密度 ρ 均为混合气体的内能和密度。

$$\rho = \sum_i \rho_i, \qquad u = \sum_i u_i \qquad (2-63)$$

外界对微元体的传热方式有导热(q)、扩散(交叉输运)(q_b)和辐射(q_r)。x 方向的热流如图 2-9 所示,其净热流(传入)为

$$\delta Q_x = \left[\frac{\partial}{\partial x}\left(\lambda \frac{\partial T}{\partial x}\right) - \frac{\partial}{\partial x}\sum_i (\rho_i h_i v_i)_x + \frac{\partial}{\partial x} q_{rx}\right] dx\,dy\,dz\,dt \qquad (2-64)$$

其中

$$h_i = h_{0,i} + \int_{t_0}^t c_{p,i}\,dt \qquad (2-65)$$

式中,$h_{0,i}$ 是 i 组分的标准生成焓。当有化学反应时,根据化学热力学原理,化学反应热等于

生成物生成热的总和减去反应物生成热的总和,即

$$\Delta H = \sum (h_0)_P - \sum (h_0)_R \tag{2-66}$$

因此计算了微元体内因组分变化而产生的热量变化,实际上就包含了化学反应热在内。

同理也可以得到 y 和 z 方向的输入热流为

$$\delta Q_y = \left[\frac{\partial}{\partial y} \left(\lambda \frac{\partial T}{\partial y} \right) - \frac{\partial}{\partial y} \sum_i (\rho_i h_i v_i)_y + \frac{\partial}{\partial y} q_{ry} \right] dx\,dy\,dz\,dt \tag{2-67}$$

$$\delta Q_z = \left[\frac{\partial}{\partial z} \left(\lambda \frac{\partial T}{\partial z} \right) - \frac{\partial}{\partial z} \sum_i (\rho_i h_i v_i)_z + \frac{\partial}{\partial z} q_{rz} \right] dx\,dy\,dz\,dt \tag{2-68}$$

外力对微元体所做的功可分为两部分,一部分是体积力所做的功,另一部分是表面力做的功。

x 方向上体积力做的功为

$$\delta W_{bx} = \left(\sum_i \rho_i v_x F_{ix} + \sum_i \rho_i v_{ix} F_{ix} \right) dx\,dy\,dz\,dt \tag{2-69}$$

式中,F_{ix} 是 i 组分单位质量所受到的体积力的 x 分量;$\rho_i v_x$ 是 i 组分在 x 方向上的宏观流量;$\rho_i v_{ix}$ 是 i 组分在 x 方向上的扩散流量。同理,在 y 和 z 方向体积力所做的功为

$$\delta W_{by} = \left(\sum_i \rho_i v_y F_{iy} + \sum_i \rho_i v_{iy} F_{iy} \right) dx\,dy\,dz\,dt \tag{2-70}$$

$$\delta W_{bz} = \left(\sum_i \rho_i v_z F_{iz} + \sum_i \rho_i v_{iz} F_{iz} \right) dx\,dy\,dz\,dt \tag{2-71}$$

在分析表面力(法向力和切向力)做功时,要注意到作用在微元正六面体上的应力张量(见图 2-7)为

$$\begin{bmatrix} \tau_{xx} & \tau_{xy} & \tau_{xz} \\ \tau_{yx} & \tau_{yy} & \tau_{yz} \\ \tau_{zx} & \tau_{zy} & \tau_{zz} \end{bmatrix}$$

这时,作用在 x 方向上的表面力为 $\tau_{xx}(\sigma_x)$,τ_{yx},τ_{zx},所做的功为

$$\delta W_{bx} = \left[\frac{\partial}{\partial x} (\sigma_x v_x) + \frac{\partial}{\partial y} (\tau_{yx} v_x) + \frac{\partial}{\partial z} (\tau_{zx} v_x) \right] dx\,dy\,dz\,dt \tag{2-72}$$

同理在 y 和 z 方向上表面力所做的功为

$$\delta W_{by} = \left[\frac{\partial}{\partial x} (\tau_{xy} v_y) + \frac{\partial}{\partial y} (\sigma_y v_y) + \frac{\partial}{\partial z} (\tau_{zy} v_y) \right] dx\,dy\,dz\,dt \tag{2-73}$$

$$\delta W_{bz} = \left[\frac{\partial}{\partial x} (\tau_{xz} v_z) + \frac{\partial}{\partial y} (\tau_{yz} v_z) + \frac{\partial}{\partial z} (\sigma_z v_z) \right] dx\,dy\,dz\,dt \tag{2-74}$$

由于能量是标量,故能量守恒关系只能是对总体而言。故需将上述分析的各个方向上的热流和各个方向上外力所做的功,统统加起来形成一个方程。如将各个应力的表达式代入,则这个方程的形式相当庞大,但可利用动量守恒方程进行化简后得到

$$\rho \frac{Du}{Dt} = -p \left(\frac{\partial v_x}{\partial x} + \frac{\partial v_y}{\partial y} + \frac{\partial v_z}{\partial z} \right) + \frac{\partial}{\partial x} \left(\lambda \frac{\partial T}{\partial x} \right) + \frac{\partial}{\partial y} \left(\lambda \frac{\partial T}{\partial y} \right) + \frac{\partial}{\partial z} \left(\lambda \frac{\partial T}{\partial z} \right) +$$

$$\left(\frac{\partial q_{rx}}{\partial x} + \frac{\partial q_{ry}}{\partial y} + \frac{\partial q_{rz}}{\partial z} \right) + \sum_i \rho_i (F_{ix} v_{ix} + F_{iy} v_{iy} + F_{iz} v_{iz}) - \frac{\partial}{\partial x} \left[\sum_i (\rho_i h_i v_i)_x \right]$$

$$- \frac{\partial}{\partial y} \left[\sum_i (\rho_i h_i v_i)_y \right] - \frac{\partial}{\partial z} \left[\sum_i (\rho_i h_i v_i)_z \right] + \Phi \tag{2-75}$$

其中,Φ 是由黏性力所产生的耗散功。

$$\Phi = 2\eta \left[\left(\frac{\partial v_x}{\partial x} \right)^2 + \left(\frac{\partial v_y}{\partial y} \right)^2 + \left(\frac{\partial v_z}{\partial z} \right)^2 \right] + \eta \left[\left(\frac{\partial v_x}{\partial y} + \frac{\partial v_y}{\partial x} \right)^2 + \left(\frac{\partial v_x}{\partial z} + \frac{\partial v_z}{\partial x} \right)^2 + \left(\frac{\partial v_y}{\partial z} + \frac{\partial v_z}{\partial y} \right)^2 \right] -$$

$$\frac{2}{3} \eta \left(\frac{\partial v_x}{\partial x} + \frac{\partial v_y}{\partial y} + \frac{\partial v_z}{\partial z} \right)^2 \tag{2-76}$$

为了使能量守恒方程的表达形式简洁,可采用算符运算形式,即

$$\rho \frac{Du}{Dt} = -p\boldsymbol{\nabla} \cdot v + \boldsymbol{\nabla} \cdot (\lambda \boldsymbol{\nabla} T) + \boldsymbol{\nabla} \cdot \boldsymbol{q}_r + \sum_i \rho_i (\boldsymbol{F}_i \cdot v_i) - \boldsymbol{\nabla} \left(\sum_i \rho_i h_i v_i \right) + \Phi \tag{2-77}$$

式(2-77)称为内能形式的能量守恒方程。若用焓的形式,则因为 $h = u + \frac{p}{\rho}$,故

$$\rho \frac{Dh}{Dt} = \rho \frac{Du}{Dt} + \frac{Dp}{Dt} - \frac{p}{\rho} \frac{D\rho}{Dt} \tag{2-78}$$

并且

$$-p\boldsymbol{\nabla} \cdot v - \frac{p}{\rho} \frac{D\rho}{Dt} = -\frac{p}{\rho} \left[\rho(\boldsymbol{\nabla} \cdot v) + \frac{\partial \rho}{\partial t} + v \cdot \boldsymbol{\nabla}\rho \right] = -\frac{p}{\rho} \left[\frac{\partial \rho}{\partial t} + \boldsymbol{\nabla} \cdot (\rho v) \right] = 0 \tag{2-79}$$

所以可得焓形式的能量守恒方程为

$$\rho \frac{Dh}{Dt} = \frac{Dp}{Dt} + \boldsymbol{\nabla} \cdot (\lambda \boldsymbol{\nabla} T) + \boldsymbol{\nabla} \cdot \boldsymbol{q}_r + \sum_i \rho_i (\boldsymbol{F}_i \cdot v_i) - \boldsymbol{\nabla} \left(\sum_i \rho_i h_i \cdot v_i \right) + \Phi \tag{2-80}$$

又

$$h = \sum_i h_i Y_i \tag{2-81}$$

所以

$$\frac{Dh}{Dt} = \frac{D}{Dt} \left(\sum_i h_i Y_i \right) = \sum_i h_i \frac{DY_i}{Dt} + \sum_i Y_i \frac{Dh_i}{Dt}$$
$$= \frac{1}{\rho} \sum_i h_i (\boldsymbol{\nabla} \cdot \rho D_i \boldsymbol{\nabla} Y_i - w_i) + \sum_i Y_i \frac{Dh_i}{Dt} \tag{2-82}$$

其中

$$Dh_i = c_{p,i} DT, \qquad c_p = \sum_i Y_i c_{p,i} \tag{2-83}$$

故

$$\rho \sum_i Y_i \frac{Dh_i}{Dt} = \rho \sum_i Y_i c_{p,i} \frac{DT}{Dt} = \rho c_p \frac{DT}{Dt} \tag{2-84}$$

将式(2-82)和式(2-84)代入到式(2-80)中得

$$\rho c_p \frac{DT}{Dt} = \frac{Dp}{Dt} + \boldsymbol{\nabla} \cdot (\lambda \boldsymbol{\nabla} T) + \boldsymbol{\nabla} \cdot \boldsymbol{q}_r + \sum_i \rho_i (\boldsymbol{F}_i \cdot v_i) - \boldsymbol{\nabla} \cdot \left(\sum_i \rho_i h_i \cdot v_i \right) +$$

$$\Phi - \sum_i h_i (\boldsymbol{\nabla} \cdot \rho D_i \boldsymbol{\nabla} Y_i - w_i) \tag{2-85}$$

由费克扩散定律,有

$$\boldsymbol{J}_i = \rho_i v_i = \rho Y_i v_i = -\rho D_i \boldsymbol{\nabla} Y_i \tag{2-86}$$

利用式(2-86)可得

$$\sum_i \left[\boldsymbol{\nabla} \cdot (\rho_i h_i \cdot v_i) + h_i \boldsymbol{\nabla} \cdot (\rho D_i \boldsymbol{\nabla} Y_i) \right] = \sum_i \rho \cdot Y_i v_i \cdot \boldsymbol{\nabla} h_i = \sum_i \rho \cdot Y_i v_i c_{p,i} \cdot \boldsymbol{\nabla} T$$

$$\tag{2-87}$$

若进一步假设 $c_{p,i}=c_p$，则为

$$c_p \boldsymbol{\nabla} T \cdot \sum_i \rho Y_i v_i = c_p \boldsymbol{\nabla} T \cdot \sum_i \boldsymbol{J}_i = 0 \qquad (2-88)$$

所以温度形式的能量方程可简化为

$$\rho c_p \frac{DT}{Dt} = \frac{Dp}{Dt} + \boldsymbol{\nabla} \cdot (\lambda \boldsymbol{\nabla} T) + \boldsymbol{\nabla} \cdot \boldsymbol{q}_r + \sum_i \rho_i (\boldsymbol{F}_i \cdot v_i) + \Phi + \sum_i h_i w_i \quad (2-89)$$

如果流动速度不高，并且不计辐射传热、体积力和耗散功，则得到常用的最简方程：

$$\rho c_p \frac{DT}{Dt} = \boldsymbol{\nabla} \cdot (\lambda \boldsymbol{\nabla} T) + w\Delta H \qquad (2-90)$$

其中，$w\Delta H = \sum_i w_i h_i$ 是整个燃烧反应放出的热量。它也可以根据某一组分的反应速率和反应热来计算。

2.3.5　二维平板附面层守恒方程

以上已经介绍了全部守恒方程，现以二维平板附面层这一特殊情况就各方程的简化进行说明。在流体力学中，靠近固体壁面处的流体与远离壁面处的流体流动状况有显著差别。为了解决靠近壁面处流体的流动问题，普朗特（Prandt）提出了附面层（亦称边界层）的概念，并根据实际情况做了非常有意义的简化，其主要假设如下：

① 在边界层内，垂直壁面的流动速度比平行壁面的速度小得多，$v_y \ll v_x$；

② 平行于壁面的速度梯度、温度梯度和组分浓度梯度比垂直于壁面的各相应梯度小得多，即 $\frac{\partial v_x}{\partial x} \ll \frac{\partial v_x}{\partial y}$，$\frac{\partial T}{\partial x} \ll \frac{\partial T}{\partial y}$，$\frac{\partial Y_i}{\partial x} \ll \frac{\partial Y_i}{\partial y}$；

③ 垂直于壁面的压力梯度很小，几乎为 0，即 $\frac{\partial p}{\partial y} \approx 0$。

在简化方程时，同时还引入了通常采用的简化假设：

① 定常流动，$\frac{\partial}{\partial t}=0$；

② 不可压，$\rho=$ 常数；

③ 忽略体积力，$F_i=0$；

④ 各组分的质量定压热容均近似相等且为常数，$c_{p,i}=c_p=$ 常数。

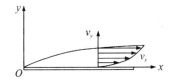

图 2-10　流动附面层

在引入上述简化假设后，二维平板边界层的简化基本方程为：

① 连续方程

$$\frac{\partial(\rho v_x)}{\partial x} + \frac{\partial(\rho v_y)}{\partial y} = 0 \qquad (2-91)$$

② 动量方程

$$\left.\begin{array}{l} \rho v_x \dfrac{\partial v_x}{\partial x} + \rho v_y \dfrac{\partial v_x}{\partial y} = \eta \dfrac{\partial^2 v_x}{\partial y^2} - \dfrac{\partial p}{\partial x} \\[2mm] \dfrac{\partial p}{\partial y} = 0 \end{array}\right\} \qquad (2-92)$$

③ 扩散方程

$$\rho v_x \frac{\partial Y_i}{\partial x} + \rho v_y \frac{\partial Y_i}{\partial y} = \rho D_i \frac{\partial^2 Y_i}{\partial y^2} - w_i \qquad (2-93)$$

④ 能量方程

$$\rho v_x c_p \frac{\partial T}{\partial x} + \rho v_y c_p \frac{\partial T}{\partial y} = \lambda \frac{\partial^2 T}{\partial y^2} + w \Delta H \tag{2-94}$$

在进行上述方程简化时,采用了数量级分析法。现以动量方程为例,简述这种方法的推导过程。对于忽略质量力的不可压定常黏性流体,在未根据边界层特性进行简化之前的二维平板微分方程形式为

$$\left. \begin{aligned} v_x \frac{\partial v_x}{\partial x} + v_y \frac{\partial v_x}{\partial y} &= -\frac{1}{\rho} \frac{\partial p}{\partial x} + \frac{\eta}{\rho} \left(\frac{\partial^2 v_x}{\partial x^2} + \frac{\partial^2 v_x}{\partial y^2} \right) \\ v_x \frac{\partial v_y}{\partial x} + v_y \frac{\partial v_y}{\partial y} &= -\frac{1}{\rho} \frac{\partial p}{\partial y} + \frac{\eta}{\rho} \left(\frac{\partial^2 v_y}{\partial x^2} + \frac{\partial^2 v_y}{\partial y^2} \right) \end{aligned} \right\} \tag{2-95}$$

在边界层中,应假定其厚度 δ 很小,而燃烧室壁在流动方向上的特征长度 L 很大,$\delta/L \ll 1$。

在壁面上 $v_x = 0$,而在边界层上的外边界上 $v_x \approx v$(v 为一特征速度,例如 v_∞),所以当坐标 y 由 0 变到 δ 时,速度由 0 变到 v,即 $\Delta y \sim \delta$,$\Delta v_x \sim v$($\sim$ 表示具有同一数量级)。故可推得

$$\frac{\partial v_x}{\partial y} \sim \frac{v}{\delta}$$

同理可推得

$$\frac{\partial^2 v_x}{\partial y^2} \sim \frac{\partial}{\partial y} \left(\frac{\partial v_x}{\partial y} \right) \sim \frac{v}{\delta^2}$$

对于 $\partial v_x / \partial x$,可认为坐标 x 由 0 到 L 时,速度的改变量 Δv,也具有 v 的数量,即 $\Delta x \sim L$,$\Delta v_x \sim v$,$\partial v_x / \partial x \sim v/L$。

由连续方程

$$\frac{\partial v_x}{\partial x} + \frac{\partial v_y}{\partial y} = 0 \tag{2-96}$$

又可推得

$$\partial v_y / \partial y \sim v/L$$

故

$$v_y = \int_0^y \frac{\partial v_y}{\partial y} \mathrm{d}y \sim \int_0^\delta \frac{v}{L} \mathrm{d}y \sim \frac{v\delta}{L}$$

考虑到在壁面处 $v_y = 0$,故不难确定出下列各项的数量级为

$$\frac{\partial v_y}{\partial x} \sim \frac{v\delta}{L^2}, \qquad \frac{\partial^2 v_y}{\partial x^2} \sim \frac{v\delta}{L^3}, \qquad \frac{\partial^2 v_y}{\partial y^2} \sim \frac{v}{L\delta}$$

在式(2-95)的各项下面分别注上它们的数量级,即

$$v_x \frac{\partial v_x}{\partial x} + v_y \frac{\partial v_x}{\partial y} = -\frac{1}{\rho} \frac{\partial p}{\partial x} + \frac{\eta}{\rho} \left(\frac{\partial^2 v_x}{\partial x^2} + \frac{\partial^2 v_x}{\partial y^2} \right) \tag{2-97}$$
$$\quad v^2/L \qquad v^2/L \qquad\qquad\qquad v^2/L \quad\ v/\delta^2$$

$$v_x \frac{\partial v_y}{\partial x} + v_y \frac{\partial v_y}{\partial y} = -\frac{1}{\rho} \frac{\partial p}{\partial y} + \frac{\eta}{\rho} \left(\frac{\partial^2 v_y}{\partial x^2} + \frac{\partial^2 v_y}{\partial y^2} \right) \tag{2-98}$$
$$\quad v^2\delta/L^2 \quad v^2\delta/L^2 \qquad\qquad\qquad v\delta/L^2 \quad v/L\delta$$

在附面层内,黏性力与惯性力是同一数量级的,故

$$\frac{\dfrac{v^2/L}{\eta \dfrac{v}{\delta^2}}} = \frac{v\delta^2}{\eta L} = \left(\frac{\delta}{L} \right)^2 \frac{vL}{\eta} = \left(\frac{\delta}{L} \right)^2 Re \sim 1 \tag{2-99}$$

即

$$\delta/L \sim Re^{\frac{1}{2}}$$

由此可见,在大雷诺数流动条件下,$\delta/L \ll 1$,故凡具有 δ/L 数量级的量均可略去不计。

通过比较,发现

$$\frac{\partial^2 v_x}{\partial x^2} \ll \frac{\partial^2 v_x}{\partial y^2}$$

$$\frac{\partial v_y}{\partial x} \ll \frac{\partial v_x}{\partial x}, \qquad \frac{\partial v_y}{\partial y} \ll \frac{\partial v_x}{\partial y}$$

$$\frac{\partial^2 v_y}{\partial x^2} \ll \frac{\partial^2 v_y}{\partial y^2} \ll \frac{\partial^2 v_x}{\partial y^2}$$

所以式(2-97)中 $\dfrac{\partial^2 v_x}{\partial x^2}$ 可略去,式(2-98)中,除 $\dfrac{\partial p}{\partial y}$ 项外,各项均可略去,于是式(2-97)和式(2-98)简化为

$$\left. \begin{aligned} & v_x \frac{\partial v_x}{\partial x} + v_y \frac{\partial v_x}{\partial y} = -\frac{1}{\rho} \frac{\partial p}{\partial x} + \frac{\eta}{\rho} \frac{\partial^2 v_x}{\partial y^2} \\ & \frac{\partial p}{\partial y} = 0 \end{aligned} \right\} \tag{2-100}$$

2.4　泽尔多维奇转换和广义雷诺比拟

2.4.1　泽尔多维奇转换

在反应流体的守恒方程中,组分守恒方程和能量方程中有源汇项存在,使得求解复杂化。泽尔多维奇提出了一种数学转换方法,即在两组分之间,热焓和反应热之间引入两个综合函数,使和化学反应有关的源汇项隐含在新的综合变量之中,从而得出综合变量形式的组分守恒方程和能量方程,从表观上消去了源汇项,求解方法得以简化。

对一个定常、无体积力、无热辐射、无压力梯度 $\left(\dfrac{\partial p}{\partial x} = 0\right)$、有化学反应的二维平板层流边界层,设化学反应为

$$A + B \rightleftharpoons C + D$$

反应物 A 和 B 的化学计量为 $1:\beta$,故反应物 A 和 B 的化学反应速率 w_A 和 w_B 有

$$w_B = \beta w_A \tag{2-101}$$

设 c_p 为常数,质扩散系数 $D_A = D_B = D$,A 组分的反应热为 Q_A,令路易斯数 $Le = \dfrac{\alpha}{D} = 1$($\alpha$ 为热扩散率)。引入综合函数 $\mathscr{X},\mathscr{Y}$:

$$\mathscr{X} = Y_B - \beta Y_A \tag{2-102}$$

$$\mathscr{Y} = c_p T + Y_A Q_A \tag{2-103}$$

代入方程组(2-91),(2-92),(2-93)和(2-94),则守恒方程简化为

$$\frac{\partial(\rho v_x)}{\partial x} + \frac{\partial(\rho v_y)}{\partial y} = 0 \tag{2-104}$$

$$\rho v_x \frac{\partial v_x}{\partial x} + \rho v_y \frac{\partial v_x}{\partial y} = \frac{\partial}{\partial y}\left(\eta \frac{\partial v_x}{\partial y}\right) \tag{2-105}$$

$$\rho v_x \frac{\partial \mathscr{X}}{\partial x} + \rho v_y \frac{\partial \mathscr{X}}{\partial y} = \frac{\partial}{\partial y}\left(\frac{\lambda}{c_p}\frac{\partial \mathscr{X}}{\partial y}\right) \tag{2-106}$$

$$\rho v_x \frac{\partial \mathscr{Y}}{\partial x} + \rho v_y \frac{\partial \mathscr{Y}}{\partial y} = \frac{\partial}{\partial y}\left(\frac{\lambda}{c_p}\frac{\partial \mathscr{Y}}{\partial y}\right) \tag{2-107}$$

边界条件为

壁面处：$v_x = v_y = 0, \mathscr{X} = \mathscr{X}_0, \mathscr{Y} = \mathscr{Y}_0$

无穷远处：$v_x = v_{x\infty}, v_y = v_{y\infty}, \mathscr{X} = \mathscr{X}_\infty, \mathscr{Y} = \mathscr{Y}_\infty$

方程组中式(2-105),(2-106),(2-107)形式上完全相同,没有了源汇项,而且引入综合函数后的守恒方程与无化学反应的单组分流体力学的动量方程完全相同,因而极大地方便了求解。

2.4.2　广义雷诺比拟

在研究反应流体速度场、温度场、浓度场时,常常采用无量纲形式,以清楚地了解速度场、温度场、浓度场等之间的关系。以经过泽尔多维奇转换的守恒方程组(2-104)～(2-107)为例,在马赫数较小等条件下,引入无量纲量：

$$\mathscr{X}^* = \frac{\mathscr{X} - \mathscr{X}_0}{\mathscr{X}_\infty - \mathscr{X}_0} \tag{2-108}$$

$$\mathscr{Y}^* = \frac{\mathscr{Y} - \mathscr{Y}_0}{\mathscr{Y}_\infty - \mathscr{Y}_0} \tag{2-109}$$

则方程(2-104)～(2-107)转换为

$$\frac{\partial(\rho v_x)}{\partial x} + \frac{\partial(\rho v_y)}{\partial y} = 0 \tag{2-110}$$

$$\rho v_x \frac{\partial v_x}{\partial x} + \rho v_y \frac{\partial v_x}{\partial y} = \frac{\partial}{\partial y}\left(\eta\frac{\partial v_x}{\partial y}\right) \tag{2-111}$$

$$\rho v_x \frac{\partial \mathscr{X}^*}{\partial x} + \rho v_y \frac{\partial \mathscr{X}^*}{\partial y} = \frac{\partial}{\partial y}\left(\frac{\lambda}{c_p}\frac{\partial \mathscr{X}^*}{\partial y}\right) \tag{2-112}$$

$$\rho v_x \frac{\partial \mathscr{Y}^*}{\partial x} + \rho v_y \frac{\partial \mathscr{Y}^*}{\partial y} = \frac{\partial}{\partial y}\left(\frac{\lambda}{c_p}\frac{\partial \mathscr{Y}^*}{\partial y}\right) \tag{2-113}$$

边界条件为

壁面处：$\dfrac{v_x}{u_\infty} = \dfrac{v_y}{v_\infty} = \mathscr{X}_0^* = \mathscr{Y}_0^* = 0$

无穷远处：$\dfrac{v_x}{u_\infty} = \dfrac{v_y}{v_\infty} = \mathscr{X}_\infty^* = \mathscr{Y}_\infty^* = 1$

2.5　多组分反应系统的相似原理

上面已经得到了基本守恒方程组,由于其复杂性,一般很难进行求解。在研究具体问题时需进行简化和近似处理。实际上,即使对没有化学反应的流体力学问题,至今也只有70多例特殊情况可以求出精确解。对反应流体力学问题,复杂性更大,求解自然更为困难。要解决实际的工程问题,例如高空或太空飞行器燃烧室中的燃烧问题,只有通过实验室的模拟实验。但实验室的模拟实验不可能做到与实物完全相同,因而就提出了模拟实验与实物工作情况是否相似的问题。

相似现象:如果在相应的时刻,两个现象的相应特征量之间的比值保持常数,则称这两个现象为相似的,这些常数称为相似系数,在物理模拟中它们是无量纲的常数。判断两个现象是否相似的判据就是下面介绍的由特征量组成的无量纲数。

对多元反应流体,进行物理模拟涉及的相似问题分为:流动相似、传热相似、化学反应或者燃烧相似。相似的判据是通过选择体系的特征量并进行无量纲化,然后代入守恒方程组得到的无量纲数。

选取体系特征量,以"∞"表示,其无量纲量以"$*$"表示。先取物体特征尺度 L,特征时间 t_∞,重力加速度特征量 g,压力特征量 p_∞,温度特征量 T_∞,无穷远处诸物理特征量 u_∞,ρ_∞,$c_{p\infty}$,D_∞,λ_∞,η_∞,其相应的无量纲量为

$$\left. \begin{array}{lll} t^* = \dfrac{t}{t_\infty}, & F^* = \dfrac{F}{g}, & p^* = \dfrac{p}{p_\infty} \\[2mm] x^* = \dfrac{x}{L}, & y^* = \dfrac{y}{L}, & z^* = \dfrac{z}{L} \\[2mm] v_x^* = \dfrac{v_x}{u_\infty}, & v_y^* = \dfrac{v_y}{u_\infty}, & v_z^* = \dfrac{v_z}{u_\infty} \\[2mm] \rho^* = \dfrac{\rho}{\rho_\infty}, & \eta^* = \dfrac{\eta}{\eta_\infty}, & c_p^* = \dfrac{c_p}{c_{p\infty}} \\[2mm] D^* = \dfrac{D}{D_\infty}, & \lambda^* = \dfrac{\lambda}{\lambda_\infty}, & T^* = \dfrac{T}{T_\infty} \\[2mm] [e_{ij}]^* = \dfrac{L}{u_\infty}[e_{ij}], & \varphi^* = \dfrac{L^2}{\eta_\infty u_\infty}\varphi & \end{array} \right\} \qquad (2-114)$$

将上述无量纲量代入守恒方程,并采用无量纲算符,即可得到无量纲数。

(1) 流动相似、传热相似

由连续方程(2-91)可引出斯特劳哈尔(Strouhal)数 St 为

$$St = \frac{L}{u_\infty t_\infty} \qquad (2-115)$$

由动量方程(2-92)可引出雷诺(Reynolds)数 Re、傅劳德(Froude)数 Fr、欧拉(Euler)数 Eu 为

$$Re = \frac{\rho_\infty u_\infty L}{\eta_\infty} \qquad (2-116)$$

$$Fr = \frac{u_\infty^2}{gL} \qquad (2-117)$$

$$Eu = \frac{p_\infty}{\rho u_\infty^2} \qquad (2-118)$$

由组分方程(2-93)、能量方程(2-94)可引出贝克莱(Peclet)数 Pe,Pe_D 为

$$Pe = \frac{\rho_\infty c_{p\infty} L u_\infty}{\lambda_\infty} = RePr \qquad (2-119)$$

$$Pe_D = \frac{u_\infty L}{D_\infty} = ReSc \qquad (2-120)$$

式中,$Pr = \dfrac{\eta_\infty c_{p\infty}}{\lambda_\infty}$,为普朗特(Prandtl)数;$Sc = \dfrac{\eta_\infty}{D_\infty \rho_\infty}$,为施密特(Schmidt)数。经常还用到马赫(Mach)数

$$Ma = \frac{u_\infty}{a_\infty} \qquad (2-121)$$

式中，a_∞ 为当地声速。

$St = L/u_\infty t_\infty$ 表示局部惯性力与迁移惯性力之比，即当地加速度与迁移加速度之比，是表示两个不定常流动在流速对时间关系上是否相似的相似准数。在定常流动中 $St = 0$，即 St 是表示流动非定常性的。如果流动随时间变化很缓慢，迁移加速度远大于当地加速度，则 $St \ll 1$，可忽略非定常项。

$Re = \rho_\infty u_\infty L/\eta_\infty$ 是惯性力与黏性力之比，是表示黏性力影响的相似准数。当 Re 很大时，反映流动的惯性效应远大于黏性效应，近似处理时，可以在动量方程中略去黏性项，或略去部分黏性项；当 Re 很小时，反映流体黏性效应起主导作用，可略去惯性项或部分惯性项。

$Fr = u_\infty^2/gL$ 表示惯性力与体积力（重力）之比，是表示重力影响的相似准数。在高速流中 $Fr \gg 1$，体积力可以忽略。

$Eu = p_\infty/\rho u_\infty^2$ 表示压力与惯性力之比，是表示压力影响的相似准数。但 Eu 不是独立的相似准数，其余相似准数相等条件满足时，Eu 数自动满足。

$Pe = \rho_\infty c_{p\infty} L u_\infty/\lambda_\infty$ 是 Re 和 Pr 的组合数，是对流热与传导热之比。

$Pe_D = u_\infty L/D_\infty$ 是 Re 和 Sc 的组合数，是对流热与扩散热之比。

$Ma = u_\infty/a_\infty$ 是表示气体可压缩性的相似准数，是气体速度与当地声速之比。$Ma < 1$ 的气流称为亚声速流，$Ma > 1$ 的气流称为超声速流。Ma 越小，气体流动引起的压缩越小，Ma 越大，压缩就越大。

（2）化学反应或燃烧相似

将无量纲量代入能量方程(2-94)，可得到邓克尔（Damkohler）数 D_{I}，D_{II} 为

$$\left. \begin{aligned} D_{\mathrm{I}} &= \frac{w_{i\infty} Q_i L}{\rho_\infty u_\infty c_{p\infty} T_\infty} = \frac{L/u_\infty}{\rho_\infty c_{p\infty} T_\infty/w_{i\infty} Q_i} = \frac{t_{\mathrm{f}}}{t_{\mathrm{c}}} \\ D_{\mathrm{II}} &= \frac{w_{i\infty} Q_i L^2}{\lambda_\infty T_\infty} = Le \frac{L^2/D_\infty}{\rho_\infty c_{p\infty} T_\infty/w_{i\infty} Q_i} \sim \frac{t_{\mathrm{D}}}{t_{\mathrm{c}}} \end{aligned} \right\} \tag{2-122}$$

其中，$w_{i\infty}$ 为特征反应速率；t_{f} 为特征流动时间；t_{c} 为特征反应时间；t_{D} 为特征扩散时间；Le 为路易斯（Lewis）数，$Le = \dfrac{Pr}{Sc} = \dfrac{c_{p\infty} D_\infty \rho_\infty}{\lambda_\infty}$。

邓克尔第一准数 D_{I} 是反应热与对流热之比，也是特征流动时间与特征反应时间之比；邓克尔第二维数 D_{II} 是反应热与传导热之比，并且 D_{II} 正比于特征扩散时间与特征反应时间之比。有两种极端情况，即

$$\left. \begin{aligned} D_{\mathrm{I}} &= \frac{t_{\mathrm{f}}}{t_{\mathrm{c}}} \ll 1, \quad \text{即 } t_{\mathrm{f}} \ll t_{\mathrm{c}}, \text{为冻结流动} \\ D_{\mathrm{I}} &= \frac{t_{\mathrm{f}}}{t_{\mathrm{c}}} \gg 1, \quad \text{即 } t_{\mathrm{f}} \gg t_{\mathrm{c}}, \text{为平衡流动} \end{aligned} \right\} \tag{2-123}$$

前者的流场中反应速度很慢，可完全忽略反应的效应；后者反应很快，可以认为反应已达到平衡，也无需考虑反应速率。但在大多数化学反应流体力学中

$$D_{\mathrm{I}} = \frac{t_{\mathrm{f}}}{t_{\mathrm{c}}} \sim 1 \tag{2-124}$$

因此必须考虑由反应速率带来的流动与化学反应的相互影响。

对 D_{II}，当

$$D_{\mathrm{II}} = \frac{t_{\mathrm{D}}}{t_{\mathrm{c}}} \ll 1, \qquad t_{\mathrm{D}} \ll t_{\mathrm{c}} \tag{2-125}$$

时,为扩散控制的反应性流动;而当

$$D_{II} = \frac{t_D}{t_c} \gg 1, \qquad t_D \gg t_c \tag{2-126}$$

时,为动力学控制的反应性流动;而当

$$D_{II} = \frac{t_D}{t_c} = 1 \sim 20 \tag{2-127}$$

时,称为扩散-动力控制反应性流动。

上述分析得到了判断流动、传热、化学反应或燃烧的无量纲相似准数,两个现象(模拟实验和实际现象)相似的充分及必要条件就是相似准数对应相等。在实际实验中,做到所有相似准数对应相等是很困难的,甚至不可能,只要使实验的主要准数相等或接近就可以。

2.6 斯蒂芬流和相分界面上的边界条件

2.6.1 斯蒂芬(Stefan)流

在固体或液体燃料燃烧时,在相分界处往往存在着法向的流动,这与单一组分的流体流动有明显的不同。正确地认识相分界处的流动状况并给出其边界条件,对研究燃烧问题是十分重要的。

单纯的平板黏流问题,其边界条件是由边界层特性决定的,但在燃烧或蒸发问题中,凝聚相与气相在相界面处,可能发生各组分的法向扩散物质流。界面处的物理化学过程也会消耗或产生某种组分,于是在扩散和物理化学过程的共同作用下,在相界面处就会产生一个总体的法向物质流。这个现象是斯蒂芬在研究水面蒸发时首先发现的,因此称为斯蒂芬流。

下面用两个例子来说明斯蒂芬流产生的条件和物理实质。

第一个例子如图 2-11 所示,AB 是水面,在 AB 上方只有水汽和空气两种组分。分别用 Y_{H_2O} 和 Y_{air} 表示水汽和空气的质量分数。且有

$$Y_{H_2O} + Y_{air} = 1 \tag{2-128}$$

由于水的蒸发,显然在水面附近,水汽的质量分数比远处空间大,于是就出现了水汽的分子扩散流(流向远处),即

$$J_{H_2O} = -\rho_0 D_0 \left(\frac{\partial Y_{H_2O}}{\partial y} \right)_0 \tag{2-129}$$

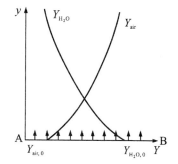

图 2-11 水面蒸发时的斯蒂芬流

与此同时,水面附近的空气质量分数必然比远处小,于是就会产生一个反向的空气分子扩散流(流向水面),即

$$J_{air} = -\rho_0 D_0 \left(\frac{\partial Y_{air}}{\partial y} \right)_0 \tag{2-130}$$

并且

$$\left(\frac{\partial Y_{H_2O}}{\partial y} \right)_0 = -\left(\frac{\partial Y_{air}}{\partial y} \right)_0 \tag{2-131}$$

但水面既不吸收空气,又不排出空气。那么流向水面的空气到哪里去了呢?这里只能有一种解释,即在分界面处,除了有扩散流外,一定还有一个与空气扩散流方向相反的空气-水汽

混合物的整体流动(斯蒂芬流 g_s),使得空气在相分界处的总物质流量为零,也就是每一组分的总物质流可以分为两部分:一部分是该组分由于浓度梯度造成的扩散物质流;另一部分是混合气整体流动中所携带的该组分的物质流。假设混合气体内整体流速为 v_0,密度为 ρ_0,则

空气的总物质流量＝空气分子扩散流量＋整体流动所携带的空气流量

$$g_{air,0} = -\rho_0 D_0 \left(\frac{\partial Y_{air}}{\partial y} \right)_0 + Y_{air,0} \rho_0 v_0 = 0 \tag{2-132}$$

水的蒸发流量＝水分子扩散流量＋整体流动所携带的水蒸气量

$$g_{H_2O,0} = -\rho_0 D_0 \left(\frac{\partial Y_{H_2O}}{\partial y} \right)_0 + Y_{H_2O,0} \rho_0 v_0 = 0 \tag{2-133}$$

由式(2-131)和式(2-132)可得

$$-\rho_0 D_0 \left(\frac{\partial Y_{H_2O}}{\partial y} \right)_0 = \rho_0 D_0 \left(\frac{\partial Y_{air}}{\partial y} \right)_0 = Y_{air,0} \rho_0 v_0 \tag{2-134}$$

再根据式(2-128)得

$$g_{H_2O,0} = Y_{H_2O,0} \rho_0 v_0 + Y_{air,0} \rho_0 v_0 = \rho_0 v_0 = g \tag{2-135}$$

或

$$g_{H_2O,0} = \rho_0 v_0 = -\frac{\rho_0 D_0}{1 - Y_{H_2O,0}} \left(\frac{\partial Y_{H_2O}}{\partial y} \right)_0 \tag{2-136}$$

式(2-135)和式(2-136)常用来确定液体蒸发时的边界条件。

第二个例子是碳粒在纯氧中燃烧,这时假定在碳粒表面的化学反应是:

$$C + O_2 \rightarrow CO_2$$
$$12 \quad 32 \quad 44$$

这时碳粒上方的混合气只由 O_2 和 CO_2 组成,故有

$$Y_{O_2} + Y_{CO_2} = 1 \tag{2-137}$$

显然,碳粒表面附近 $\left(\frac{\partial Y_{CO_2}}{\partial y} \right)_0 < 0$, $\left(\frac{\partial Y_{O_2}}{\partial y} \right)_0 > 0$。两种组分扩散的同时存在,要求这两种分子扩散流大小相等,方向相反,即

$$-\rho_0 D_0 \left(\frac{\partial Y_{CO_2}}{\partial y} \right)_0 = \rho_0 D_0 \left(\frac{\partial Y_{O_2}}{\partial y} \right)_0 \tag{2-138}$$

或

$$J_{O_2,0} = -J_{CO_2,0} \tag{2-139}$$

但是由化学反应的当量关系,O_2 和 CO_2 消耗和产生的物质的量相等,故两种组分的质量流量之比应为

$$g_{CO_2,0} = -\frac{44}{32} g_{O_2,0} \tag{2-140}$$

由此可知,CO_2 的扩散流量小于在碳粒表面产生的 CO_2 的量,于是在碳粒表面附近将产生 CO_2 的质量堆积,出现局部高压区,故必然在碳粒表面存在一个与 CO_2 分子扩散流方向相同的整体流动,即斯蒂芬流 g_s。

$$g_{O_2,0} = -\rho_0 D_0 \left(\frac{\partial Y_{O_2}}{\partial y} \right)_0 + Y_{O_2,0} \rho_0 v_0 \tag{2-141}$$

$$g_{CO_2,0} = -\rho_0 D_0 \left(\frac{\partial Y_{CO_2}}{\partial y} \right)_0 + Y_{CO_2,0} \rho_0 v_0 \tag{2-142}$$

$$\sum_i g_{i,0} = g_{O_2,0} + g_{CO_2,0} = (Y_{O_2,0} + Y_{CO_2,0})\rho_0 v_0 = \rho_0 v_0 \qquad (2-143)$$

由式(2-140),得知

$$g_s = g_{O_2,0} + g_{CO_2,0} = -\frac{12}{32} g_{O_2,0} = g_c \qquad (2-144)$$

碳的燃烧和水蒸发不同的是,任一气体组分的物质流都不为零,也不等于斯蒂芬流,而是两种组分物质流的总和(代数和)是斯蒂芬流 g_s,它在数量上等于碳的燃烧速率 g_c。

最后需要再次强调,斯蒂芬流发生的充要条件是:在相分界面上既有物理化学过程又有扩散过程,只有在两者的共同影响下才会产生斯蒂芬流,多组分气体流过惰性表面(有扩散无物化过程)或在真空中蒸发(有相变物理过程无扩散)都不会产生斯蒂芬流。

2.6.2　相分界面上的边界条件

根据斯蒂芬流的概念,可由相分界面上物质平衡和热量平衡出发,得出扩散方程和能量方程在液-气相分界面上的边界条件,如图 2-12 所示。

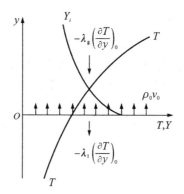

图 2-12　相分界面上的热量平衡和物质平衡

液-气相分界面上的物质平衡,即

$$\left.\begin{aligned}
g_{F,0} &= -\rho_0 D_0 \left(\frac{\partial Y_F}{\partial y}\right)_0 + Y_{F,0} \rho_0 v_0 = \rho_0 v_0 \\
g_{ox,0} &= -\rho_0 D_0 \left(\frac{\partial Y_{ox}}{\partial y}\right)_0 + Y_{ox,0} \rho_0 v_0 = 0 \\
g_{pr,0} &= -\rho_0 D_0 \left(\frac{\partial Y_{pr}}{\partial y}\right)_0 + Y_{pr,0} \rho_0 v_0 = 0 \\
g_{iner,0} &= -\rho_0 D_0 \left(\frac{\partial Y_{iner}}{\partial y}\right)_0 + Y_{iner,0} \rho_0 v_0 = 0
\end{aligned}\right\} \qquad (2-145)$$

$$\sum_i g_{i,0} = g_{F,0} + g_{ox,0} + g_{pr,0} + g_{iner,0} = \rho_0 v_0 \qquad (2-146)$$

$$\sum_i Y_{i,0} = Y_{F,0} + Y_{ox,0} + Y_{pr,0} + Y_{iner,0} = 1 \qquad (2-147)$$

式中,角标 F,ox,pr,iner 分别表示燃料、氧化剂、燃料产物和惰性物质,相分界面上的热平衡,即

$$-\lambda_g \left(\frac{\partial T}{\partial y}\right)_0 = \rho_0 v_0 L - \lambda_l \left(\frac{\partial T}{\partial y}\right)_{l,0} - q_r \qquad (2-148)$$

式中,L 为蒸发潜热;λ_g 和 λ_l 分别为相界面处气相和液相的导热系数;q_r 为辐射热。

若忽略辐射热,也可以把式(2-148)改写为

$$\lambda_g \left(\frac{\partial T}{\partial y} \right)_0 = \rho_0 v_0 q_e \tag{2-149}$$

$$q_e = L + c_{p,i}(T_0 - T_1) \tag{2-150}$$

式中,T_0 和 T_1 分别为液相表面和深处的温度。

习题与思考题

2-1　请简述牛顿黏性定律,并用数学公式表示。

2-2　什么情况下会发生单纯的扩散现象?请举例说明。

2-3　对于燃烧过程来说,都有哪些传热现象?请计算燃烧火焰的总传热量,并说明计算公式中各项的物理意义。

2-4　对于燃烧过程来说,都有哪些传质现象?请计算燃烧火焰的总传质量,并说明计算公式中各项的物理意义。

2-5　请给出多组分系统的组分守恒关系,并推导组分守恒方程。

2-6　请简述泽尔多维奇转换在实际工程中的应用。

2-7　请给出几个流动相似和传热相似的相似准数,并说明它们的物理意义。

2-8　请分别解释冻结流动和平衡流动,并说明在这两种情况下控制燃烧的主要因素是什么?

2-9　什么是斯蒂芬(Stefan)流?并给出产生斯蒂芬(Stefan)流的充分必要条件。

第3章 燃烧化学热力学基础

【内容提要】

燃烧化学热力学的基本任务有两个:第一个任务是根据热力学第一定律分析化学能转变为热能的能量变化,这里主要确定化学反应的热效应;第二个任务是根据热力学第二定律分析化学平衡条件以及平衡时系统的状态。本章侧重于燃烧平衡时的基本参数——燃烧产物温度和成分的确定上。

【本章学习要求】

通过本章的学习,应熟悉并掌握以下主要内容:

(1) 燃烧化学反应热效应的计算方法;

(2) 热化学定律及其应用;

(3) 自由能和平衡常数的概念;

(4) 绝热火焰温度的计算方法。

3.1 生成热、反应热及燃烧热

所有的化学反应都伴随着能量的吸收或释放。而能量通常是以热量的形式出现的。当反应体系在等温条件下进行某一化学反应过程时,除膨胀功外,不做其他功,此时体系吸收或释放的热量,称为该反应的热效应。对已知某化学反应来说,通常所谓热效应如不特别注明,都是指等压条件下的热效应。当反应在 1 atm[①],298 K 下进行,此时的反应热效应称为标准热效应,并以 ΔH_{298}^{0} 表示。这里上标"0"代表标准压力 1 atm,下标"298"代表标准温度 298 K。根据热力学惯例,吸热为正值,放热为负值。

3.1.1 生成热

标准生成热定义为:由最稳定的单质化合成标准状态下 1 mol 物质的反应热,以 Δh_{f298}^{0} 表示,单位为 kJ/mol。

一些物质的标准生成热见表 3-1。很明显,稳定单质的生成热都等于零。

例如:H_2 与 I_2 反应的热化学方程式可以写成

$$\frac{1}{2}H_2(g) + \frac{1}{2}I_2(s) \rightarrow HI(g)$$

$$\Delta h_{f298}^{0} = 25.10 \text{ kJ/mol}$$

这里 H_2 和 I_2 是稳定单质,故 $\Delta h_{f298}^{0} = 25.10$ kJ/mol 是 HI 的标准生成热。符号 s 代表固态,g 代表气态,类似地,l 代表液态。

但下列热化学方程:

---

① 1 atm=101 325 Pa。

$$CO(g) + \frac{1}{2}O_2(g) \rightarrow CO_2(g)$$

$$\Delta h^0_{298} = -282.84 \text{ kJ/mol}$$

$$N_2(g) + 3H_2(g) \rightarrow 2NH_3(g)$$

$$\Delta h^0_{298} = 82.04 \text{ kJ/mol}$$

由于 CO 是化合物,不是稳定单质,故 $\Delta h^0_{298} = -282.84$ kJ/mol 不是 CO_2 的标准生成热。N_2,H_2 虽是稳定单质,但生成物为 2 mol NH_3,故 $\Delta h^0_{298} = 82.04$ kJ/mol 也不是 NH_3 的标准生成热。

因为有机化合物大都不能从稳定单质生成,因此,表 3-1 中的有机化合物的标准生成热并不是直接测定的,而是通过计算得到的。

表 3-1　物质的标准生成热(1 atm,298 K)

名　称	分子式	状　态	标准生成热/$(kJ \cdot mol^{-1})$
一氧化碳	CO	气	-110.54
二氧化碳	CO_2	气	-393.51
甲烷	CH_4	气	-74.85
乙炔	C_2H_2	气	226.90
乙烯	C_2H_4	气	52.55
苯	C_6H_6	气	82.93
苯	C_6H_6	液	48.04
辛烷	C_8H_{18}	气	-208.45
正辛烷	C_8H_8	液	-249.95
正辛烷	C_8H_8	气	-208.45
氧化钙	CaO	晶体	-635.13
碳酸钙	$CaCO_3$	晶体	-1 211.27
氧	O_2	气	0
氮	N_2	气	0
碳(石墨)	C	晶体	0
碳(钻石)	C	晶体	1.88
水	H_2O	气	-241.84
水	H_2O	液	-285.85
乙烷	C_2H_6	气	-84.68
丙烷	C_3H_8	气	-103.85
正丁烷	C_4H_{10}	气	-124.73
异丁烷	C_4H_{10}	气	-131.59
正戊烷	C_5H_{12}	气	-146.44
正己烷	C_6H_{14}	气	-167.19
正庚烷	C_9H_{16}	气	-187.82
丙烯	C_3H_6	气	20.42
甲醛	CH_2O	气	-113.80

名　称	分子式	状　态	标准生成热/(kJ·mol^{-1})
乙醛	C_2H_4O	气	-166.36
甲醇	CH_3OH	液	-238.57
乙醇	C_2H_6O	液	-277.65
甲酸	CH_2O_2	液	-409.20
醋酸	$C_2H_4O_2$	液	-487.02
乙二酸	CH_2O_4	固	-826.76
四氧化碳	CCl_4	液	-139.33
氨基乙酸	$C_2H_5O_2N$	固	-528.56
氨	NH_3	气	-41.02^*
溴化氢	HBr	气	35.98^*
碘化氢	HI	气	25.10^*

* 标准温度为 291 K。

3.1.2　反应热

等温等压条件下反应物形成生成物时吸收或释放的热量称为反应热,以 ΔH_R 表示。其值等于生成物焓的总和与反应物焓的总和之差。在标准状态下的反应热称为标准反应热,以 ΔH_{R298}^0 表示,单位为 kJ。

$$\Delta H_{R298}^0 = \sum_{s=p} M_s \Delta h_{f298s}^0 - \sum_{j=R} M_j \Delta h_{f298j}^0 \qquad (3-1)$$

式中,M_s,M_j 分别表示生成物和反应物的物质的量;Δh_{f298s}^0,Δh_{f298j}^0 分别表示生成物和反应物的标准生成热。

例如:

$$C(s) + O_2(g) \rightarrow CO_2(g)$$

的标准反应热由式(3-1)求得

$$\Delta H_{R298}^0 = M_{CO_2} \Delta h_{f298CO_2}^0 - (M_C \Delta h_{f298C}^0 + M_{O_2} \Delta h_{f298O_2}^0) =$$
$$1 \times (-393.51) - (1 \times 0 + 1 \times 0) = -393.51 \text{ kJ}$$

由表 3-1 可以查得 CO_2 的标准生成热 $\Delta h_{f298}^0 = -393.51$ kJ/mol,这就意味着如果反应物是稳定单质,生成物为 1 mol 的化合物时,反应热在数值上就等于该化合物的生成热。

对任意给定压力和温度的反应热的计算可以按下面的方法确定。对理想气体,焓值不取决于压力,反应热也与压力无关,而只随温度变化。在任意压力和温度下,反应热 ΔH_R 应等于系统从反应物转变成生成物时焓的减少,即

$$\Delta H_R = \sum_{s=p} M_s \Delta h_{fTs} - \sum_{j=R} M_j \Delta h_{fTj} \qquad (3-2)$$

ΔH_R 随温度的变化为

$$\left. \frac{d\Delta H_R}{dT} \right|_p = \sum_{s=p} M_s \left. \frac{d\Delta h_{fTs}}{dT} \right|_p - \sum_{j=R} M_j \left. \frac{d\Delta h_{fTj}}{dT} \right|_p \qquad (3-3)$$

由比定压热容的定义可得

$$\left. \frac{d\Delta H_R}{dT} \right|_p = \sum_{s=p} M_s C_{ps} - \sum_{j=R} M_j C_{pj} \qquad (3-4)$$

这个结果说明,反应热随温度的变化速率等于反应物和生成物的比定压热容差,此即为反

应热随温度变化的基尔霍夫(Kirc-hoff)定律。如果需求出两个温度间反应热的变化,可以积分式(3-4),得

$$\Delta H_{R_2} - \Delta H_{R_1} = \int_{T_1}^{T_2} \left(\sum_{s=p} M_s C_{ps} - \sum_{j=R} M_j C_{pj} \right) dT \qquad (3-5)$$

式中,ΔH_{R_2},ΔH_{R_1} 分别为温度 T_2,T_1 的反应热;C_{ps},C_{pj} 分别表示生成物和反应物的比定压热容,其值随温度而变化。如果认为 C_{ps},C_{pj} 与温度关系不大,则有

$$\Delta H_{R_2} - \Delta H_{R_1} = \sum_{s=p} M_s C_{ps}(T_2 - T_1) - \sum_{j=R} M_j C_{pj}(T_2 - T_1) \qquad (3-6)$$

如果已知标准反应热 $\Delta H_{R_1} = \Delta H_{R298}^0$,可由式(3-5)或式(3-6)计算任何温度下的反应热 ΔH_{R_2}。

3.1.3　燃烧热

1 mol 的燃料和氧化剂在等温等压条件下完全燃烧释放的热量称为燃烧热。标准状态时的燃烧热称为标准燃烧热,以 Δh_{C298}^0 表示,单位为 kJ/mol。

表3-2列出了某些燃料在等温等压条件下的标准燃烧热。其完全燃烧产物为 $H_2O(l)$,$CO_2(g)$ 及 $N_2(g)$。要注意的是,这里的 H_2O 为液态,而不是气态,由表3-1可知,$H_2O(l)$ 的生成热和 $H_2O(g)$ 的生成热是不同的。

$$H_2O(l) \rightarrow H_2O(g)$$
$$\Delta h_{298}^0 = -44.01 \text{ kJ/mol}$$

这里 Δh_{298}^0 为 1 mol 水的汽化潜热。表3-2中列出的标准燃烧热,在工程上一般称为高位热值。标准燃烧热也可以按式(3-1)计算。

表3-2　某些燃料的标准燃烧热(1 atm,298 K,产物 N_2,$H_2O(l)$ 和 CO_2)

名　称	分子式	状　态	标准燃烧热/(kJ·mol^{-1})
碳(石墨)	C	固	−392.88
氢	H_2	气	−285.77
一氧化碳	CO	气	−282.84
甲烷	CH_4	气	−881.99
乙烷	C_2H_6	气	−1 541.39
丙烷	C_3H_8	气	−2 201.61
丁	C_4H_{18}	液	−2 870.64
戊烷	C_5H_{12}	液	−3 486.95
庚烷	C_7H_{16}	液	−4 811.18
烷	C_8H_{18}	液	−5 450.50
十二烷	$C_{12}H_{26}$	液	−8 132.43
十六烷	$C_{16}H_{34}$	固	−1 070.69
乙烯	C_2H_4	气	−1 411.26
乙醇	C_2H_5OH	液	−1 370.94
甲醇	CH_3OH	液	−712.95
苯	C_6H_6	液	−3 273.14
环庚烷	C_7H_{14}	液	−4 549.26

名　称	分子式	状　态	标准燃烧热/$(kJ \cdot mol^{-1})$
环戊烷	C_5H_{10}	液	$-3\,278.59$
醋酸	$C_2H_4O_2$	液	-876.13
苯酸	$C_7H_6O_2$	固	$-3\,226.7$
乙基醋酸盐	$C_4H_8O_2$	液	$-2\,246.39$
茶	$C_{10}H_8$	固	$-5\,155.94$
蔗糖	$C_{12}H_{22}O_{11}$	固	$-5\,645.73$
茨酮	$C_{10}H_{16}O$	固	$-5\,903.62$
甲苯	C_7H_8	液	$-3\,908.69$
一甲苯	C_8HO	液	$-4\,567.67$
氨基甲酸乙酯	$C_5H_7NO_2$	固	$-1\,661.88$
苯乙烯	C_8H_8	液	$-4\,381.09$

【例 3-1】 试求甲烷在空气中完全燃烧时的燃烧热。

解：先写出热化学方程式

$$a\,CH_4(g) + b\,O_2(g) + 3.76\,b\,N_2(g) \rightarrow c\,CO_2(g) + d\,H_2O(l) + 3.76b\,N_2(g)$$

根据质量守恒,可得

碳,$a = c$;　氢,$4a = 2d$;　氧,$2b = 2c + d$;　氮,$2 \times 3.76b = 2 \times 3.76b$

假定取 $a = 1$,解得,$a = c = 1$,$d = 2$,$b = 2$。结果得到

$$CH_4(g) + 2O_2(g) + 7.52N_2(g) \rightarrow CO_2(g) + 2H_2O(l) + 7.52N_2(g)$$

由表 3-1 知

$$\Delta h^0_{f298CO_2} = -393.51 \text{ kJ/mol}$$

$$\Delta h^0_{f298H_2O(l)} = -285.85 \text{ kJ/mol}$$

$$\Delta h^0_{f298CH_4} = -74.85 \text{ kJ/mol}$$

$$\Delta h^0_{f298N_2} = 0$$

$$\Delta h^0_{f298O_2} = 0$$

则燃烧热可以由式(3-1)计算。这里 CH_4 为 1 mol,因此其反应热在数值上等于 CH_4 的燃烧热。

$$\Delta H^0_{R\,298} = \Delta h^0_{C\,298} = \sum_{s=p} M_s \Delta h^0_{f\,s} - \sum_{j=R} M_j \Delta h^0_{f\,j} =$$

$$[1 \times (-393.51) + 2 \times (-285.85) + 7.52 \times 0] -$$

$$[1 \times (-74.85) + 2 \times 0 + 7.52 \times 0] = -890.36 \text{ kJ/mol}$$

计算值与表 3-2 查到的 CH_4 燃烧热很接近。

3.2　热化学定律

在工程实际中,常常会遇到有些难于控制和难于直接测定其热效应的反应,通过热化学定律可以用间接方法把它计算出来,这样就不必每个反应都要做试验。

3.2.1　拉瓦锡-拉普拉斯(Laplace)定律

该定律指出:化合物的分解热等于它的生成热,而符号相反。

根据这个定律,我们能够按相反的次序来列热化学方程,从而可以根据化合物的生成热来确定化合物的分解热。

例如,CO_2 的标准生成热可从表 3-1 查得

$$C(s) + O_2(g) \rightarrow CO_2(g)$$

$$\Delta h^0_{f298} = -393.51 \text{ kJ/mol}$$

但是,CO_2 的分解热很难测定。根据本定律可以求得 CO_2 的分解热:

$$CO_2(g) \rightarrow C(s) + O_2(g)$$

$$\Delta h^0_{298} = 393.51 \text{ kJ/mol}$$

3.2.2　盖斯(Hess)定律

实验证明,不管化学反应是一步完成的,还是分几步完成的,该反应的热效应相同。换言之,即反应的热效应只与起始状态和终了状态有关,而与变化的途径无关,这就是盖斯定律。该定律暗示了热化学方程能够用代数方法作加减。

例如,碳和氧化合成一氧化碳的生成热就不能直接用实验测定,因为产物中必然混有 CO_2,但可以间接地根据下列两个燃烧反应式求出:

$$C(s) + O_2(g) \rightarrow CO_2(g)$$

$$\Delta h^0_{C298} = -392.88 \text{ kJ/mol}$$

$$CO(g) + \frac{1}{2}O_2(g) \rightarrow CO_2(g)$$

$$\Delta h^0_{C298} = -282.84 \text{ kJ/mol}$$

两式相减,得

$$C(s) + \frac{1}{2}O_2(g) \rightarrow CO(g)$$

$$\Delta h^0_{f298} = -110.04 \text{ kJ/mol}$$

为了求出反应的热效应,可以借助于某些辅助反应,至于反应究竟是否按照中间途径进行,可不必考虑。但是由于每一个实验数据都有一定的误差,所以应尽量避免引入不必要的辅助反应。

前面讲过,有机化合物的生成热不是直接测定的,而是通过计算得来的。下面举例说明。

【例 3-2】　试求苯的生成热。

解:已知苯的热化学方程为

$$C_6H_6(l) + \frac{15}{2}O_2(g) \rightarrow 3H_2O(l) + 6CO_2(g)$$

$$\Delta h^0_{C298} = -3\ 273.14 \text{ kJ/mol}$$

由于 C_6H_6 为 1 mol,因此该式反应热在数值上等于 C_6H_6 的燃烧热。由式(3-1)可得

$$\Delta H^0_{R298} = (3\Delta h^0_{f298H_2O(l)} + 6\Delta h^0_{f298CO_2}) - \left(\Delta h^0_{f298C_6H_6} + \frac{15}{2}\Delta h^0_{f298O_2}\right)$$

其中,$H_2O(l)$,$CO_2(g)$ 及 $O_2(g)$ 的生成热均可由表 3-1 查得,$\Delta H^0_{R298} = -3\ 273.14 \text{ kJ/mol}$,即可求得 C_6H_6 的生成热 Δh^0_{f298}。

3.3　自由能与平衡常数

　　某一等压、绝热燃烧系统,反应放出的全部热量完全用于提高燃烧产物的温度,则这个温度就叫绝热火焰温度 T_f。通常应用标准反应热来进行 T_f 的计算。为了便于计算,绝热火焰温度也以 298 K 为起点。则有:

$$\Delta H_{R\,298}^0 = -\sum_{s=p}\int_{298}^{T_f} M_s C_{ps}\mathrm{d}T \tag{3-7}$$

其中标准反应热可按式(3-1)计算。

　　如果式(3-7)中燃烧产物各组分物质的量 M_s 已知,则解该方程便可求出绝热火焰温度 T_f。对于燃烧产物温度低于 1 250 K 的反应系统,由于燃烧产物 CO_2,H_2O,N_2 和 O_2 等是正常的稳定物质,因而它们的物质的量可以根据简单的质量平衡计算出来。然而大多数燃烧系统所达到的温度明显地高于 1 250 K,这时就会出现上述稳定物质的离解。由于离解反应吸热很多,因此少量的离解将会显著地降低火焰温度。根据化学平衡原则,燃烧产物的组成极大地取决于最终温度。可以看出,在有离解的情况下,燃烧产物的确定变得更加复杂,式(3-7)中的 M_s 及 T_f 同样都是未知数。为了求解该方程,必须借助于化学平衡的概念。

3.3.1　热力学平衡与自由能

　　化学系统的热力学平衡条件可从热力学第一、二定律得到

$$\delta q = \mathrm{d}u + p\,\mathrm{d}v \tag{3-8}$$

$$\mathrm{d}s = \frac{\delta q}{T} \tag{3-9}$$

　　在等温等压条件下,利用式(3-8)、式(3-9)可得

$$\mathrm{d}(u + pv - Ts)_{T,p} = 0 \tag{3-10}$$

　　因为 $h = u + pv$,则吉布斯(Gibbs)自由能为

$$g \equiv u + pv - Ts = h - Ts \tag{3-11}$$

代入式(3-10),可求得等温等压条件下热力学平衡条件为

$$(\mathrm{d}g)_{T,p} = 0 \tag{3-12}$$

　　下面推导吉布斯自由能和压力的关系。对式(3-11)微分得

$$\mathrm{d}g = \mathrm{d}h - T\mathrm{d}s - s\mathrm{d}T = \mathrm{d}u + p\,\mathrm{d}v + v\,\mathrm{d}p - T\mathrm{d}s - s\mathrm{d}T \tag{3-13}$$

由式(3-8)、式(3-9)可得

$$T\mathrm{d}s = \mathrm{d}u + p\,\mathrm{d}v$$

代入式(3-13),简化后得

$$\mathrm{d}g = v\,\mathrm{d}p - s\,\mathrm{d}T \tag{3-14}$$

对于理想气体,由于吉布斯自由能是压力、温度的函数,即 $g = f(p,T)$,则有

$$\mathrm{d}g = \frac{\partial g}{\partial p}\bigg|_T \mathrm{d}p + \frac{\partial g}{\partial T}\bigg|_p \mathrm{d}T \tag{3-15}$$

比较式(3-14)和式(3-15),得

$$\frac{\partial g}{\partial p}\bigg|_T = v \tag{3-16}$$

对 1 mol 理想气体 $v=RT/p$,代入式(3-16)并积分,可得到吉布斯自由能随压力的变化关系,即

$$\Delta g_T^p - \Delta g_T^0 = RT\int_{p_0}^{p} \frac{\mathrm{d}p}{p} = RT\ln\frac{p}{p_0} \tag{3-17}$$

3.3.2 标准自由能与平衡常数

对某一反应系统来说,标准反应自由能也可以和标准反应热相类似地定义为

$$\Delta G_{R298}^0 = \sum_{s=p} M_s \Delta g_{f298s}^0 - \sum_{j=R} M_j \Delta g_{f298j}^0 \tag{3-18}$$

式中,Δg_{f298s}^0,Δg_{f298j}^0 分别为生成物和反应物的标准生成自由能。它定义为:在标准状态下,稳定单质生成 1 mol 化合物的自由能。它们的某些值列于表 3-3 中,显然稳定单质的标准生成自由能等于零。标准生成自由能单位为 kJ/mol。

表 3-3 某些物质的标准生成自由能 Δg_{f298}^0

kJ/mol

气　体		气态有机化合物		
H_2O	-228.61	甲烷	CH_4	-50.79
O_3	163.43	乙烷	C_2H_6	-32.89
HCl	-95.27	丙烷	C_3H_8	-23.47
HBr	-53.22	正丁烷	C_4H_{10}	-15.69
HI	1.55	异丁烷	C_4H_{10}	-17.99
SO_2	-300.37	正戊烷	C_5H_{12}	-8.20
SO_3	-370.37	异戊烷	C_5H_{12}	-14.64
H_2S	-33.01	新戊烷	C_5H_{12}	-15.06
N_2O	104.18	乙烯	C_2H_4	68.12
NO	86.69	乙炔	C_2H_2	200.92
NO_2	51.84	1-丁烯	C_4H_8	72.05
NH_3	-16.61	顺-2-丁烯	C_4H_8	65.86
CO	-137.28	反-2-丁烯	C_4H_8	62.97
CO_3	-394.38	异丁烯	C_4H_8	58.07
		1,3-丁烯	C_6H_6	150.67
		氯甲烷	CH_3Cl	-58.58
气体原子		液态有机化合物		
H	203.26	甲醇	CH_2OH	-166.23
F	59.41	乙醇	C_2H_5OH	-174.73
Cl	105.39	醋酸	$C_2H_4O_2$	-392.46
Br	82.38	苯	C_6H_6	129.70
I	70.17	三氯甲烷	$CHCl_3$	-71.55
C	673.00	四氯化碳	CCl_4	-68.62
N	340.87			
O	230.08			

反应系统的标准反应自由能的单位为 kJ。ΔG_{R298}^0 的"正"值表示必须向系统输入功;"负"值表示反应能自发进行,并在过程中向周围环境做出净功。反应处于化学平衡状态时,反应自由能为零。

化学平衡状态从宏观上看表现为静态,但实际上是一种动态平衡。考虑一个任意的平衡反应

$$a\,A + b\,B \underset{k_b}{\overset{k_f}{\rightleftharpoons}} c\,C + d\,D$$

其标准反应自由能为

$$\Delta G_{R298}^0 = c\,\Delta g_{f298C}^0 + d\,\Delta g_{f298D}^0 - a\Delta g_{f298A}^0 - b\,\Delta g_{f298B}^0$$

当总压力为 p 时,则有

$$\Delta G_{R298}^p = c\,\Delta g_{f298C}^p + d\,\Delta g_{f298D}^p - a\,\Delta g_{f298A}^p - b\,\Delta g_{f298B}^p$$

由于压力变化,反应自由能的变化如下:

$$\Delta G_{R298}^p - \Delta G_{R298}^0 = c\,(\Delta g_{f298C}^p - \Delta g_{f298C}^0) + d\,(\Delta g_{f298D}^p - \Delta g_{f298D}^0) - $$
$$a\,(\Delta g_{f298A}^p - \Delta g_{f298A}^0) - b\,(\Delta g_{f298B}^p - \Delta g_{f298B}^0)$$

利用式(3-17),可得

$$\Delta G_{R298}^p - \Delta G_{R298}^0 = RT(c\ln p_C + d\ln p_D - a\ln p_A - b\ln p_B) = RT\ln\left(\frac{p_C^c p_D^d}{p_A^a p_B^b}\right) \quad (3-19)$$

其中,p_A, p_B, p_C, p_D 为对应物质的分压力。

当平衡时,有 $\Delta G_{R298}^p = 0$,即

$$\ln\left(\frac{p_C^c p_D^d}{p_A^a p_B^b}\right) = -\frac{\Delta G_{R298}^0}{RT} \quad (3-20)$$

式中,令

$$K_p = \frac{p_C^c p_D^d}{p_A^a p_B^b}$$

为以分压力表示的平衡常数,将其代入式(3-20)可得

$$\ln K_p = -\frac{\Delta G_{R298}^0}{RT} \quad (3-21)$$

$$K_p = \exp\left(-\frac{\Delta G_{R298}^0}{RT}\right) \quad (3-22)$$

这样,平衡常数 K_p 就可以根据标准反应自由能求得。对一定的反应物质,ΔG_{R298}^0 是定值,因此,由式(3-22)可知,平衡常数仅仅是温度的函数,而与压力无关。

表 3-4 列出了不同温度时以下 17 种反应的 $\log_{10} K_p$ 值。注意:

$$\ln K_p = \frac{\log_{10} K_p}{2.3}$$

① $SO_2 + \frac{1}{2}O_2 \rightleftharpoons SO_3$

② $\frac{1}{2}O_2 + \frac{1}{2}N_2 \rightleftharpoons NO$

③ $\frac{1}{2}O_2 \rightleftharpoons O$

④ $\dfrac{1}{2}H_2 \rightleftharpoons H$

⑤ $\dfrac{1}{2}N_2 + \dfrac{3}{2}H_2 \rightleftharpoons NH_3$

⑥ $\dfrac{1}{2}N_2 \rightleftharpoons N$

⑦ $NO \rightleftharpoons N + O$

⑧ $H_2O \rightleftharpoons H_2 + \dfrac{1}{2}O_2$

⑨ $H_2O \rightleftharpoons \dfrac{1}{2}H_2 + OH$

⑩ $CO_2 + H_2 \rightleftharpoons CO + H_2O$

⑪ $CO_2 + C \rightleftharpoons 2CO$

⑫ $CO_2 \rightleftharpoons CO + \dfrac{1}{2}O_2$

⑬ $2C + H_2 \rightleftharpoons C_2H_2$

⑭ $H_2 + CO \rightleftharpoons C + H_2O$

⑮ $C + 2H_2 \rightleftharpoons CH_4$

⑯ $CO + 2H_2 \rightleftharpoons CH_3OH$

⑰ $CO + 3H_2 \rightleftharpoons CH_4 + H_2O$

有许多化学反应的平衡常数实际上是无法查到的,但可以利用简单化学反应的平衡常数,通过代数计算求得。

例如,已知下列两个反应的平衡常数为

$$H_2O \rightleftharpoons \frac{1}{2}H_2 + OH$$

$$K_{p_1} = \frac{p_{H_2}^{1/2}\, p_{OH}}{p_{H_2O}}$$

$$\frac{1}{2}H_2 \rightleftharpoons H$$

$$K_{p_2} = \frac{p_H}{p_{H_2}^{1/2}}$$

可以求得下面反应的平衡常数为

$$H_2O \rightleftharpoons H + OH$$

$$K_p = \frac{p_H\, p_{OH}}{p_{H_2O}} = K_{p_1} K_{p_2}$$

对于有固体碳的燃烧系统,固体物质的分压力可忽略不计,如:

$$C(s) + O_2 \rightleftharpoons CO_2$$

$$K_p = \frac{p_{CO_2}}{p_{O_2}}$$

表 3－4　17 种气体反应的平衡常数

反应的 $\log_{10}K_p$ 值

T/K	1	2	3	4	5	6	7	8	9	10	11	12	13	14	15	16	17
298.2	11.91	−15.04			3.70					−4.50	−20.52			16.02	11.00	4.62	27.02
400	7.68	−11.07			1.07					−2.90	−13.02			10.12	6.65	0.35	16.77
500	5.21	−8.74			−0.45					−2.02	−8.64			6.62	4.08	−2.15	10.70
600	3.57	−7.20			−1.41					−1.43	−5.69	−20.11		4.26	2.36	−3.81	6.60
700	2.37	−6.07			−2.11			−15.75	−16.60	−1.00	−3.59	−16.59	−13.73	2.59	1.12	−5.02	3.71
800	1.47	−5.11	−11.06	−9.95	−2.63	−20.40		−13.26	−14.06	−0.67	−1.98	−13.93	−11.63	1.31	0.20	−5.92	1.51
900	0.78	−4.58	−9.67	−8.65	−3.05	−17.70		−11.45	−12.07	−0.41	−0.74	−11.86	−10.02	0.33	−0.53	−6.63	−0.20
1 000	0.22	−4.06	−8.45	−7.55	−3.39	−15.59	−21.15	−10.01	−10.50	−0.22	0.26	−10.23	−8.72	−0.48	−1.05	−7.20	−1.53
1 100	−0.23	−3.62	−7.46	−6.66	−3.64	−13.80	−18.60	−8.82	−9.22	−0.07	1.08	−8.89	−7.67	−1.15	−1.49	−7.63	−2.64
1 200	−0.59	−3.29	−6.60	−5.90	−3.86	−12.49	−16.52	−7.85	−8.14	0.06	1.74	−7.79	−6.78	−1.68	−1.91	−8.02	−3.59
1 300	−0.92	−2.99	−5.91	−5.25	−4.05	−11.10	−14.75	−6.98	−7.22	0.17	2.30	−6.81	−6.02	−2.13	−2.24	−8.37	−4.37
1 400	−1.19	−2.71	−5.29	−4.69	−4.21	−10.06	−13.29	−6.27	−6.45	0.27	2.77	−6.01	−5.40	−2.50	−2.54	−8.64	−5.06
1 500	−1.42	−2.47	−4.75	−4.19	−4.35	−9.18	−11.98	−5.68	−5.78	0.35	3.18	−5.33	−4.84	−2.83	−2.79	−8.87	−5.64
1 600	−1.61	−2.27	−4.25	−3.75	−4.47	−8.37	−10.81	−5.14	−5.20	0.42	3.56	−4.73	−4.35	−3.14	−3.01	−9.08	−6.15
1 700	−1.81	−2.09	−3.83	−3.37	−4.59	−7.67	−9.79	−4.67	−4.66	0.48	3.89	−4.19	−3.94	−3.41	−3.20	−9.27	−6.61
1 800	−1.98	−1.94	−3.44	−3.02	−4.68	−7.06	−8.93	−4.25	−4.21	0.54	4.18	−3.71	−3.56	−3.64	−3.36	−9.44	−7.00
1 900	−2.11	−1.82	−3.10	−2.74	−4.76	−6.49	−8.11	−3.87	−3.79	0.57	4.45	−3.27	−3.20	−3.86	−3.51	−9.59	−7.37
2 000	−2.25	−1.70	−2.78	−2.44	−4.83	−5.98	−7.40	−3.52	−3.49	0.64	4.69	−2.88	−2.88	−4.05	−3.64	−9.72	−7.69
2 100	−2.37	−1.58	−2.53	−2.20	−4.89	−5.52	−6.73	−3.20	−3.07	0.69	4.91	−2.54	−2.61	−4.22	−3.75	−9.84	−7.97
2 200	−2.48	−1.47	−2.29	−1.97	−4.95	−5.10	−6.12	−2.92	−2.79	0.73	5.10	−2.24	−2.37	−4.37	−3.86	−9.95	−8.23
2 300	−2.57	−1.38	−2.06	−1.75	−5.01	−4.72	−5.57	−2.67	−2.52	0.76	5.27	−1.96	−2.14	−4.51	−3.96	−10.05	−8.47
2 400	−2.66	−1.29	−1.84	−1.55	−5.07	−4.38	−5.07	−2.45	−2.27	0.79	5.43	−1.69	−1.92	−4.64	−4.06	−10.14	−8.70
2 500	−2.75	−1.21	−1.63	−1.36	−5.12	−4.06	−4.62	−2.25	−2.03	0.82	5.58	−1.43	−1.72	−4.76	−4.15	−10.22	−8.91
2 600	−2.83	−1.14			−5.17	−3.77	−4.19	−2.06	−1.81	0.85	5.72	−1.21	−1.53	−4.87	−4.23	−10.30	−9.10

续表 3-4

反应的 $\log_{10} K_p$ 值

T/K	1	2	3	4	5	6	7	8	9	10	11	12	13	14	15	16	17
2 700	−2.90	−1.07	−1.44	−1.19	−5.21	−3.49	−3.79	−1.87	−1.60	0.87	5.84	−1.00	−1.35	−4.97	−4.30	−10.47	−9.27
2 800	−2.97	−1.01	−1.26	−1.03	−5.25	−3.23	−3.42	−1.70	−1.41	0.89	5.95	−0.81	−1.18	−5.06	−4.37	−10.44	−9.43
2 900	−3.03	−0.95	−1.09	−0.89	−5.29	−3.00	−3.08	−1.54	−1.24	0.91	6.05	−0.63	−1.04	−5.14	−4.43	−10.50	−9.57
3 000	−3.09	−0.90	−0.93	−0.76	−5.32	−2.79	−2.77	−1.39	−1.07	0.93	6.16	−0.46	−0.91	−5.23	−4.49	−10.56	−9.72
3 100	−3.14	−0.85	−0.78	−0.63	−5.36	−2.60	−2.47	−1.25	−0.92	0.95	6.25	−0.30	−0.79	−5.30	−4.55	−10.61	−9.85
3 200	−3.19	−0.80	−0.63	−0.51	−5.39	−2.41	−2.19	−1.12	−0.78	0.97	6.33	−0.15	−0.68	−5.37	−4.61	−10.66	−9.98
3 300	−3.24	−0.76	−0.50	−0.40	−5.42	−2.22	−1.93	−1.00	−0.64	0.99	6.41	−0.01	−0.57	−5.44	−4.66	−10.71	−10.10
3 400	−3.28	−0.71	−0.38	−0.30	−5.45	−2.04	−1.69	−0.89	−0.51	1.01	6.49	−0.12	−0.47	−5.50	−4.71	−10.76	−10.21
3 500	−3.32	−0.67	−0.26	−0.21	−5.47	−1.86	−1.46	−0.78	−0.28	1.02	6.56	0.24	−0.37	−5.56	−4.75	−10.81	−10.31
3 600	−3.36	−0.63	−0.15	−0.11	−5.49	−1.69	−1.24	−0.68	−0.26	1.03	6.63	0.35	−0.28	−5.62	−4.78	−10.85	−10.40
3 700	−3.40	−0.59	−0.05	−0.02	−5.51	−1.53	−1.03	−0.58	−0.13	1.04	6.71	0.36	−0.19	−5.67	−4.81	−10.89	−10.48
3 800	−3.44	−0.56	0.05	0.07	−5.53	−1.39	−0.83	−0.49	−0.04	1.05	6.78	0.56	−0.11	−5.72	−4.84	−10.93	−10.56
3 900	−3.47	−0.53	0.14	0.15	−5.55	−1.26	−0.63	−0.41	0.05	1.06	6.85	0.65	−0.03	−5.78	−4.87	−10.96	−10.65
4 000	−3.50	−0.50	0.23	0.23	−5.57	−1.14	−0.44	−0.33	0.13	1.07	6.91	0.74	0.05	−5.83	−4.90	−10.99	−10.73
4 100	−3.53	−0.47	0.32	0.31	−5.59	−1.03	−0.26	−0.25	0.21	1.08	6.97	0.83	0.12	−5.88	−4.93	−11.02	−10.81
4 200	−3.56	−0.44	0.40	0.38	−5.61	−0.92	−0.09	−0.17	0.29	1.09	7.03	0.92	0.19	−5.93	−4.96	−11.05	−10.89
4 300	−3.59	−0.41	0.47	0.44	−5.62	−0.82	0.07	−0.10	0.37	1.10	7.08	1.00	0.25	−5.97	−4.99	−11.08	−10.96
4 400	−3.62	−0.39	0.54	0.50	−5.63	−0.72	0.22	−0.03	0.44	1.11	7.13	1.08	0.31	−6.01	−5.02	−11.11	−11.03
4 500	−3.65	−0.37	0.61	0.56	−5.64	−0.63	0.36	0.03	0.51	1.12	7.17	1.15	0.37	−6.05	−5.05	−11.14	−11.10
4 600	−3.67	−0.35	0.67	0.62	−5.66	−0.54	0.49	0.09	0.58	1.13	7.21	1.22	0.43	−6.08	−5.08	−11.16	−11.16
4 700	−3.69	−0.33	0.72	0.67	−5.68	−0.46	0.61	0.15	0.64	1.14	7.25	1.29	0.48	−6.11	−5.11	−11.18	−11.22
4 800	−3.71	−0.31	0.77	0.72	−5.69	−0.38	0.72	0.21	0.70	1.15	7.28	1.36	0.53	−6.13	−5.14	−11.20	−11.27
4 900	−3.73	−0.29	0.82	0.77	−5.70	−0.30	0.82	0.27	0.76	1.16	7.31	1.43	0.58	−6.15	−5.17	−11.22	−11.32
5 000	−3.75	−0.28	0.86	0.81	−5.71	−0.22	0.91	0.33	0.82	1.17	7.34	1.50	0.63	−6.17	−5.19	−11.24	−11.36

3.3.3　气体的离解

燃烧产物的组成和含量是温度和压力的函数。对于一个 C—H—O—N 系统的富氧情况来说,其主要产物是 CO_2,H_2O,O_2 及 N_2,随着火焰温度的提高,离解开始出现,从而可能产生 CO,H_2,OH,H,O,O_3,C,CH_4,N,NO 及 NH_3 等组分。但不同的温度、压力水平,它们离解的产物是不同的。

如果 $T>2\ 200$ K,$p=1$ atm 和 $T>2\ 500$ K,$p=20$ atm,将至少产生 1% 的 CO_2 和 H_2O 离解。

$$CO_2 \rightleftharpoons CO + \frac{1}{2}O_2$$

$$\Delta H^0_{R\,298} = 783.7\ kJ$$

$$H_2O \rightleftharpoons H_2 + \frac{1}{2}O_2$$

$$\Delta H^0_{R\,298} = 241.8\ kJ$$

$$H_2O \rightleftharpoons \frac{1}{2}H_2 + OH$$

$$\Delta H^0_{R\,298} = 280.7\ kJ$$

这时产物中包括 CO,H_2 和 OH。

在 $T>2\ 400$ K,$p=1$ atm 和 $T>2\ 800$ K,$p=20$ atm 时,O_2 和 H_2 离解(在富氧情况下)。

$$H_2 \rightleftharpoons 2H$$

$$\Delta H^0_{R\,298} = 434.3\ kJ$$

$$O_2 \rightleftharpoons 2O$$

$$\Delta H^0_{R\,298} = 490.4\ kJ$$

上述反应中产物是 H 和 O,实际上,O 更可能来自高温下水的离解。

$$H_2O \rightleftharpoons H_2 + O$$

$$\Delta H^0_{R\,298} = 489.1\ kJ$$

由此,在富氧的火焰里,水可离解成 H_2,O_2,OH,H 和 O 等各种成分。

在更高温度下,氮开始参加反应。当 $T>3\ 000$ K 时,发生下述反应:

$$\frac{1}{2}N_2 + \frac{1}{2}O_2 \rightleftharpoons NO$$

$$\Delta H^0_{R\,298} = 90.0\ kJ$$

当 $T>3\ 000$ K,$p=1$ atm 和 $T>3\ 600$ K,$p=20$ atm 时,N_2 按下式开始离解:

$$N_2 \rightleftharpoons 2N$$

$$\Delta H^0_{R\,298} = 941.8\ kJ$$

由上可知,求解绝热火焰温度的复杂性在于产物的组成。如果知道了系统的大概温度范围,就可以应用上面所指出的离解反应,确定产物的组成。

3.4　绝热火焰温度的计算

如果产物的组成有 n 个，加上温度，有 $n+1$ 个未知数，需要有 $n+1$ 个方程才能求解。

现在，能量方程式(3-7)可以作为一个独立方程来利用。此外，系统中每种原子都可以建立一个质量平衡方程，如果有 a 个原子，那么求解时还需要有 $n-a$ 个方程必需从化学平衡方程中得到，显然，解这组方程是困难的，需要借助计算机来完成。现举例说明绝热火焰温度的计算方法。

【例 3-3】　计算正辛烷和硝酸在压力 p 下的绝热火焰温度。假定产物有 CO_2，H_2O，H_2，CO，O_2，N_2，OH，NO，O，$C_固$ 及 H 等 11 种组分。

解：化学计量反应方程式为

$$M_{C_8H_{18}}C_8H_{18} + M_{HNO_3}HNO_3 \rightleftharpoons M_{CO_2}CO_2 + M_{H_2O}H_2O + M_{H_2}H_2 + M_{CO}CO + M_{O_2}O_2 +$$
$$M_{N_2}N_2 + M_{OH}OH + M_{NO}NO + M_OO + M_CC_固 + M_HH$$

质量平衡方程($a=4$)为

$$H \qquad 18M_{C_8H_{18}} + M_{HNO_3} = 2M_{H_2} + 2M_{H_2O} + M_{OH} + M_H$$

$$O \qquad 3M_{HNO_3} = 2M_{O_2} + M_{H_2O} + 2M_{CO_2} + M_{CO} + M_{OH} + M_O + M_{NO}$$

$$N \qquad M_{HNO_3} = 2M_{N_2} + M_{NO}$$

$$C \qquad 8M_{C_8H_{18}} = M_{CO_2} + M_{CO} + M_C$$

化学平衡方程($n-a=11-4=7$)为

$$C + O_2 \rightleftharpoons CO_2 \qquad K_p = \frac{p_{CO_2}}{p_{O_2}} = \frac{M_{CO_2}}{M_{O_2}}$$

$$H_2 + \frac{1}{2}O_2 \rightleftharpoons H_2O \qquad K_p = \frac{M_{H_2O}}{M_{H_2}M_{O_2}^{1/2}}\left(\frac{p}{\sum n_i}\right)^{-1/2}$$

$$\frac{1}{2}H_2 + \frac{1}{2}O_2 \rightleftharpoons OH \qquad K_p = \frac{M_{OH}}{M_{H_2}^{1/2}M_{O_2}^{1/2}}$$

$$C + \frac{1}{2}O_2 \rightleftharpoons CO \qquad K_p = \frac{M_{CO}}{M_{O_2}^{1/2}}\left(\frac{p}{\sum n_i}\right)^{1/2}$$

$$\frac{1}{2}O_2 + \frac{1}{2}N_2 \rightleftharpoons NO \qquad K_p = \frac{M_{NO}}{M_{O_2}^{1/2}M_{N_2}^{1/2}}$$

$$\frac{1}{2}O_2 \rightleftharpoons O \qquad K_p = \frac{M_O}{M_{O_2}^{1/2}}\left(\frac{p}{\sum n_i}\right)^{1/2}$$

$$\frac{1}{2}H_2 \rightleftharpoons H \qquad K_p = \frac{M_H}{M_{H_2}^{1/2}}\left(\frac{p}{\sum n_i}\right)^{1/2}$$

能量平衡方程参见式(3-7)。

上述方程中 $\sum n_i$ 只包括气体产物，不包括固态组分。

联立解上述十一个方程，进行迭代，可求得产物的组分及绝热火焰温度。

　　计算中,希望知道绝热火焰温度随初始混合物化学当量比的关系,见图 3-1。这里 ϕ 为初始混合物化学当量比,定义为:实际的(燃料/氧化剂)除以化学当量时的(燃料/氧化剂)。可以看出,当初始混合物按化学当量比相配合时,绝热火焰温度最高。在富燃料($\phi>1$)或贫燃料($\phi<1$)时,由于稀释效应,都会使绝热火焰温度降低。

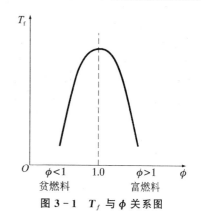

图 3-1　T_f 与 ϕ 关系图

　　实际上,火焰温度最大值出现在 ϕ 稍大于 1 的一侧。原因是,如果系统中氧化剂稍有不足,将使产物的比热容降低,绝热火焰温度上升。表 3-5 列出了一些燃料的最高绝热火焰温度。

表 3-5　一些燃料的最高绝热火焰温度

燃　料	氧化剂	压力/atm	火焰温度/K
乙炔	空气	1	2 600[①]
乙炔	氧	1	3 410[②]
一氧化碳	空气	1	2 400[①]
一氧化碳	氧	1	3 220[②]
正庚烷	空气	1	2 290[①]
正庚烷	氧	1	3 100[②]
氢	空气	1	2 400[①]
氢	氧	1	3 080[②]
甲烷	空气	1	2 210[①]
甲烷	空气	20	2 270[①]
甲烷	氧	1	3 030[②]
甲烷	氧	20	3 460[②]

　　[①] $\phi=1.3$ 时;[②] $\phi=1.7$ 时。

习题与思考题

　　3-1　什么是生成热、反应热、燃烧热?并简述三者的区别。

　　3-2　判断下列热化学方程式的反应热是否为生成热?说明原因?

　　(1)$H_2(g)+I_2(s)\rightarrow HI(g)$　　　　反应热 $=25.10$ kJ/mol

　　(2)$CO(g)+O_2(g)\rightarrow CO_2(g)$　　　反应热 $=-282.84$ kJ/mol

　　(3)$N_2(g)+3H_2(g)\rightarrow 2NH_3(g)$　　反应热 $=82.04$ kJ/mol

　　3-3　求甲烷在空气中完全燃烧时的燃烧热。

　　3-4　什么是绝热燃烧温度,绝热燃烧温度如何表示?

　　3-5　在定温、定容、不做其他功的条件下,使系统任其自燃,亥姆霍兹自由能和吉布斯自由能都是如何变化的,当系统达到化学平衡时,二者又分别是多少?

　　3-6　请给出化学反应平衡常数的计算方法,并说明平衡常数代表了什么物理意义。

3-7 什么是气体的离解? 说明在温度 2 800 K 和 20 atm 环境下, 哪些气体会发生离解, 离解后的产物都有哪些?

3-8 燃料的一般分子式为 $C_n H_m O_l N_k$, 燃烧产物共有 H、O、N、H_2、OH、CO、NO、O_2、H_2O、CO_2、N_2、Ar 等 12 种, 依次用 $x_1 \sim x_{12}$ 表示其摩尔分数。x_{13} 为产生 1 摩尔燃烧产物的燃料物质的量, 请计算 $x_1 \sim x_{13}$ 和绝热火焰温度(已知平衡常数和燃烧总压)。

第4章 燃烧化学反应动力学基础

【内容提要】

燃烧是燃料与氧气发生剧烈化学反应,并伴随着发光、发热的现象。燃烧反应将燃料的化学能转化成热能,诸如锅炉、内燃机等能量转换设备,均是以燃烧的形式将化学能转换为热能,进而转换为机械能。化学反应是燃烧现象的基本过程,分为单相燃烧化学反应与异相燃烧化学反应。本章主要介绍燃烧化学反应动力学的基础知识。

【本章学习要求】

通过本章的学习,应熟悉并掌握以下主要内容:

(1)化学反应速率和质量作用定律;

(2)影响化学反应速率的因素;

(3)催化反应的一般机理;

(4)链式反应的分类和机理。

4.1 化学反应动力学概述

从理论上研究燃烧化学反应过程主要采用化学反应动力学法。有时假设燃烧组分近似处于可逆反应的平衡状态,这在许多条件下并不成立,但可指明化学反应的方向,也隐含着速率。

化学反应动力学研究化学反应机理与化学反应速率,涉及催化反应、链式反应、总包反应及异相反应中固体参与的表面反应等,分子碰撞理论与链式反应理论是化学反应动力学的基础。

在相当一部分燃烧过程中,化学反应速率对燃烧过程具有控制作用,譬如,着火、熄火及火焰传播等过程与化学反应动力学密切相关。因此,在分析实际燃烧问题、燃烧过程数值模拟以及设计各种动力燃烧装置时,均需要详细了解各种燃烧化学反应动力学机理以及影响燃烧反应速率的规律。得益于近几十年来化学领域的研究成果,在探明反应物到反应产物的化学反应途径、基元化学反应、揭示 NO 等的生成机理及测定反应速率等方面,积累了大量实验与分析数据,较大地丰富了燃烧化学反应动力学的内容。

化学反应动力学的研究对象是理想掺混、温度均匀的化学反应系统,而绝大多数实际燃烧过程为湍流燃烧,流动、传热与传质效应将发挥作用,因此,解决实际燃烧问题要依赖于燃烧化学动力学与湍流流体力学的紧密结合,前者为一阶常微分方程描述的反应动力学方程,而后者为二阶偏微分方程组描述的湍流流体力学方程。目前,采用基于计算流体动力学的计算机求解方法,联立并求解反应动力学方程与质量、动量及能量平衡方程组,虽然已经能够为解决许多实际燃烧问题提供有价值的参考,但还大大依赖于完善的燃烧模型、详细可靠的数据及燃烧化学反应动力学的发展。

4.2 化学反应速率

在化学反应过程中,反应物浓度不断降低,而生成物浓度不断提高。因而,化学反应速率可由单位时间内反应物浓度的减少(或生成物浓度的增加)来表示。

4.2.1 基本定义

假如在时刻 τ 时,反应物质的浓度为 c,在时间 $\mathrm{d}\tau$ 以后反应物质浓度由于化学反应减少到 $c - \mathrm{d}c$,则反应速率 w [单位为 $\mathrm{mol/(m^3 \cdot s)}$]定义为

$$w = -\frac{\mathrm{d}c}{\mathrm{d}\tau} \qquad (4-1)$$

式中,负号表示反应物质的浓度随时间的增加而减少。

假如所有的反应物质共占有体积 V(单位为 m^3),则在单位时间内,其反应物质总浓度的变化称为总反应速率 $\bar{w}_z$(单位为 $\mathrm{mol/s}$),即

$$\bar{w}_z = -\int_V \frac{\mathrm{d}c}{\mathrm{d}\tau}\mathrm{d}V \qquad (4-2)$$

如果反应速率在整个体积 V 都相同,则

$$\bar{w}_z = -\frac{\mathrm{d}c}{\mathrm{d}\tau}V \qquad (4-3)$$

即

$$\bar{w}_z = wV \qquad (4-4)$$

化学反应速率既可用单位时间内反应物浓度的减少来表示,也可用单位时间内生成物(燃烧产物)浓度的增加来表示,即在反应过程中,反应物浓度不断降低,而生成物的浓度不断升高。所以反应速率亦可表示为

$$w = \frac{\mathrm{d}c'}{\mathrm{d}\tau} \qquad (4-5)$$

式中,c' 表示在时刻 τ 生成物的浓度,单位为 $\mathrm{mol/m}^3$。

对某一燃烧化学反应,可以表示为

$$\nu_a' A + \nu_b' B \longrightarrow \nu_g'' G + \nu_h'' H \qquad (4-6)$$

式中,A,B 是参与燃烧反应的物质;G,H 是反应产物;ν_a',ν_b',ν_g'',ν_h'' 是各物质的化学计量系数。

在反应过程中,各物质的浓度变化不同,各物质的燃烧反应速率各不相等,用表达式可表示为

$$\left.\begin{array}{ll} w_A = -\dfrac{\mathrm{d}c_A}{\mathrm{d}\tau}, & w_B = -\dfrac{\mathrm{d}c_B}{\mathrm{d}\tau} \\[3mm] w_G = \dfrac{\mathrm{d}c_G}{\mathrm{d}\tau}, & w_H = \dfrac{\mathrm{d}c_H}{\mathrm{d}\tau} \end{array}\right\} \qquad (4-7)$$

各物质燃烧反应速率之间的关系为

$$-\frac{1}{\nu_a'}\frac{\mathrm{d}c_A}{\mathrm{d}\tau} = -\frac{1}{\nu_b'}\frac{\mathrm{d}c_B}{\mathrm{d}\tau} = \frac{1}{\nu_g''}\frac{\mathrm{d}c_G}{\mathrm{d}\tau} = \frac{1}{\nu_h''}\frac{\mathrm{d}c_H}{\mathrm{d}\tau} \qquad (4-8)$$

因此,化学反应速率可以按反应中任一物质的浓度变化来确定,其他可根据式(4-8)互相推算。

对于异相反应(即固态与气态同时存在),其反应速率是指在单位时间内、单位表面积上参加反应的物质的量。在燃烧工程上,燃烧反应速率一般用单位时间、单位体积内烧掉的燃料量或消耗的氧气量来表示。

测定某一反应的化学反应速率是分析燃烧过程及设计燃烧设备的重要基础,对任一给定

的化学反应,反应速率即为反应物消失的速率或者是反应产物生成的速率,由于某些反应速率很快(几毫秒)或很慢(数小时),因此,测量并非易事。目前,尚没有可以直接测定其反应速率的简单方法,通常是在反应进程中测定反应物与反应产物的浓度。化学反应速率也可由反应产物浓度变化曲线的斜率确定,特别是在 $\tau=0$ 时的初始斜率,可以得到对应于实验开始时浓度的反应速率。

4.2.2　质量作用定律、反应级数和反应分子数

质量作用定律阐明了反应物浓度对化学反应速率的影响规律。化学反应起因于能发生反应的各组成分子、原子或原子团间的碰撞,反应物的浓度越大,亦即单位体积内的分子数越多,分子碰撞次数越多,反应速率就越快。

在一定温度下,基元反应在任何瞬间的反应速率与该瞬间参与反应的反应物浓度幂的乘积成正比。该规律称为质量作用定律,由挪威科学家古尔德贝格(Guldberg)和瓦格(Waage)在 1864 年经实验发现并证实。某反应物浓度的幂次在数值上等于化学反应方程式中该反应物的化学计量系数。质量作用定律只能用于基元反应,而不能直接应用于总包反应。

如果式(4-6)为一步完成的化学反应,针对该式左侧的反应物

$$\nu'_a A + \nu'_b B \rightarrow \cdots$$

相当于

$$\underbrace{A + A + \cdots + A}_{\nu'_a} + \underbrace{B + B + \cdots + B}_{\nu'_b} \rightarrow \nu''_g G + \nu''_h H \tag{4-9}$$

则根据质量作用定律,反应速率与反应物浓度间的关系为

$$w = k c_A^{\nu'_a} c_B^{\nu'_b} \tag{4-10}$$

式中,k 是化学反应速率常数。

实际上 k 并非是常数,有文献称之为速率系数或比反应速率。化学反应速率常数 k 反映了化学反应的难易程度,与反应的种类和温度有关,它也表示各反应物均为单位浓度时的反应速率,因此,化学反应速率常数也可以表示化学反应速率。式(4-10)中的浓度指数与所讨论的反应级数有关。

对一个化学反应过程来说,可直接观察到的现象只是系统中化学组分的净变化率。对任意复杂的一步化学反应(整体化学反应或基元反应),均可以由一般化学反应方程式表示为

$$\sum_{i=1}^{N} \nu'_i M_i \rightarrow \sum_{i=1}^{N} \nu''_i M_i \tag{4-11}$$

式中,ν'_i,ν''_i 分别是反应组分 i 与反应产物的化学计量系数;M_i 是第 i 个化学组分,可出现在方程式一侧,也可以出现在两侧;N 是参与反应的总的组分数目。

根据质量作用定律,M_i 的净生成速率为

$$\frac{dM_i}{d\tau} = (\nu''_i - \nu'_i) k \prod_{i=1}^{N} M_i^{\nu_i} \tag{4-12}$$

如果 M_i 代表的某一组分没有作为反应物在方程左侧出现,则 $\nu'_i=0$;如果 M_i 代表的某一组分没有作为反应产物在方程右侧出现,则 $\nu''_i=0$。

质量作用定律表达式的内涵是浓度的改变仅是由化学反应所引起的,其他可以引起浓度变化的因素还包括系统体积的变化、组分流入或流出系统等情况。

严格地讲,质量作用定律仅适用于气体化学反应(即单相反应),且为理想气体。实际中,只要是气相反应,一般均可假设气体为理想气体,因而,可以应用质量作用定律及其推论。

在很多实际燃烧工程中,参与燃烧的反应物是气相与固相共存的两相系统(即异相反应),应用最广泛的典型示例是煤粉燃烧设备。异相反应的机理非常复杂,但是,反应速率与参与反应的反应物的浓度乘积成正比的规律还是适用的。

反应级数定量地表示了反应物浓度变化对化学反应速率的影响程度,反应级数常被用来进行燃烧过程的化学动力学分析。

反应级数 n 定义为

$$n = \sum_{i=1}^{N} \nu_i \tag{4-13}$$

反应级数表示的是在一定温度下,反应速率与压力的依赖关系。反应级数与反应的分子数有一定联系,后者代表参加反应的反应物的实际数目。对于简单反应,其反应级数一般为反应的分子数,它一定是整数,也就是说单分子反应为一级反应,双分子反应为二级反应……依此类推。不过三分子反应是很少的,因此三个分子碰撞到一起的概率大大减少,三级以上的反应几乎没有,因为简单反应能代表反应机理,是一个个实际经历的过程。例如,一个单反应物的自发离解,$H_2 \rightarrow 2H$ 就是单分子反应,反应级数 $n=1$;反应 $H + O_2 \rightarrow OH + O$ 是双分子反应,反应级数 $n=2$。

反应级数和反应分子数看起来似乎有些重复,但这两个概念对于基元反应和总反应(即复杂反应)是不一样的,它们将基元反应和总反应区分开来,这是非常重要的。基元反应确切地指明了化学反应实际的反应历程,反应分子数的概念用于解释微观反应机理,反应的分子数是引起基元反应所需的最少分子数目,也就是说,在碰撞中涉及的所有组分都会在化学反应式中出现,而且,在基元反应中,逆反应和正反应一样可以进行。仅对基元反应来说,反应级数和反应分子数是同义词。

相反,总反应只代表主要组分(通常包括燃料、氧化剂和最稳定的燃烧产物)间的化学计量关系,而不代表实际的反应历程。总反应常常涉及的化学计量数是分数,只出现分子组分(无活性中间体和原子),系数不是实际的反应物数目,逆反应也不可进行。丙烷燃烧反应的化学式就是具有这些特征的例子,它显然也是总反应式。

$$C_3H_8 + 5(O_2 + 3.26N_2) \rightarrow 3CO_2 + 4H_2O + 5(3.76)N_2$$

质量作用定律和反应分子数的概念均不适用于总反应,总反应的浓度与反应速率的关系式由实验或经验确定,只需简单地对多次反应测试出的浓度(在温度一定时)拟合,得出反应速率表达式。其形式类似于质量作用定律,虽然假定总反应速率正比于 $[A_i]$ 的幂次的乘积,但每个浓度的指数是可调的,它们常常是分数甚至是负值,与化学计量数无任何关系,因为反应并不是按照所写的那样进行。这虽然有些模棱两可,但总反应的表观反应级数定义为由实验或经验数据得出的指数之和。由于依赖于实验,这些指数和表观反应级数仅适用于条件相同的情况。

不论对简单反应还是复杂反应,知道反应级数就可以定量计算化学反应速率,若对某些复杂反应,其反应速率不具有上述形式,反应级数的概念就不能应用。

4.3　影响化学反应速率的因素

4.3.1　反应物浓度和摩尔分数对化学反应速率的影响

质量作用定律描述了反应物浓度对反应速率的影响。在化学反应系统中,反应物的相对

组成也对反应速率具有重要的影响。譬如,对双分子反应 A+B→C+D,其反应速率表达式为

$$w = -k_{bi}c_A c_B$$

组分 A,B 的摩尔分数分别为 x_A 与 x_B,$x_A + x_B = 1$,且两反应物的相对组成互等,将

$$c_A = x_A p/(RT) \quad 与 \quad c_B = x_B p/(RT)$$

代入反应速率表达式,得到

$$w = -k_{bi}x_A x_B \left(\frac{p}{RT}\right)^2 \tag{4-14}$$

在一定温度与压力下,式(4-14)中的 $-k_{bi}\left(\dfrac{p}{RT}\right)^2$ 是一定值,取为 e,并将 $x_B = 1 - x_A$ 代入,得

$$w = ex_A(1 - x_A) \tag{4-15}$$

可见,化学反应速率仅随反应物的摩尔分数 x_A 而变化。欲使反应速率最大,则令

$$dw/dx_A = 0$$

由此可得

$$x_A = x_B = 0.5$$

这说明当反应物的相对组成符合化学当量比时,化学反应速率为最大。当 $x_A = 1$ 或 $x_B = 1$ 时,反应速率均等于零,如图 4-1 所示。

大多数工程燃烧装置均采用空气作为氧化剂,因此,空气中的氮气将作为惰性气体掺杂在反应混合气中。

以燃料气 A 与空气 B 组成的可燃混合气体为例,分析在反应物中掺有惰性气体的情况下,反应物含量对反应速率的影响。仍采用摩尔分数,且 $x_A + x_B = 1$,采用 ε 表示 O_2 在 B 中所占的份额,β 表示不可燃气体所占份额,则 $\varepsilon + \beta = 1$。仍考察双分子反应,反应速率为

$$w = e\varepsilon x_A(1 - x_A) \tag{4-16}$$

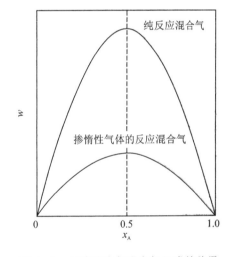

图 4-1　反应速率与混合气组成的关系

化学反应速率要下降到原来的 ε 倍,但化学反应最大速率对应的燃料气 A 与空气 B 混合气体的相对组成关系仍然与纯混合气相同,即 $x_A = x_B = 0.5$。

值得注意的是,如果系统温度变化,混合气组成对反应速率的影响要复杂得多。

4.3.2　温度对化学反应速率的影响——阿累尼乌斯定律

实验表明,大多数的化学反应速率是随着温度升高而上升很快,范特霍夫由实验数据归纳了反应速率随温度升高而增加的近似规律,即对于一般反应来说,当温度每升高 10 K,则化学反应速率在其他条件不变的情况下将增至 2~4 倍,即为范特霍夫反应速率和温度的近似关系。

如果化学反应在反应物浓度相等的条件下来比较其反应速率与温度的关系,则可用反应速率常数 k 来表示。范特霍夫的数学表示式为

$$\eta_T = \frac{k_{T+10\,K}}{k_T} \approx (2 \sim 4) \tag{4-17}$$

式中，η_T 为反应速率的温度因数；k_T，$k_{T+10\,K}$ 分别为温度 T 和 $T+10$ K 时的反应速率常数。

例如，当温度比原有温度增加 100 K 时，则反应速率将随之增加 $2^{10}\sim 4^{10}$ 倍，即平均要增加 $3^{10}=59\,049$ 倍，可见温度对反应速率的影响是巨大的。

但应该指出，并非所有的化学反应都遵循此规律，有些化学反应的反应速率却是随温度的升高而降低。如图 4-2 所示，其中仅有图 4-2(a)符合范特霍夫规律，而图 4-2(b)、图 4-2(c)、图 4-2(d)则不然。但大多数化学反应都能近似地符合范特霍夫规律，而以下的讨论只限于该类反应。

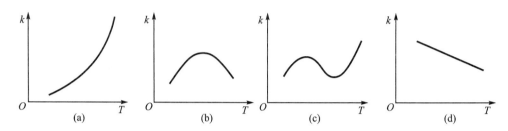

图 4-2　反应速率常数与热力学温度之间的关系

阿累尼乌斯(Arrhenius)在一系列定温条件下，用实验方法测定反应物浓度随时间的变化关系，发现速率常数与温度有关，进而建立了著名的阿累尼乌斯定理。此定理通常可用下列形式表示

$$k = k_0 \mathrm{e}^{-E/(RT)} \tag{4-18}$$

式中，k 为反应温度 T(单位为 K)时的反应速率常数；k_0，E 分别称为频率因子和活化能，均是由反应特性决定的常数，它们与反应温度及浓度无关。

如果将式(4-18)代入式(4-17)，则有

$$\eta_T = \frac{k_{T+10K}}{k_T} \approx \mathrm{e}^{10E/[RT(T+10)]} \tag{4-19}$$

式(4-19)可近似表示为

$$\eta_T = \mathrm{e}^{10E/(RT^2)} \tag{4-20}$$

式(4-20)表明，如果该反应的反应速率常数与温度符合阿累尼乌斯定理所表达的变化规律，则温度 T 增加时，其温度因数将减小，但是随着温度的增加，温度因数 η_T 的减小程度逐渐减慢。当 $T \to \infty$ 时，温度因数 $\eta_T = 1$。例如，对反应 $H_2 + Cl_2 \to 2HCl$ 来讲，在 600 K，650 K 和 700 K 时，其温度系数 η_T 分别为 1.78，1.65 和 1.51。

阿累尼乌斯发现速率常数与温度间存在指数关系后，经过推理，提出了基元反应过程存在着活化状态和活化能的概念。之后，刘易斯根据活化能概念并结合气体分子运动学说提出了有效碰撞理论，1935 年，艾伦(Allen)和波拉尼(Polanyi)又创立并发展了过渡状态理论。

在一定的温度下，气体分子总是处于运动之中，随着温度升高，其运动速率亦越来越大。分子在运动的过程中，不断地相互碰撞，例如，在 0.1 MPa 和 273 K 时，1 s 内每个分子平均要与其他分子碰撞 10^{10} 次。如果化学反应在这样简单的相碰后就会发生并形成产物的话，那么化学反应将进行得非常迅速，而实际上，由实验测得的反应速率是有限的。

某化学反应表示为

$$v_1' A_1 + v_2' A_2 \underset{k_2}{\overset{k_1}{\rightleftharpoons}} v_1'' B_1 + v_2'' B_2 \tag{4-21}$$

式中，k_1，k_2 分别表示正向和逆向的反应速率常数，则反应速率为

$$w = k_1 c_{A_1}^{v_1'} c_{A_2}^{v_2'} - k_2 c_{B_1}^{v_1''} c_{B_2}^{v_2''} \tag{4-22}$$

达到平衡时，$w = 0$，则

$$K^{\ominus} = \frac{k_2}{k_1} = \frac{c_{A_1}^{v_1'} c_{A_2}^{v_2'}}{c_{B_1}^{v_1''} c_{B_2}^{v_2''}} \tag{4-23}$$

式中，$K^{\ominus}$ 为标准平衡常数。

由范特霍夫公式可知

$$\frac{\mathrm{d}\ln K^{\ominus}}{\mathrm{d}T} = \frac{Q}{RT^2} \tag{4-24}$$

式中，Q 为该化学反应的热效应。

令 $Q = E_2 - E_1$，则有

$$\frac{\mathrm{d}\ln k_2/k_1}{\mathrm{d}T} = \frac{E_2 - E_1}{RT^2}$$

即

$$\frac{\mathrm{d}\ln k_2}{\mathrm{d}T} - \frac{\mathrm{d}\ln k_1}{\mathrm{d}T} = \frac{E_2}{RT^2} - \frac{E_1}{RT^2} \tag{4-25}$$

从式（4-25）可得反应速率常数与温度的关系为

$$k_2 \propto \mathrm{e}^{-E_2/(RT)} \tag{4-26}$$

$$k_1 \propto \mathrm{e}^{-E_1/(RT)} \tag{4-27}$$

这就是前面所述的阿累尼乌斯定律的表达式。

利用分子运动学的理论进一步分析式（4-26）式（4-27）的物理意义，参加反应的不是所有的分子，而只是其中的活化分子，所谓活化分子，即其所具有的能量比系统平均能量大 E_1（或 E_2）的分子，而 E_1（或 E_2）即为活化能。

阿累尼乌斯由实验证实，可采用式（4-18）的形式

$$k = k_1 \mathrm{e}^{-E/(RT)}$$

这就是阿累尼乌斯的数学一般式。

要使两个分子发生反应，则首先应使它们相互接近到一定程度。由于分子之间配对电子的相斥和两核间的斥力，一个分子在接近另一个分子时，势能往往会增高，这就需要外界的能量才能做到，并在形成新的化合物之前，原来分子中的若干链需要减弱或破坏，亦需要能量，故而活化能 E 可理解为：使两个分子接近和破坏或减弱链所需的能量。

由两个因次的麦克斯韦（Maxwell）速率分布定律可知，如果气体每单位体积的分子数为 N_0，而速率在 u 和 $u + \mathrm{d}u$ 之间的分子数目为 $\mathrm{d}N$，则有

$$\frac{\mathrm{d}N}{N_0} = \frac{m}{RT} \mathrm{e}^{-\frac{mu^2}{2RT}} u \, \mathrm{d}u \tag{4-28}$$

式中，m 为单位体积气体的质量；u 为分子运动速度。

分子动能为

$$E_k = \frac{1}{2} m u^2 \tag{4-29}$$

即

$$\mathrm{d}E_k = m u \, \mathrm{d}u \tag{4-30}$$

将式（4-29）和式（4-30）代入式（4-28），整理得

$$\frac{\mathrm{d}N}{N_0} = \frac{1}{RT} \mathrm{e}^{-E_k/(RT)} \mathrm{d}E_k \qquad (4-31)$$

式（4-31）即为具有能量在 E_k 和 $E_k + \mathrm{d}E_k$ 之间的分子数。

将式（4-31）从 $E_k \to \infty$ 积分，有

$$\frac{N_{E_k}}{N_0} = \frac{1}{RT} \int_{E_k}^{\infty} \mathrm{e}^{-E_k/(RT)} \mathrm{d}E_k = \mathrm{e}^{-E_k/(RT)} \qquad (4-32)$$

式中，N_{E_k} 表示具有能量 E_k 和 E_k 以上的分子数（以单位体积计）。

式（4-32）表示在某温度 T 时，气体中具有能量为 E_k 和 E_k 以上的分子数与总分子数之比值。

以一个二级反应的化学反应为例，如其反应物在某时刻的浓度不相等，分别为 c_{A_1} 及 c_{A_2}，其对应分子数为 N_{A_1} 和 N_{A_2}，则由式（4-32）得

$$\frac{N'_{A_1}}{N_{A_1}} = \mathrm{e}^{-E_{k,A_1}/(RT)} \qquad (4-33)$$

$$\frac{N'_{A_2}}{N_{A_2}} = \mathrm{e}^{-E_{k,A_2}/(RT)} \qquad (4-34)$$

如该化学反应是由于具有高于能量 E_{k,A_1} 的 A_1 反应物和高于能量 E_{k,A_2} 的 A_2 反应物的分子相碰撞所引起的话，这些分子称为反应物 A_1 和反应物 A_2 的活化分子。

如果化学反应速率是由于在单位时间内活化分子的相互碰撞所引起的，则

$$w = z \qquad (4-35)$$

式中，z 为有效碰撞次数，单位为 $1/(\mathrm{m}^3 \cdot \mathrm{s})$。

由分子运动理论，有

$$z = \pi r^2 N'_{A_1} N'_{A_2} \sqrt{\bar{u}_{A_1}^2 + \bar{u}_{A_2}^2} \qquad (4-36)$$

式中，r 为反应物 A_1 分子半径与 A_2 分子半径之和；u_{A_1}，u_{A_2} 分别为反应物 A_1，A_2 分子热运动速度。

将式（4-36）、式（4-33）和式（4-34）代入式（4-35）整理后，即有

$$w = \pi r^2 \sqrt{\bar{u}_{A_1}^2 + \bar{u}_{A_2}^2} \, N_{A_1} N_{A_2} \mathrm{e}^{-(E_{k,A_1} + E_{k,A_2})/(RT)} \qquad (4-37)$$

令 $k_0 = \pi r^2 \sqrt{\bar{u}_{A_1}^2 + \bar{u}_{A_2}^2}$，则有

$$w = k_0 N_{A_1} N_{A_2} \mathrm{e}^{-(E_{k,A_1} + E_{k,A_2})/(RT)} \qquad (4-38)$$

由分子运动理论可知 $k_0 \propto \sqrt{T}$，则反应速率常数 k 为

$$k = k_0 \mathrm{e}^{-(E_{k,A_1} + E_{k,A_2})/(RT)} = k_0 \mathrm{e}^{-E_k/(RT)} \qquad (4-39)$$

由式（4-39）可知，对于两种反应物浓度不相等的二级化学反应，有

$$E_k = E_{k,A_1} + E_{k,A_2} \qquad (4-40)$$

故而要使该化学反应得以进行，则活化能必须超过一定的数值。

上述的二级化学反应过程可用图 4-3 来表示。图 4-3 中的 a 点表示在某一温度 T（单位为 K）时，系统中的气体所具有的平均能量，以符号 E_a 来表示。由以上所述，要使两个分子发生反应，则首先应使它们相互接近，在接近到一定距离后，分子之间的各种斥力的不断增加，势能亦随之提高。故而必须有一定的能量来克服该势能，才能使两个分子接近到一定程度，原来分子的链破坏而发生反应，这时的势能如图 4-3 曲线的 b 点所示。b 点处的能量与 a 点处能量之差即为活化能，即

$$E = E_b - E_a \tag{4-41}$$

在一定温度 T,具有一定能量足以克服势能而达到 E_b 能量水平的活化分子即引起化学反应,然后沿图 4-3 曲线达到终态 c,在 c 点的能量水平为 E_c,从 b 点降到 c 点所放出热量为 $E_b - E_c$,而气体真正放热为 $E_a - E_c$,用 Q 来表示,称为反应的热效应。

由于初态的能量水平 E_a 与终态的能量水平 E_c 之差为正值,所以此反应称为放热反应。

而图 4-4 所表示的曲线,其初态的能量水平 E_a 与终态之能量水平 E_c 之差为负值,故为吸热反应。

一般情况下,活化能在一定的温度范围内是与温度无关的常数,而与反应物的物理化学性质和反应的各类型有关,随着反应的种类、反应物的化学结构以及环境的不同而改变。

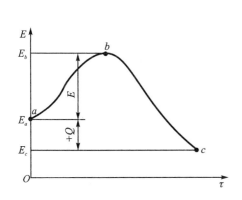

图 4-3　在放热化学反应过程中能量
随时间变化的示意图

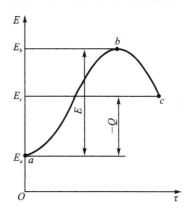

图 4-4　在吸热化学反应过程中能量
随时间变化的示意图

4.3.3　压力对化学反应速率的影响

设参与反应的混合气体服从理想气体定律,即

$$pV = nRT \tag{4-42}$$

那么有

$$p = \frac{n}{V}RT = c_g RT \tag{4-43}$$

$$c_g = \frac{p}{RT} \tag{4-44}$$

同样有

$$p_i = \frac{n_i}{V}RT = c_i RT \tag{4-45}$$

$$c_i = \frac{p_i}{RT} \tag{4-46}$$

由此可得

$$p_i = \frac{c_i}{c_g}p = x_i p \tag{4-47}$$

式中,p 和 p_i 分别为混合气体的总压和第 i 种气体的分压;c_g 和 c_i 分别是混合气体和第 i 种气体的浓度;R 为摩尔气体常数(也称通用气体常数);T 为反应温度;x_i 为第 i 种气体的摩尔分数。

将式(4-44)和式(4-46)分别代入用浓度表示的一级、二级和三级速率方程,可得到用压力表示的速率方程,即

一级反应速率方程

$$w_1 = k_1 c_A = k_1 \frac{p}{RT} x_A \propto p \qquad (4-48)$$

二级反应速率方程

$$w_2 = k_2 c_A c_B = k_2 \frac{p^2}{(RT)^2} x_A x_B \propto p^2 \qquad (4-49)$$

三级反应速率方程

$$w_3 = k_3 c_A c_B c_c = k_3 \frac{p^3}{(RT)^3} x_A x_B x_c \propto p^3 \qquad (4-50)$$

从以上压力与反应速率的关系式即可看出,n 级反应的反应速率与压力的 n 次方成正比。对于服从理想气体定律的气相反应,在等温条件下,反应级数越高,压力对反应速率的影响就越大。但对于链反应,增加压力却使反应速率减慢,这是因为压力增大,碰撞频率增加,其结果是导致不稳定中间产物如自由基或自由原子的浓度下降,使得反应速率变慢。

4.4 催化反应

在武器系统中,有时要求推进剂的燃速很高,有时又要求推进剂的燃速很低。对这些特殊要求的推进剂,必须在推进剂配方中加入燃速催化剂,以提高燃速,或者加入燃速阻化剂,以降低燃速。这样,就必须对催化反应的一般机理和催化剂的基本特征有所了解。

4.4.1 催化作用概述

若某些化学反应系统中,加入少量其他物质,反应速率明显加快,并且这种外加物质在反应终了时,其化学组成和数量并未改变,则这种外加物质就是催化剂。催化剂参加化学反应,改变反应的速率,但反应的结果催化剂本身却能够复原,催化剂的这种作用称为催化作用。有时某些反应的产物也具有加速反应的作用,则称为自动催化作用。通常的化学反应,都是开始时反应速率最大,以后逐渐变慢,而自动催化反应却随产物的增加而加快,以后由于反应物太少,才逐渐慢下来。例如,在有硫酸时,高锰酸钾和草酸的反应,开始较慢,后来越来越快,就是由于产物 $MnSO_4$ 所产生的自动催化作用。

催化反应可分为单相催化和多相催化。催化剂与反应物都在一个相里为单相催化,或称均相催化。例如酯的水解,加入酸或碱,则反应速率加快,就是单相催化。若催化剂在反应系统中自成一相,则为多相催化,或称非均相催化。例如,用固体催化剂来加速液相或气相反应,就是多相催化。多相催化中,尤以气固相催化应用最广。如用铁催化剂将氢与氮合成氨,或用铂催化剂将氨氧化制成硝酸,就是气固相反应。

催化作用是很普遍的现象,不但有意加入的催化剂可改变反应的速率,有时一些偶然的杂质、尘埃、甚至容器的表面等,也可能产生催化作用。例如 200 ℃ 下,在玻璃容器中进行的溴对乙烯的气相加成反应,起初曾认为是单纯的气体反应,后来发现该反应若在较小的玻璃容器中进行,则速率加快,若再加入一些小玻璃管或玻璃球,则加速更为显著。若将容器内壁涂上石蜡,反应就几乎停止。这说明该反应是在玻璃表面的催化作用下进行的。

在近代的化工生产,尤其是石油化工生产中,多数化学反应是催化反应。催化作用已成为

许多化学反应得以工业化的重要手段之一。许多基本化学工业的形成与发展,都与催化的研究成果密切相关。

4.4.2　催化剂的基本特征

① 催化剂参与催化反应,但反应终了时,催化剂的化学性质和数量都不变。例如,过去用铅室法生产硫酸,是用氧化氮作催化剂,其主要步骤为

$$NO + \frac{1}{2}O_2 \rightarrow NO_2$$

$$NO_2 + SO_2 \rightarrow NO + SO_3$$

$$SO_2 + \frac{1}{2}O_2 \rightarrow SO_3$$

催化剂 NO 参与反应,但反应终了时又生成 NO,化学性质和数量不变。

② 催化剂只能缩短达到平衡的时间,而不能改变平衡状态。任何自发的化学反应都有一定的推动力,在恒温恒压下,该反应的推动力就是自由焓变化 ΔG。催化剂既然在反应前后没有变化,从热力学上看,催化剂的存在与否不会改变反应物系的始末状态,当然不会改变 ΔG。所以,催化剂只能使 $\Delta G < 0$ 的反应加速进行,直到 $\Delta G = 0$,即反应达到平衡为止。但是,它不能改变平衡状态,不能使已达到平衡的反应继续进行,以致超过平衡转化率。

催化剂的这一特征告诉我们,在寻找催化剂以前,应进行热力学计算。如果热力学认为不可能的反应,就不必再去浪费精力,寻找催化剂了。这一特征还告诉我们,催化剂不能改变平衡常数 K_p,因为它不能改变 ΔG,而 $K_p = k_1/k_2$,所以,能加速正反应速率 k_1 的催化剂,也必定能加速逆反应速率 k_2。

③ 催化剂不改变反应物系的始、末状态,当然也不会改变反应热。这一特点可以方便地用来在较低温度下测定反应热。许多非催化反应常需在高温下进行量热测定,在有适当催化剂时,则可在接近常温下进行测定,这显然比高温下测定要容易得多。表 4-1 列出了乙烯加氢的反应热,在用催化剂时能与其他方法较好地吻合。

表 4-1　乙烯加氢的反应热　　　　kJ/mol

方 法	$-\Delta H$
用催化剂在 355 K 下测定	136.3
由燃烧热计算的值	137.1
在约 670 K 时,由平衡常数的计算值	136.6

④ 催化剂对反应的加速作用具有选择性。

例如,250 ℃时乙烯与空气中的氧可能进行如下三个平衡反应:

① $CH_2 = CH_2 + \frac{1}{2}O_2 \rightarrow CH_2—CH_2$ (O)　　　$K_{P,1} = 1.6 \times 10^6$

② $CH_2 = CH_2 + \frac{1}{2}O_2 \rightarrow CH_3CHO$　　　$K_{P,2} = 6.3 \times 10^{18}$

③ $CH_2 = CH_2 + 3O_2 \rightarrow 2CO_2 + 2H_2O$　　　$K_{P,3} = 4.0 \times 10^{130}$

从热力学上看,三个反应的平衡常数 K_P 都很大,都是自发反应。不过从 K_P 的数值可知,三个反应的热力学推动力,以反应③为最大,②次之,①最小。但是,若用银催化剂,则只选

择性地加速反应①,主要得到环氧乙烷。若用钯催化剂,则只选择性地加速反应②,主要得到乙醛。

同样,对于连串反应,选用适当的催化剂,可使反应停留在某步,或某几步上,得到所希望的产物。

4.4.3 催化反应的一般机理

为什么加入催化剂后,反应速率会加快呢?这主要是因为催化剂与反应物生成不稳定的中间化合物,改变了反应途径,降低了表观活化能,或增大了表观频率因子。因为活化能在阿累尼乌斯方程式的指数项上,所以,活化能的降低对反应的加速尤为显著。

假设催化剂 K 能加速反应 A+B→AB,其机理为

$$A + K \underset{k_2}{\overset{k_1}{\rightleftharpoons}} AK$$

$$AK + B \xrightarrow{k_3} AB + K$$

如果第一个反应能很快达到平衡,则

$$\frac{k_1}{k_2} = \frac{c_{AK}}{c_A c_K} \tag{4-51}$$

故

$$c_{AK} = \frac{k_1}{k_2} c_K c_A \tag{4-52}$$

总反应速率为

$$\frac{dc_{AB}}{dt} = k_3 c_{AK} c_B = k_3 \frac{k_1}{k_2} c_K c_A c_B = k c_A c_B \tag{4-53}$$

所以

$$k = k_3 \frac{k_1}{k_2} c_K \tag{4-54}$$

将式(4-54)中各个基元反应的速率常数 k_i 用阿累尼乌斯方程表示,则

$$k = k_{0.3} \frac{k_{0.1}}{k_{0.2}} c_K \exp\left(-\frac{E_1 - E_2 + E_3}{RT}\right) = k_0 c_K e^{-\frac{E}{RT}} \tag{4-55}$$

式中,$k_0 = (k_{0.1} k_{0.3})/k_{0.2}$ 为表观频率因子。由式(4-55)可以看出,总反应的表观活化能 E 与各基元反应活化能 E_i 的关系为

$$E = E_1 - E_2 + E_3 \tag{4-56}$$

上述机理可用能峰示意图表示,如图 4-5 所示,非催化反应要克服一个高的能峰,活化能为 E_0。在催化剂 K 参与下,反应途径改变,只需翻越两个小的能峰。这两个小能峰总的表观活化能 E 为 E_1,E_2,E_3 的代数和,因此,只要催化反应的表观活化能 E 小于非催化反应的活化能 E_0,则在频率因子变化不大的情况下,反应速率显然是增加的。

由这个机理并结合图 4-5 可以推想,催化剂应易于与反应物作用,即 E_1 要小;但两者的中间化合物 AK 不应太稳定,即 AK 的能量不应太低,否则下

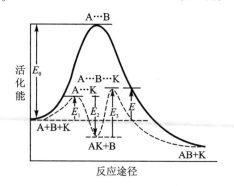

图 4-5 活化能与反应途径示意图

一步反应的活化能 E_3，就要增大，不利于反应进行到底。因此，那些不易与反应物作用，或虽能作用但将生成稳定中间化合物的物质，不能成为催化剂。

催化反应的机理是复杂而多样的，上述机理只是示意地说明催化剂改变反应途径、降低活化能、从而加速反应的道理。

4.4.4　单相催化反应

单相催化按反应的类型可以分为自动催化、酸碱催化等。按反应体系的物态又可分为气相中的催化和溶液中的催化。

（1）气相催化

均相催化作用通常用生成中间产物来解释。例如乙醛（CH_3CHO）的分解，未加催化剂前反应的机理为

$$2CH_3CHO \rightarrow 2CH_4 + 2CO$$

是二级反应，$\dfrac{dx}{dt} = kC_{CH_3CHO}^2$，活化能 $E = 190.5$ kJ。

如以 I_2 作为催化剂，反应的机理变为

$$\begin{cases} CH_3CHO + I_2 \xrightarrow{k'} CH_3I + HI + CO \\ CH_3I + HI \longrightarrow CH_4 + I_2 \end{cases}$$

HI 即为中间产物，两个反应中第一个较慢，决定了反应的速度，即

$$\frac{dx}{dt} = k'C_{CH_3CHO}C_{I_2} \tag{4-57}$$

该反应仍为二级。但在 518 ℃，速率 k' 的数值比 k（未加催化剂）值大 10 000 倍，活化能 $E = 136$ kJ，也降低了很多。

又如 NOCl 的生成，在没有催化剂时为

$$2NO + Cl_2 \rightarrow 2NOCl$$

在有溴作催化剂时，其反应为

$$2NO + Br_2 \rightarrow 2NOBr$$

$$2NOBr + Cl_2 \rightarrow 2NOCl + Br_2$$

这里 Br_2 是催化剂，先生成中间产物 NOBr，反应继续进行，最后重新转化为 Br_2。

（2）酸碱催化

液相催化中最常见的是酸碱催化，它在化工中的应用是很广泛的。例如，在硫酸或磷酸的催化下，乙烯水合为乙醇：

$$CH_2CH_2 + H_2O \xrightarrow{H_2SO_4} C_2H_5OH$$

在硫酸的催化下，环氧乙烷水解为乙二醇：

$$\begin{array}{ccc} CH_2\!\!-\!\!CH_2 + H_2O \xrightarrow{H_2SO_4} & CH_2\!\!-\!\!CH_2 \\ \diagdown\ \diagup & | \quad\ | \\ O & OH\ \ OH \end{array}$$

在碱的催化下，环氧氯丙烷水解为甘油：

$$\begin{array}{ccc} CH_2\!\!-\!\!CH\!\!-\!\!CH_2 + 2H_2O \xrightarrow{NaOH} & CH_2\!\!-\!\!CH\!\!-\!\!CH_2 + HCl \\ \diagdown\ \diagup \quad | & | \quad\ | \quad\ | \\ O \quad\ \ Cl & OH\ \ OH\ \ OH \end{array}$$

许多离子型的有机反应,通常采用酸碱催化。酸碱催化的主要特征就是质子的转移。酸催化的一般机理是,反应物 S 接受质子 H^+,首先形成质子化物 SH^+,然后,不稳定的 SH^+ 再释放出 H^+,生成产物;碱催化的一般机理是,首先碱接受反应物的质子,然后生成产物,碱复原。例如,在 H^+ 的催化下,甲醇与醋酸的酯化反应的机理为

$$CH_3OH + H^+ \longrightarrow CH_3 - \overset{\overset{\displaystyle H}{|}}{\underset{+}{O}} - H \quad (\text{质子化物})$$

$$CH_3 - \overset{\overset{\displaystyle H}{|}}{\underset{+}{O}} - H + CH_3COOH \longrightarrow CH_3COOCH_3 + H_2O + H^+$$

质子 H^+ 核外无电子,在反应中,它很容易接近极性分子 CH_3OH 的负极(氧)形成中间物 $CH_3OH_2^+$。由于此中间物较正常分子多一个质子,所以,打乱了化学键的正常状态,处于不稳定状态。因此,很容易与另一反应物反应,生成产物,同时放出一个质子。

硝基胺的水解,可用碱化催化剂:

$$NH_2NO_2 + OH^- \longrightarrow NHNO_2^- + H_2O$$

$$NHNO_2^- \longrightarrow N_2O + OH^-$$

既然酸碱催化的实质是质子的转移。所以,一些有质子转移的反应,如水合与脱水、酯化与水解、烷基化与脱烷基等反应,往往都可以采用酸碱催化。有些固体催化剂按机理也属于酸碱催化。

(3) 络合催化

金属特别是过渡金属有很强的络合能力,能生成各种稳定的或不稳定的络合物。有些分子或离子与某些金属络合后易于进行某一特定反应,金属的这种作用就是络合催化作用,所起的反应称为络合催化反应。络合催化包括单相络合催化和以固体做催化剂的多相络合催化,但一般多指在溶液中进行的液相催化。

利用过渡金属元素的络合物作催化剂,近年来有了很大的发展。例如,乙烯在 $PdCl_2$ 和 $CuCl_2$ 水溶液中氧化成为乙醛,已经实现了工业化,其主要反应为

① $C_2H_4 + PdCl_2 + H_2O \longrightarrow CH_3CHO + Pd + 2HCl$

② $2CuCl_2 + Pd \longrightarrow 2CuCl + PdCl_2$

③ $2CuCl + 2HCl + \dfrac{1}{2}O_2 \longrightarrow 2CuCl_2 + H_2O$

反应②中生成的 CuCl 可以比较快地被氧化为 $CuCl_2$,总反应式为

$$C_2H_4 + \frac{1}{2}O_2 \longrightarrow CH_3CHO$$

乙烯在络合催化剂参与下氧化生成乙醛,是近年来络合催化的重大成就。其他如在催化剂 $HCo(CO)_4$ 的参与下,H_2、烯烃、CO 进行羰基合成生成高级醛;在催化剂 RhCl 的参与下,乙烯二聚为丁二烯等,都是络合催化的例子。

在单相络合催化中,由于每一个络合物分子或离子都是一个活化中心,而且活化中心的性质都是相同的,只能进行一两个特定的反应,因此,它具有高活性、高选择性的优点。也正因为在不太高的温度下就具有较高的活性,所以反应条件温和。其次,因为反应是在液相中进行,整个反应系统温度比较均匀,易于控制。因为单相络合催化具有这些突出的优点,目前在化工

生产中已被广泛地用在加氢、脱氢、氧化、异构化、水合、聚合和羰基合成等反应中。单相催化的缺点是催化剂与反应混合物的分离比较困难,因此,提出了优良络合催化剂固体化的研究方向。

4.5　链式反应

　　链式反应或连锁反应是一类最为普遍的复杂化学反应,它是由一系列反应速率常数互不相同的、串联的、竞争的和可逆的反应步骤组成。这类反应只要用热、光、辐射或其他方法使其引发,便可能通过某些被称为链载体(或简称为载体)的活性物种,如自由基或原子与体系内的稳定分子进行反应,并不断再生像链条一样使反应自动而又持续不断地传递下去,包括火药在内的所有燃烧过程中所发生全部是这类复杂的化学反应。另外,工业上的很多重要的工艺过程,如合成橡胶的生产、合成聚合物的制备、石油的裂解等都与链反应有关。

　　链反应由以下三个基本步骤组成。

　　① 链引发。链引发是由分子裂解成自由基或原子的反应,在这个反应中涉及分子中化学键的断裂,因而所需的活化能较高。链引发可由热引发(加热反应物)、光化学引发(较低温度下吸收光)、辐射引发(高能射线照射)或化学物质引发(加入引发剂)等方式来实现。

　　② 链传递。链传递又称链增长,为自由原子或自由基与分子相互作用生成新的分子或自由基的交替过程。由于自由原子或自由基有较强的反应能力,故反应的活化能较低。在此反应中,随着一个自由基的消失会产生一个或几个新的自由基,链反应的主产物是在此阶段产生的。

　　③ 链中止。链中止又称断链,此反应中因自由基被消除而使链中断。断链的方式有自由基彼此复合成稳定的分子及自由基与反应器壁之间碰撞而断链,而改变反应器的形状或表面涂层都可能影响反应速度,这种器壁效应是链反应的特征之一。断链反应的活化能较小,有时为零。

　　虽然自由基参与的反应未必是链反应,但是自由基的存在与否常常作为考察是否是链反应的一个重要手段。根据反应中链的传递方式的不同,即产物中自由基的数目与反应物中自由基的数目之比,即支化系数是否等于或大于 1,可分为直链反应或支链反应。

4.5.1　直链反应

　　在直链反应中,产物中自由基的数目与反应物中自由基的数目之比等于 1,链传递过程中一个链载体只产生一个新的链载体,载体数目不变,反应处于稳态。因此,在直链反应中,链引发的速度等于链中止的速度。

　　H_2 和 Br_2 生成 HBr 的反应是直链反应的一个典型例子,其总包反应为

$$H_2 + Br_2 \rightarrow HBr$$

其反应历程为

链引发
$$Br_2 + M \xrightarrow{k_1} 2Br + M$$

链传递
$$Br + H_2 \xrightarrow{k_2} HBr + H$$
$$H + Br_2 \xrightarrow{k_3} HBr + Br$$
$$H + HBr \xrightarrow{k_4} H_2 + Br$$

链中止 $$Br+Br+M \xrightarrow{k_5} Br_2+M$$

式中,M 代表第三体,它可以是系统中存在的任意一种化学物种,如 H,Br,H_2 或 HBr。这里 k_2,k_4 反应互为逆反应。

这个反应的速度可以用 HBr 的生成速度来表示,即

$$\frac{d[HBr]}{dt}=k_2[Br][H_2]+k_3[H][Br_2]-k_4[H][HBr] \tag{4-58}$$

在这个方程中要涉及活性很大的自由原子 H 和 Br 的浓度。由于这些自由原子十分活泼,只要一旦碰上任何其他的分子或自由基必将立即反应,所以在反应过程中它们的浓度很低,并且寿命很短,用一般的实验方法无法测定出它们的浓度,所以有了方程(4-58),仍无法知道 HBr 的生成速度。为了使速度方程中出现的全部是实验可测的量,通常采用稳态近似法来使问题迎刃而解。

稳态近似法,又简称稳态法。该方法认为,由于自由基等中间产物极活泼,浓度又低,寿命也短,在反应达到稳定状态后,可近似地把它们的浓度看作不随时间而变化,即

$$\frac{d[H]}{dt}=0 \tag{4-59}$$

$$\frac{d[Br]}{dt}=0 \tag{4-60}$$

实际上,H 和 Br 的浓度并不是在反应的全过程中都能保持常数,但它们在反应的绝大多数时间里能保持为常数。

根据上述反应历程,有

$$\frac{d[Br]}{dt}=2k_1[M][Br_2]-k_2[Br][H_2]+k_3[H][Br_2]+$$

$$k_4[H][HBr]-2k_5[M][Br]^2=0 \tag{4-61}$$

$$\frac{d[H]}{dt}=k_2[Br][H_2]-k_3[H][Br_2]-k_4[H][HBr]=0 \tag{4-62}$$

将式(4-62)代入式(4-61),经简化得

$$2k_5[Br]^2[M]=2k_1[Br_2][M] \tag{4-63}$$

$$[Br]=\left(\frac{k_1}{k_5}[Br_2]\right)^{1/2} \tag{4-64}$$

从方程(4-62)中可解出[H]

$$[H]=\frac{k_2[Br][H_2]}{k_3[Br_2]+k_4[HBr]} \tag{4-65}$$

将式(4-64)和式(4-65)代入式(4-58),经简化得

$$\frac{d[HBr]}{dt}=\frac{2k_2(k_1/k_5[Br_2])^{1/2}[H_2]}{1+(k_4/k_3)[HBr]/[Br_2]} \tag{4-66}$$

对于上述反应,当反应开始时,HBr 的浓度非常小,即

$$1 \gg \frac{[HBr]}{10[Br_2]} \tag{4-67}$$

此时,方程(4-66)可简化为阿累尼乌斯公式

$$\frac{d[HBr]}{dt}=k[H_2][Br_2]^{1/2} \tag{4-68}$$

反应级数为 1.5。当反应进行至

$$\frac{[HBr]}{10[Br_2]} \gg 1 \tag{4-69}$$

时,也可得到阿累尼乌斯公式。在复杂反应中,反应级数是随时间变化的。

4.5.2　支链反应

在支链反应中,产物中自由基的数目与反应物中自由基的数目之比大于 1,在链传递过程中一个链载体参加反应后产生了两个以上新的链传递者,使链传递者的数目增加,从而使反应速率随时间呈指数规律极快增大,最终会出现燃烧或爆炸现象。爆炸可分为两种类型,即热爆炸和支链爆炸。例如 H_2 和 O_2 混合物,可以产生如下的支链反应:

链开始	$H_2 \rightarrow H + H$	①
直链	$H + O_2 + H_2 \rightarrow H_2O + OH$	②
	$HO + H_2 \rightarrow H_2O + H$	③
支链	$H + O_2 \rightarrow HO + O$	④
	$O + H_2 \rightarrow HO + H$	⑤
链在气相中中断	$2H + M \rightarrow H_2 + M$	⑥
	$OH + H + M \rightarrow H_2O + M$	⑦
链在器壁上中断	$H + 壁 \rightarrow 销毁$	⑧
	$OH + 壁 \rightarrow 销毁$	⑨

支链反应④为吸热反应,因此在室温下,即使有活泼氢原子存在,H_2 和 O_2 混合物也是稳定的。通过复合反应过程,自由基会最终在器壁上消失。然而,当温度超过一定限度,同 H 原子的消失速度相比,支链反应发生的足够频繁时,以致使得自由基数目成倍地增加,最后引起燃烧或爆炸。这种情况即为支链爆炸。

而对于热爆炸,却是由普通放热反应引起的。当一个反应产生的热量大于本身向周围环境的散热时,反应体系热量的聚集将导致温度骤升,而温度升高的结果又使放热反应的速率按指数规律增大,从而反应中放出的热量更为增多,如此循环致使反应速率无休止地增加,最后引起剧烈燃烧和爆炸。

爆炸反应通常都有一定的爆炸区,即可燃气体发生燃烧或爆炸的浓度或压力有一定的范围,也即爆炸界限。当反应达到适于燃烧或爆炸的范围时,反应由平稳而突然增加。图 4-6 所示为 H_2 和 O_2 混合物反应的爆炸界限与温度、压力的关系。

从图中可见,H_2 和 O_2 混合反应有三个爆炸界限,p_1、p_2 和 p_3,分别称为低限、高限和第三爆炸限。爆炸的低限与高限与支链反应的链中止方式有关。在低压时,自由基与第三体碰撞机会少,链中止主要以器壁碰撞销毁为主。随着压力的升高,器壁碰撞链中止速度降低而支链反应速度增加,自由基数目的增加又导致反应速度猛增,压力超过 p_1 时即可发生爆炸。低限时,p_1 与器壁关系密切。$p_1 \sim p_2$ 之间为爆炸区。当压力超过 p_2 时,气相链中止为主要方式。因体系压力增高,易发生气相中碰撞而使自由基销毁,反应变慢,趋于稳定,压力一旦超过 p_3 时又会发生爆炸。此即第三爆炸限,实际上它属于热爆炸。

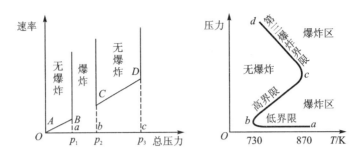

图 4 - 6　H₂ 和 O₂ 混合体系的爆炸界限与 T, p 的关系

一般可燃气体在空气中有低限和高限两个爆炸界限,如甲烷的低限含量为5.3%,高限为14%(体积分数),若甲烷在空气中的体积分数介于两者之间,则会发生爆炸。若含量低于5.3%或高于14%时,即使遇到明火也不会发生爆炸。各可燃气体的爆炸界限可在有关手册中查到,在使用这些气体时应格外小心。

4.5.3　退化支链反应

退化支链反应也可称为简并支链反应,与上述正常支链反应不同的是,这类反应过程中可以生成某些比一般分子活泼,但比链载体稳定得多的分子,它们只有进一步分解产生出自由基才能再引发支链反应。产生退化支链过程的反应速率与一般正常支链反应过程的传递速率相比是十分缓慢的,可以相差千万倍,甚至于当原有链已中止后才进行新的支链反应。这类反应的例子有烃类的氧化反应,其传播过程包含如下的反应:

$$RCH_2 + O_2 \rightarrow RCH_2OO$$

$$RCH_2OO + RCH_3 \rightarrow RCH_2 + RCH_2OOH$$

形成的有机过氧化物可脱水生成醛:

$$RCH_2OOH \rightarrow H_2O + RCHO$$

也可以分解出两个自由基从而构成支链反应:

$$RCH_2OOH \rightarrow OH + RCH_2O$$
$$\quad\quad\quad\quad\quad\quad \rightarrow R + H_2CO$$

4.5.2小节在讨论正常支链反应时指出其反应速率与时间呈指数规律变化,这是在假定物质质量浓度恒定不变的基础上作出的。事实上,由于部分反应物已消耗转化为产物,所以支链反应速率不会无限制增大,而是会出现一个极大值。对于一般的支链反应由于反应速率呈指数规律上升得很快,在物质质量浓度没有明显变化的短时间内,其反应速率就达到了某一临界值 w_2 以上,在巨大的反应速率作用下导致了爆炸的发生,如图 4 - 7 所示。而对于退化支链反应,虽然反应速率也呈指数规律上升,但上升速率缓慢,反应物的消耗却逐渐增大,使反应速率未达到临界值之前即缓慢下降。

由图 4 - 7 中可见,在不考虑反应物消耗的情况下,一般支链反应(Ⅰ)与退化支链反应(Ⅱ)的速率均按指数上升并可超过某一临界值 w_2。但在达到同一反应速率 w_1 时,它们的反应物消耗是不一样的(图 4 - 7 中阴影面积所示)。因此,一般支链反应加速快,反应物消耗少,瞬间即可加速到很大速率达到临界值引起燃烧或爆炸。而退化支链反应由于反应物消耗量较大,反应加速到极大值后就缓慢下来。因此,退化支链反应有时就不出现燃烧或爆炸的剧烈反应现象。

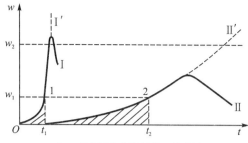

I—考虑反应物消耗的一般支链；

I′— 不考虑反应物消耗的一般支链；

II—考虑反应物消耗的退化支链；

II′— 不考虑反应物消耗的退化支链。

图 4 - 7　一般支链与退化支链反应速率比较

习题与思考题

4 - 1　试用下列参量表示第 i 种组分的浓度 c_i：p，T，A_i（A_i 为组分 i 的质量分数）。

4 - 2　对于反应速率表达式 $-\dfrac{\mathrm{d}c_A}{\mathrm{d}t}=kc_A c_B$，式中，A 和 B 表示反应物，(1)试求该反应的反应级数为多少？(2)试说明反应速率与压力 p 的关系。

4 - 3　说明温度与化学反应速率的几种关系，并给出基本关系式。

4 - 4　什么是基元反应，基元反应的化学反应速率如何计算？

4 - 5　请简述反应分子数和反应级数有何差别，如何判断一个基元反应的反应级数？

4 - 6　假设氧气炼钢在吹炼后期，碳的氧化速率系数 $k=0.48\ \mathrm{min}^{-1}$。已知含碳量较低时，碳的氧化反应为一级反应。试求：(1)将浓度为 80% 的钢液吹氧使其含碳量下降到 10%，需要多少时间？(2)钢水含碳量为 80% 时，脱碳速率是多少？(3)若含碳量为 10% 时，脱碳速率是多少？与(2)相差几倍？

4 - 7　已知甲、乙两反应的活化能分别为 40 kJ/mol 和 200 kJ/mol，求：(1)在 500 K 时，温度同样升高 10 K，反应甲和乙的 $k(T+10\ \mathrm{K})/k(T)$ 是多少？(2)500 K 时，两反应的速率系数之比为多少？设两反应的指前因子近似相等。

4 - 8　反应 $2HI=H_2+I_2$ 在 575 K 及 781 K 进行时，正反应速率系数分别为 $1.22\times10^{-6}\ \mathrm{dm^3 \cdot mol^{-1} \cdot s^{-1}}$ 及 $3.95\times10^{-9}\ \mathrm{dm^3 \cdot mol^{-1} \cdot s^{-1}}$；逆反应速率系数分别为 $2.45\times10^{-4}\ \mathrm{dm^3 \cdot mol^{-1} \cdot s^{-1}}$ 及 $0.950\ \mathrm{dm^3 \cdot mol^{-1} \cdot s^{-1}}$。试求：(1)HI 分解反应活化能；(2)HI 分解反应的阿累尼乌斯公式中指前因子 A；(3)$H_2+I_2=2HI$ 的反应活化能。

4 - 9　当一个反应由很多中间步骤完成时，反应速率是由各步骤中的哪些步决定的？

4 - 10　化学反应的反应级数能由化学反应方程式确定吗？若不能，则应如何确定？

4 - 11　支链反应有可能引发支链爆炸，请分析发生支链爆炸的温度和压力极限，并说明它与热爆炸的区别。

第 5 章　固体火药点火、燃烧模型

【内容提要】

随着科学的进步、工业的发展以及武器种类的不断增多,火药的品种也越来越多。火药分类的方法包括:按用途分类,按组分分类,按物理结构分类。本章对各类火药的组成、主要组分的作用、主要性能和使用范围分别加以讨论,采用按组分分类的方法对当前已装备武器的各类火药及其特点进行介绍。

【本章学习要求】

通过本章的学习,应熟悉并掌握以下主要内容:

(1) 火药的分类及各自的特点;
(2) 黑火药的点传火特性及影响因素;
(3) 黑火药的燃烧反应机理;
(4) 火药点火本质及影响点火过程的因素;
(5) 火药的点火理论模型及不同点火模型的区别;
(6) 固体火药高压燃烧特性。

5.1　火药的分类及特点

5.1.1　单基发射药

仅以硝化纤维素为基本能量组分的火药称为单基发射药,又称单基火药、硝化纤维素火药,简称单基药。除硝化纤维素外,为满足弹道性能、工艺性能和贮存性能要求,单基发射药中还添加各种附加成分。各种组分的作用及要求如下。

(1) 硝化纤维素

硝化纤维素(因常用棉纤维硝化而得,故又称硝化棉)在单基发射药中是唯一能量来源,也是机械强度的骨干,其含量约在 90%(质量分数)以上。单基药所用的硝化纤维素为 1 号(含氮量在 13.10% 以上)和 2 号(含氮量 $11.90\%\sim12.40\%$)硝化纤维素的混合物,称为混合硝化棉(含氮量 $12.60\%\sim13.25\%$)。用途不同,含量比例不同,这主要由机械强度和能量要求来决定。枪用发射药因药室容积小,发射中相对热损失大,要求发射药单位容积产生的能量要大,故要求混合硝化纤维素中 1 号硝化纤维素含量较多;炮用单基发射药由于药型尺寸较大,为便于成型,保证足够的机械强度和降低对炮膛的烧蚀,故在混合硝化纤维素中,所用含氮量较低、醇醚溶解度较高的 2 号硝化纤维素较多。

(2) 化学安定剂

火药贮存期间,硝化纤维素会发生自动的热分解反应,热分解产物氮氧化物对硝化纤维素又有自催化加速分解的作用。加入安定剂,能抑制火药分解中的催化反应,从而提高火药的化学安定性,延长贮存寿命。单基发射药常用的安定剂是二苯胺。

(3) 缓燃剂

缓燃剂是掺入或渗入火药药粒表层,能使火药的燃烧速度由表及里逐渐增大,得到所谓

"渐猛"的燃烧特性的物质,又称钝感剂。它改善了火药的内弹道性能,即降低最大膛压和提高初速。单基火药常用的钝感剂为樟脑等。

（4）光泽剂

光泽剂是附着在火药药粒表面,提高药粒流散性、表观密度和导电性的物质。光泽剂可提高火药的装填密度,同时减少了静电的危害。常用的光泽剂是石墨。

（5）消焰剂

消焰剂是能消除或减少发射时二次火焰(炮口焰、炮尾焰)的物质,以防暴露目标和减少对射手的灼伤。常用的消焰剂有硝酸钾、碳酸钾、硫酸钾、草酸钾及树脂等。

（6）缓蚀剂

缓蚀剂是一种具有抗烧蚀,能降低火药燃气对枪、炮膛烧蚀作用的物质。若采用降低燃烧温度的方法来减少烧蚀,所加入的物质又称降温剂,常用的降温剂有地蜡,二硝基甲苯等。还可用化学的方法,使火药燃烧时在膛内形成一层保护层,以提高膛壁的抗烧蚀性,如二氧化钛、聚氨酯等。

除上述各组分外,单基火药在加工时采用挥发性的醇醚混合溶剂进行塑化,以利于成型,加工完后再将溶剂驱除,这不可避免地要残留少量的溶剂,在单基火药的最终成品中,挥发性溶剂成为火药的组分之一。残留溶剂的存在,对保证火药的机械性能和延长贮存寿命是有一定好处的。典型的单基火药配方如表 5-1 所列。

表 5-1　典型单基火药的组成

组分名称	$Y_i/\%$	
	枪　用	炮　用
混合硝化棉($Y_N=12.6\%\sim13.5\%$)	94～96	94～96
二苯胺	1.2～2.0	1.2～2.0
樟　脑	0.9～1.8	—
石　墨	0.2～0.4	0.2～0.4(或无)
残留挥发分	1.7～3.4	1.8～3.8

单基火药在制造过程中要采用挥发性溶剂进行塑化,挤压成型后又要将溶剂驱除,因而火药层厚度受到限制,无法制造大尺寸火药。因此,单基火药只适用于各种枪类和火炮的发射药。单基火药的优点是无烟,对膛壁的烧蚀性小;主要缺点是无法制造大尺寸药柱,生产周期长,因含有挥发性组分和吸湿性较大,在贮存期间,随挥发分和水分的变化,火药的内弹道性能也要发生一定的变化。

5.1.2　双基发射药

以硝化纤维素和硝化甘油或其他爆炸性增塑剂为基本能量组分的发射药称为双基发射药,又称双基火药,简称双基药,其主要组分如下。

（1）硝化纤维素

硝化纤维素是双基药的主要能量组分之一,机械强度的骨架。由于高氮量的硝化纤维素不能与增塑剂相溶,故一般采用低氮量的 3 号硝化纤维素,含氮量为 11.8%～12.2%。

（2）爆炸性增塑剂

爆炸性增塑剂又称含能增塑剂、主溶剂,是双基药的主要能量组分之一。对爆炸性增塑剂主要要求,一是有较高的氧含量,二是与硝化纤维素有良好的相溶性。双基药常用的爆炸性增塑剂有硝化甘油、乙二醇二硝酸酯、一缩二乙二醇二硝酸酯、二缩三乙二醇二硝酸酯、三羟甲基乙烷三硝酸酯以及它们之间的混合物等。

（3）助溶剂

助溶剂又称辅助增塑剂，用于改善爆炸性增塑剂对硝化纤维素的塑化能力。助溶剂可以是爆炸型的，如二硝基甲苯；也可以是非爆炸型的，如邻苯二甲酸二丁酯、三醋酸甘油酯等。

（4）化学安定剂

化学安定剂的作用是能吸收硝化甘油和硝化纤维素分解放出的氮的氧化物，抑制其自催化分解。双基药常用的化学安定剂是中定剂（N,N′-二烷基二苯基脲）。

（5）其他附加组分

除上述较主要的组分外，不同配方和要求还要添加其他的附加组分。如为改善挤压工艺而添加凡士林，为消除二次火焰而加硫酸钾等。

双基发射药目前有四种成型方法：第一种方法是用乙酸乙酯将各组分溶解，然后在水介质中悬浮造粒，制成小粒药，这种火药主要用作轻武器和迫击炮的发射药；第二种方法是用压延的方法制成片状药，再切成所要求的方片或药条，这种药片或药条适用于迫击炮装药，但目前这种片状药有被小粒药取代的趋势；第三种成型方法是无溶剂挤压成型的巴利斯太型双基药，这种方法可制出较大尺寸的管状药或多孔药，这种药适用于大口径的火炮装药；第四种方法是用挥发性溶剂（丙酮、乙酸乙酯等）塑化，经挤压成型，驱溶而制成的火药，称为柯达型双基火药，但受到驱溶的限制而不能制成较大尺寸的火药，主要适用于中小口径的火炮装药。典型的双基发射药配方见表5-2。

表5-2 典型的双基发射药配方

组分名称	Y_i/%			
	迫击炮药		线膛炮药	
	巴利斯太型	柯达型	巴利斯太型	柯达型
硝化纤维素	57.7	64.5	58.5	65
硝化甘油	40	34	30	29.5
二硝基甲苯	—	—	7.5	—
中定剂	2	1	3	2
二苯胺	—	0.2	—	—
凡士林	0.3	0.3	1	3.5
石墨（外加）	0.2	—	—	—
氧化镁（外加）	—	0.2	—	—
丙酮（残留）	—	0.5	—	1.5
水分（残留）	0.6	0.4	0.5	0.5

与单基药相比，双基药具有生产周期短，药型尺寸可大可小，吸湿性小，物理安定性和内弹道性能稳定，能量可调范围大等优点，因而从小口径枪、迫击炮到大口径炮均广泛采用双基发射药。但由于这类火药燃烧温度较高，因而对炮膛烧蚀严重，又因含有较大量的爆炸性增塑剂而使生产过程中的危险性增大。

5.1.3 三基发射药

在双基发射药中加入另一种固体含能材料（如硝基胍、黑索今等）作为基本能量组分所组成的发射药称为三基发射药,简称三基药。根据加入固体含能材料不同来命名,如硝基胍发射药、硝胺发射药、太安发射药等。三基发射药中发展最早、应用最多的是硝基胍发射药,硝胺发射药则是近年来发展起来的一类发射药。

硝基胍为白色结晶,比体积为 1 077 L/kg,爆温为 2 371 K,为一种高比体积低爆温的含能物质,冲击感度低,对摩擦、撞击不敏感,与硝酸酯和硝化纤维素不相溶。三基发射药其他组分与双基药相同。表 5-3 所列为三基发射药典型配方。

三基药加工采用单基和双基发射药的综合工艺。先用吸收工艺将各组分混合,然后压延驱水,再用挥发性溶剂工艺成型。加入硝基胍可使燃烧温度降低,常称硝基胍发射药为"冷火药",这可降低对炮膛的烧蚀。三基药的比体积较高,因而不降低能量。但由于含低分子结晶的硝基胍较多,因而它的低温力学性能不如单基发射药。三基药适用于要求烧蚀小、弹丸初速高的大口径火炮装药。

表 5-3　三基发射药典型配方范围

组分名称	Y_i/%	组分名称	Y_i/%
硝化纤维素(Y_N=12.6%～13.5%)	20～28	2-硝基二苯胺	0～1.5
硝化甘油	19～22.5	乙基中定剂	0～6.0
硝基胍	47～55	石　墨	0～0.1
苯二甲酸二丁酯	0～4.5	冰晶石	0～0.3
二苯胺	0～1.5		

5.2　黑火药燃烧特性

黑火药的燃烧过程和其他类型的火药一样,可分为点火、传火和燃烧三个密切联系的阶段,每个阶段有其固有的特点。

5.2.1　黑火药点火特性

黑火药在外界冲量的作用下,其一点或数点先被点燃,然后扩展到整个药面燃烧。外界点火冲量的形式有多种,如热、火焰、机械、冲击波等冲量,以及电作用等。这些点火冲量中最突出的是火焰冲量。虽然黑火药的发火点(发火温度)要比无烟药高得多,与梯恩梯等猛炸药相近,如表 5-4 所列,但黑火药对火焰特别敏感,可谓"一触即发",主要原因是黑火药表面粗糙、有棱有角,又是"黑体"容易吸收火焰的热能并形成热点,再加上黑火药的燃速大,在常压下为无烟药的十倍至数十倍,所以其点火所需能量较小。

表 5-4　黑火药与某些火、炸药的发火点(延迟期为 5 min)

名　称	雷　汞	硝化甘油	泰　安	黑紫金	苦味酸	黑火药	梯恩梯
5 min 发火点/℃	175～180	200～205	210～220	225～235	295～310	290～310	300～310

影响黑火药点燃性的因素很多,主要列举如下。

(1) 黑火药的组分的影响

无硫黑火药比有硫黑火药难于点燃,表 5-5 列举了组分对分解及爆炸温度的影响。

表 5-5　不同组分黑火药的分解及爆炸温度

组分/%			分解温度/℃	爆炸温度/℃
硝酸钾	硫黄	木炭		
80	—	20	320	357
86.3	13.7	—	310	450
70.1	11.3	17.6	290	311

（2）木炭的炭化度的影响

不同种类木材所制得的木炭,其发火点亦不同,就是同种木材所制得的木炭的发火点也随其炭化度不同而不同,因此木炭的种类及炭化度均会影响黑火药的点燃性。实质上影响点燃性的是木炭中的挥发成分或有机成分,因为在较低温度下(约 150 ℃)硫黄和硝酸钾首先与木炭中的有机物发生反应(见黑火药的燃烧机理)。中等炭化度的木炭(75%~80% 含碳量)具有较好的点燃性。

（3）含水率的影响

黑火药的含水率对其点燃性也有较大的影响,含水率愈大其点燃性愈差。含水率达 2% 的黑火药需用较大的点火冲量才能点燃;当含水率达 5% 左右时,点火就更困难了,即使用很大的点火冲量将它点燃,有时也会发生燃烧中断;当含水率达 15% 时,黑火药就失去燃烧性,不能点燃。含水率对点燃性的影响主要有两方面,首先,在含水率不大时,水分的蒸发需消耗一部分热量,所以需要增大点火能量;其次,当含水率较大时,硝酸钾会从黑火药中析出,破坏了它的组成及均匀性,从而影响其点燃性。

（4）温度的影响

温度对黑火药的点燃性影响较大,温度愈高,其点燃愈容易。在一定条件下,温度达某一临界值时,不需外界热源它也能经过一定的延滞期而自行着火。波登和勃莱克沃特等的实验证实:在一定条件下将黑火药加热到 130 ℃(尽管远比其发火点低得多)也会发生燃烧。从点火所需能量来看,药温愈高,则所需能量愈小,即点燃愈容易。

（5）压力的影响

点火时的外界压力也影响着黑火药的点燃性,压力愈低,黑火药的点燃性愈差。为了保证其在低压下能点燃,必须加大点火冲量。阿贝尔和诺贝尔证明了黑火药的点燃极限压力约为 0.1 atm,在更低压力下即便使用灼热的物体也不能点燃黑火药。而陶莱特通过实验得到黑火药的极限压力为 15 mmHg[①],如表 5-6 所列。

表 5-6　黑火药的极限点火压力

组分/%			极限气压/mmHg
硝酸钾	硫黄	木炭	
55	25	20	15~40
64	18	18	15~25

（6）其他因素的影响

药粒的大小、表面状态和黑火药的密度也影响黑火药的点燃性。如药粒愈小、愈粗糙、密度愈小,则愈易点燃。药粉及小粒黑火药其点燃性较好,而粒大、表面较光滑的黑火药其点燃

---

① 1 mmHg＝133.322 4 Pa。

性就差些。

综上所述,对安全生产有现实意义的是增湿、低温和低压。在不影响黑火药性能的前提下,采用低温、低压或高水分(湿法)的生产工艺,则会大大减少生产中的事故。

5.2.2　黑火药传火现象

所谓传火即黑火药药粒表面一点或数点被点燃后,其火焰沿药粒表面的传播,此火焰传播速度亦称传火速度或引燃速度。

波登和勃莱克沃特实验发现:单粒黑火药在大气压下的燃速为 4 mm/s,而火焰以 600 mm/s 的速度沿药粒的轴线方向传播。

当黑火药用作火炮装药的点火药时,其火焰传播速度为 1 000～3 000 mm/s,比无烟药要高得多,如表 5 - 7 所列。

表 5 - 7　在 1 大气压下黑火药与无烟药的燃速和传播速度

种　类	火焰传播速度/(mm·s^{-1})	燃速/(mm·s^{-1})
黑火药	1 000～3 000	8～10
无烟药	0.2～0.5	0.1～0.2

5.2.3　黑火药燃烧现象

燃烧是燃烧反应向火药内部并垂直于药粒表面的传播过程,可分为稳定燃烧和不稳定燃烧。燃烧阶段的特征参数是燃烧速度,燃烧速度与其组成、密度、外界压力、温度等诸因素有关。

(1) 组成对燃烧的影响

硝酸钾、硫黄和木炭在黑火药中的比例,在很大程度上影响着黑火药的燃速,如表 5 - 8 所列。

表 5 - 8　黑火药的成分与燃速的关系

成分/%			燃烧速度/(mm·s^{-1})	
硝酸钾	硫黄	木炭	平均值	平均误差
85	5	10	4.4	±0.46
80	10	10	6.5	±0.47
77.5	12.5	10	7.4	±0.58
75	15	10	8.3	±0.26
70	20	10	9.2	±0.40
65	25	10	10.2	±0.44
80	5	15	8.9	±0.35
75	10	15	10.0	±0.50
72.5	12.5	15	10.5	±0.55
70	15	15	10.5	±0.37
65	20	15	9.85	±0.31
60	25	15	8.5	±0.28
75	5	20	11.8	±0.35

续表 5 - 8

成分/%			燃烧速度/(mm·s⁻¹)	
70	10	20	11.1	±0.49
67.5	12.5	20	10.8	±0.44
65	15	20	9.45	±0.43
60	20	20	8.1	±0.45
55	25	20	6.3	±0.33
70	5	25	8.5	±0.65
65	10	25	7.7	±0.53
62.5	12.5	25	7.3	±0.85
60	15	25	6.1	±0.32
55	20	25	5.6	±0.58
50	25	25	4.45	±0.35

延期药在引信的时间药盘内的燃烧时间(也反映燃速)随其成分的改变而变化。当硫黄含量不变时,其燃烧时间随硝酸钾含量增大而增加,也随木炭含量减少而增加,见表 5 - 9。

当硝酸钾含量不变时,其燃烧时间随硫黄含量增大而增加,随木炭含量减少而增加,见表 5 - 10。法国所采用的导火索中黑药成分与燃速的关系见表 5 - 11。

表 5 - 9　延期药成分与燃烧时间的关系(硫黄含量不变)

成分/%			在引信时间药盘内的燃烧时间/s
硝酸钾	硫黄	木炭	
75	10	15	12.4
78	10	12	16.9
80	10	10	24.2
81	10	9	25.8
84	10	6	49.7
87	10	3	不燃烧

表 5 - 10　延期药成分与燃烧时间的关系(硝酸钾含量不变)

成分/%			在引信时间药盘内的燃烧时间/s
硝酸钾	硫黄	木炭	
75	1	24	10.9
75	4	21	11.2
75	7	18	11.8
75	10	15	12.4
75	13	12	13.2
75	20	5	28.8

表 5-11　导火索黑药成分与燃速的关系

成分/%			燃烧速度/(mm·s⁻¹)
硝酸钾	硫黄	木炭	
72	13	15	25
62	20	18	10
40	30	30	6.7

（2）压力对黑火药燃速的影响

外界压力对黑火药的燃速也有较大的影响。当压力低于某个压力时,黑火药发生熄灭或完全不燃,即存在燃烧的压力极限。一般情况下,压力愈高,燃速愈大。布萨斯维格和维也里测得的黑火药在多种压力下燃烧时的燃速分别列于表 5-12 和表 5-13 中。可见,当压力从 1 atm 增至 2 500 atm 时,其燃速只增大约 12.6 倍。而在同样条件下,硝化棉火药增大 161 倍,硝化甘油火药增大 109 倍,即压力对黑火药燃烧的影响远比对无烟药的影响小(对于褐色棱柱形黑火药,压力从 1 atm 增至 3 000 atm,其燃速只增大 6.8 倍)。

表 5-12　压力对黑火药燃速的影响

p/atm	1	500	1 000	1 500	2 000	2 500
燃速/(mm·s⁻¹)	8	64	80	92	101	109

表 5-13　不同尺寸黑火药的燃速与压力的关系

p/atm	燃速/(mm·s⁻¹)	
	小粒黑火药	褐色棱柱形黑火药
1	8.0	9.0
500	60	40
1 000	80	45
1 500	90	50
2 000	100	60
2 500		65
3 000		70

在低于 1 大气压下也有类似规律,如逊-洛别尔曾做过低压下的燃烧试验,其数据列于表 5-14 中。可见燃速随压力减小而减小,压力减小 28.5%,其燃烧时间增加 25.7%,燃速减少 20.5%。

表 5-14　在低于 1 个大气压下黑火药的燃烧时间

p/mmHg		燃烧时间/s	相对燃烧时间/%
绝对值	相对值		
740.0	1	35.0	100
726.0	0.980	35.1	100.3
724.3	0.978	35.2	100.6
694.1	0.940	36.1	103.1
618.7	0.835	38.8	110.9
610.4	0.824	39.0	111.4
559.4	0.755	41.5	118.6
529.4	0.715	44.0	125.7

在回转仪上进行试验也有类似规律,表 5-15 列出列夫科维奇在引信上试验普通延期药的数据。同时也可见在旋转条件下,其燃烧的压力极限为 350 mmHg。

表 5-15 引信旋转时压力对延期药相对燃烧时间的影响

试验序号	压 力					
	静止压力/mmHg	旋转时压力/mmHg				
	750	550	500	450	400	350
1	100	82.4	71.5	67.9	54.5	熄灭
2	100	80.3	70.3	熄灭	熄灭	熄灭
3	100	78.1	70.7	熄灭	熄灭	熄灭
4	100	83.0	75.5	68.1	65.2	熄灭
5	100	77.2	72.0	61.3	熄灭	熄灭
6	100	83.2	72.4	熄灭	熄灭	熄灭

表 5-16 列出了 550~1 520 mmHg 范围内压力对燃烧时间及燃速的影响,可见,当压力增大为将近 3 倍时,其燃烧时间减少约 40%,燃速增大约 0.6 倍。

表 5-16 压力对燃烧的影响($p=550\sim1\,520$ mmHg)

压力/mmHg	燃烧时间/s	相对燃速/%	
550	64.8	84	100
710	56.3	97	115
760	54.5	100	119
806	53.0	103	122
975	45.8	112	141
1520	39.6	138	164

(3) 黑火药的密度对燃烧的影响

黑火药的密度对燃烧也有较大影响,大致有如下规律。

① 当密度小于 1.65 g/cm³ 时,不能按平行层规律燃烧,原因是燃烧产物的气体易渗入其内部空隙,扩大了燃烧面,所以与药粉燃烧相似。

② 当密度大于 1.75 g/cm³ 时,能按平行层燃烧规律燃烧,而且其燃速稳定在6~8 mm/s 范围内。

③ 当密度大于 1.90 g/cm³ 时,即使在 300 atm 的密闭容器内,不但能按平行层规律燃烧,而且燃速几乎不变。故用于引信中作为定时延期药的黑火药,多采用1.87~1.93 g/cm³ 的高密度药。

密度对燃烧的具体影响见表 5-17 和表 5-18。

表 5-17 密度对燃速的影响

密度/(g·cm⁻³)	1.75	1.78	1.80	1.83	1.85	1.88	1.90
燃速/(mm·s⁻¹)	7.00	6.25	6.18	6.10	6.03	5.92	5.83

表 5 - 18　密度对燃烧定长试样时间的影响

密度/(g·cm^{-3})	1.80	1.81	1.88	1.89	1.91	1.93
燃烧时间/s	27.9	29.5	30.3	30.8	30.9	31.1

（4）药粒尺寸对燃烧的影响

药粒尺寸影响着燃烧时间、燃气生成速率及燃烧所产生的压力。药粒尺寸愈小，由于其燃烧表面大，弧厚小，所以其燃烧时间愈短，燃气生成速率愈大，产生的压力也愈大。但当密度小于 1.65 g/cm^3 时，药粒尺寸对燃烧无影响，只有当密度大于 1.70 g/cm^3 时，才有明显的影响，而且密度愈大，其影响也愈大。但密度超过1.75 g/cm^3，则影响就不大了。

在 1 大气压下各种粒度的黑火药的燃烧时间见表 5 - 19。

从 82 无后座力炮弹发射装药点火管的压力数据也可见粒度对燃烧的影响，见表 5 - 20。

表 5 - 19　1 大气压下各种粒度黑药的燃烧时间

药　粒	大粒 1 号	大粒 2 号	大粒 3 号	小粒 1 号	小粒 2 号	小粒 3 号	小粒 4 号
燃烧时间/s	0.312～0.625	0.175～0.375	0.175～0.268	0.062 5～0.131	0.044 4～0.078 1	0.031 2～0.056 2	0.022 5～0.033 1

表 5 - 20　在 82 无后座力炮弹发射装药点火管中黑药粒度对管压的影响

品　种	装药量/g	试验条件	平均压力/atm	最大压力/atm	最小压力/atm
大粒 2 号	43.5	常温	220	279	191
大粒 3 号	43.5	常温	470	584	311

（5）我国各类黑火药的燃速

我国各类黑火药压成密度为 1.87 g/cm^3 的药柱，在 1 大气压下燃烧时的燃速见表 5 - 21。

表 5 - 21　各类黑火药的燃速

品　种	燃速/(mm·s^{-1})
大小粒黑火药	7.70～8.40
普通延期药	7.10～7.70
粒状导火索药	5.96～6.35
粉状导火索药	5.77～6.60
缓燃延期药	3.38～3.42

5.2.4　黑火药的点火和燃烧反应

（1）黑火药的点火反应

波登和勃莱克沃特通过对黑火药的点火、热分解和火焰传播等实验后提出点火反应的重要步骤如下：

$$2KNO_3 + S \rightarrow K_2SO_4 + 2NO \qquad ①$$

$$KNO_3 + NO \rightarrow KNO_2 + NO_2 \qquad ②$$

$$2NO_2 + 2S \rightarrow 2SO_2 + N_2 \qquad ③$$

$$2KNO_3 + SO_2 \rightarrow K_2SO_4 + 2NO_2 \qquad ④$$

反应式③和④可认为是链式反应，其中二氧化氮和二氧化硫作为载体。反应式②作为起始过程。反应式①和④是放热的,式②和③是吸热的。硫酸钾(熔点 1 080 ℃)是主要的冷凝产物,直接由反应式①及反应式②、③、④连续生成。

高夫曼在研制木炭和硫的混合物性质时,发现黑火药的点火反应是在硫的熔点以上开始的,并根据有硫和无硫黑火药的点火试验结果认为:硫在黑火药反应最初阶段是接触剂,在相当低的温度下(约 150 ℃)的蒸气状态的硫首先与木炭中的氢发生反应,生成硫化氢;然后,硫化氢与硝酸钾发生反应,生成硫酸钾,并放出热,加热硝酸钾使其熔化;最后,熔融状的硝酸钾与硫起反应,导致整个黑火药的反应。

(2) 黑火药的燃烧反应

黑火药的主要反应是木炭被氧化。不同研究者对于不同组成的黑火药提出过不同的反应机理,主要有下列几个。

● 谢夫勒维尔提出在炮膛内,黑火药按以下方程分解

$$2KNO_3 + S + 3C = K_2S + N_2 + 3CO_2$$

● 斯特伯彻给出 74.9%硝酸钾、11.8%硫黄、13.4%木炭组成的黑火药的燃烧反应方程为

$$2KNO_3 + 3C + S = K_2S + 3CO_2 + N_2$$

● 贝尔特洛在大量实验的基础上,对黑火药的分解提出以下五个反应方程

$$2KNO_3 + 3C + S = K_2S + 3CO_2 + N_2 + 775 \text{ kcal}^{[1]}/kg \tag{①}$$

$$2KNO_3 + 3C + S = K_2CO_3 + CO_2 + CO + N_2 + S + 600 \text{ kcal}/kg \tag{②}$$

$$2KNO_3 + 3C + S = K_2CO_3 + 1.5CO_2 + 0.5C + N_2 + S + 700 \text{ kcal}/kg \tag{③}$$

$$2KNO_3 + 3C + S = K_2SO_4 + C + 2CO + N_2 + 730 \text{ kcal}/kg \tag{④}$$

$$2KNO_3 + 3C + S = K_2SO_4 + 2C + CO_2 + N_2 + 780 \text{ kcal}/kg \tag{⑤}$$

他提出黑火药的分解反应为以上五个反应式中的两个或数个同时进行的,并提出两种极限情况:

a) 以碳酸钾为主要分解反应产物,硫酸钾为副产物,分解由式①、②和③综合而得,即

$$12KNO_3 + 18C + 6S = 4K_2CO_3 + 2K_2S + 4S + 0.5C +$$
$$10.5CO_2 + 6N_2 + 3CO + 675 \text{ kcal}/kg$$

b) 以硫酸钾为主要反应产物,碳酸钾为副产物,分解按反应式①、③、④和⑤进行,综合而得

$$48KNO_3 + 24S + 72C = 4K_2SO_4 + 12K_2CO_3 + 8K_2S + 43CO_2 +$$
$$6CO + 24N_2 + 12S + 11C + 732 \text{ kcal}/kg$$

将五个反应合并,总的燃烧方程式为

$$16KNO_3 + 21C + 7S = 13CO_2 + 3CO + 8N_2 + K_2SO_4 + 5K_2CO_3 + 2K_2S_3$$

● 黄毕斯提出黑火药的燃烧分两个阶段,第一阶段是放热的氧化反应为

$$10KNO_3 + 3C + 3S = 2K_2CO_3 + 3K_2SO_4 + 6CO_2 + 5N_2 + 979 \text{ kcal}/kg$$

生成的产物按以下吸热反应还原

$$K_2SO_4 + 2C = K_2S + 2CO_2 - 58 \text{ kcal}/kg$$

$$CO_2 + C = 2CO - 38.4 \text{ kcal}/kg$$

这样生成的硫化钾可能进一步发生反应,即

$$K_2S + CO_2 + H_2O = K_2CO_3 + H_2S$$

---

[1] 1 cal = 4.184 J

$$K_2S + CO_2 + \frac{1}{2}O_2 = K_2CO_3 + S$$

一部分未燃的硫化钾和硫生成 K_2S_2。

- 沙洛提出的反应式为

$$10KNO_3 + 4S + 12C = 8CO_2 + 3CO + 5N_2 + K_2CO_3 +$$
$$2K_2SO_4 + 2K_2S + 637 \text{ kcal/kg}$$

- 吉布斯提出的反应式为

$$16KNO_3 + 3S + 21C = 13CO_2 + 3CO + 8N_2 + 5K_2CO_3 +$$
$$K_2SO_4 + 2K_2S + 740 \text{ kcal/kg}$$

- 爱斯卡斯提出的反应式为

$$20KNO_3 + 10S + 30C = 6K_2CO_3 + K_2SO_4 + 3K_2S + 14CO_2 + 10CO + 10N_2$$

- 卡斯特提出的反应式为

$$74KNO_3 + 32S + 16C_6H_2O = 56CO_2 + 14CO + 3CH_4 + 2H_2S + 4H_2$$
$$+ 35N_2 + 19K_2CO_3 + 7K_2SO_4 + 2K_2S + 8K_2S_2O_3 +$$
$$2KCNS + (NH_4)_2CO_3 + C + 3S + 665 \text{ kcal/kg}$$

- 曼纽提出的反应式为

$$20KNO_3 + 32C + 8S = 5K_2CO_3 + K_2SO_4 + K_2S_2O_3 +$$
$$3K_2S + 2S + 11CO_2 + 16CO + 10N_2$$

5.3　火药点火方法及影响因素

火药的点火是在能量作用下火药局部表面的温度升高到发火点以上,并使该处发生燃烧的过程。这一过程包括点火药自身被电发火管点燃,点火药燃烧产物向装药局部表面的传热使之温度升高到发火点以上而燃烧,进而火焰传播到整个装药的燃烧面而保持正常燃烧。

点火是火药燃烧的初始阶段,点火是否可靠直接影响到火药燃烧的均匀性、是否正常燃烧以及发动机燃烧室内是否产生过高的一次压力峰等。所以,正确选择点火具、点火药种类、点火药量和点火药安放的位置,是保证武器正常工作的重要条件之一。

5.3.1　点火本质

点火药产生的高温气体产物和凝聚相产物加热火药某一局部表面,使火药的表面发生分解,分解产物发生氧化还原的放热反应,加热的局部表面很快使温度升高到发火温度而被点燃。点燃的火焰沿表面继续传播而使装药的整个燃烧表面被点燃。点火热源作用于装药表面如图 5-1 所示。火药受高温热源作用时由以下两个过程决定。

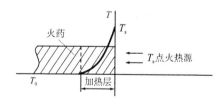

图 5-1　火药点火表面的温度梯度

① 点火热源把热传给火药局部表面。点火热源即点火药燃烧的气体产物和固体颗粒产物直接撞击火药表面,通过热传导、热对流和热辐射的方式把热传给火药表面。

② 热从火药表面向火药内部传导,形成加热层。由于火药为热的不良导体,所形成的加热层很薄,这有利于火药表面温度迅速升高到发火点以上。

5.3.2 枪炮发射药装药的点火

目前使用的枪炮发射药为单基火药、双基火药和三基火药三类。由于武器的口径不同，火药的点火方式和点火药量也不同。不论口径大小如何，作为点火系统，一般要求有：

① 点火药要有足够的能量；

② 要有适量的气体产物，以便穿透整个装药层；

③ 要有高的燃速，能在瞬时将能量传给整个装药，以尽量保证装药点火的同时性；

④ 点火过程要有良好的重现性，确保弹道性能的稳定性。

武器口径大小不同，采用的点火具也不同，对于小口径的枪装药的点火，一般采用底火点火即可将装药药粒点燃，由于药室的尺寸短小，只用底火也可基本保证点火的同时性。对于大口径长药室装药点火，根据装药的形状和尺寸的不同，采用的点火系统也不同，目前广泛采用的点火系统主要有两类，即"底火-中心点传火管"系统和"底火-点火药包"系统。

"底火-中心点传火管"点火系统适用于装药为多孔的粒状药柱，如单基药和三基药。中心点传火管置于药室中装药的中心部位，保证火焰在管内迅速传播，从而改变火药由药室底部向前传播的状态，改善了装药点火的同时性，防止装药密度大时火焰不能及时穿透所有药柱，或装药密度小时点火药气体将药粒冲上弹底而撞碎的现象。中心点传火管下部与底火台以螺纹相连，管材一般为20~25号无缝钢管，管周按一定的距离、不同方向对称分布有一定大小的圆孔（传火孔），以便点火药火焰喷出，顶端有塑料紧塞具封口。点传火管的长度一般在火药装药长的0.6~1.0倍为宜。可燃药筒则配有可燃点传火管。为了减小传火孔间破孔时间差，保证装药点火的同时性，管内粘贴有一定强度的衬纸。点火药以装入布袋或其他形式悬吊于中心管一定的位置，保证点火药迅速被点燃和点传火管的透气性好。中心点传火管中的点火药采用奔奈（Bennite）药条或2号大粒黑火药，以保证透气性。对于中心点传火管有多项性能参数要求，其中可测的和最重要的是 p_{ign} 和 Δt。p_{ign} 为点火压力，要求 p_{ign} 值要适中，它和点火药的装填密度及第一排传火孔到底火台的长度有关。Δt 为第一排传火孔破孔与最后一排传火孔破孔的时间差。Δt 愈小，则保证装药点火的同时性愈好。

"底火-点火药包"系统适用于管状药、长条带状药，也适用于粒状药。对于长条的管状药和长条带状药，当底火被激发后喷射的火焰立即点燃底部的点火药包，点火药包的火焰沿管状或带状端部内孔或药条之间的缝隙传向整个装药而被点燃。中心点传火管不适合长管状药，因为无法保证管的内孔的点火的同时性。粒状药采用"底火-点火药包"系统时，有时在药包中心加奔奈药条的传火药束，以利保证点燃的同时性。

除小口径枪炮的小粒发射药可直接装入药室外，大口径炮的火药粒则是以一定量装入多个布包中，根据战斗任务增减药包个数。长条状的管状药以捆扎或缝入布袋中装入药室。点火药则要求防潮密封。

5.3.3 影响点火过程的因素

为了能掌握点火过程中的各种规律，设计出性能良好的点火系统。以中心点火管点火结构为例，分析影响点火过程的各种因素。这些因素大致可以分为点火系统、装药结构以及两者的匹配等几方面。点火过程中，这些因素不是孤立的，而是互相影响、互相制约的。

（1）点火系统的影响因素

1）点火管的几何因素

点火管的几何因素包括点火管的内径 D_i、长度 L_i、传火孔径 d 及其传火孔的分布规律等。一般情况下，如果火药床长度为 L，则点火管长度为 $L_i=(0.6\sim0.9)L$。点火管的细长比 $A_i=D_i/L_i$ 在点火管设计时要取得适当，它是影响点火性能的重要因素之一。因为 A_i 过小，点火管内气体流动的阻力就大，妨碍了管内火焰的传播，点火药本身也不容易同时点燃，同时点火管内底部的压力也比较高，即点火管内的压力波动比较大，或许会诱发主装药床大幅值的压力波。从一些国外的点火管结构资料来看，细长比约在 $1/25\sim1/45$ 范围内。对于粒状火药床，点火管的传火孔一般采用四排孔交错分布。对于带状火药床，传火孔分布在点火管两端较为有利，根据国外的资料及我国目前的研究结果，点火管传火孔集中在点火管前端有可能降低大幅值的压力波，把传火孔集中在药室前端，目的是在膛内形成弹底、膛底对称的点火结构。传火孔径 d 通常取 $2\sim6$ mm，点火药粒较小时，d 取小值；点火药粒较大时，d 取大值。传火孔径小，点火火焰短；传火孔径大，药粒容易喷出点火管。传火孔的总面积是影响管压的另一个重要因素。对于装填密度较大的火药床，难以点火，这时管压可取得大一些，因此不改变内衬结构，可将传火孔总面积取得小一些，根据有关金属点火管资料统计表明，单位点火药质量的传火孔总面积约在 $11\sim21$ mm^2/g 的范围内变化。

点火管的第一排传火孔的高度 h_1（见图 $5-2$）对点火传火性能有着显著的影响。高度 h_1 是控制管内压力变化规律的重要因素，如 h_1 较小，则第一排传火孔在点火过程中破孔时间就来得早，使管内压力上升减慢；反之，当 h_1 增大时，破孔时间就要延迟，管内压力上升就要加快。实验证明，在其他条件相同的情况下，随着 h_1 的增大，管压也相应提高。

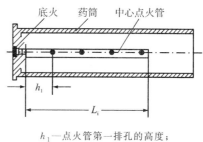

h_1—点火管第一排孔的高度；
L_i—点火管长度。

图 $5-2$ 中心点火管结构

2）点火药的理化因素

点火药的理化因素是指点火药的组分和粒度、燃烧反应热、燃烧温度及燃烧速度等。其中燃烧反应热、燃烧温度主要取决于点火药的组分，常用的点火药有黑火药、多孔性硝化棉以及硝化棉与黑火药的混合药即奔那药条。硝化棉的燃烧反应热比黑火药大，但黑火药在燃烧过程中除产生高温高压的气体以外，还产生大量的灼热的微小固体粒子，这对点火带来一定的优越性，目前一般采用黑火药作为点火药。点火药的粒度对火焰传播和点火持续时间都有很大的影响。点火药的粒度大，药粒之间的空隙增加，有利于火焰的传播，从而达到均匀一致的点火条件。点火过程除了要求一定的点火能量之外，还要求能量释放有一定的持续时间，即能量释放应有一定的速率，否则会造成点火过猛或延迟点火，在其他条件相同的情况下，粒度越大，点火持续时间越长。如果粒度过小，会造成瞬时作用的过猛点火现象，这样会造成膛内的局部压力上升，产生大幅值压力波。

（2）火药床对点火的影响

点火系统和火药床之间的相互作用很复杂，影响因素也很多。这些因素大致可归纳为两个方面：火药的理化性能和火药床的结构。火药的理化性能包括组分、反应热、燃烧温度、分解温度、燃速、火药的燃烧表面、粒度及药粒的热传导性能等。火药的组分不同，热传导性能也不一样，因而火药被点燃的难易程度不同。导热性能好的，火药表面可以很快达到点火温度，这种火药容易被点燃；反之导热性能差的，就不容易被点燃。火药被点燃后，它生成的气体又和点火药气体混合，再逐次点燃其他药粒。所以火药的反应热、反应温度及燃速对持续点火有一定的影响，火药起始总燃烧表面积对点火过程也有明显的影响。实验证明，起始总燃烧表面积大的装药结构在点火阶段容易产生压力波。目前广泛地采用 19 孔的大颗粒火药，这不仅可以减小起始燃烧面积,而且又增大火药床的透气性,给点火药的火药气体在火药床中的流动形成一个通畅的途径,有利于火焰的传播和点火的一致性。

5.4　火药的点火模型

5.4.1　点火理论模型

不同的研究者根据其本人的推测提出了不同的点火模型。综观起来,根据点火发生的主要物理化学过程不同可分为固相点火理论、气相点火理论及异相点火理论三类。某些研究者为了统一三类点火理论,又提出了所谓的统一点火理论。每一理论都有对应的物理数学模型,区别在于所考虑的控制方程、假设条件、点火判据和火药类型不同。

(1) 固相点火理论

早在 1950 年,费莱兹(Frazer)和海克斯(Hicks)就提出了固相点火理论,基本点是认为周围环境的外部热通量和固相内部的亚表面化学反应所释放的热量,或两者之一释放的热量促成了固相表层温度的提高。固相点火理论只考虑固相内部的热传导与放热反应。点火延迟只与外界热流及火药导热性能有关,而与气相压力、氧化剂浓度无关。该理论忽略了固相表面反应层的真实物理过程,即忽略了表层产生的熔化、发泡等化学物理变化。所以固相点火理论又称为热点火理论。

1971 年,麦扎努夫(Merzhanov)和安乌松(Averson)给出了如下的控制方程及定解条件。固态能量方程为

$$\rho_s c_s \frac{\partial T(t,x)}{\partial t} = \lambda_s \frac{\partial^2 T(t,x)}{\partial x^2} + \dot{q}''' \qquad (5-1)$$

其中

$$\dot{q}''' = ZQ\exp\left(-\frac{E}{RT}\right) \qquad (5-2)$$

式中,ρ_s、c_s、λ_s 分别为固相密度、比热容和导热系数;Q 为单位质量的反应热,Z 为指数前因子,E 为活化能,R 为气体常数。

边界条件一般以两种形式给出,表面温度恒定,即

$$T(t,0) = \text{const}$$

或表面热流恒定,即

$$-\lambda_s \frac{\partial T(t,0)}{\partial x} = q_0 = \text{const}$$

无穷远处条件

$$\frac{\partial T(t,\infty)}{\partial x} = 0$$

初始条件

$$T(0,x) = T_0$$

固相点火模型采用的点火判据主要是:固相表面温度 $T_s > T_{s,ig}$,或固相表面温度变化率 dT_s/dt 大于某一常数等。

在低热流、气体氧化剂浓度较高的条件下,惰性加热时间要比混合时间、反应时间长得多,这时的实验结果与固相点火模型计算符合较好。对均质火药(如单基药、双基药),它们受热分解的产物中,氧化剂与燃料是预混的,如果这时气相区温度较高,则点火主要取决于惰性加热过程,适用于用固相点火模型描述。

(2) 气相点火理论

气相点火理论最早由马克阿莱韦(McAlevy)于 1960 年提出。该理论认为,热的氧化性环

境气体引起燃料（或伴同氧化剂）的最初热分解，燃料气体扩散到环境中和各种氧化剂或周围氧化性气体发生化学反应，控制了点火过程，气相释放的热量又不断加强点火过程。气相点火理论通常由一组质量扩散和能量方程联立求解。

1970 年，海门斯（Hermance）和库码（Kumar）给出了如下的数学物理模型：

固相能量方程

$$\rho_s c_s \frac{\partial T_s(t,x)}{\partial t} + \rho_s c_s v_s \frac{\partial T_s(t,x)}{\partial x} = \lambda_s \frac{\partial^2 T_s(t,x)}{\partial x^2} \tag{5-3}$$

气相能量方程

$$\rho_g c_g \frac{\partial T_g(t,x)}{\partial t} + \rho_g c_g v_g \frac{\partial T_g(t,x)}{\partial x} = \lambda_g \frac{\partial^2 T_g(t,x)}{\partial x^2} + \dot{q}''' \tag{5-4}$$

组分方程

$$\rho_g \frac{\partial Y_j}{\partial t} + \rho_g v_g \frac{\partial Y_j}{\partial x} = \frac{\partial}{\partial x}\left(\rho_g D \frac{\partial Y_j}{\partial x}\right) + W_j''' \tag{5-5}$$

式中，ρ，c，λ 分别为密度、比热容、导热系数；v 为速度，视下标 s，g 分别对应固相和气相；D 为质扩散系数；$\dot{q}'''$ 和 $\dot{W}_j'''$ 是反应热和 j 组分的质量源项。

气相点火模型采用的判据主要有：气相区点火温度 $T_{s,ig}$，气相区温度变化速率大于某一常数，气相化学反应速度大于某一常数等。

在高热流情况下，固相惰性加热时间较短，混合反应时间较长（复合推进剂的气体产物混合时间较显著），这时的实验结果与气相点火模型计算结果较好，气相点火模型较真实地反应了实际点火过程。在热流大、气体流速低的条件下，火焰最早出现在火药表面或前滞止区，随着气流流速的加大，火焰最早出现的位置可能会向火药下游漂移，有时火焰出现在远离火药表面的尾迹流区。

(3) 异相点火理论

异相点火理论最早由安德松（Anderson）于 1963 年提出。这种理论认为，反应的主要机理是固相燃烧与气相氧化剂在两相界面上的反应。这种理论能较好地解释自燃点火现象。所谓自燃点火是指在室温下，含有一定氧化剂的气体就能使火药在其界面上发生剧烈的化学反应，即自燃，故这种理论也称自燃着火理论。

1966 年，威廉斯（Williams）给出如下形式的数学模型：

固相能量方程

$$\frac{\partial T_s(t,x)}{\partial T} = a_s \frac{\partial^2 T_s(t,x)}{\partial x^2} \tag{5-6}$$

气相能量方程

$$\frac{\partial T_g(t,x)}{\partial t} = a_g \frac{\partial^2 T_g(t,x)}{\partial x^2} \tag{5-7}$$

氧化剂组分方程

$$\rho_g \frac{\partial Y}{\partial t} = \frac{\partial}{\partial x}\left(\rho_g D \frac{\partial Y}{dx}\right) \tag{5-8}$$

界面能量平衡方程

$$\lambda_s \frac{\partial T_s}{\partial x}\bigg|_{x=0} = \lambda_g \frac{\partial T_s}{\partial g}\bigg|_{x=0^+} + \dot{q}''' + \dot{q}_r''' \tag{5-9}$$

式中，$a = \lambda/\rho c$ 称为导温系数，下标 s，g 分别对应于气相和固相；$\dot{q}'''$ 为反应热，$\dot{q}_r'''$ 为辐射热。

异相点火模型采用的点火判据主要有：固相表面点火温度 $T_{s,ig}$，表面温度变化率 dT_s/dt 大于某值，固相表面分解速度大于某值等。

（4）统一的点火理论

火药的实际点火过程要比各种模型所假设的理想条件复杂，人们希望有一种普遍适用的理论能同时考虑固相、气相和界面异相反应，并有一个统一的足够灵活的点火判据，只是随着具体条件的不同可作出某种简化处理。

图 5-3 所示是布拉德雷（Bradley）于 1974 年提出的一个统一点火理论模型，假设了一个一维系统，在气相较远处（$x>0$）的点火源通过交界面（$x=0$）向固相火药（$x<0$）传热，传热方式包括传导、对流和辐射三种形式。固相反应发生在燃料和氧化剂之间并发生火药的固相热分解，该分解提供了表面反应和气相反应所需要的燃料和氧化剂，在界面上则发生两相反应，气相反应发生热解放出的燃料和氧化剂之间或热解放出的燃料和原来气相中存在的氧化剂之间，反应物和产物都发生扩散过程。根据这些设想，布拉德

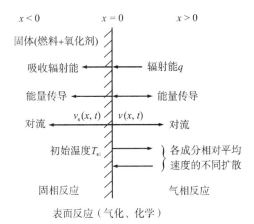

图 5-3 布拉德雷统一点火理论模型示意图

雷考虑了气相和固相微元体中的能量守恒方程和组分守恒方程，界面上的能量守恒和组分守恒方程，总的能量和质量输运（扩散）方程，气相、固相、界面上燃料和氧化剂之间的氧化还原质量作用定律，在作了一系列的变换和简化后，通过计算机数值解求得了点火延迟期。但是布拉德雷只对极简单情况进行求解，而且假设固体火药是均质的，且该模型不能描述环境气体压力对传热点火过程的影响。

库拉林（Kurarin）等提出了不均相的复合火药统一点火模型，考虑的是轴对称柱坐标的二维系统，能量源项包括自身反应热效应、传导、对流、辐射吸收的热量。控制方程针对固相分别有氧化剂和燃料的能量守恒方程，针对气相有能量守恒、总的质量守恒及各组分守恒方程。该模型还假设一系列的气相产物，较仔细地考虑了它们之间的化学反应动力学过程，还考虑了环境压力增长速率（dp/dt）的影响。该模型求解时也是采用数值方法。

5.4.2 点火理论及模型的比较

固相点火模型最简单，求解方便，比较真实地描述了电热丝点火和热固体颗粒点火的过程，与低热流下各种火药的点火以及高热流下均质零氧平衡火药（如单、双基药）的点火实验符合较好。但由于固相点火理论没有考虑气相成分、扩散、反应等因素，所以不能解释气相压力、气体成分及浓度对点火延迟的影响。

气相点火理论较真实地描述了大部分热气流点火、辐射点火过程，能较好地解释气相氧化剂浓度、气体压力及流速对点火延迟的影响，能较好地解释火焰最早出现在偏离火药表面区域的现象，但气相点火模型及计算较复杂，同时要求气相化学反应的信息较多，在实际应用中，只能对很复杂的化学反应作一些简化假设。

与固相点火理论、气相点火理论相比，异相点火理论远不成熟，有关异相点火理论的文献也较少。异相点火理论能解释在没有外热流作用下的自燃点火现象，能较好地反映气相区氧化剂浓度对点火延迟的影响。

三种点火理论的主要区别在于所假设的反应控制机理不同。在低热流下,如小于 0.42×10^6 J/($m^2 \cdot s$),固相惰性加热时间较长,固相加热与反应控制点火过程,这时适合采用固相点火理论。在高热流下,气相区的混合和反应时间较长,适合采用气相点火模型。枪、炮火药大部分是均质火药,它们受热分解的气体中燃料和氧化剂成分是预混的,实际点火时,火药周围气体温度较高,当预混气体积蓄到一定浓度时就能反应,所以均质火药的点火控制过程是固相加热分解过程,适宜采用固相点火理论。

数学模型的区别在于,化学反应释放能量的源项包含在哪个方程中。固相模型认为化学反应发生在固相,反应源项包含在固相能量方程中;气相模型认为化学反应发生在气相,气相能量方程中包含化学反应源项;异相点火模型则认为化学反应发生在气、固两相的界面上,固相能量方程和气相能量方程中都不包含反应源项,反应源项包含在气、固两相界面能量平衡方程中。

实际点火过程很复杂,可能固相内部、气相区、气固相界面上同时发生着化学反应,在进行理论分析时,只能根据一定的热流条件、外界气流速度及氧化剂浓度等因素,假设主要的反应机理,选择一定的理论模型,而任何一种点火模型都不能描述在所有情况下的点火过程。布拉德雷提出的一维统一点火理论,虽然不事先假设反应机理,考虑的因素比较全面,但问题十分复杂,而且必须知道许多难以获得的热力学、反应动力学特征参数才能求解,所以无法付诸应用。在某种特定的情况下简化求解,实际又回到气相点火理论模型、固相点火理论模型或异相点火理论模型三者之一。所以点火过程和点火现象的研究,更多要借助于实验手段。

5.5　固体火药高压燃烧特性

密闭爆发器是测量火药在定容高压条件下、燃烧过程中压力变化规律的一种装置。这种实验技术是内弹道学用于检测和研究火药燃烧性能的主要方法。

为了在密闭条件下进行火药的点火和燃烧,以及进行压力的测量,密闭爆发器一般都采用如图 5-4 所示的总体结构。

图 5-4 中密闭爆发器的本体常为炮钢制的圆筒,两端分别与点火堵头、测压堵头以螺纹连接。放置火药粒的空间称为药室,药室容积 V_0 的大小及其长细比都有一定规格。点火药常为

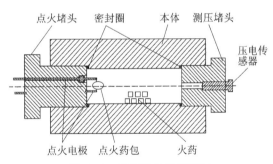

图 5-4　密闭爆发器结构图

粉状硝化棉,其中嵌有电阻丝与导线连接,通过点火塞引出与点火电源相连。测压堵头中安装有测压传感器。实验时,接通点火电源,电阻丝被电流加热而点燃硝化棉,进而再点燃火药。燃烧室内压力随时间的变化关系由压力传感器测量,并传输给数据采集系统。

5.5.1　密闭爆发器中火药特征参数的计算

火药在密闭爆发器中燃烧时,遵循定容情况下的火药气体状态方程,即

$$p_\psi = \frac{f \Delta \psi}{1 - \Delta/\rho_p - (\alpha - 1/\rho_p)\Delta\psi} \tag{5-10}$$

式中，p_ψ 为火药燃气产生的压力；f 为火药力；ψ 为火药燃去的百分比；Δ 为装填密度；ρ_p 为火药密度；α 为火药燃气的余容。

当火药完全烧完，即 $\psi = 1$ 时，密闭爆发器内的压力达到最大值。由式(5-10)可得装填密度 Δ 与最大压力 p_m 的关系为

$$p_m = \frac{f\Delta}{1 - \alpha\Delta} \tag{5-11}$$

改写后为

$$\frac{p_m}{\Delta} = f + \alpha p_m \tag{5-12}$$

当压力低于 400 MPa 时，燃气的余容与装填密度无关。因此，根据两种不同的装填密度（Δ_1 和 Δ_2）及对应的最大压力（p_{m1} 和 p_{m2}），可计算出被测火药的火药力 f 和余容 α，即

$$\left.\begin{array}{l} \alpha = \dfrac{p_{m2}/\Delta_2 - p_{m1}/\Delta_1}{p_{m2} - p_{m1}} \\[3mm] f = p_{m2}/\Delta_2 - \alpha p_{m2} \end{array}\right\} \tag{5-13}$$

实验中，由于密闭爆发器内壁吸收了燃气的部分热量，会造成一定的压力损失。为了提高测定 f 和 α 的准确度，需要确定因热散失造成的压力降，修正实验测得的最大压力值。采用如下修正公式

$$\frac{\Delta p}{p_m} = 4.51 \times 10^{-5} \frac{S}{m} \sqrt{t_k} \tag{5-14}$$

式中，Δp 为热损失压力的修正量，MPa；p_m 为扣除点火药压力后的实测最大压力，MPa；S 为密闭爆发器药室内表面积，cm²；m 为装药量，kg；t_k 为火药燃烧结束时间，s。

5.5.2　常规的燃速处理方法与结果

常规的燃速处理方法是建立在几何燃烧定律基础上的，当火药燃烧到某一瞬间时，密闭爆发器中的压力 p'_ψ 应为点火药压力 p_{ig} 和火药燃烧压力 p_ψ 之和，即

$$p'_\psi = p_{ig} + p_\psi \tag{5-15}$$

为研究火药燃气的生成量，需要由已知的压力值确定与其相应的火药已燃百分比 ψ。结合式(5-10)可得

$$\psi = \frac{1/\Delta - 1/\rho_p}{f/(p'_\psi - p_{ig}) + \alpha - 1/\rho_p} \tag{5-16}$$

根据实测的 $p - t$ 数据，利用式(5-16)将其换算为 $\psi - t$ 数据，再利用形状函数

$$\psi = \chi Z(1 + \lambda Z + \mu Z^2) \tag{5-17}$$

将 $\psi - t$ 数据转化为 $Z - t$ 数据。

以方片状火药为例，设 $2e_1$ 和 $2c$ 分别为方片药粒的起始厚度和宽度，令 $\beta = e_1/c$，则方片药的形状特征量为

$$\left.\begin{array}{l} \chi = 1 + 2\beta \\[2mm] \lambda = -(2\beta + \beta^2)/(1 + 2\beta) \\[2mm] \mu = \beta^2/(1 + 2\beta) \end{array}\right\} \tag{5-18}$$

根据相对燃烧厚度定义式 $Z = e/e_1$，可以得到已燃厚度 e 随时间 t 的变化关系，采用数值微分计算得到 $u - t$ 数据（燃速的定义为 $u = de/dt$），便可获得燃速 u 与压力 p 的函数关系，采用最小二乘法拟合得到 $u = ap^n$ 形式的指数燃速公式。

5.5.3　火药实际燃烧规律与几何燃烧定律的误差分析

几何燃烧定律仅是火药的一种理想燃烧规律,从密闭爆发器实测 $p\text{-}t$ 曲线,则是在定容的密闭爆发器条件下实际燃烧规律的反映。通过对两者之间所存在的差异的分析,就可以研究几何燃烧定律与实际的火药燃烧规律的接近程度,以及产生误差的原因。

一种直接的研究方法,是用以下方程组解出几何燃烧定律条件下的定容燃烧的 $p\text{-}t$ 理论曲线,将它与实测 $p\text{-}t$ 曲线进行对比,即

$$\psi = \chi Z(1 + \lambda Z + \mu Z^2) \tag{5-19}$$

$$\frac{\mathrm{d}e}{\mathrm{d}t} = u_1 p^n \tag{5-20}$$

$$p\left[V_0 - \frac{\omega}{\rho_p}(1-\psi) - \alpha\omega\psi\right] = f\omega\psi \tag{5-21}$$

由式(5-19)和(5-20)可以得出

$$\frac{\mathrm{d}\psi}{\mathrm{d}t} = \frac{\chi\sigma}{e_1}\frac{\mathrm{d}e}{\mathrm{d}t} = \frac{\chi\sigma u_1}{e_1}p^n$$

由式(5-21)可得

$$\frac{\mathrm{d}\psi}{\mathrm{d}t} = \frac{\beta_m}{\beta^2}\frac{1}{p_m}\frac{\mathrm{d}p}{\mathrm{d}t} \tag{5-22}$$

式中,σ 及 ψ 代表了全部装药的相对燃烧表面和相对已燃部分;χ 代表了火药形状特征量。从而得到理论的 $p\text{-}t$ 曲线的斜率 $\mathrm{d}p/\mathrm{d}t$ 的表达式,即 $p\text{-}t$ 曲线应满足的微分方程

$$\frac{\mathrm{d}p}{\mathrm{d}t} = \frac{\beta^2 p_m}{\beta_m}\frac{\chi\sigma}{e_1}u_1 p^n \tag{5-23}$$

对减面性不大的火药,如管状药和带状药等,σ 缓慢减小,β 随 p 而变化,但是变化很小,是一个稍大于 1 的数。因此 $\mathrm{d}p/\mathrm{d}t$ 的变化基本上与 p^n 变化的趋势一样,在火药燃烧完以前,就是在达到最大压力 p_m 前,$\mathrm{d}p/\mathrm{d}t$ 即曲线的斜率是单调增大的。

对于多孔火药,在火药燃烧的分裂点处,σ 是从增函数突变为减函数,且下降迅速。因此在分裂点前,$\mathrm{d}p/\mathrm{d}t$ 是增加的;在分裂点达到最大,分裂后,由于 σ 的突然下降,而 p 仍在增加,但比较缓慢,于是 $\mathrm{d}p/\mathrm{d}t$ 亦迅速下降。这样就出现了 $\mathrm{d}p/\mathrm{d}t$ 的极大值,在 $p\text{-}t$ 曲线中就存在有 $\mathrm{d}^2 p/\mathrm{d}t^2$ 的拐点。

但是,密闭爆发器的实验结果表明,实测的 $p\text{-}t$ 曲线,无论是简单形状火药还是多孔火药,都存在有拐点,如图 5-5 所示,不过出现拐点的位置不同。简单形状火药拐点所在处的火药已燃去,相对量 ψ_c 小于但接近于其燃烧结束位置的 $\psi=1$,而多孔火药 $p\text{-}t$ 曲线的拐点则接近于分裂点,即 $\psi_c \approx \psi_s$。$p\text{-}t$ 曲线的拐点及其特征,是表明几何燃烧定律偏离实际燃烧规律的主要标志。

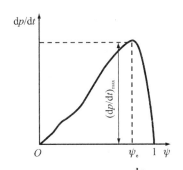

图 5-5　实测 $p\text{-}t$ 曲线的 $\dfrac{\mathrm{d}p}{\mathrm{d}t}\text{-}\psi$ 曲线

简单形状火药与多孔火药一样,在 $p\text{-}t$ 曲线上亦存在拐点的事实,说明其燃烧面在接近燃烧结束时亦有迅速减小的变化,这表明不是所有药粒都是同时燃完的,而是有先有后,总的燃烧面在燃尽点之前,某一位置开始迅速地减小。这是由于实际条件下,不可避免地存在有药粒尺寸的

散布、着火时间不一致、燃烧环境的差异等因素造成的。这就是实际燃烧条件,不同程度地偏离几何燃烧定律赖以建立的三个假定条件所造成的结果,使得简单形状火药亦出现拐点,多孔火药则拐点提前。

以上分析虽然用拐点的存在及其位置,集中地反映了几何燃烧定律偏离实际燃烧过程的表现及影响因素,但还没有描述出全燃烧过程的状况,为此,俄罗斯的弹道学者谢烈析梁可夫提出,用以下的 Γ 函数来分析火药的燃烧过程,即

$$\Gamma = \frac{1}{p} \frac{\mathrm{d}\psi}{\mathrm{d}t} = \frac{\chi u_1}{e_1} \sigma p^{n-1} \qquad (5-24)$$

在常用的试验压力下,可以近似取 $n=1$,于是

$$\Gamma \propto \sigma$$

该比例关系的近似成立表明,可以由实验 $p-t$ 曲线确定的 Γ 具有实际燃烧面的涵义,称为火药燃气生成猛度。

若令式(5-24)的左端为

$$\Gamma_{\text{实}} = \frac{1}{p} \frac{\mathrm{d}\psi}{\mathrm{d}t} = \frac{\beta_m}{\beta^2} \frac{1}{p p_m} \frac{\mathrm{d}p}{\mathrm{d}t}$$

右端为

$$\Gamma_{\text{型}} = \frac{\chi u_1}{e_1} \sigma$$

分别由实测 $p-t$ 曲线得出燃烧全过程的 $\Gamma_{\text{实}}-\psi$ 曲线,与由几何燃烧定律计算的 $\Gamma_{\text{型}}-\psi$ 曲线进行比较,从两者的差异可以分析,火药实际燃烧偏离几何燃烧定律的具体情况及产生这种偏差的原因。

图 5-6 和图 5-7 分别给出了管状药和七孔药这两种典型火药的 $\Gamma_{\text{实}}-\psi$ 曲线和 $\Gamma_{\text{型}}-\psi$ 曲线对比。

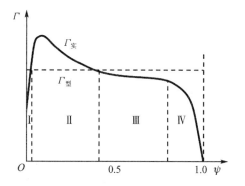 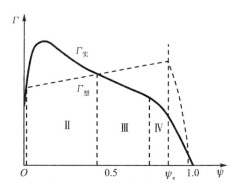

图 5-6　管状药的 $\Gamma_{\text{实}}-\psi$ 曲线与　　　　　图 5-7　七孔药的 $\Gamma_{\text{实}}-\psi$ 曲线和
　　$\Gamma_{\text{型}}-\psi$ 曲线的对比　　　　　　　　　　$\Gamma_{\text{型}}-\psi$ 曲线的对比

为了便于分析,将曲线的变化特征分为四个区段,分别探讨其差异和原因。

① 第一区段属于逐渐着火阶段,不论是管状药还是七孔火药,这一阶段的实验曲线都是从某一最小值 Γ_0 开始,逐渐上升与理论曲线相交而反映出逐渐着火的过程,表明了火药点火的不同时性,由此可说明,几何燃烧定律假定所有药粒全面着火并不符合实际情况。

为了研究点火压力对火药着火过程的影响,谢烈柏梁可夫曾采用不同点火药量进行实验。对所测得的一系列 $\Gamma_{\text{实}}-\psi$ 曲线的比较,证明起点 Γ_0 值是随点火压力增大而增加,以致与理论曲线相交所表示的点火过程则相应缩短,他得出的一个结论是:当点火压力为 12.5 MPa 时,则接近于全面着火。这个实验表明了点火条件对火药燃烧规律的影响。但

是在一般火炮中,一方面装填密度比密闭爆发器实验用的装填密度要大得多,使点火药气体难于同时遍布所有药粒的表面;另一方面还由于炮膛内实际使用的点火药压力不能过高,以免使药床挤压冲击,而使药粒破碎产生反常高压。点火药压力一般只有 $1\sim4$ MPa,因此在膛内火药着火的不同时性要更为显著。

② 第二区段的特征是实验曲线高出于理论曲线之上,故称为急升段。出现这种情况,仅用燃烧面的概念,就不能得到合理的解释。谢烈柏梁可夫根据单基药和双基药的对比实验,作出的 $\Gamma_{\text{实}}-\psi$ 曲线表明,对具有挥发性溶剂的单基药,"急升"现象就特别明显,而无挥发性溶剂的双基药则不明显。由此可以认为,产生"急升"的原因,应与溶剂的挥发有密切关系。他作了这样的解释,在火药制造过程中,为了排除溶剂,需要将挤压成型的药粒用水浸泡,然后再烘干排出其中的水分,在此过程中,火药表面留下一些孔隙,以及残留挥发物在药粒厚度中的分布不均匀,而呈现出一定的梯度分布,由于沿厚度方向的物理化学性质不均匀,其燃速系数 u_1 实际上不是常数,表面较大而深入到内部后渐趋均匀,这就使得 $\Gamma_{\text{实}}$ 在起始燃烧阶段,将超过理论值而出现了上升和下降的"急升"区段。至于硝化甘油火药,虽然"急升"不明显,但也有少许超过理论曲线的表现,这可解释为硝化甘油分布具有梯度的原因。谢烈柏梁可夫还给出了 u_1 随厚度变化的经验关系为

$$u_1 = u_1' e^{-\alpha\sqrt{Z}}$$

式中,u_1' 为外层的燃速系数;Z 为已燃的相对厚度;α 与火药内外层理化性能不均匀的程度有关。

急升段的存在,表明几何燃烧定律假定的火药理化性能均匀一致的假设与实际情况也是有偏离的,急升段的长短和"急升"的高低反映了偏离的程度。在一般情况下,急升段不长,"急升"高度亦不大,故在内弹道计算中通常可不计及燃速系数变化的影响。

③ 第三区段是属于火药的内层燃烧阶段,在这阶段中,管状药和七孔火药显示出明显的差别,前者的实验曲线与理论曲线接近一致,表明这时火药基本上按几何燃烧定律所表示的规律燃烧,而后者则差别显著,理论曲线应是增面燃烧,而实测曲线则是减面燃烧的,完全违背了几何燃烧定律所预期的规律。产生这种现象的原因,可以根据孔道内外燃烧环境不同而得到解释。在密闭爆发器的装药条件下,孔内外的气体占有不同的空间,七孔药的内孔直径很小,一般 $d_0 \approx e_1$。而管状药视长度不同,一般 $d_0 = (2\sim4)e_1$。所以七孔药的孔内外燃烧环境差异很大,使得孔内外存在明显的压力差和相应的燃烧速度差,导致因气流作用所引起的侵蚀燃烧现象,这种现象随着燃烧过程的进行,孔径的不断扩大而逐渐消失。其综合的宏观表现,相当于燃速系数 u_1 是由大变小,使得其影响抵消并超过了燃烧面增大的影响,而表现出 Γ 反而降低。管状药由于内径较大,这个现象就不存在或不明显。不过,这里应当指出,同样的七孔火药在炮膛内燃烧,因为火炮的装填密度比密闭爆发器的大得多,孔内外气体占有空间的条件差别不大,燃烧环境的差异也就不大。这种情况下,就能得到如几何燃烧定律所预期的增面性燃烧。

上述的研究和分析,为有孔火药的设计提供了启示。按照几何燃烧定律的观点,多孔火药的孔径愈小,长度愈大,燃烧增面性应愈大。但实际上并非如此,因为孔内的透气性愈差,侵蚀燃烧愈严重,反而显示出减面燃烧特征。这种从密闭爆发器试验得出的论点,也为火炮的弹道试验所证实。在相同装药量条件下,弧厚相同的多孔药、孔径愈小或长度愈大,则最大膛压偏高,甚至会发生药粒提前碎裂现象。因此有孔火药的长度与孔径的比例,必须通过实验进行选择,根据长期实践的经验,七孔火药的标准尺寸规定长度和孔径的比例为

$$2c = (20 \sim 25)d_0$$

$$d_0 = (0.5 \sim 1)2e_1$$

长管状药的孔径为

$$\frac{D_0}{d_0} \approx 2.5$$

④ 第四区段为急速下降段,它同第三区段的交界点应与 p-t 曲线的拐点相对应。这一区段的存在,说明长管状药在理想燃烧条件下,亦不存在急速减面燃烧,而七孔药的分裂则提前。其原因正如前已分析过的拐点存在及提前的因素一样,是由于实际药粒存在的尺寸不均一与点火不一致,导致了药粒燃完及分裂的时间不一致。因此,药粒尺寸的散布愈大,点火一致性愈差,则这一阶段也将愈加提前。

以上就是应用 Γ-ψ 曲线所表示的实际燃烧规律与几何燃烧定律之间的差异,及产生差异的原因。

习题与思考题

5-1　分析我国古代黑火药到现代三基发射药的发展轨迹与启示。

5-2　请分析黑火药在早期武器中的应用,以及在未来新概念武器中应用前景。

5-3　结合本章节所学知识,请给出要实现火药能量的提高,应该采用什么方法?并列举几种常见的高能火药。

5-4　请简要分析燃烧压力是如何影响黑火药燃速的。

5-5　请说明装药床是如何影响火药点传火过程的,影响因素都有哪些。

5-6　什么是气相点火理论,请给出气相点火理论的质量扩散和能量守恒方程?

5-7　密闭爆发器中火药的火药力和余容是如何计算的?请给出计算过程。

5-8　什么是火药的几何燃烧定律?对于带状药和多孔药来说,它与火药实际燃烧规律有何差别?

5-9　请查找资料列举几位我国在火药研制与燃烧领域有代表性的专家,简述他们对国防事业的贡献。

第6章　固体推进剂稳态燃烧特性及理论模型

【内容提要】

固体推进剂作为一种典型的含能材料，它的燃烧涉及一系列复杂的物理和化学过程。稳态燃烧是指推进剂的火焰结构不随时间变化的燃烧过程。要实现稳态燃烧，就必须了解固体推进剂的稳态燃烧特性，进而提出固体推进剂稳态燃烧的理论模型，以此来指导其燃烧规律性的研究。然而，由于配方不同，固体推进剂又分成了不同类型，不同类型的推进剂稳态燃烧特性不同，所适用的理论模型也就不同。本章主要针对不同类型的固体推进剂，给出其稳态燃烧特性及各自适用的理论模型。

【本章学习要求】

通过本章的学习，应熟悉并掌握以下主要内容：

(1) 固体推进剂的分类及其特点；

(2) 各种类型固体推进剂燃烧波的结构和特征；

(3) 固体推进剂燃烧波结构的试验测试技术；

(4) 固体推进剂燃速测试的试验技术；

(5) 各种固体推进剂稳态燃烧的理论模型；

(6) AP/HTPB 一维和二维稳态燃烧的数学模型及反应动力学机理；

(7) AP/HTPB 稳态燃烧机理及热交换模式；

(8) 环境压力对 AP/HTPB 燃烧特性的影响机制。

6.1　固体推进剂的分类及特点

固体推进剂主要包括双基推进剂、复合推进剂、复合改性双基推进剂和 NEPE 推进剂等，它们在火箭、导弹武器发射中具有重要作用。本节就各自的组成与特点进行简要介绍。

6.1.1　双基推进剂

双基推进剂也是以硝化纤维素和爆炸性增塑剂为基本能量组分的火药，其基本组成与双基发射药相类似。但为了改善火箭发动机弹道性能，需添加多种弹道改良剂，如改变燃烧速率的燃速调节剂，降低燃速对压力敏感性的压力指数调节剂，使低压下能稳定燃烧的燃烧稳定剂等，有时一种组分兼有多种调节功能，既能调节燃速，又能降低压力指数，还能降低稳定燃烧的临界压力，因而使双基推进剂的成分变得复杂。双基推进剂的配方范围列于表 6-1 中。

表 6-1　双基推进剂配方范围

组分名称	Y_i/%
硝化纤维素	50～60
主溶剂(硝化甘油、硝化二缩二乙醇、硝化三缩乙二醇及其混合物等)	25～47
助溶剂(二硝基甲苯、苯二甲酸酯、甘油三醋酸醋、吉纳等)	0～11

组分名称	Y_i/%
安定剂(中定剂、硝基二苯胺、二苯脲等)	1～9
弹道改良剂(炭黑、金属氧化物、有机盐及无机盐等)	0～3
其他附加物(蜡、凡士林、金属皂等)	0～2

双基推进剂中最常用的弹道改良剂是炭黑、铅的氧化物及其有机盐或无机盐、铜的氧化物及其有机盐或无机盐。这些物质的加入,能明显改变双基推进剂的燃速,降低压力指数等,因而大大改善了火箭发动机的内弹道性能,满足各种武器的设计要求。

双基推进剂可采用压伸法或浇铸法生产。用压伸法生产的称为压伸双基推进剂,用浇铸法生产的称为浇铸双基推进剂。压伸法中又有溶剂法和无溶剂法两种,溶剂法因驱溶而尺寸受到限制,用于制造小型火箭的发动机装药;无溶剂法可制造较大尺寸的装药,但一般药柱直径小于 600 mm,主要用于中小型的火箭发动机装药。浇铸法中又可分为粒铸法和配浆法两种,前者是先将固体组分用挥发性溶剂塑化造粒,再将药粒装入模具或发动机中,将溶剂充满,加温溶解固化成型;后者是将推进剂各组分在配浆机中配制成流动的药浆,再浇入模具或发动机中固化成型。浇铸法生产的药柱尺寸不受限制,可用于中小型发动机装药,也可用于大型发动机装药。双基推进剂生产周期短,工艺成熟,可连续大批量生产。药柱质量均匀性好,燃烧排出的产物无烟或少烟,贮存安定性好,但低温力学性能较差,与壳体黏接性能差。双基推进剂是目前应用于各种火箭导弹的固体推进剂之一,随着性能的不断改进,它的应用范围也越来越广。

6.1.2 复合推进剂

复合推进剂是由高分子黏结剂、固体粉末氧化剂、粉末金属燃料和其他附加组分混合组成的一类推进剂。在物理结构上是非均相的,各组分间存在明显的界面,因而又称异质推进剂。下面对其主要组分介绍如下。

(1) 黏结剂

复合推进剂用黏结剂是物理结构的连续相,它的作用是将推进剂的各组分黏结在一起,通过固化形成具有规定几何形状、尺寸,力学性能满足使用要求的固态物体,同时还是燃料的一部分。它对推进剂的力学性能、工艺性能和贮存性能有着重要的影响。现今的高聚物,几乎都可以作为推进剂的黏结剂,但制成的推进剂不一定都是具有能满足使用性能要求的产品。作为黏结剂,可以是塑料型的,也可以是橡胶型的;可以是固体高聚物,也可以是液态预聚物,甚至还可以是可聚合的单体。按照复合推进剂的制造工艺特点,高聚物黏结剂可分为三类:

① 塑溶胶黏结剂 这类黏结剂是借用聚合物微粒与氧化剂等混合在增塑剂中溶胀而固化。聚氯乙烯和乙基纤维素等就属这类黏结剂。

② 液态预聚体或单体 这类黏结剂是先将单体聚合成分子质量较低、常温为液态的预聚体,在制造推进剂时,将各组分均匀混合,浇入模中,借助固化剂加热将预聚体固化为固体。聚丁二烯类属这种黏结剂。采用单体也可以通过引发剂聚合固化,但在工艺上对质量难以控制,故不常用。

③ 橡胶态高聚物 在使用温度下处于橡胶态的高聚物,如氯丁橡胶、丁腈橡胶、丁苯橡胶、天然橡胶等。这类聚合物在加工时要克服它的高黏性,必须在较重型的设备如混炼机中塑炼,降低聚合度来克服高黏性与各组分混合,因而加工复杂,使用这类黏结剂的推进剂,一般采用挤压、模压等工艺固化成型。

目前,在复合推进剂中使用最广泛的黏结剂是液态聚硫橡胶、聚氯乙烯、聚氨酯及聚丁二烯的预聚体等。

（2）氧化剂

氧化剂在复合推进剂中含量在 70% 以上，是复合推进剂的主要组分，提供燃烧化学反应所需要的氧。可用于固体推进剂中氧化剂的物质主要有三类：高氯酸盐、硝酸盐和含能有机结晶化合物。

① 高氯酸盐　可作为氧化剂的高氯酸盐及其一般性能列于表 6-2 中，由表 6-2 可以看出，从有效氧含量和生成焓来看，以高氯酸硝酰最高，作为氧化剂最为理想，但这种物质热安定性差，与黏结剂等组分的化学相容性差，因而无法实际应用；高氯酸锂和高氯酸钠有效氧含量较高，但它们的吸湿性强，燃烧时有固体残渣，因而也未能实际应用；高氯酸钾由于燃烧时生成氯化钾固体残渣，故在复合推进剂中也没有采用，它只在点火药和烟火剂中作氧化剂；高氯酸铵虽然有效氧含量较小，但它燃烧时不产生固体残渣，吸湿性小，与其他组分的相容性好，来源广，制成的推进剂能量较高，因而是目前在复合推进剂中应用最广的一种氧化剂。

表 6-2　高氯酸盐的一般性能

氧化剂	分子式	相对分子质量	$\rho /$ $(g \cdot cm^{-3})$	熔点/℃	有效氧含量/%	生成焓/ $(kJ \cdot mol^{-1})$
高氯酸铵	NH_4ClO_4	117.50	1.95	150 开始分解	34.0	-294.14
高氯酸钾	$KClO_4$	138.55	2.52	530 开始分解	46.2	-430.12
高氯酸钠	$NaClO_4$	122.44	2.54	482	52.3	-382.84
高氯酸锂	$LiClO_4$	106.39	2.43	236	60.2	-380.74
高氯酸硝酰	NO_2ClO_4	145.45	2.22	120 分解	66.0	+37.24

② 硝酸盐　可用于复合推进剂的硝酸盐及其一般性质列于表 6-3 中。硝酸盐是一种来源广泛的物质，因而价格便宜。但硝酸钠和硝酸锂同样存在吸湿和燃烧时产生残渣等缺点，因而没有用作推进剂的氧化剂；硝酸钾因燃烧产生残渣，因而只作为黑火药和烟火剂的氧化剂；硝酸铵是一种来源最广泛的硝酸盐，农业上用作化肥，燃烧时无烟，因而引起了人们的兴趣，但存在吸湿性和加工使用温度下发生晶变，使药柱结构发生破坏的缺点，而限制了它的广泛应用。目前集中在研究克服硝酸铵的晶变和吸湿这两个问题上，并取得了可喜的进展，这两个问题如能彻底解决，硝酸铵的应用，尤其应用在制造能量较低、燃烧温度和燃速低又无烟的推进剂中，则是一种较为理想的氧化剂。

表 6-3　硝酸盐的一般性能

氧化剂	分子式	相对分子质量	$\rho /$ $(g \cdot cm^{-3})$	熔点/℃	有效氧含量/%	生成焓/ $(kJ \cdot mol^{-1})$
硝酸铵	NH_4NO_4	80.04	1.73	169	20.0	-365.26
硝酸钾	KNO_4	101.10	2.11	333	39.6	-492.88
硝酸钠	$NaNO_4$	84.99	2.26	310	47.0	-466.52
硝酸锂	$LiNO_4$	68.94	2.38	253	58.0	-482.42

③ 含能有机结晶化合物　20 世纪 70 年代以来，研究高能炸药用于作为推进剂的氧化剂，取得了较好的成果，并在推进剂配方中获得实际应用。用高能炸药部分取代或全部取代高氯酸铵，可以提高推进剂的能量或获得特殊性能（例如无烟、低燃速等）。可用于推进剂组分的含能有机结晶化合物及其一般性质列于表 6-4 中。

表 6-4　含能有机结晶化合物的一般性质

化合物	分子式	相对分子质量	$\rho/$ $(g \cdot cm^{-3})$	有效氧含量/%	熔点/℃	生成焓/ $(kJ \cdot mol^{-1})$	比体积/ $(L \cdot kg^{-1})$
硝基胍	$CH_4N_4O_4$	104.1	1.72	-30.7	245 分解	-89.54	1 076.7
二羟基乙二肟	$C_2H_4N_2O_4$	120.0	1.85	-26.7	165	-570.3	933
黑索今	$C_3H_6N_6O_6$	222.13	1.816	-22.0	204.1	71.61	908
奥克托今	$C_4H_8N_8O_8$	296.17	1.902	-21.6	285~287	74.87	908
硝仿肼	$CH_5N_5O_6$	183.1	1.86	13.1	123 分解	-71.13	918
六硝基乙烷	$C_2N_6O_{12}$	300.0	1.85	42.7	147	119.65	672
CL-20*	$C_6H_6N_{12}O_{12}$	438.18	1.98	-11.0	190 以下分解很慢	415.5	767.5

* CL-20 学名为六硝基六氮杂异伍兹烷,代号 HNIW。

　　由表 6-4 可以看出,六硝基乙烷和硝仿肼能在燃烧时提供较多的氧,从这一点来看是较理想的氧化剂,故对于它们用作推进剂的氧化剂作了大量的研究,但均因它们的化学安定性差,在 70 ℃以上就有明显的分解,与其他组分的相容性差,故至今仍未得到实际应用。硝基胍和二羟基乙二肟,在燃烧时不能提供有效氧,但它们的比体积较大,用它们部分取代高氯酸铵,可以制造低燃温和低燃速的推进剂,这已经在实际配方中得到应用。目前应用最多的是奥克托今(HMX)和黑索今(RDX),虽然它们的氧平衡较小,不能在燃烧时提供有效氧,但它们的生成焓为正,比体积也较大,用它们部分取代高氯酸铵,合理搭配,能提高推进剂的能量。目前它们是高能推进剂的主要组分之一,也是无烟和低易损推进剂的重要氧化剂。值得特别提出的是,CL-20 这种笼形高能量密度的硝胺化合物,它比 HMX 具有更高的生成焓和密度,若以 RDX 为基准比较,HMX 的密度比冲增量为 99.0 N·s/dm³,而 CL-2 的密度比冲量则是 203.0 N·s/dm³。CL-20 是目前各国争相研究发展的高能量密度材料,是一种重要的高能炸药,也是高能量推进剂中主要组分,尤其对发展高能低特征信号推进剂有特殊意义。

(3) 燃　料

　　推进剂的黏结剂所含的碳氢元素也是燃料组分,但为了进一步提高推进剂的能量,往往在推进剂中加入燃烧时单位质量放热量大的金属粉末或它们的氢化物。可以用于推进剂的金属及氢化物其性质列于表 6-5 中。

表 6-5　不同金属及氢化物燃料的性质

燃　料	分子式	相对分子质量	熔点/℃	密度 $\rho/$ $(g \cdot cm^{-3})$	最佳配方时的标准理论比冲*/ $(N \cdot s \cdot kg^{-1})$
铝	Al	26.98	659	2.70	2 600
铍	Be	9.01	1 283	1.84	2 796
硼	B	10.81	2 027	2.30	2 502
氢化铝	AlH_3	30.0	105 分解	1.42	2 747
氢化铍	BeH_2	11.03	190~200 分解	0.59~0.90	3 041

* 推进剂系统为 PU/AP/燃料。

6.1.3　复合改性双基推进剂

　　复合改性双基推进剂是以双基药料为黏结剂,添加结晶氧化剂及金属燃料、其他附加组分组成的一类推进剂。它是在 20 世纪 50 年代中期为满足战略导弹和大型助推器对高能推进剂的需要,在双基和复合推进剂的基础上发展起来的一类推进剂。经过 30 多年的研究发展,形成了复合改性双基(CMDB)、复合双基(CDB)和交联改性双基(XLDB)三种类型推进剂,以适应从战术导弹到战略导弹各种发动机装药的要求。

早期的复合改性双基推进剂的主要成分为硝化纤维素、硝化甘油、高氯酸铵、奥克托今、铝粉和少量的高分子预聚物,它的主要特征是高比冲和高密度,但这种推进剂的高低温力学性能差,高温变软,低温变脆,使用温度范围窄。

交联改性双基推进剂是为改善普通复合改性双基推进剂的高低温力学性能而发展起来的。它利用硝化纤维素分子上的残余羟基,与某些多官能度化合物反应,使大分子间适度交联,形成网状结构,从而改善力学性能。适用的交联剂有二异氰酸酯、聚酯聚氨酯、端羟基聚丁二烯等。

复合双基推进剂是为满足战术武器而发展起来的,它以双基组分为黏结剂,不含铝粉,用奥克托今(或黑索今)部分或全部取代高氯酸铵,并满足高分子预聚体(如聚酯聚氨酯预聚物)以改善力学性能。这种推进剂的比冲比复合改性双基推进剂低,但比普通双基推进剂高,力学性能好,燃气无烟或少烟,无腐蚀性,燃温低,性能可调范围大,容易满足各种战术导弹对推进剂性能的要求。

表 6-6 列出了复合改性双基和交联改性双基推进剂的配方实例及它们的主要性能。

复合改性双基推进剂的理论比冲约为 2 250～2 649 N·s/kg,实测比冲为 2 403～2 500 N·s/kg,燃烧温度约为 3 600～3 800 K,密度为 1.75～1.80 g/cm³,燃速为 10～30 mm/s,压力指数为 0.35～0.6,燃速温度系数为 0.005 5～0.008 0 /K,普通复合改性双基推进剂的力学性能在常温下延伸率大于 25%,而高低温力学性能较差,高温下产生蠕变,而低温(如−57 ℃)下延伸率小于 15%。交联改性双基推进剂的力学性能有很大的改进,如在−54 ℃下延伸率可达 50%以上。

复合改性双基推进剂主要用于战略导弹和大型助推器发动机,正逐步在战术武器中得到越来越多的应用。

表 6-6　复合改性双基推进剂的配方组成及性能

组分名称	$Y_i/\%$	
	EJC 复合改性双基(美)	VRP 交联改性双基(美)
硝化纤维素	14～32	30
硝化甘油	10～33	30
聚酯聚氨酯	0	30
高氯酸铵	5～20	8
铝粉	17～28	19
奥克托今	0	43
主要性能及应用		
比冲/(N·s·kg⁻¹)	2 450～2 499(实测值)	2 597～2 646(理论值)
密度/(g·cm⁻³)	1.75	—
燃速/(mm·s⁻¹)	17.3	—
工艺方法	浇铸	浇铸
配用武器	北极星 A2 和 A3 的第三级	三叉戟 C4 第一级、陶-2 反坦克导弹

6.1.4 NEPE 推进剂

NEPE 推进剂是硝酸酯增塑的聚醚(nitrate ester plasticized polyether)推进剂,是美国 20 世纪 70 年代开始研制、80 年代装配武器的一种新型高能推进剂。它充分发挥了改性双基能量高的优点,又采用了复合推进剂中高分子预聚物为黏结剂而获得良好力学性能的优点。因而它是目前已使用的推进剂中综合性能最好的一种,是当前固体推进剂技术发展的新方向。

NEPE 推进剂的黏结剂为长链醇或端羟基醚的预聚物与多异氰酸酯反应物,如环氧乙烷-四氢呋喃共聚醚[P(E-CO-T)],聚乙二醇、乙酸丁酸纤维素等。增塑剂为硝化甘油(NG)和 1,2,4-丁三醇三硝酸酯(BTTN)的混合物,其 NG/BTTN 的质量比为 1∶1。氧化剂为高氯酸铵和奥克托今,燃料为铝粉。NEPE 推进剂典型的配方组成范围列于表 6-7 中。

表 6-7 NEPE 推进剂的配方组成范围

组分名称	$Y_i/\%$	组分名称	$Y_i/\%$
黏结剂	5.5~8.0	HMX	45~50
NG+BTTN(50∶50)	10~20	Al	17~20
AP	5~10	助剂	2~4

NEPE 推进剂的理论比冲突破了 2 646 N·s/kg 的界限,可达 2 675 N·s/kg,是目前已使用的固体推进剂中比冲最高的。它比交联改性双基推进剂的密度比冲高 5%~10%,它的力学性能,尤其是低温力学性能良好,可与复合推进剂比美,即使在低温下进行温度循环试验后在-40 ℃下延伸率仍在 20%以上,-54 ℃下也不变脆。它的安全性能略优于高能改性双基推进剂,能保证生产和使用的安全。它的主要缺点是燃速压力指数偏高,在 0.5 以上。

NEPE 推进剂已在美国 MX 地-地战略导弹第三级发动机,三叉戟 II(D-5),潜-地战略导弹第一、二、三级发动机以及战术防空导弹小懈树(改进型)上得到实际应用。

6.2 固体推进剂燃烧波结构及特点

固体推进剂的燃烧区是指推进剂燃烧时,包括预热区、凝聚相反应区、气相反应区、火焰区在内的整个燃烧区域。由于稳态燃烧时,整个燃烧区都是平行连续地向推进剂的未燃区域传播,因此,这里借用了波的传播概念,将整个燃烧区称作燃烧波。燃烧波的结构则主要指整个燃烧区几个不同的组成区域,各区的物理、化学变化,有关各区的参数变化等。不同种类的推进剂由于组分有很大不同,物理化学性质相差很大,其燃烧波结构也有明显差异。下面按推进剂的类型进行分述。

6.2.1 双基推进剂

双基推进剂主要由硝化棉(NC)和硝化甘油(NG)充分胶化制成,其物理结构是均匀的,燃烧火焰属于预混焰,燃烧波传播的方向是一维的。化学反应动力学因素起着控制燃速的关键作用。燃烧波结构如图 6-1 所示。

双基推进剂的燃烧波由表面及亚表面反应区、嘶嘶区、暗区、火焰区组成。由于固相表面放热反应产生的热量和气相区传递的热量,使推进剂固相由初温 T_0 上升到燃烧表面温度 T_s。在固相表面处由于表面的分解反应和初始气态产物的放热反应,产生的热量使温度迅速升高到暗

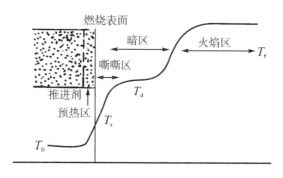

图 6-1　双基推进剂一维燃烧波结构

区温度 T_d，由于暗区的反应很缓慢，温度基本保持不变，直到火焰区，放热量大的氧化还原反应加速进行，使温度升高到火焰区温度 T_f，并形成发光的火焰区。燃烧波各区的特点分析如下。

(1) 表面及亚表面反应区

这是指接近燃烧表面的凝聚相反应区，该区又可分预热区和表面反应区。

固相预热区是指从燃烧表面(温度 T_s)到固相中某处(该处温度 T_P)之间的区域。T_0 为实验环境温度，T_P 为预点火温度，其值可根据经验确定，即

$$T_P - T_0 = 0.05(T_s - T_0)$$

即

$$T_P = 0.05(T_s - T_0) + T_0$$

固相预热区特征厚度，可定义为

$$X_c = a/u$$

式中，X_c 为预热区特征厚度；a 为推进剂的热扩散率；u 为燃速。

预热区厚度一般小于 0.1 mm，并随压力增加而减薄，表 6-8 列出了这一变化规律。

表 6-8　H 型双基推进剂的固相参数

p/MPa	1	2	5	10
$u/(\text{cm} \cdot \text{s}^{-1})$	0.19	0.34	0.67	1.06
$T_s/\text{℃}$	300	340	400	445
$X_c/\mu\text{m}$	60	35	23	20

在预热区中主要发生熔化、蒸发、变软等物理变化。

在表面反应区进行的主要是硝酸酯的初始分解反应、分解产物与硝酸酯的反应及初始产物之间的反应，燃烧表面呈蜂窝状，有碳生成。该区化学反应可表示如下：

$$\text{R—ONO}_2 \rightarrow \text{NO}_2 + \text{R}'\text{—CHO} \qquad 吸热反应$$

$$(\text{NC，NG}) \qquad (\text{HCHO，CH}_3\text{CHO，HCOOH})$$

$$\text{NO}_2 + \text{CH}_2\text{O} \rightarrow \text{NO} + \text{H}_2\text{O} + \text{CO} \qquad 放热反应$$

$$2\text{NO}_2 + \text{CH}_2\text{O} \rightarrow 2\text{NO} + \text{H}_2\text{O} + \text{CO}_2 \qquad 放热反应$$

硝酸酯的分解为吸热反应，NO_2 与醛类的反应为放热反应，放热大于吸热，该区放热量为正值，约占推进剂总放热量的 10%；该区温度由室温 T_0 上升到燃烧表面温度 T_s(603 ± 45 K)，并且表面温度随压力和初温的增加而增加；整个反应区很薄，并随压力上升而减薄，当

压力由 6 MPa 上升至 21 MPa 时，反应区厚度由 0.13 mm 下降至 0.06 mm。

（2）嘶嘶区

由凝聚相分解的气体产物从表面逸出，带出固体、液体微粒，构成有气、固、液并存的异相区，并发出嘶嘶的声响。嘶嘶区的化学反应对推进剂的燃速有很大影响，可称为燃速控制区，该区的化学反应有

异相反应 $\quad NO_2 + R'—CHO \rightarrow NO + CO, CO_2, CH_2O, H_2O, H_2$ 等

均相反应 $\quad NO_2 + H_2, CO, CH_2O \rightarrow NO + CO_2 + H_2O$ 等

嘶嘶区反应都是放热反应，如：

$$NO_2 + HCHO \rightarrow NO + H_2O + CO \qquad \Delta_c H = -180 \text{ kJ/mol}$$

$$2NO_2 + HCHO \rightarrow 2NO + H_2O + CO_2 \qquad \Delta_c H = -406.1 \text{ kJ/mol}$$

该区放热量大，可占到推进剂总放热量的 40% 左右。该区温度一般为 970～1 270 K，随压力增加而升高，外边界温度在高压时可达到 1 670 K。该区总的厚度很薄，因而有陡峭的温度梯度。1973 年，久保田在约 2 MPa 下测得高能（爆热为 4 576 J/g）双基推进剂的温度梯度为 1×10^5 K/cm，低能（爆热为 2 556 J/g）双基推进剂的温度梯度为 5×10^4 K/cm。该区厚度受压力的影响大于凝聚相区，同样随压力增大而减薄，当压力从 1 MPa 升至 10 MPa 时，该区厚度可由 20 μm 降至 2 μm。

（3）暗　区

暗区为气相区，各气体组分基本上无物理变化，由于温度尚不够高（低于 1 800 K），一氧化氮的还原反应进行得很慢，因而形成了较厚的不发光的暗区。该区放热量很少，所以温度梯度很小。该区厚度较大，并随压力升高显著减薄，当压力由 0.8 MPa 升高到 10 MPa 时，该区厚度可由 20 mm 急剧下降至 0.2 mm。在推进剂中如果存在可催化一氧化氮还原反应的催化剂时，则可加速暗区中的反应，使暗区厚度减薄。

（4）火焰区

火焰区一氧化氮的还原反应，经过一预备阶段，随着温度的升高，进入激烈反应阶段，放出大量的热，放热量约占推进剂总放热量的 50%。该区是燃烧反应的最后阶段，生成最终产物。由于放热量大，使产物升到最高温度，火焰温度可高达 2 800 K，并产生强烈的光辐射。该区反应类型主要是一氧化氮的还原反应：

$$NO + CO, H_2, CH_4 \rightarrow N_2 + CO_2 + CO + H_2O + H_2$$

6.2.2　AP 复合推进剂

复合推进剂主要由高氯酸铵（AP）、高分子黏结剂（如：聚硫、聚氯乙烯、聚氨酯、聚丁二烯及氟碳粘结剂等）、催化剂、金属燃烧剂及工艺添加剂组成，是非均相的混合物。它的燃烧过程是由一系列同时发生在气相、液相和固相中的化学反应及传热、扩散等物理因素构成的一个复杂过程。因此其燃烧波结构也是不均匀的。与双基推进剂的预混火焰不同，AP 颗粒和黏结剂分解产物在燃烧表面上方相互扩散形成三维的扩散火焰，因此扩散因素在复合推进剂中起着很重要的作用。燃烧波结构如图 6 - 2 所示。

在凝聚相和气相的放热反应提供的热量作用

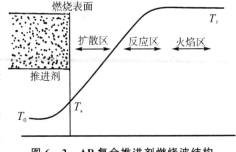

图 6 - 2　AP 复合推进剂燃烧波结构

下,推进剂表面由初始温度 T_0 迅速升高到燃烧表面温度 T_s。在燃烧表面以上的气相反应区进行着激烈的放热氧化还原反应,使温度迅速升高到火焰温度 T_f。燃烧波结构基本分成凝聚相反应区、扩散区、气相反应和火焰区。其燃烧波结构特点如下:

① 氧化剂和黏结剂在凝聚相中受热各自分解,不预混而进入气相,随压力的升高,AP 晶粒由凸出在黏结剂表面之上而变为凹进表面之下,而 4.16 MPa 是这一变化的分界压力。由于 AP 含量一般占 70% 以上,因此其分解和爆燃特性对推进剂燃烧特性影响很大。黏结剂的类型和含量对推进剂的燃烧特性也起重要作用。金属粉一般认为在远离燃烧表面的气相中点燃,通常影响较弱,而主要影响燃烧效率。

② 燃烧表面上 AP 分解过程包括吸热解离、升华和放热的气相氧化反应,放热大于吸热,并受压力影响。在低温下(570 K 以下),AP 分解过程为

$$4NH_4ClO_4 \rightarrow 4NH_3 + 4HClO_4 \rightarrow 2Cl_2 + 2N_2O + 3O_2 + 8H_2O$$

③ 常用黏结剂在推进剂表面都能熔化成液体,其熔融性能对复合推进剂的燃速特性影响很大。一般黏结剂热解温度越低,推进剂燃速越快,压力指数越小。黏结剂沸腾热解后均在表面上产生一定量的固体碳,并与液态黏结剂混合在一起。液态黏结剂流延若覆盖氧化剂,将影响氧化剂的热分解,黏结剂的热解机理为弱键的降解机理,而不是分子键的断裂机理。

④ 在燃烧表面上方,燃料、氧化剂分解气体并形成扩散火焰,进行扩散混合和二者的气相放热反应。在燃烧表面上方同时存在 AP 火焰($NH_3/HClO_4$ 反应)和氧化剂/燃料分解气体的扩散火焰,二者是燃烧过程的主要热量来源。扩散过程对 AP 复合推进剂燃速的影响非常显著。

⑤ 与双基推进剂不同,AP 复合推进剂没有明显的暗区存在,即使在低压下发光火焰也贴近燃烧表面。火焰区与燃烧表面的距离受压力影响的程度也比双基推进剂弱。

⑥ 与 AP 分解火焰相比,扩散火焰距表面的距离更远,并与扩散混合速度和化学反应速度有关。低压下 AP 火焰的厚度不可忽略,高压下其厚度远小于燃料/氧化剂火焰的厚度,可忽略。

6.2.3　复合改性双基(CMDB)推进剂

复合改性双基(CMDB)推进剂是在双基推进剂的基体中加入 AP 或硝胺炸药(如 RDX,HMX)所组成的一类推进剂,一般可分为 AP - CMDB 和 RDX(HMX) - CMDB 两类。由于无机氧化剂(AP)或有机氧化剂(RDX,HMX)的加入,与双基或复合推进剂相比,提高了比冲,扩大了燃速范围。下面分别描述三种推进剂的燃烧波结构和特点。

(1) AP - CMDB 推进剂燃烧波结构和特点

AP - CMDB 推进剂的燃烧波既具有双基推进剂的一些结构和特点,又具有复合推进剂的一些结构和特点。关于这类推进剂的燃烧波特征与燃速规律分析,日本久保田等的研究工作具有代表意义。他们以高速摄影测量火焰结构,以微热偶测量温度分布,并与常规法测得的燃速进行对照,获得了规律性的认识。

① 在燃烧表面上,AP 粒子未露出之处,DB 基体上的火焰结构与一般双基推进剂相同,仍是嘶嘶区、暗区和发光火焰区,各区厚度仍随压力增大而减薄,火焰也随压力增大越接近燃烧表面。当压力低于 0.7 MPa 时,发光火焰区消失。

② 在 AP 晶粒露出 DB 基体上时,其上方火焰结构有了明显改变。当加入的 AP 晶粒为 18 μm 时,发现暗区内有许多来自燃烧表面的发光火焰流束。当推进剂中 AP 含量增加时,火焰流数目增加,直到 AP 含量达 30% 时,火焰流束充满暗区,致使 DB 的暗区消失。随 AP 含

量继续增加,其燃烧波结构接近于 AP 复合推进剂的情况。

③ 当加入大粒径(3 mm)的 AP 时,发现在 AP 晶粒上方有一低亮度透明的浅蓝色火焰。这是 AP 分解产物 NH_3 与 $HClO_4$ 反应所形成的。它的产物是富氧的,火焰高度很短,温度约为 1 300 K。在浅蓝色火焰的外围是黄色的发光火焰流,这是 DB 基体的富燃料气相产物与 AP 的富氧产物扩散混合形成的扩散火焰。燃烧波结构如图 6-3 所示。

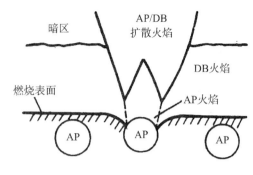

图 6-3　AP-CMDB 燃烧波结构

④ AP 加入 DB 基体中,改变了 DB 推进剂的温度分布,AP-CMDB 燃烧波温度普遍高于 DB 的燃烧波温度,同时明显提高了嘶嘶区的温度梯度。并且含大粒 AP(150 μm)的 AP-CMDB 推进剂在嘶嘶区和暗区温度有较大的波动,这是因为 AP 颗粒分布密度较低,AP/DB 扩散火焰间断发生所致。

(2) RDX-CMDB 推进剂燃烧波结构和特点

RDX-CMDB 推进剂由双基体系加入 RDX 所组成,并且 RDX 的熔点较低,含氧量也略显负氧平衡,因此其燃烧波结构与双基推进剂的类似。燃烧波的特点如下:

① 燃烧波结构与 AP-CMDB 推进剂明显不同,由三个连续的反应区组成,即嘶嘶区、暗区和发光火焰区。提高压力将使各区厚度减薄,使发光火焰趋近于燃烧表面。

② RDX 由于熔点较低(工业品 474~476 K,纯品 487 K),其结晶粒子在推进剂燃烧表面处熔化、分解和气化。RDX 分解的气态产物与 DB 基体的分解气态产物通过扩散在燃烧表面上形成均匀的活性气体,并在离开表面一段距离形成发光火焰,火焰沿燃烧方向是一维的。

③ RDX 的分解通常首先进行单分子分解,分解历程有不同的认识,一般认为最有可能的是从 N—N 键、N—C 键或 N—N 键、N—C 键同时断裂三种途径。分解的中间产物之间进一步进行双分子反应获得最终产物。分解的气态产物还对凝聚相反应有自催化作用。彼特(Betten)等认为气体产物甲醛或羟甲基甲酰胺都催化了凝聚相分解,而 NO_2 由于在 468 K 可与 CH_2O 发生剧烈反应,即

$$5CH_2O + 7NO_2 \rightarrow 3CO + 2CO_2 + 7NO + 5H_2O$$

因而,NO_2 实际是起到抑制剂的作用(消耗了起催化作用的甲醛)。

(3) HMX-CMDB 推进剂燃烧波结构和特点

HMX-CMDB 推进剂与 AP-CMDB 推进剂明显不同,主要表现在:

① 在 DB 基体中加入 HMX 之后,不影响 DB 基体的火焰结构,未发现扩散火焰流束,暗区厚度也没有发生变化。

② HMX 在燃烧表面起了惰性填充剂的作用,降低了仅相当于 HMX 含量的 DB 基体的放热量。

③ 小粒径 HMX(200 μm 以下)加入 DB 基体,在燃烧表面主要是液化分解(熔点 540~553 K),可通过分解和升华而汽化。因此看不到发散状的发光火焰流束,但到 5 MPa 以上高压燃烧时可以看到发光流束从燃烧表面喷射出,有学者认为是 HMX 粒子/DB 界面上生成的气体所致。

④ 大粒径 HMX(3 mm)在燃烧表面燃烧,产生 HMX 单元火焰,并发射出发光火焰。

⑤ 汽化的 HMX 通过嘶嘶区和暗区,在 DB 基体的发光火焰区中燃烧,并显著地增加发光

火焰区的亮度和温度(HMX 的火焰温度约为 3 270 K,双基为 2 770 K),但 HMX 火焰的热反馈对 DB 基体燃烧表面的影响不重要。

⑥ HMX 的分解与 RDX 类似,分解历程也有三种看法,即 N—N 键断裂,N—C 键断裂和 N—N 键、N—H 键同时断裂并从分子中脱去 HONO 的断裂机理。中间产物亚甲基硝胺等的进一步反应与 RDX 类似。

6.2.4　硝胺复合推进剂

硝胺复合推进剂是由 HMX,RDX 等硝胺炸药和聚氨酯等黏结剂组成的。由于硝胺的熔点较低,易熔融,并且硝胺含氧量按化学计量是略显负氧平衡的,而 AP 是易分解和富氧的。因此硝胺复合推进剂的燃烧波结构和燃速特性都与 AP 复合推进剂有显著的不同。其燃烧波结构和特点可综述如下:

① 硝胺推进剂在低压燃烧时,硝胺熔化成块,以致产生一个多平面的表面结构。发光火焰与燃烧表面有一定距离,并随压力的增高发光火焰趋近于燃烧表面。

② 硝胺推进剂是高富燃料的,在燃烧时可以形成厚的黏结剂熔化层,在低燃速下可干扰硝胺表面,黏结剂暴露在一个较弱的氧化和热环境中。

③ 硝胺推进剂燃烧时,硝胺在燃烧表面上熔化并扩散到熔融的黏结剂液层中,然后产生均匀的分解气体并形成预混火焰。RDX 复合推进剂本身结构与 AP 复合推进剂类似是非均质的,但其火焰结构却与双基推进剂类似是均匀的。

④ 硝胺单元推进剂火焰具有较大的能量,而燃烧比 AP 单元推进剂快,因此硝胺的燃烧能够传播到推进剂表面以下相当深的地方,从而改变燃烧表面的结构,这种极端的渗透情况在 AP 复合推进剂中没有观察到。

6.3　固体推进剂燃烧波结构的测试方法

一般用于直接观察和测定稳态燃烧波结构的方法包含以下几方面:用热电偶法、光学法或其他方法测定燃烧区温度的分布和燃烧表面温度;测定燃烧区内的化学组成,以了解燃烧过程中的化学反应历程;测定燃烧波的物理结构。

6.3.1　燃烧区温度分布的测定

燃烧区的温度分布是研究稳态燃烧过程的重要参数之一。根据稳态燃烧区的温度分布可以看出燃烧区的分段、各段热量变化的情况,由此推断各段中进行的物理与化学变化,这对于说明燃烧机理具有重要的意义。

燃烧区温度分布表示固体推进剂受反应热加热后温度的变化,其含义定义如下:

$$\frac{d[\ln(T-T_0)]}{dx} = m\frac{c_p}{\lambda} - \frac{1}{\lambda(T-T_0)}\int_{-\infty}^{\infty} w_x \Delta Q dx$$

式中,T 为温度;T_0 为推进剂的初始温度;x 为温度 T 处距燃烧表面的距离;m 为质量流量;c_p 为比热容;λ 为导热系数;w_x 为化学反应速度;Q 为反应热。

测定温度的方法很多,但在固体推进剂燃烧中使用较多和较有效的方法是热电偶法和光学法。

(1) 热电偶法

克雷(Klein)首先用 $12.5~\mu m$ 的细丝组成的热电偶测定了双基推进剂燃烧表面的温度,后来艾勒(Alley)、斯查替莫特(Struttmater)和萨波德尔(Sabadell)等又分别用细丝热电偶测定了各种压力下固体推进剂稳态燃烧时燃烧区的温度分布,但这些测定均因误差太大,而提供不出精确的结果。萨赫等进一步研究了热电偶测温的方法,他们对固体推进剂与热电偶之间的瞬时热传递、热电偶导线的热损失以及热电偶感应特性进行了详细的理论分析,同时又采用高速照相技术辨认热电偶头在推进剂燃烧表面上的显露,从而改进了实验方法,提高了热电偶测温的精确度。他们用热电偶丝直径为 $0.5~\mu m$,$1~\mu m$、$2~\mu m$ 和 $3~\mu m$ 的热电偶分别测得:M-2 双基推进剂的自燃温度约为 418 K,点火温度为 487 K,燃烧表面温度约为 573 K。

热电偶测温的方法有两种,一种是嵌入热电偶法,另一种是表面热电偶法,这两种方法各有优缺点。

所谓嵌入热电偶法是将热电偶嵌于固体推进剂内部,用于测定固体推进剂燃烧表面温度和表面下受热区的温度分布曲线。目前采用的热电偶有铂/铂铑和钨/钨铼热电偶,采用的热电偶丝有圆柱状的和薄片状的。

嵌入热电偶法是将推进剂药条切成两半,并磨平。将热电偶以 V 字形放在其中半片上,然后再将另半片推进剂用丙酮粘上去,用包覆层将推进剂药条周围包覆,于 318 K 下加压干燥一周。热电偶导线之间的夹角为 $40°$,"V"字顶点对着燃烧表面,要求热电偶的焊头为热电偶丝的三倍,并为球形。装置好后将推进剂药条置于透明燃烧器中进行实验。一般在测温的同时测定推进剂的燃速,并用高速照相技术研究燃烧过程和辨认热电偶头在燃烧表面上的显露时间。

嵌入热电偶法,常常由于热电偶感应滞后及燃烧表面难于辨认而使测量结果不准确。可采用高速照相技术判别燃烧表面,用热电偶感应的理论模型来校正测定值,使得测定结果的准确度大为提高。

现在分析一下热电偶头由推进剂药条内部显露至燃烧表面而后完全暴露于气相中的过程,以了解嵌入热电偶测温的特性。随着推进剂燃烧过程的进行,热电偶头逐渐接近于燃烧表面。当热电偶还完全处于推进剂内部时,热电偶处于同一种传热介质中,推进剂均匀地向热电偶传热,传入的热量大于热电偶头损失的热量,随着燃烧过程的进行,热电偶头周围的推进剂温度逐步升高,热电偶所示出的温度也就随时间逐步上升。当热电偶头显露于燃烧表面时,热电偶头的一部分处于固相中,而另一部分处于气相中,使热电偶处于两种不同的传热介质中,气相反应区将热量传至热电偶,热电偶又把热量传给推进剂,由于气相的传热系数小于推进剂固相的传热系数,所以传给热电偶的热量约等于热电偶传给固体推进剂的热量,这样,就使热电偶所示出的温度不随时间而变化,在热电偶的温度–时间曲线上就出现了平台段,曲线平台段的温度即为燃烧表面的温度(将热电偶头看成是等温的)。当热电偶完全暴露于气相时,热电偶又处于同一种传热介质中,气相均匀地向热电偶传热,热电偶所示出的温度又随时间继续上升。当热电偶头逐步由推进剂内部显露于燃烧表面时,由于推进剂为不良导体,燃烧表面附近温度梯度很大,存在着急剧变化的温度场,热电偶的感应滞后于这种温度场的急剧变化,因此,必须考虑校正表面温度的测定值。萨默等考虑了热电偶丝内部的热传导、热电偶头与推进剂之间及推进剂与导线之间的热传导,推导出了推进剂内部温度分布方程式,用热电偶的理论模型校正了实验值,使测定结果的精确度大大提高。

所谓表面热电偶法是用弹簧片将细热电偶压在稳态燃烧的推进剂表面上,测定推进剂的表面温度。由于热电偶始终处在推进剂的燃烧表面上,所以没有热电偶感应滞后的问题,克服了嵌入热电偶法判别燃烧表面和热电偶感应滞后的困难。但是表面热电偶法仅能测得推进剂燃烧表面的温度,而不能测得燃烧表面下推进剂内的温度分布,同时对于双基推进剂来说,由于表面释放气体的影响,使得测定结果误差较大,因此嵌入热电偶法比表面热电偶法好,大多使用嵌入热电偶法。

(2) 光学法

光学测温法首先由波林等用于测定 AP 与 AP 复合固体推进剂的燃烧表面温度。光学法测温的原理是辐射传热原理。由于推进剂燃烧表面绝对辐射强度的测量很困难,所以必须采用与推进剂燃烧表面几何观察因素相同的参比黑体,根据相同温度下推进剂燃烧表面与参比黑体单色发射的关系,以及参比黑体单色发射与温度的关系,可以求得推进剂燃烧表面的温度。

用光学法测温必须解决两个问题。首先必须选择一个合适的波长,要求推进剂在此波长下为不透明体,这样就会避免燃烧表面下冷却层的发射对低温测量结果的干扰;同时还要求,燃烧表面上方的高温气体在此波长下的发射尽可能的小,这样又可避免火焰发射区对高温测量结果的干扰。波林经过多次试验,认为在 $3.1~\mu m$ 和 $7.1~\mu m$ 波长下测定 AP 和 AP 复合推进剂的燃烧表面温度较好。在上述波长下他们测得 AP 在常压下燃烧时的表面温度为 773 K。用光学法测温时还必须解决的另一个问题是推进剂燃烧表面发射率的求取。发射率是温度与波长的函数,如果预先不知道推进剂燃烧表面的发射率,则求不出燃烧表面的温度。萨赫等认为,在通常的假定条件下,温度对强发射率峰值影响不大,因此可根据室温下测得的推进剂表面的发射率来计算高温下的燃烧表面温度。但是在高温和高燃速情况下,由于燃烧表面下,一定体积的推进剂能在较宽的温度范围内发射出红外辐射,造成燃烧表面温度测定结果的误差。詹姆斯认为,在这种情况下,不能用推进剂内某一层的发射率来进行计算,而必须对整个推进剂的发射体积进行积分,求取表面发射率。

光学法测温的实验装置较热电偶法复杂。将固体推进剂药条置于装有红外发射材料窗的燃烧仪中,推进剂点燃后,燃烧表面反射的辐射光通过红外发射材料的窗口,经准直透镜聚焦于干涉光栅单色器的入口狭缝上,然后通过单色器的出口狭缝至锑化铟光电池产生电流,此电流经过放大器与检波器后,用示波器记录。

光学法测温存在着一些缺点,最主要的是它只能测得燃烧表面温度而不能测得推进剂内的温度分布;其次,它的使用还要受到高发射率波长的限制,用于测定双基推进剂燃烧表面的温度就更加困难,因为双基推进剂明亮的火焰区的发射干扰很大,使测定结果不准确。

萨默将光学法测温与热电偶法测温作了比较,认为对双基推进剂来说,热电偶法比光学法更为有效,而且,嵌入热电偶法测得的结果最为可靠。

(3) 其他测温方法

斯尔泽在两个正交的偏振滤光透镜和反光镜之间,使推进剂薄片燃烧,由此可测得燃烧表面以下 513 K 处 AP 晶体发生相变,根据相变点的深度和 AP 的热性质,计算求出 AP 的燃烧表面温度为 703～1 003 K。

萨默菲尔德等将微量的氯化钠预先加入复合固体推进剂中,具有 $30~\mu m$ 空间分辨力的光学系统观察燃烧表面上方火焰区中的 D-线发射,由此可求出离燃烧表面 $100~\mu m$ 距离内的火焰最高温度。但是,火焰的非均匀性与燃烧表面的倾斜均使测定结果不精确。

6.3.2　燃烧区内化学组分的测定

关于推进剂燃烧产物的分析已有不少人作过研究,虽然对说明燃烧机理有一定作用,但不能直接用来解释过程中的化学反应历程。关于燃烧区内中间产物化学组分的测定,对说明燃烧过程中的化学反应历程是很重要的。若知道燃烧区内各阶段的化学组成及其变化,则可知燃烧过程中化学反应的本质。但由于燃烧区很薄,化学反应速度又很快,中间产物难于冻结,因此目前尚没有较完善的测试方法。以下的测试方法是从不同的角度来研究分解和燃烧的中间产物。

(1)激光诱导荧光光谱法

激光诱导荧光光谱法(LIF)是检测某些气体成分灵敏而有效的方法,可用于检测固体推进剂燃气成分的浓度和温度以及燃烧表面温度。特别适用于检测燃烧过程中产生的一些重要的中间产物。比如 $HO^·$,$NC^·$,$HC^·$ $HN^·$ 和 C_2 等。甚至于能检测出火焰中微量的自由基浓度。

巴呐斯(Barnes R H)和肯策(Kircher J F)于 1978 年使用脉冲激光器激发 $CH_4/O_2/N_2$ 火焰中 NO_2 的荧光,检测了火焰中 NO_2,其灵敏度可达 10^{-6} 数量级。美国海军武器中心采用平面成像激光诱导荧光光谱(PLIF)法测定 HMX 和含铝硝胺高能推进剂在 CO_2 激光点火和稳态爆燃进程中的组分分布。美国空军火箭推进实验室应用 LIF 检测到的初始分子 OH 的相对荧光强度分布来诊断固体推进剂火焰结构。考察固体推进剂不同配方组分对火焰结构的影响,研究高压下各种不同的推进剂火焰中的重要化学反应历程。

(2)激光相干反斯托克斯拉曼光谱(CARS)法

应用四波混频非线性光学效应而建立起来的相干反斯托克斯拉曼散射光谱(简称 CARS)方法,已在超高分辨光谱,有机和生物大分子的振动结构测定,火焰、等离子体、超声流探测方面成为一个有效的工具。CARS 在研究物质分子方面有其独特之处,具有在能态上、空间上和时间上的高分辨率。

CARS 方法的基本原理,是用选定波长范围的宽带(ω_1)ns 或 ps 脉冲激光束(如染料激光束)将被研究的分子体系激发到一定的量子状态,继而经过不同的时间延时后,再用脉冲宽度为 ns 或 ps 的单频 ω_2 激光束与宽带激光 ω_1 在该分子体系中进行四波混频,产生相干拉曼散射,从而获得该分子体系中激发态粒子或不稳定中间产物在不同瞬间的拉曼谱图。这样,不仅可以获得有关物质分子在某一指定瞬间的结构、状态信息,同时也可以对它们随时间的运动变化过程予以跟踪监测。并且由于 CARS 是利用相干散射技术,通过光学多通道分析仪(OMA)记录的散射光强度很高,可达入射光强的百分之一,是通常自发射拉曼散射光强的 10^5 倍以上,因此 CARS 还具有很强的抗背景光干扰的能力。CARS 的时间分辨率可达 $20\ \mu s$。这些特性都使 CARS 非常适于跟踪监测固体推进剂燃烧过程中高速变化的中间产物状态,但该项测试存在一定的技术难度。

艾克布瑞次(Eckbreth)和 Anderson 于 1985 年用双光带 CARS 法探测固体推进剂燃烧产物的组成,如:邻近燃烧表面区存在 N_2O,NO,CO,CO_2,O_2,H_2O,H_2CO,HCN 等。

(3)其他分析方法

还有人用气体分析器、发射光谱仪等研究了催化剂对推进剂燃烧产物的影响。

① 克莱契稚(Clenchitz)等用气体分析器分析了催化推进剂及非催化推进剂燃烧产物中 CO_2/CO 之比。结果指出,超速燃烧时,催化推进剂的 CO_2/CO 之比高于非催化推进剂的两倍。随着压力的升高,超速程度降低时,两种推进剂的 CO_2/CO 之比几乎相等。随着压力的进一步升高,催化推进剂的 CO_2/CO 之比反而低于非催化推进剂的。将这一实验结果与爆热实验结果联系起来,可以认为,在超速燃烧时,氧化过程被加强了,在麦撒燃烧时,氧化过程被抑制了。

② 马尔波谢夫(Малшев В М)等用发射光谱研究了含铜化合物及含铅化合物推进剂的火焰光谱。发现含铜化合物推进剂的火焰中有强烈的 CuH 谱线,含铅化合物推进剂的火

焰中有 Pb 的谱线,铜、铅两化合物都使推进剂的燃速升高。萨默菲尔德等认为铜化合物使推进剂的燃速升高,其原因是火焰中的紫外线辐射增强了。

6.3.3　燃烧波物理结构的测试方法

(1) 显微高速照相技术

研究燃烧区的结构必须解决时间和空间方面的高分辨率问题。显微高速照相技术是解决时间方面高分辨率的有效工具,研究固体推进剂稳态燃烧过程所用的高速照相机一般速度为每秒 500～9 000 张,所用的光源有普通光源、X 光源和激光光源,所用的胶片有平板、纹影和彩色的。

显微高速照相技术既可用于研究固体推进剂的燃烧过程,又可用于研究其组分的点火与燃烧。用此技术研究固体推进剂的稳燃区结构时,主要使用的设备为透明燃烧仪和高速照相机。高速照相机是一种可以连续拍照的照相机,是研究固体推进剂燃烧火焰结构的重要工具,可用于研究火焰结构、燃烧稳定性、燃速及其他火焰现象。

早在 1955 年,赫勒就用一恒速(每秒 62 张)电影照相机研究了双基推进剂的燃烧区结构,通过照片可以看出泡沫区、暗区和火焰区。

1966 年,克莱契稚用高速照相机研究了硬脂酸铅改良的平台推进剂和非改良的双基推进剂的火焰结构,发现两者有很大的差别。

克让谱(Crump)等用显微高速照相技术和扫描电子显微镜研究了复合固体推进剂中铝的燃烧过程,指出铝的凝结过程发生在温度约为 873 ～1 073 K(略高于铝的熔点)的推进剂燃烧表面上。

除了高速摄影法外,单片放大摄影法也是一种简单有效的研究燃烧区物理结构的方法。由于其设备简单、操作简便、照片清晰度好,可以和高速摄影互相配合使用,互补长短。单片放大摄影主要采用大口径(80 mm 以上)、长焦距(180 mm 以上)高质量复合镜头与近摄影镜筒,并可精确调焦,通过高快门速度(1/1 000 s)以及与推进剂燃烧同步的快门开关等项措施,可获得高清晰度的放大燃烧区照片。

(2) 激光纹影技术

纹影法是一种测定透明物质折射率和密度变化的精确方法,它本身已是一个比较老的方法。但是,将激光作为纹影仪的光源以后,不仅改善了纹影仪的性能,而且也扩大了它的使用范围,已成为稳态燃烧机理研究中一种有效的研究手段。

在对固体推进剂火焰区的研究方法中,激光纹影技术不仅能够记录下火焰发光区的气流变化状态,也能记录下火焰非发光区的气流状态,这对于从流体力学角度来研究火焰区的传质传热过程提供了一个重要依据。

(3) 激光全息摄影技术

激光全息摄影的特点之一是它对于记录微观现象三维图像的能力,单幅全息图冻结时间并记录照明范围内的所有颗粒。全息图是事后才重现的并可进行窄景深(几微米)显微研究。由于全息摄影是基于激光的相干特性,它可以在有高度不相干光的情况下记录图像,很适合固体推进剂燃烧的研究。全息摄影同样可以记录重叠时序的图像,可以显示很短时间间隔(微秒)的颗粒场变化,因而可以给出小的颗粒位移和速度。

全息摄影技术已经成功地广泛应用于各种微粒现象的研究,例如:云雾微粒、云层冰核、在高速气流中的微粒、液体推进剂燃烧、烟雾、石油化学过程、浮游生物等。在固体推进剂燃烧研究中,主要用于火焰结构显影,记录火焰形成和传播,测量微粒尺寸、流场的密度、速度和温度,以及观察推进剂燃烧表面的特性等。

布尼沃呐斯（Briones R A）和沃克（Wuerker R F）于 1977 年用红宝石激光器通过透镜分成两束光,并使用染料激光器 Q 开关记录小的火箭推进剂试样（1.5 mm×3 mm×6 mm）在高压燃烧室中（7 MPa）燃烧的高分辨率的三维图像和全息干涉图像。全息图像可用 He－Ne 激光束重现,用准直照明的全息图可获得好的 2 μm 分辨率,当在移动的半透明屏上观察时,漫射照明给出近 4 μm 的分辨率,由重现的图像可得出颗粒大小的分布。对比双重曝光的干涉全息图,可以跟踪颗粒运动并且还可估算颗粒运动速度。加金属的推进剂还可以给出燃烧表面和颗粒二者的全息图像。

6.4　固体推进剂的燃烧速度

6.4.1　推进剂燃烧速度的概念

燃烧速度是固体推进剂燃烧性能的一个重要参数,通常有两种表示方法,即线性燃速和质量燃速。推进剂线性燃烧速度（简称燃速）的定义是根据 1839 年匹沃玻特（Piobert）提出的几何燃烧定律而建立起来的。这一定律指出,如果推进剂的组分是均匀的,并且推进剂各点之间的性能差别足够小,固体推进剂燃烧表面（凝聚相与气相交界面的薄层）即平行地等速向推进剂未燃部分推移。据此将推进剂的燃速定义为:单位时间内燃烧面沿其法线方向的位移,即

$$u = \frac{de}{dt} \quad (cm/s \text{ 或 } mm/s) \tag{6-1}$$

式中, u 为推进剂线性燃速; de 为燃烧面沿其法线方向在 dt 时间内的位移（肉厚）。

推进剂燃速还有另一种表示方法,即质量燃速,质量燃速是指单位时间内单位燃烧面上沿其法线方向烧掉的推进剂质量,或推进剂固相消失的质量。质量燃速与线燃速之间关系为

$$u_m = \rho u \quad (g \cdot cm^{-2} \cdot s^{-1}) \tag{6-2}$$

式中, u_m 为推进剂的质量燃速; ρ 为推进剂密度,g/cm^3。

6.4.2　推进剂燃速的测试方法

随着科学技术的进步,燃速的测试技术也有很大的发展。固体推进剂燃速的测试方法到目前为止已报导了十几种之多。以下对其中的九种做概要介绍。

（1）靶线法

靶线法由美国克让佛德（Crawford H L）和哈格特（Nugget C M）于 1944 年最先提出,由于其方法简便、明了,所需设备费用较低,尽管在具体测试技术上已有多次改进,但基本原理未变,并一直沿用至今。测试装置主要由压力源（氮气瓶或氮气压缩机）、恒压燃烧室（包括保温夹套）、为保持恒压而设的缓冲瓶、时间记录设备和压力表等组成,如图 6－4 所示。试件一般用 Φ 5mm×100 mm 细药柱,经包覆后,钻孔、穿入点火用的电热丝和作为 1、2 靶线的易熔金属丝（0.05 A 的保险丝）,时间记录设备可用电秒表、电子测时仪等。

试件装配好后,燃速仪充压到所需压力,并以所需的环境温度保温,电热丝点燃药柱,当烧至第 1 靶线断开时,计时仪启动计时,烧至第 2 靶线断开计时仪停止计时。以药柱 1、2 靶线间的距离 L 除以记录的时间 t 即得线性燃速, $u = L/t$ (mm/s)。

（2）转鼓照相法

测试装置主要由带有透明窗的燃速仪、压力源（氮气瓶或氮气压缩机）、带有照相镜头和暗

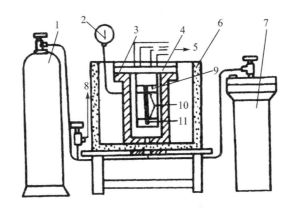

1—氮气瓶;2—压力表;3—燃烧室;4—室盖;5—接记录装置;
6—保温槽;7—缓冲瓶;8—放气阀;9—点火线;10—靶线;11—药柱。

图 6-4　靶线法燃速仪示意图

箱的转鼓等组成,如图 6-5 所示。试件药柱通常较短,一般约 $\Phi7$ mm×($25\sim30$) mm,压装在透明的有机玻璃管内,并装在燃烧室中对准透明窗的位置。在暗室中将 135 底片装在转鼓上。以电热丝点燃试件上端,并同步启动转鼓。燃烧面的前沿在底片上曝光出倾斜的线条,如图 6-6 所示。据此可计算出试件药柱燃烧所经历的时间为

$$t=60\frac{L}{ln}\qquad(6-3)$$

式中,L 为燃烧火焰在底片上的感光线在 x 轴上投影的长度(图 6-6 中的 BO);n 为转鼓转速,r/min;l 为转鼓的圆周长。

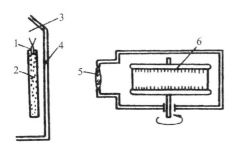

1—点火药;2—药柱;3—燃烧室;4—透明窗;
5—照相镜头;6—转鼓

图 6-5　转鼓照相法燃速仪示意图

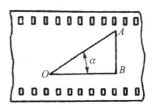

图 6-6　曝光的底片图像

药条长度除以时间即可得线燃速。转鼓照相法不但可获得平均燃速值,还可根据底片上感光线的平整程度了解推进剂燃烧过程的稳定性。

(3) CCID 线扫描实时测速法

CCID 线扫描实时测速法由马庆云等于 1985 年研制成功。测速装置如图 6-7 所示。测速仪主要与高压透明窗燃速仪(40 MPa)、CCID 摄像机及视频转换装置以及微机数据处理和输出设备等组成。该方法的测速原理是:当药条燃烧时,其火焰光透过透明窗,经光学透镜成像在 CCID(charge coupled imaging device)的光敏阵列上,一般由 1 024 个像素组成,每一像素都产生一个电信号,CCID 按给定的视频数据率,顺序地输出各像素上的电位,形成模拟视频信号,由微机进行数据采集和实时处理。可打印或绘图得到发光界面的位置与时间的对应关系,可输出任意时刻的瞬间燃速或任意一段时间的平均燃速。该方法所用试件为短药柱

$\Phi7\ \text{mm}\times(25\sim30)\ \text{mm}$,通常也是压装在有机玻璃管中,以电热丝点火。该方法的特点是信息量大,每毫米长药柱可取得 300 多个燃速数据,测定燃速范围宽,可测定高达 1 000 mm/s 的燃速。另外,该方法不仅可测定任意段的平均燃速,还可测定任意时刻的瞬时燃速,因而可了解药柱燃烧全过程的稳定情况,可用于配方研究和燃烧机理研究。

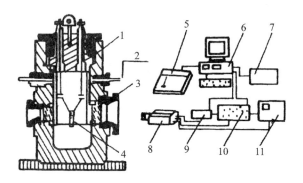

1—燃烧室;2—N$_2$;3—透明窗;4—药柱;5—绘图仪;
6—微机;7—打印机;8—摄像机;9—像素定位器;
10—单元控制器;11—示波器。

图 6 - 7　CCID 线扫描实时燃速测试仪示意图

与此方法类似,1987 年艾瑟瑞茨(Eisenreich N)等报导了一种固体推进剂燃速的光学测量方法,主要由透明燃速仪、透镜、光敏二极管阵列、显微镜、照相机及 PC 机组成。

该方法的测试原理也是推进剂药柱燃烧时火焰前峰光线经过透镜聚焦成像在光敏二极管阵列上,但与此同时一部分光还被反射到照相机及显微镜,可同时照相和用视觉通过显微镜观察。光敏二极管阵列的每一二极管接收的信号被放大,并控制一个触发单元,形成高、低两个电位信号,分别代表二极管被照明或未被照明。阵列的状态经过一接口传送到 PC 机,与此同时读出一相对应频率的计时频率,并与每个二极管的第一次照明相互关联,以获得火焰前峰的位置-时间曲线,线性回归给出平均燃速。

(4) 密闭爆发器法

密闭爆发器测燃速的设备示意图见图 6 - 8,全套设备主要由压力源、密闭爆发器、压力传感器、放大器、微机、打印机等部分组成。

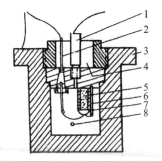

1—传感器;2—点火装置;3—密闭爆发器本体;
4—上压盖;5—药柱;6—包覆层;
7—点火药包;8—放气孔。

(a)密闭爆发器结构简图

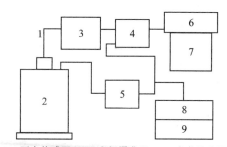

1—压力传感器;2—密闭爆发器;3—电荷放大器;
4—微机;5—电点火器;6—打印机;7—数据记录仪;
8—点火触发;9—手动开关。

(b)测试系统简图

图 6 - 8　密闭爆发器测速系统示意图

　　密闭爆发器的测试原理是,侧面已包覆的推进剂药柱在密闭爆发器中被点燃,并进行端面燃烧。燃烧室内先由点火药形成的点火压力应达到推进剂燃烧临界压力以上,由压力传感器可测得压力-时间曲线,根据推进剂在定容下的气体状态方程,由微机计算出任意相应压力下的燃速,以及某一压力范围的燃速压力指数。

　　火药气体状态方程(考虑了点火压力 p_i 时)为

$$\Psi = \frac{L}{L_0} = \frac{\beta}{\beta(1-\theta)+\theta} \tag{6-4}$$

式中,$\theta=(1-\alpha\Delta)/(1-\Delta/\rho)$;$\beta=(p_\Psi-p_i)/(p_m-p_i)$;$\Psi$ 对端面燃烧药柱而言为烧掉的药柱长度百分数;Δ 为密闭爆发器装填密度;ρ 为药柱密度;p_Ψ 为药柱燃烧到某一瞬间的燃气压力;p_i 为点火压力;α 为火药余容;p_m 为药柱燃烧结束时的最大压力;L_0 为火药柱原始长度;L 为燃烧到某一 Ψ 值时,药柱烧掉的长度。

　　任一时刻的 L 值为

$$L = \beta \frac{L_0}{\beta(1-\theta)+\theta} \tag{6-5}$$

　　计算出两个不同时刻的 L 值,即可计算出此两个时刻间(或相应压力范围)的平均燃速,即

$$u = \frac{L_2 - L_1}{\Delta t} \tag{6-6}$$

式中,L_2 和 L_1 分别为燃烧到 Ψ_2 和 Ψ_1 值时,药柱烧掉的长度;Δt 为药柱燃烧掉 L_1 到 L_2 之间的时间间隔。

　　如果时间间隔取得足够小,即可获得某压力下的瞬时燃速,由不同压力下的瞬时燃速,可计算该压力范围的燃速压力指数。

　　该方法的特点是测试一发药柱便可获得各压力下的燃速以及相应压力范围的燃速压力指数,并且可以了解药柱燃烧过程的稳定性。如果密闭爆发器的容量设计得足够大,还可适用于测定超高燃速(燃速达 1m/s 至数米每秒)。

(5) 声发射法

　　1973 年,美国罗伯特(Robert L G)等首先提出这种方法,它是基于氧化剂在燃烧过程中产生声信号,利用固定在燃烧室外壁上的声发射探头接收微弱的燃烧声信号后,由前置放大器转换成电信号,再经主放大器放大送至门控制电路。药柱点燃后,主放大器输出的直流信号高于触发电平,打开主门,让时标信号通过,计数电路计数,燃烧终止时,主放大器输出直流信号低于触发电平,主门关闭,停止计数,可由数码管读出药柱燃烧的时间,由药柱长度除燃烧时间,即可获得平均燃速。该法发展初期,药条在氮气中燃烧(称为氮气声发射法),后来发展到以水为介质,药条在水下燃烧(称为水下声发射)。在测试低温下(至 -40 ℃)药条燃速时,将保温介质和燃烧室内的水换成 28% 浓度的氯化钙水溶液,用干冰将水溶液冷却至所需的低温后,将装有药条的支架装入燃烧室充压保温一定时间即可通电点火测试。由于这种方法操作简便,测试精度较高,并与全尺寸发动机燃速有良好的相关关系,因此美国在许多型号发动机装药研制中用水下声发射法取代了靶线法。

　　中国在 20 世纪 70 年代后期开始研究此测试技术,于 1985 年建立了该技术的测试标准,并于 1991 年建成了水泵增压高压(25 MPa)水下声发射燃速测试系统。该系统采用了水泵增压、仪表自动调压、蓄能器稳压、高压电磁阀遥控等多项先进技术,测试精度可达 0.6%。水下声发射法与靶线法相比,有如下优点:简化了操作,提高了工作效率;采用声发射技术,提高了

测试精度(其测试精度一般为0.5%左右),还可揭示不稳定燃烧现象;燃气溶于水,净化了废气,改善了工作条件。

(6) 光电法

利用光电转换的原理,在燃烧室壁上开两个小孔,当药条燃烧到第一个小孔时,火焰光通过光路系统聚焦到第一个光敏二极管,由光敏二极管把光信号转换为电信号来启动计时装置,开始记录时间。当燃烧表面到达第二个小孔时,火焰光又通过光路系统聚焦到第二个光敏二极管上并转换成电信号,停止计时器的时间记录。由两个光电管之间的距离和所记录的时间来计算燃速。哈尔滨工业大学船舶工程学院于1983年研制成功一种光电数字式燃速测定仪,南京理工大学于1990年研制成功一种光纤燃速测定仪,用于药条的燃速测试。利用激光作光源可进一步提高光电法的测试精度。

(7) 高速摄影机法

高速摄影机法也是用透明燃速仪,但为了拍摄清晰,需有通过侧视窗的强光照明光束照亮推进剂药柱。高速摄影机对准主视窗,调焦使整个药柱成像在底片上。推进剂点燃与开启高速摄影机同步,药柱燃烧完,停止拍摄。由于高速摄影机的转速是定值,可根据每幅照片的时间间隔,间隔多幅照片上的图像测算药柱烧去的长度和时间间隔,据此可计算某一段时间的平均燃速。该方法除了可测定燃速,还可清晰地观察燃烧全过程的火焰状况变化,因此可配合燃烧机理的研究。

(8) 离子导电法

离子导电法是根据火药在燃烧过程中气态燃烧产物电离导电的原理。将包覆好的药条放在两对电极间,如图6-9所示,当火焰烧到第一对电极部位时,使第一对电极导通,通过控制电路使电秒表开始计时。当火焰烧到第二对电极部位时,又使第二对电极导通,由控制电路使电秒表停止计时。于是电秒表记录出第一对电极至第二对电极间的燃烧时间,由两对电极间的距离和时间可求出所需燃速值。

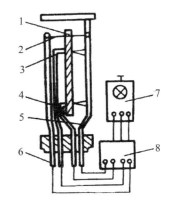

1—药条;2—点火线;3—电极1;
4—电极2;5—共用电极;6—点火
电极;7—电秒表;8—控制电路。

图6-9 离子导电法测试装置

(9) 发动机法

在发动机中测定燃速比燃速仪法好,但是试验成本较高,试验次数受限制。此法分直接测速法和间接测速法两种,直接法有终止燃烧法、预埋探头法和透明窗法,前者用于侵蚀燃烧研究,后两者主要用于燃烧机理研究;间接法有燃速发动机法和单发发动机测压力指数法。

① 燃速发动机法 利用发动机试车所获得的p-t曲线,求出燃烧时间和平均压力,再由药柱肉厚除以燃烧时间求出此平均压力下的燃速。通常采用此法测定推进剂动态燃速和压力指数。

② 单发发动机测压力指数法 一般用发动机测压力指数要做15~20次发动机试验才能获得较宽范围内的燃速压力关系。单发发动机测压力指数的方法是基于用减面或增面燃烧规律的药柱,测一发发动机试验便能得到递减或递增的压力-时间关系曲线,再用微机按照一定的数学模式计算程序计算出不同时间、不同压力下的燃速,从而得到燃速-压力关系,求出压力指数。

6.4.3 压力对燃速的影响

由于影响燃速最重要的参数之一为压力,研究者便努力通过试验将燃速u与压力p二者

关联起来。这种规律的一般形式为

$$u = a + bp^n \qquad (6-7)$$

式中,n,a 和 b 的值取决于推进剂配方、燃烧室压力和温度;a,b 为经验常数;n 为燃速压力指数。

就大多数推进剂而言,在低压(0.1~1 MPa)下,Saint - Robert 规律便适用,即 $a=0$,n 对均质推进剂约为 0.7,对异质推进剂约为 0.4。在很高的压力(大于 20 MPa)下,可采用 Muraour 规律,即 $n=1$,对均质推进剂 a 约为 10 mm/s。b 为燃烧期间的放热函数,并得出方程

$$\log(1\,000b) = 0.214 + 0.308\,\frac{T_f}{1\,000}$$

式中,T_f 为火焰温度(K);b 的单位为 mm/(s·MPa)。在这种类型方程内,T_f 可同燃烧热联系起来。复合推进剂在中等压力(2 MPa$<p<$10 MPa)下也可用萨默菲尔德规律

$$\frac{p}{u} = a' + b'p^{2/3}$$

这个规律在实验上已经得到了证明。在实际使用中,对于大多数推进剂在火箭发动机的工作压力范围内,一般采用以下经验方程

$$u = u_1 p^n \qquad (6-8)$$

式中,n 即为压力指数,对式(6-8)取对数可得 n 的定义式

$$n = \frac{(d\,\ln u)}{(d\,\ln p)}$$

压力指数是评定一种推进剂燃烧稳定性好坏的重要指标之一,这可以由下面的表达式和图 6-10 来说明。在火箭发动机中已知单位时间的气体生成量和排出量分别是

$$m_b = \rho A_b u_1 p^n \qquad (6-9)$$

$$m_t = C_D A_t p \qquad (6-10)$$

式中,m_b 为单位时间推进剂的燃气生成量;m_t 为单位时间由喷管排出的燃气量;ρ 为推进剂密度;A_b 为推进剂燃烧表面积;A_t 为喷管喉部面积;C_D 为喷管质量流率系数。

当火箭发动机处于稳定工作时,燃烧室压力达到一个平衡压力 p_c 值。此时,燃气生成量 m_b 与燃气排出量 m_t 相等,即

$$\rho A_b u_1 p_c^n = C_D A_t p_c$$

在实际燃烧过程中,如果由于偶然的因素(如药柱中的裂纹、气孔、质量不均匀等)而造成燃气生成量的变化大于燃气排出量的变化,即

$$\frac{dm_b}{dp} > \frac{dm_t}{dp}$$

就有可能破坏发动机的稳定工作过程。所以,要保证发动机的稳定工作,即稳定燃烧的条件为

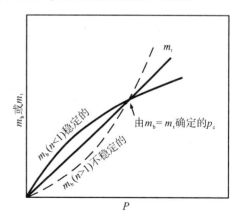

图 6-10　发动机工作压力平衡原理图

$$\frac{d(\rho A_b u_1 p_c^n)}{dp} < \frac{d(C_D A_t p_c)}{dp}$$

这样,压力的微小波动,引起燃气排出量的变化大于燃气生成量的变化,燃烧室的压力就能自动恢复到平衡压力而使发动机稳定工作。由于 A_b, A_t, ρ, C_D 基本上都与压力无关,可以将稳定燃烧的判据定为 $n<1$。这一点也可通过图 6-10 中燃气生成量和排出量曲线看出,图中二曲线的交点处压力即为平衡压力。当压力波动造成燃烧室压力大于平衡压力时,只有 $n<1$ 时的燃气生成量曲线才会低于排出量曲线,即由于燃气排出量大于生成量,燃烧室压力可回降到平衡压力。反之,当压力波动造成燃烧室压力小于平衡压力时,此时由于 $n<1$ 的燃气生成量曲线高于排出量曲线,燃气生成量大于排出量,因而燃烧室压力也能回升到平衡压力。n 越小这一压力恢复的过程也越快,燃烧室压力的波动也就越小。

从图中还可看出,当 $n>1$ 时的燃气生成量曲线(图中虚线),正好与上述情况相反。当燃烧室压力高于平衡压力时,由于燃气生成量大于排出量,压力不断升高直至发动机爆炸;当燃烧室压力低于平衡压力时,由于燃气生成量小于排出量,压力将不断降低直至发动机熄火。由此可知要保证发动机正常稳定燃烧,推进剂的压力指数必须总小于 1,并且希望 n 越小越好,以降低发动机工作压力的波动范围,保证火箭弹道性能的稳定。

6.4.4 推进剂初温对燃速的影响

推进剂的燃速除了受压力影响以外,还受推进剂所处环境温度即初温的影响。一般初温升高,燃速增大。其影响程度随推进剂配方和压力范围的不同而不同。

如果把 σ_p 定义为恒定压力下燃速随初温的变化率,则 σ_p 为

$$\sigma_p = \left[\frac{u_1 - u_0}{T_1 - T_0}\right]/u \qquad (6-11)$$

这里 u_0 和 u_1 分别是温度为 T_0 和 T_1 时的燃速。这样 σ_p 代表每单位温度的燃速变化率,叫作恒压下燃速敏感度。σ_p 的量纲是 K^{-1},而 $\sigma_p \times 100$ 是每 1 K 的温度变化下燃速变化的百分数(%/K),式(6-11)可改写为更严格的微分形式

$$\sigma_p = \frac{1}{u}(\partial u/\partial T)_p = (\partial \ln u/\partial T)_p \qquad (6-12)$$

当火箭发动机里的推进剂初始温度改变时,推进剂的燃速按照式(6-11)确定的关系变化。但是在发动机中主要是反映压力的变化,因此由式(6-11)给出的 σ_p 不能充分表达初始温度变化对火箭发动机性能的影响,于是,使用温度敏感度来估算温度的影响,即

$$\pi_K = \frac{1}{p}\frac{(p_1 - p_0)}{(T_1 - T_0)} \qquad (6-13)$$

式中,p_0 和 p_1 分别是在初始温度为 T_0 和 T_1 时的燃烧室压力。π_K 就表示每单位温度变化下燃烧室压力的相对变化,叫作 K_n 常值条件下的压力温度敏感度。K_n 定义为 $K_n = A_b/A_t$。$K_n =$ 常数,即意味着火箭发动机和装药的尺寸固定。π_K 的量纲为 K^{-1},而 $\pi_K \times 100$ 代表每 1 K 的温度变化下燃烧室压力变化的百分数(%/K)。和式(6-11)相类似,π_K 也可改写为微分形式

$$\pi_K = \frac{1}{p}\left(\frac{\partial p}{\partial T}\right)_{K_n} = \left(\frac{\partial \ln p}{\partial T}\right)_{K_n} \qquad (6-14)$$

π_K 仅仅取决于推进剂的燃速特性,由推进剂的燃烧机理来确定。

常规推进剂的 σ_p 值在 0.002/K ～ 0.008/K 之间。例如,在 233～333 K 温度范围内,$\sigma_p = 0.005/K$ 的推进剂的燃速变化达 50 %。当该推进剂在燃烧室内燃烧时,由式(6-14)算出 $\pi_K = 0.005/(1-n)$;如果燃速的压力指数为 0.5,则 $\pi_K = 0.01/K$,并且在同样的温度范围

内燃烧室压力变化达 100%。燃烧室压力这么大的变化会影响发动机推力,推力变化超过 100%。值得注意的是:当 n 大时,即使 σ_p 很小,π_K 值也变得很大,于是,要求推进剂的 n 和 σ_p 尽可能小。由于改变初始温度造成燃速变化,不仅将影响燃烧室压力和推力,而且会影响推进剂的燃烧时间,还会改变火箭弹体的飞行轨迹。然而,初始温度的变化永远不会改变推进剂内固有的化学能量,而只是改变了推进剂燃烧的化学反应速率。

6.5　双基推进剂稳态燃烧理论模型

自 20 世纪 50 年代以来,人们对双基推进剂的燃烧特性进行了大量研究,由此建立了一系列理论模型,本节主要介绍三个最具代表性的模型。

6.5.1　久保田和萨默菲尔德模型

1973 年,久保田和萨默菲尔德根据被公认的多阶段稳燃理论对双基推进剂燃烧区结构的认识,提出了双基推进剂燃烧的物理模型,并据此推出数学模型,获得了燃速表达式和燃烧表面温度计算式,所得结论与大部分实验结果符合。该模型是目前应用最广泛,为后人引证最多的双基推进剂稳态燃烧模型。

(1) 物理模型

久保田等对双基推进剂燃烧波结构各区厚度进行了分析,结果如表 6-9 所列。

表 6-9　双基推进剂各燃烧区厚度

燃烧区	预热区	表面反应区	嘶嘶区	暗	区	发光火焰区
厚度/μm	140	20	200	10 000	1 000	无火焰区
p/MPa	1	1	1	1	5	<0.7

由表 6-9 可知,低压下暗区厚度很大,远远超过其他各区,因而温度梯度很小.火焰区远离燃烧表面,在小于 0.7 MPa 压力时,甚至观察不到火焰区。据此他们认为从火焰区向燃烧表面传递的热量可以忽略不计,并且认为双基推进剂的燃速由亚表面和表面反应区及嘶嘶区所控制。从而可将双基推进剂的燃烧区简化成凝聚相反应区和气相嘶嘶区两个区,如图 6-11 所示。

以燃烧表面为基准,设为坐标原点。T_0,T_s 和 T_d 分别代表双基推进剂的初温、燃烧表面温度和暗区温度。

(2) 数学模型

为简化燃速公式的推导,特作以下基本假设:

① 燃烧过程是一维传播的;

② 在恒压下稳定燃烧;

③ 火焰区对燃烧表面的热辐射可忽略不计。

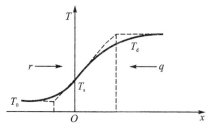

图 6-11　双基推进剂稳燃物理模型

根据基本守恒方程,可分别列出凝聚相及嘶嘶区的能量守恒方程

$$\lambda_p \left(\frac{d^2 T}{d x^2} \right) - \rho_p u c_p \left(\frac{dT}{dx} \right) + w_p Q_p = 0 \tag{6-15}$$

$$\lambda_g \left(\frac{d^2 T}{d x^2} \right) - \rho_g u_g c_g \left(\frac{dT}{dx} \right) + w_g Q_g = 0 \tag{6-16}$$

式中,λ 为导热系数;dT/dx 为温度梯度;ρ 为密度,也可称质量浓度;u 为推进剂燃速;c 为比热容;w 为化学反应速率;Q 为化学反应热。下标 p 为凝聚相,g 为嘶嘶区气相。

以上能量守恒方程的物理意义是:在燃烧表面附近的推进剂凝聚相微元或嘶嘶区微元中,单位时间内由于热传导获得的热量与由于化学反应产生的热效应之和应等于该相应微元单位时间内热容量的变化。

同样可列出凝聚相反应区及嘶嘶区的组分守恒方程

$$\rho_p D_{p \cdot j}\left(\frac{d^2 Y_j}{dx^2}\right) - \rho_p u\left(\frac{dY_j}{dx}\right) + w_{p \cdot j} = 0 \tag{6-17}$$

$$\rho_g D_{g \cdot i}\left(\frac{d^2 Y_i}{dx^2}\right) - \rho_g u\left(\frac{dY_i}{dx}\right) + w_{g \cdot i} = 0 \tag{6-18}$$

式中,Y_j 和 Y_i 分别为 j 和 i 组元的质量分数;$\dfrac{dY_i}{dx}$ 为 i 组元质量分数沿 x 方向的变化率;D 为质扩散系数,根据费克扩散定律可知:

$$J_j = D_j\left(\frac{d\rho_j}{dx}\right) = \rho D_j\left(\frac{dY_j}{dx}\right)$$

$$\left(\frac{dJ_j}{dx}\right) = \rho D_j\left(\frac{d^2 Y_j}{dx^2}\right)$$

式中,J_j 为 j 组元的分子扩散通量。

由此可知以上组分守恒方程的物理意义是:微元中 j 或 i 组元沿 x 方向扩散通量的变化率与化学反应引起的组元质量变化之和等于微元中组元的质量变化率。

为了求解微分方程组(6-15)~(6-18),导出理论燃速公式,再作如下补充假设:

① 凝聚相内无热效应,反应集中在燃烧表面上进行;

② 发光的火焰区不影响嘶嘶区对燃烧表面的传热;

③ 在研究的凝聚相和嘶嘶区内均无组分扩散;

④ 推进剂和气体的导热系数 λ、密度 ρ、比热容 c 及质扩散系数 D 在燃烧过程中都认为是常数。

这样凝聚相中的能量方程为

$$\lambda_p\left(\frac{d^2 T}{dx^2}\right) - \rho_p u c_p\left(\frac{dT}{dx}\right) = 0 \tag{6-19}$$

利用下列边界条件对式(6-19)积分:

$$T = T_0, \quad x = -\infty; \quad T = T_s, \quad x = 0$$

下标 s 表示燃烧表面。

可得 $x = 0$ 处从燃烧表面向凝聚相反馈的热量为

$$\lambda_p\left(\frac{dT}{dx}\right)_{0^-} = \rho_p u c_s (T_s - T_0) \tag{6-20}$$

在燃烧表面处的能量平衡条件为

$$\lambda_p\left(\frac{dT}{dx}\right)_{0^-} = \lambda_g\left(\frac{dT}{dx}\right)_{0^+} + \rho_p u Q_s \tag{6-21}$$

式中,Q_s 为燃烧表面上的净反应热,下标 0^- 和 0^+ 分别为燃烧表面凝聚相一侧和气相一侧。

要从式(6-20)和式(6-21)求解燃速 u,关键在于求出嘶嘶区对凝聚相表面的热反馈 λ_g $\left(\dfrac{dT}{dx}\right)_{0^+}$。假定温度仅随 x 变化,w_g 是温度的函数,则可假定 w_g 仅是 x 的函数,积分

式(6-16)得到

$$\lambda_g \left(\frac{dT}{dx} \right)_{0^+} = Q_g \int_0^\infty \exp\left(-\frac{\rho_g u_g c_g x}{\lambda_g} \right) w_g \, dx \tag{6-22}$$

为了积分式(6-22)的右端项,假定 w_g 为一阶梯函数,并且在 $x_i \leqslant x \leqslant x_g$ 范围内,w_g 为一正常数值,其值等于嘶嘶区内实际反应速度的平均值 $\overline{w}_g$。但在其他地方($0 < x < x_i$ 和 $x > x_g$),其值为零。这样积分式(6-22)就得到

$$\lambda_g \left(\frac{dT}{dx} \right)_{0^+} = \frac{\lambda_g w_g Q_g}{\rho_g u_g c_g} \left[\exp\left(-\frac{\rho_g u_g c_g x_i}{\lambda_g} \right) - \exp\left(-\frac{\rho_g u_g c_g x_g}{\lambda_g} \right) \right]$$

若反应从燃烧表面处开始,则 $x_i = 0$,于是

$$\lambda_g \left(\frac{dT}{dx} \right)_{0^+} = \frac{\lambda_g w_g Q_g}{\rho_g u_g c_g} \left[1 - \exp\left(-\frac{\rho_g u_g c_g x_g}{\lambda_g} \right) \right] \tag{6-23}$$

根据表 6-10 中的数据,可进一步简化式(6-23)。

表 6-10　燃烧区的实验数据

p / MPa	0.12	0.8	2	10
$u_g / (\text{cm} \cdot \text{s}^{-1})$	0.046	0.158	0.821	1.05
$x_g / 10^{-4} \text{cm}$	200	170	120	80
$L^* / 10^{-4} \text{cm}$	140	41	7.9	6.2
x_g / L^*	1.4	4.1	15	13

注:$L^* = \lambda_g / (\rho_g u_g c_g)$,$c_g = 1.67 \ \text{J/(g·K)}$,$\lambda_g = 1.67 \times 10^{-3} \ \text{J/(cm·s·K)}$,$\rho_g = 1.54 \ \text{g/cm}^3$。

由表 6-10 所列数据可看出,在 0.1 MPa 以上时,$\exp\left(-\frac{x_g}{L^*} \right) \approx 0$。所以式(6-23)变成

$$\lambda_g \left(\frac{dT}{dx} \right)_{0^+} = \frac{\lambda_g w_g Q_g}{\rho_g u_g c_g} = \frac{\lambda_g w_g Q_g}{\rho_p u c_g} \tag{6-24}$$

将式(6-24)带入式(6-21),即可解出

$$u = \left[\frac{\lambda_g \overline{w}_g Q_g}{\rho_p^2 c_s c_g (T_s - T_0 - Q_s / c_s)} \right]^{1/2} \tag{6-25}$$

为了求出 u 与 p 的函数关系,假定嘶嘶区内进行的是 O+F=P 的二级气相反应,则

$$w_g = \rho_g^2 Y_O Y_F A_g \exp\left(-\frac{E_g}{R_g T_g} \right)$$

因为 $\rho_g = \frac{p}{R_g T_g}$($R_g$ 为燃气的气体常数),则式(6-25)可改写为

$$u = p \left[\frac{\lambda_g Q_g Y_O Y_F A_g \exp\left(-\dfrac{E_g}{R_g T_g} \right)}{\rho_p^2 c_s c_g (T_s - T_0 - Q_s / c_s)(R_g T_g)^2} \right]^{1/2} \tag{6-26}$$

式中,λ_g, c_g, c_s 等由推进剂的组成决定,Q_s 根据表面分解机理求出,气相动力学参数则由气相反应机理求出,而

$$T_g = T_0 + \frac{Q_s}{c_s} + \frac{Q_g}{c_g} \tag{6-27}$$

表面温度 T_s 则可由推进剂的分解机理决定。假定燃烧表面处的分解反应可表示为阿累尼乌斯方程,即

$$u = A_s \exp\left(-\frac{E_s}{R_s T_s}\right) \tag{6-28}$$

式中，E_s 为表面反应活化能；A_s 为指前因子。

至此，推进剂的燃速可由式（6-26）、式（6-27）和式（6-28）算出。

6.5.2 维留诺夫模型

维留诺夫模型是前苏联研究双基推进剂稳态燃烧学派中的典型代表，其主要做法是把燃烧过程分为三个不同阶段来分别处理，即 α 阶段（相当于凝聚相反应区），β 阶段（相当于嘶嘶区）和 γ 阶段（相当于火焰反应区）。该模型既考虑到三个阶段的化学反应放热和热传导，又考虑到组分的扩散。因此，通过建立三个方程式，其中包括 u_m，p，T_s 和 T_1 这四个未知数，以压力 p 为独立变量，联立求解即可得到 u_m，T_s 与 T_1 的值。

该模型主要采用了两个守恒方程，即

① 一维有化学反应的定常流能量守恒方程：

$$\frac{d}{dx}\left(\lambda \frac{dT}{dx}\right) - \left(u\rho c_p \frac{dT}{dx}\right) + HW(c, T) = 0 \tag{6-29}$$

② 一维有化学反应的定常流组分守恒方程：

$$\frac{d}{dx}\left(\frac{\rho_p}{M} \frac{dY}{dx}\right) - \frac{\rho u}{M} \frac{dY}{dx} - W(c, T) = 0 \tag{6-30}$$

式中，ρ_p 为反应区中混合物的密度；Y，M，W 分别为某一组分的质量分数、分子质量、化学反应生成速度；$\rho u = u_m$。

根据上述两个基本方程，按三个不同的化学反应阶段，可分别求出质量燃速和预热层厚度等参数。

（1）α 阶段

$$u_m^2 = 2k_\alpha \frac{\lambda}{c} \frac{RT_s^2}{E_\alpha} \exp\left(-\frac{E_\alpha}{RT_s}\right) / (2T_s - T' - T_i) \tag{6-31}$$

式（6-31）给出了推进剂质量燃速（u_m）作为表面温度 T_s 函数的表达式。但是 T_s 一值是待定的，必须与气相反应区的方程联立才能解出，式中其余各量是已知的。

另外根据 6.2.1 节双基推进剂燃烧规律讨论中所推导的方法，还可计算 α 阶段预热层厚度的近似公式为

$$x_\alpha = \frac{\lambda}{u_m c} \ln\left(\frac{0.05T_i}{T_s - T_i}\right) \tag{6-32}$$

式中，x_α 为 α 阶段预热层厚度。

（2）β 阶段

$$u_m^2 = 2 \frac{\lambda_\beta k_\beta}{c} M Y_s^{n-1} \left(\frac{p}{RT_1}\right)^n \left(\frac{RT_1^2}{E_\beta}\right)^{n+1} \times \frac{n!}{(2T_1 - T'_1 - T'_s)(T_1 - T_s)^n} \exp\left(-\frac{E_\beta}{RT_1}\right) \tag{6-33}$$

式（6-33）是推进剂质量燃速（u_m）作为 T_s 和 T_1 函数的数学表达式，式中其余诸量由 β 阶段的条件确定。

同样，也可导出 β 阶段预热层厚度近似公式为

$$x_1 = \frac{\lambda_\beta}{u_m c_\beta} \left(\frac{T_1 - T'_s}{T_s - T'_s}\right) \tag{6-34}$$

式中，x_1 为 β 阶段预热层的厚度。

（3）γ 阶段

$$u_m^2 = \frac{2\lambda_\gamma k_\gamma MY_1^{n_r-1}(n_\gamma!)}{c(T_f-T_1')(T_f-T_1)^{n_r}} \left(\frac{p}{RT_f}\right)^{n_r} \times \left(\frac{RT_f^2}{E_\gamma}\right)^{n_r+1} \left(-\frac{E_\gamma}{RT_f}\right) \qquad (6-35)$$

同理可推导出 γ 阶段的预热层厚度的近似公式为

$$x_{f-1} = \frac{\lambda_\gamma}{u_m c_\gamma}\ln\left(\frac{T_f-T_1'}{T_1-T_1'}\right) \qquad (6-36)$$

式中，x_{f-1} 为 γ 阶段预热层的厚度。

由式（6-36）可见，当压力提高时，T_1 与 u_m 增加，x_{f-1} 值减小。在极端情况下，当 T_1 趋近于 T_f 时，x_{f-1} 几乎为零。

从以上推导出的三个方程，即式（6-31）、式（6-33）和式（6-35）中，若以压力 p 为独立变量，通过联立求解这三个方程即可得到相应的 u_m，T_1 和 T_s 值。

6.5.3　库恩模型

库恩（Cohen N S）于1981年提出了计算双基推进剂燃烧问题的新模型。此模型不考虑暗区对燃烧的影响，其基本观点为：

① 凝聚相化学反应不仅仅限于表面上，在称之为泡沫区的亚表面区中一个薄层内也发生化学反应，反应放热随压力而变化，层内温度是变化的。

② 气相反应区中的嘶嘶区，对燃烧起很大作用。在火箭发动机工作压力范围内，火焰反应区的放热对燃烧的影响很小，可忽略不计。

③ 嘶嘶区的化学反应，主要是二氧化氮还原为一氧化氮。它不仅在气相中进行，而且在泡沫反应区中就已经开始。

下面分别按泡沫区、气相反应区建立方程式，最后联立求解。

（1）泡沫区理论分析

所谓泡沫区是指从燃烧表面到亚表面区具一定厚度的推进剂薄层。在泡沫区的始端推进剂即开始分解，其分解产物立即进行嘶嘶区反应，结果在泡沫区呈净放热反应。在泡沫区能够发生嘶嘶区反应的程度随压力增加而减小。在嘶嘶区反应随压力的增加对燃烧产生进一步的影响。在泡沫区的凝聚相分解反应，可认为服从阿累尼乌斯公式。稳态情况下的质量燃烧速度，实际上就可按阿累尼乌斯公式来表示，其相应温度为表面温度。

根据库恩模型的基本假设，有化学反应的泡沫区热传导方程为

$$\lambda\frac{d^2 T}{dx^2} + \rho_p cu\frac{dT}{dx} + Q_s\rho_p A_c\exp\left(-\frac{E_c}{RT}\right) = 0 \qquad (6-37)$$

式中，Q_s 为泡沫区净放热量；A_c 为泡沫区反应的指前因子；E_c 为泡沫区反应的活化能。

边界条件：

$x=0$（燃烧表面）

$$\lambda\left(\frac{dT}{dx}\right)_s = \rho_p cu(T_s-T_i) - \rho_p u Q_s \qquad (6-38)$$

$x=-x_t$（泡沫区开始处）

$$\lambda\left(\frac{dT}{dx}\right)_t = \rho_p cu(T_t-T_i)$$

式中，T_i 为泡沫开始处温度，T_t 为泡沫区结束处温度。

为了求解式（6-37），现选用两个无量纲变量，即

$$\theta = \frac{T - T_i}{T_s - T_i}; \qquad \xi = \frac{\rho_p c u x}{\lambda} = \frac{u x}{a} \tag{6-39}$$

对上述两个无量纲变量分别进行一次或二次微分,然后代入式(6-37),经整理得

$$\frac{d^2\theta}{d\xi^2} - \frac{d\theta}{d\xi} = -B \exp\left\{-\frac{E_c}{RT_s}\left[1 - \frac{T_s - T_i}{T_s}(\theta - 1)\right]\right\}$$

$$= -B \exp\left(-\frac{E_c}{RT_s}\right) \exp\left[\frac{E_c}{RT_s^2}(T_s - T_i)(\theta - 1)\right] \tag{6-40}$$

$$= -B' \exp[-D(1 - \theta)]$$

式中,$B = \dfrac{Q_s A_c a}{c u^2 (T_s - T_i)}$;$B' = B \exp\left(\dfrac{-E_c}{RT_s}\right)$;$D = (T_s - T_i)\dfrac{E_c}{RT_s^2}$。

对于具体推进剂,在给定压力和温度下,式(6-40)中的参数 B' 和 D 为常数,边界条件为:

$x = 0$,即 $\xi = 0, \theta = 1$ 时

$$\left(\frac{d\theta}{d\xi}\right)_s = 1 - R_s \tag{6-41}$$

$x = -x_t$,即 $\xi = -\xi_t$ 时

$$\left(\frac{d\theta}{d\xi}\right)_t = \theta_t \tag{6-42}$$

为了能求出泡沫区中温度的显函式,需对式(6-39)作进一步变换,现定义下列变量

$$\left.\begin{array}{l} f = \dfrac{d\theta}{d\xi} - \theta \\[2mm] \eta = D(1 - \theta) \end{array}\right\} \tag{6-43}$$

对式(6-43)进行微分运算,并经整理后得

$$(f + \theta)\frac{df}{d\eta} = \frac{B'}{D}\exp(-\eta) \tag{6-44}$$

实际上,泡沫区的 θ 值是接近于 1 时。于是取 θ 近似等于 1,式(6-44)为

$$(f + 1)\frac{df}{d\eta} = \frac{B'}{D}\exp(-\eta) \tag{6-45}$$

边界条件为:

当 $x = 0$,即 $\xi = 0$ 时,$\theta = \theta_s = 1$,由式(6-43)得

$$f_s = \left(\frac{d\theta}{d\xi}\right)_s - \theta_s = 1 - R_s - 1 = -R_s \tag{6-46}$$

将式(6-45)的变量进行分离,即

$$(f + 1)df = (B'/D)\exp(-\eta)d\eta$$

积分后得

$$\frac{1}{2}f^2 + f = -\frac{B'}{D}e^{-\eta} + C \tag{6-47}$$

将边界条件(6-46)代入,并根据式(6-43),得

$$\frac{1}{2}R_s^2 - R_s = -\frac{B'}{D} + C$$

即

$$C = \frac{1}{2}R_s^2 - R_s + B'/D$$

代入式(6-47),经整理后即得泡沫区温度梯度的数学表达式为

$$f=-1+\left[(R_s-1)^2+\frac{2B'}{D}(1-\mathrm{e}^{-\eta})\right]^{1/2} \tag{6-48}$$

由式(6-42)可得泡沫开始处的边界条件，即 $x=x_t$，$\xi=-\xi_t$，$\eta=\eta_t$ 时

$$\left(\frac{\mathrm{d}\theta}{\mathrm{d}\xi}\right)_t=\theta_t$$

$$f_t=\left(\frac{\mathrm{d}\theta}{\mathrm{d}\xi}\right)_t-\theta_t=\theta_t-\theta_t=0$$

代入式(6-48)得

$$1=\left[(R_s-1)^2+\frac{2B'}{D}(1-\mathrm{e}^{-\eta_t})\right]^{1/2}$$

即

$$\frac{2B'}{D}=\frac{1-(R_s-1)^2}{1-\mathrm{e}^{-\eta_t}} \tag{6-49}$$

将式(6-49)和式(6-43)代入式(6-48)，经整理后得

$$\frac{\mathrm{d}\theta}{\mathrm{d}\xi}=\theta-1+\left\{1-(2R_s-R_s^2)\left[\frac{\mathrm{e}^{D(\theta-\theta_t)}-1}{\mathrm{e}^{D(1-\theta_t)}-1}\right]\right\}^{1/2} \tag{6-50}$$

式(6-50)即为泡沫区无量纲温度梯度随无量纲温度变化的函数。式中的 R_s 按式(6-46)中的定义，为泡沫区净放热与固相区吸热的比值，可视为参量。根据式(6-50)可画出无量纲温度梯度的函数关系曲线，如图 6-12 所示。计算时取 $D=8$，$\theta_t=0.8$。

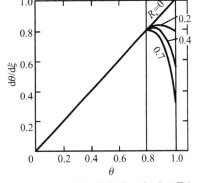

图 6-12　固相中有化学反应时无量纲
温度梯度的函数关系

（2）气相嘶嘶区理论分析

根据理论分析，对于定常的一维有化学反应的能量守恒方程有

$$\lambda_g\frac{\mathrm{d}^2T}{\mathrm{d}x^2}-\rho_p u c_g\frac{\mathrm{d}T}{\mathrm{d}x}+Q_r\omega=0 \tag{6-51}$$

根据经验可知，在燃烧表面附近，气相区的温度梯度变化不大，温度的二阶导数 $(\mathrm{d}^2T/\mathrm{d}x^2)$ 值很小可忽略，故式(6-51)变为

$$\rho_p u c_g\frac{\mathrm{d}T}{\mathrm{d}x}=Q_r\omega \tag{6-52}$$

式中，ω 为反应物的反应速度；Q_r 为嘶嘶区反应放热。

库恩假设嘶嘶区反应为一级反应，质量反应速度为

$$\omega=MCA_g\exp\left(\frac{-E_g}{RT}\right) \tag{6-53}$$

式中，C 为反应物的浓度；M 为反应物的分子质量。

根据层流火焰的传播理论，当路易斯常数 $Le=1$ 时，火焰区的温度场和浓度场是相似的，即

$$\frac{Y}{Y_s}=\frac{T_d-T}{T_d-T_s}$$

式中，Y 为反应物质量分数；Y_s 为燃烧表面处反应物质量分数。

根据定义, Y_s 可以表示为

$$Y_s = u_a \beta$$

式中, β 为对嘶嘶区反应有效的组分百分数。

由此可得反应物的质量分数为

$$Y = \frac{MC}{\rho_p} = Y_s \left(\frac{T_d - T}{T_d - T_s} \right) = u_a \beta \left(\frac{T_d - T}{T_d - T_s} \right)$$

即

$$MC = \rho_p u_a \beta \left(\frac{T_d - T}{T_d - T_s} \right) \tag{6-54}$$

将式(6-54)代入式(6-53),然后再代入式(6-52),整理后得

$$\frac{\mathrm{d}T}{\mathrm{d}x} = k_g \left(\frac{T_d}{T} - 1 \right) \exp \left(-\frac{E_g}{RT} \right) \tag{6-55}$$

式中

$$k_g = \frac{Q_r u_a \beta A_g T}{u c_g (T_d - T_s)}$$

对于具体的推进剂,当压力一定时, k_g 为常数。

当 $x = 0$ 时, $T = T_s$,代入式(6-55)得气相区燃烧表面处的温度梯度为

$$\left(\frac{\mathrm{d}T}{\mathrm{d}x} \right)_{s,g} = k_g \left(\frac{T_d}{T_s} - 1 \right) \exp \left(-\frac{E_g}{RT_s} \right) \tag{6-56}$$

传导热流密度为

$$\lambda_g \left(\frac{\mathrm{d}T}{\mathrm{d}x} \right)_{s,g} = \lambda_g k_g \left(\frac{T_d}{T_s} - 1 \right) \exp \left(-\frac{E_g}{RT_s} \right) \tag{6-57}$$

式(6-56)和式(6-57)中的嘶嘶区末端温度 T_d 值,不宜用平衡组分的计算方法确定,而且目前还不能从理论上进行精确计算。在高压情况下($p > 4.3$ MPa),可用 DBP 模型计算,即

$$T_d = 1\ 275 + 9.8p + \frac{Q_{ex}}{4} \tag{6-58}$$

而当压力较低($p < 4.3$ MPa)时,可用下述经验公式计算

$$T_d = (T_d)_{p=4.3} - 148.76(4.3 - p) \tag{6-59}$$

式中, Q_{ex} 为推进剂爆热。

燃烧表面是凝聚相与气相的交界面,根据在此面上的能量守恒原则可得

$$\lambda_g \left(\frac{\mathrm{d}T}{\mathrm{d}x} \right)_s = \lambda_g \left(\frac{\mathrm{d}T}{\mathrm{d}x} \right)_{s,g} \tag{6-60}$$

由式(6-38)得

$$\lambda_g \left(\frac{\mathrm{d}T}{\mathrm{d}x} \right)_{s,g} = \rho_p c u (T_s - T_i) - \rho_p u Q_s$$

整理后得

$$T_s = T_i + \frac{Q_s}{c} + \frac{\lambda_g}{\rho_p u c} \left(\frac{\mathrm{d}T}{\mathrm{d}x} \right) \tag{6-61}$$

根据以上对泡沫区与气相区理论分析与推导,可以联立解出推进剂的 u , T_s , λ_g , $\left(\frac{\mathrm{d}T}{\mathrm{d}x} \right)_{s,g}$, Q_s , T_d , u_a , Q_r , β 和 $\frac{2B'}{D}$ 十个未知量,而压力 p 为独立变量。

6.6　复合推进剂稳态燃烧理论模型

复合推进剂是由分散在黏合剂基体中的氧化剂、金属添加剂、催化剂等组成的非均相固体混合物。即使全部的固体颗粒尺寸和形状都相同,并在黏结剂基体中的分布也均匀,其燃烧过程也要比双基推进剂复杂得多。但就燃烧过程的实质而言,仍然是凝聚相受热,氧化剂、黏结剂的热分解,可能的升华、熔化、蒸发以及气相扩散混合和燃烧,所释放出的热量使燃气温度升高到等压燃烧温度。

根据对复合固体推进剂燃烧过程中燃速控制步骤及火焰结构的不同认识,国内外曾先后提出许多燃烧理论模型,力图解释其燃烧机理和预测燃烧行为。这些燃烧模型,可归结为两类:一类是认为气相放热反应为速度控制步骤的气相型稳态燃烧模型,另一类是认为凝聚相放热反应为速度控制步骤的凝聚相型稳态燃烧模型。前者有粒状扩散火焰模型(GDF)、方阵火焰模型,后者有 BDP 多火焰模型和双火焰模型等。

6.6.1　粒状扩散火焰模型(GDF)

粒状扩散火焰模型是气相型稳态燃烧模型。萨默菲尔德于 20 世纪 60 年代初期在总结大量试验研究的基础上提出了复合推进剂的粒状扩散火焰模型,即 GDF 模型,如图 6-13 所示。该模型认为:

① 火焰是一维的,稳定的火焰接近于燃烧表面。

② 燃烧表面是干燥和粗糙的,因此氧化剂和黏结剂的气体靠热分解或升华直接由固相逸出,以非预混状态进入气相。

③ 黏结剂与氧化剂仅在气相中互相掺混,在固相中两者不发生反应。

④ 黏结剂的热解产物以具有一定质量的气袋形式从表面辐射出来。气袋的平均质量比氧化剂晶粒的平均质量小得多,但两者的质量成正比,而与压力无关。气袋在通过火焰区的过程中逐渐消逝,其消逝的速度取决于扩散掺混与化学反应速度。由于掺混的可燃气体在化学反应中放出热量,所以这种燃烧模型称为"粒状扩散火焰"模型。

⑤ 氧化剂蒸发与黏结剂热解是高温火焰向推进剂表面热量反馈的结果。热量传递的主要形式是热传导,可不考虑热辐射的影响。

⑥ 气相的输运(包括热传导与扩散)是分子输运,不属于湍流传递。因为气相流动的雷诺数很小,故可认为它处于层流状态。

根据以上假设,萨默菲尔德将该模型简化为三个基本方程,即燃烧表面上能量守恒方程,气相化学动力学方程和混合扩散方程。为便于数学推导,他进一步假设燃烧表面附近气相区的温度分布由两段直线组成,如图 6-14 所示。

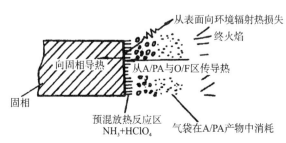

图 6-13　AP 复合推进剂燃烧的 GDF 模型

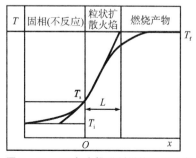

图 6-14　AP 复合推进剂燃烧温度分布

由图 6-14 中可见,实际终燃温度所处位置距燃面距离为 L。仿照双基推进剂的分析方法,可首先得到燃面上的能量守恒方程,即

$$u_m \left[c(T_s - T_i) - Q_s \right] = \lambda_s \frac{T_f - T_s}{L} \qquad (6-62)$$

根据以上讨论可知,氧化剂爆燃时的表面温度与黏结剂热解时的表面温度是不相同的,萨默菲尔德在处理这个问题时取推进剂燃面上的平均温度为 T_s,并认为它与压力、氧-燃比和氧化剂粒度无关。但加入燃速催化剂可改变 T_s 值。

由式(6-62)可知,若以质量燃速 u_m 作为压力的数学表达式,必须首先求出火焰距离 L 与压力的关系式。为此,先研究两个极端情况,即低压、小氧化剂粒度与高压、大氧化剂粒度时压力与火焰距离 L 的函数关系式。

(1) 低压、小氧化剂粒度

根据 GDF 模型,在低压、小氧化剂粒度情况下,扩散速度比化学反应速度要大得多,所以火焰距离与化学反应时间的关系可表示为

$$L = \upsilon \tau \qquad (6-63)$$

式中,υ 为气相反应区气体流速;τ 为化学反应时间。

再根据质量守恒方程 $u_m = u \rho_p = \upsilon \rho_g$,便可得

$$u_m = \rho_g \frac{L}{\tau} \qquad (6-64)$$

式中,ρ_g 为气相平均密度。

为了确定反应时间 τ,需引入一个表示反应物反应程度的参数 ε,它是反应区内某一点已完成反应的反应物质量与反应物总量的比值。如果近似取气相平均温度值,并假设气相反应为二级反应,则

$$\frac{d\varepsilon}{dt} = \rho_g A \exp \left(-\frac{E}{R T_g} \right) \qquad (6-65)$$

式中,T_g 为气相平均温度,$T_g = \dfrac{T_f + T_s}{2}$。

根据理想气体状态方程 $\rho_g = \dfrac{pM}{R T_g}$,在给定的压力下,式(6-65)中的 ρ_g 为常量,同样气相区的 $\dfrac{d\varepsilon}{dt}$ 也可视为常量,这样一来,就可得到气相区的反应时间为

$$\tau = \frac{1}{\dfrac{d\varepsilon}{dt}}$$

将其代入式(6-64),得
$$u_m = \rho_g L \frac{d\varepsilon}{dt}$$

将其再与式(6-65)合并,则得

$$u_m = \rho_g^2 L A \exp \left(-\frac{E}{R T_g} \right) \qquad (6-66)$$

或

$$L = \frac{u_m}{\rho_g^2 A \exp \left(-\dfrac{E}{R T_g} \right)} \qquad (6-67)$$

代入式(6-62)中,得

$$u_m = \frac{pM}{RT_g} \left[\frac{\lambda_g(T_f - T_s)A\exp\left(-\dfrac{E}{RT_g}\right)}{c(T_s - T_i) - Q_s} \right]^{1/2} \qquad (6-68)$$

或

$$u = \frac{pM}{RT_g\rho_p} \left[\frac{\lambda_g(T_f - T_s)A\exp\left(-\dfrac{E}{RT_g}\right)}{c(T_s - T_i) - Q_s} \right]^{1/2} \qquad (6-69)$$

可见,燃速与压力成正比,即推进剂的燃速压力指数为 1。

（2）高压、大氧化剂粒度

在高压、大氧化剂粒度情况下,化学反应快,分子扩散速度成为气体在气相火焰停留时间主要控制因素。由 GDF 模型的基本假设出发,利用液滴蒸发时间的计算公式来近似表达"气袋"的生存时间,进一步根据分子扩散理论,得到气相扩散控制的质量燃速为

$$u_m = p^{1/3}\sqrt{\frac{\lambda_g(T_f - T_s)}{c(T_s - T_i) - Q_s} \cdot \frac{k_1 M^{2/3}}{\mu^{2/3}R^{5/3}T_g^{1/6}}} \qquad (6-70)$$

式中,μ 为气袋质量。

根据燃烧过程中质量守恒定律,可知推进剂的稳态燃速为

$$u = p^{1/3}\frac{1}{\rho_p}\sqrt{\frac{\lambda_g(T_f - T_s)}{c(T_s - T_i) - Q_s} \cdot \frac{k_1 M^{2/3}}{\mu^{2/3}R^{5/3}T_g^{1/6}}} \qquad (6-71)$$

由此可见,当推进剂配方确定以后,在高压、大氧化剂粒度的情况下,燃速同压力的三分之一次方成正比。与燃速与压力的经验公式比较,可知在这种情况下,推进剂的压力指数为 1/3。

以上简要分析和推导了 AP 复合推进剂燃烧 GDF 模型的两个极端情况。对于一般情况,萨默菲尔德假设其火焰距离由两部分组成,一部分受化学反应速度控制,另一部分则取决于扩散速度。这样推导出的燃速作为压力函数的理论公式为

$$\frac{1}{u} = \frac{a}{p} + \frac{b}{p^{1/3}} \qquad (6-72)$$

式中

$$\left. \begin{aligned} a &= \sqrt{\frac{c(T_s - T_i) - Q_s}{\lambda_g(T_f - T_s)} \cdot \frac{\rho_p RT_g Z_1}{M\left[A\exp\left(-\dfrac{E}{RT_g}\right)\right]^{1/2}}} \\ b &= \sqrt{\frac{c(T_s - T_i) - Q_s}{\lambda_g(T_f - T_s)k_1^{1/2}} \cdot \frac{Z_2\rho_p R^{5/6}T_g^{1/2}\mu^{1/3}}{M^{5/6}}} \end{aligned} \right\} \qquad (6-73)$$

式（6-72）即萨默菲尔德燃速公式,它具有使用方便的特点,因而得到较广泛的应用。式中的两个常数 a 和 b 为燃速常数,代表了推进剂的性能与组分特性。其使用范围为:压力为 $1 \sim 10$ MPa;氧化剂为 AP;粒度 $d \leqslant 250$ μm;黏结剂类型为以化学交联为基的难熔黏结剂;推进剂当量比 $\Psi_o = 0.58$。

根据 GDF 模型,虽然从理论上得到了计算推进剂燃速的公式（6-72）,但要据此来精确计算其中的两个常数 a 和 b 是相当困难的,一般是调整 a 与 b 使其与实验结果相符。具体做法是将燃速公式（6-72）改写为

$$\frac{p}{u} = a + bp^{2/3} \qquad (6-74)$$

然后根据实验数据计算出相应的 $\frac{p}{u}$，$p^{2/3}$，画出 $\frac{p}{u} - p^{2/3}$ 曲线，实验数据点 $\left(\frac{p}{u}, p^{2/3}\right)$ 在所研究的压力范围内呈线性关系，图中直线的斜率与截距即为所求的 b 和 a 值。

6.6.2 BDP 多层火焰燃烧模型

在 20 世纪 70 年代前后，迪尔(Derr R L)等就观察到，AP 复合推进剂的燃烧表面结构形状与压力有着密切的关系。当压力大于 4.12 MPa 时，AP 晶粒凹在黏结剂表面以下；当压力等于 4.12 MPa 时，AP 与黏结剂的燃速近似相等；当压力小于此值时，AP 的晶粒就凸出在黏结剂表面以上。因此，他们认为：在 AP 晶体上方的火焰结构是相当复杂的，初始扩散火焰的影响不能忽视。在全部实验压力范围内，都可观察到在燃烧表面的 AP 晶体上有一薄的熔化液层，这表明在复合推进剂的燃烧过程中存在凝聚相反应。

根据以上试验观察，1970 年，由贝克施泰德、迪尔以及普莱斯(Price C F)三人共同提出了复合固体推进剂稳态燃烧的多层火焰模型，简称 BDP 模型，如图 6-15 所示。

图中各部分的物理化学变化过程如下：

① 表面上进行的凝聚相反应过程由氧化剂和黏结剂的初始热分解及分解产物间的非均相放热组成。整个表面反应过程为净放热过程。

② 初焰(PF)是 AP 分解产物与黏结剂热解产物之间的化学反应火焰，与扩散混合及化学反应速度有关，可表示如下

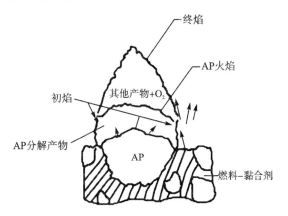

图 6-15　AP 复合推进剂火焰结构

$$黏结剂热解产物 \quad + \quad HClO_4 分解产物 \rightarrow PF 火焰燃烧产物$$
$$(CH_2, CH_4, C, \cdots) \quad (ClO, HO, O_2 \cdots)$$

此反应为二级气相反应。

③ AP 单元推进剂火焰(AP 火焰)是自身分解产物 NH_3 和 $HClO_4$ 之间的反应火焰。该火焰为预混火焰，只与气相化学反应速度有关，而与扩散混合速度无关。其反应可表示为

$$NH_3(g) + HClO_4(g) \rightarrow 惰性产物 + 氧化性物质$$

该反应为二级气相反应。

④ 终焰(FF)是黏结剂热解产物与 AP 火焰的富氧燃烧产物之间的化学反应火焰。由于终焰的反应物已被预热到 AP 火焰温度($\approx 1\,400$ K)，反应速度很快，故终焰的反应速度仅决定于扩散混合速度。

为了能够推导出燃速理论表达式，BDP 模型还需要作下述假设：

① 燃烧过程是一维稳定的；

② 氧化剂和黏结剂的表面分解反应均服从阿累尼乌斯公式；

③ 气相反应为简单的均相反应；

④ 产物为理想气体，其物性参数(λ, d, D, c)在过程中保持为常数，且取平均值。

根据以上假设，在稳态燃烧的情况下，推进剂质量燃速与氧化剂、黏结剂质量燃速之间应满足下列质量守恒关系

$$u_m = \frac{u_{mo}}{Y_\alpha}\left(\frac{S_o}{S}\right) = \frac{u_{mf}}{1-Y_\alpha}\left(\frac{S_f}{S}\right) \tag{6-75}$$

式中，u_m 为推进剂质量燃速，$g/(cm^2 \cdot s)$；u_{mo} 为氧化剂质量燃速，$g/(cm^2 \cdot s)$；u_{mf} 为黏结剂质量燃速，$g/(cm^2 \cdot s)$；Y_α 为氧化剂质量分数；S 为总燃烧面积，m^2；S_o 为氧化剂燃烧面积，m^2；S_f 为黏结剂燃烧面积，m^2。

式中的 $\dfrac{S_o}{S}$ 可根据氧化剂和黏结剂的几何关系及点火延迟期的概念进行估算

$$\frac{S_o}{S} = \frac{\zeta\left[(6h/d_0)^2 + 1\right]}{\left[6\zeta(h/d_0)^2 + 1\right]} \tag{6-76}$$

式中，ζ 为推进剂中氧化剂的体积分数；d_0 为氧化剂的初始直径；h 为氧化剂晶粒凸出或凹入推进剂表面的距离。

h/d_0 值则为

$$\frac{h}{d_0} = \frac{1}{2}\left[1 \pm \frac{1}{\sqrt{3}}\right]\left(1 - \frac{u_o}{u_f}\right) + u_o\,\frac{t_{is}}{d_o} \tag{6-77}$$

式中，u_o，u_f 分别为氧化剂、黏结剂线性燃速；t_{is} 为氧化剂晶粒点火延迟期。

对于式中的氧化剂晶粒点火延迟期则为

$$t_{is} = \frac{C_{is}d_0^{m+1}}{p^n} \tag{6-78}$$

式中，C_{is} 为氧化剂晶粒点火延迟参量；m，n 分别为氧化剂直径指数和压力指数。将式（6-77）代入式（6-76）即可得到所需的氧化剂燃烧表面积与总燃烧面积的比值。

根据假设②可得氧化剂分解速度为

$$u_{mo} = A_o \exp\left(-\frac{E_o}{RT_s}\right) \tag{6-79}$$

现在，求解质量燃速（u_m）的问题转化为确定表面温度（T_s）的问题。

根据燃烧表面上的能量守恒方程式，可导出表面温度 T_s 的方程式。燃烧表面上能量守恒方程的具体形式为

$$u_m c(T_s - T_i) = u_{mo}\left(\frac{S_o}{S}\right)Q_o + u_{mf}\left(\frac{S_f}{S}\right)Q_f + u_m Y_\beta Q_{pf}\exp(-\zeta_{pf}) +$$
$$u_{mo}(1-Y_\beta)(S_o/S)\left[Q_{AP}\exp(-\zeta_{AP}) + Q_{ff}\exp(-\zeta_{ff})\right] \tag{6-80}$$

式中，Q_o，Q_f 分别为单位质量氧化剂、黏结剂在表面上的净放热量，J/g；Q_{pf}，Q_{AP} 分别为初始扩散火焰、AP 火焰放热，J/g；Y_β 为分配到初始扩散火焰中氧化性反应物的质量分数；ζ_{AP}，ζ_{pf}，ζ_{ff} 分别为 AP 火焰、初始扩散火焰与终扩散火焰的无量纲距离。

用 $u_m c$ 遍除式（6-80）两端，并引用式（6-75）得

$$T_s = T_i + Y_\alpha\,\frac{Q_o}{c} + (1-Y_\alpha)\,\frac{Q_f}{c} + (1-Y_\beta)Y_\alpha \times$$
$$\left[\frac{Q_{AP}}{c}\exp(-\zeta_{AP}) + \frac{Q_{ff}}{c}\exp(-\zeta_{ff})\right] + Y_\beta\,\frac{Q_{pf}}{c}\exp(-\zeta_{pf}) \tag{6-81}$$

式（6-80）或式（6-81）中的三个无量纲火焰距离，根据双基推进剂燃烧规律一节的分析与推导，分别为

$$\left. \begin{array}{l} \zeta_{AP} = \dfrac{c_p u_{mo}}{\lambda} x_{AP} \\[2mm] \zeta_{pf} = c_p u_m (x_{pd} + x_{pf})/\lambda \\[2mm] \zeta_{ff} = c_p u_{mo} (x_{AP} + x_d)/\lambda \end{array} \right\} \qquad (6-82)$$

式中，x_{AP}，x_{pf} 分别为 AP 火焰、终火焰动力学距离；x_{pd}，x_d 分别为初火焰、终火焰的扩散距离。

由式(6-75)、式(6-79)、式(6-81)和式(6-82)可知，现在仅有三个气相火焰的放热 Q_{AP}，Q_{pf} 和 Q_{ff} 是未知的。如假设燃烧过程为绝热的，根据能量守恒方程得到

$$Q_{AP} = c_p (T_{AP} - T_i) - Q_o \qquad (6-83)$$

式中，T_{AP} 为 AP 单元推进剂火焰温度($\approx 1\ 400$ K)。

$$Q_{pf} = c_p (T_f - T_i) - Y_\alpha Q_o - (1 - Y_\alpha) Q_f \qquad (6-84)$$

式中，T_f 为推进剂火焰温度。

$$Q_{ff} = \frac{c_p}{Y_\alpha} \left[(T_f - T_i) - Y_\alpha (T_{AP} - T_i) - \frac{1 - Y_\alpha}{c_p} Q_f \right] \qquad (6-85)$$

现在，就可以根据式(6-82)~式(6-85)所确定的参数 ζ_{AP}，ζ_{pf}，ζ_{ff}，Q_{AP}，Q_{pf}，Q_{ff}，由式(6-75)、式(6-79)和式(6-81)求得推进剂质量燃速，以此作为压力的函数。

目前一般认为，BDP 模型既考虑了推进剂燃烧表面的微观结构及气相反应中扩散和化学反应两个过程，又考虑了气相反应热和凝聚相反应热的作用，并特别强调凝聚相反应的重要性，这些已被许多现代实验所证实，因此比先前的一些模型较为完善。该模型理论计算结果与实验数据符合较好，因而受到人们的普遍重视并被推广应用于 AP，HMX，RDX 等单元推进剂、双基推进剂和硝胺推进剂。BDP 模型也有一定的局限性，如只描述了较低压力下 AP 晶粒凸出在燃烧表面上的情况；推导燃速公式时采用了一维模型；模型仅适用于无燃速催化剂和仅有一种粒径的球性氧化剂的推进剂，等。

6.7　AP/HTPB 复合推进剂一维稳态燃烧的数值模拟

从宏观角度看，AP/HTPB 复合推进剂在燃烧过程中，其燃烧表面也是按照平行层方式退移的。根据 AP/HTPB 复合推进剂中氧化剂与黏结剂配比关系，对 AP/HTPB 复合推进剂的热物理属性(如密度、比热容、导热系数等)进行某种加权平均，实现复合推进剂的均质化处理，然后可采用一维模型研究 AP/HTPB 复合推进剂的燃烧特性。

6.7.1　物理模型

对 AP/HTPB 复合推进剂进行均质化处理后，可采用如图 6-16 所示的一维模型描述。将坐标系固定在燃烧表面上，也就是说坐标原点始终保持在燃烧表面上，坐标系随着燃烧表面退移而移动。为便于分析，通常忽略次要因素，采用如下简化假设：

① 未反应的推进剂是均质、各向同性的致密材料，且推进剂的密度、比热容和导热系数均为常数；

② 推进剂热分解反应集中在燃烧表面上，反应为零级反应，反应速率遵循阿累尼乌斯定律，且推进剂的热分解速率决定燃速；

③ 采用一种基于 BDP 多火焰模型的两步总包反应机理描述气相燃烧；

④ 气相压力在空间上为均匀分布；

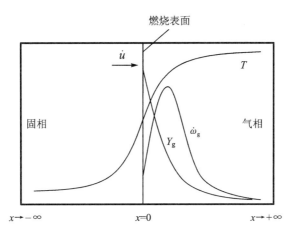

图 6 - 16　AP/HTPB 复合推进剂一维燃烧模型

⑤ 将燃烧产物视为理想气体,各组分的路易斯数 Le 均为 1,但具有随温度变化的热物理属性;

⑥ 只考虑气相对燃烧表面的热传导作用,忽略热辐射。

6.7.2　数学模型

(1) 反应机理

采用零阶表面反应机理描述均质化处理后的 AP/HTPB 复合推进剂在燃烧表面的分解,固相向气相转化的质量流率由阿累尼乌斯定律决定,即

$$\dot{m} = \rho_c A_c \exp\left(-\frac{E_c}{RT_s}\right) \tag{6-86}$$

式中,ρ_c 为 AP/HTPB 推进剂的平均密度;A_c 为分解速率常数;E_c 为分解活化能;R 为通用气体常数;T_s 为燃面温度。

采用两步总包反应机理,分别描述 AP 分解火焰和 AP 分解产物与 HTPB 分解气体反应形成的扩散火焰。两步总包反应式为

$$\overbrace{NH_4ClO_4}^{\widetilde{X}} \rightarrow \overbrace{O_2 + H_2O + HCl + N_2}^{\widetilde{Z}}$$

$$\overbrace{HC}^{\widetilde{Y}} + \overbrace{O_2 + H_2O + HCl + N_2}^{\widetilde{Z}} \rightarrow \overbrace{CO_2 + H_2O + HCl + N_2}^{\widetilde{FP}}$$

将 AP 表面反应产生的氧化性气体视为物质 $\widetilde{X}$,其分解产生的所有物质视为一种混合物 $\widetilde{Z}$,然后 HTPB 的热分解气体 $\widetilde{Y}$ 与中间产物 $\widetilde{Z}$ 反应,生成最终产物(FP)。当推进剂中 AP/HTPB 含量不同时,燃烧反应具有不同的计量比,基于质量的反应动力学可得

$$\widetilde{X} \xrightarrow{R_1} \widetilde{Z}(\widetilde{R}_1)$$

$$\widetilde{Y} + \beta\widetilde{Z} \xrightarrow{R_2} FP(\widetilde{R}_2)$$

反应速率 R_1 和 R_2 是依赖于压力的,具有如下形式

$$R_1 = D_1 p^{n_1} X \exp\left(-\frac{E_1}{RT_g}\right) \tag{6-87}$$

$$R_2 = D_2 p^{n_2} YZ \exp\left(-\frac{E_2}{RT_g}\right) \tag{6-88}$$

式中,p 为气相压力;T_g 为气相场中各点的温度;D_1,D_2 为化学反应速率常数;n_1,n_2 为压力指数;E_1,E_2 为反应活化能;X,Y,Z 分别为物质 $\widetilde{X}$,$\widetilde{Y}$,$\widetilde{Z}$ 的质量分数;β 为 AP 与 HTPB 的质量当量比。设 AP 的体积分数为 α,AP 和 HTPB 的密度分别为 ρ_{AP} 和 ρ_B,则

$$\beta = \frac{\rho_{AP}\alpha}{\rho_B(1-\alpha)} \tag{6-89}$$

$$\rho_c = \rho_{AP}\alpha + \rho_B(1-\alpha) \tag{6-90}$$

（2）气相控制方程

气相控制方程包括质量、组分、能量守恒方程以及状态方程,即

$$\frac{\partial(\rho_g u_g)}{\partial x} = 0 \tag{6-91}$$

$$\left.\begin{array}{l}
\rho_g u_g \dfrac{\partial X}{\partial x} = \dfrac{\partial}{\partial x}\left(\dfrac{\lambda_g}{c_p}\dfrac{\partial X}{\partial x}\right) - R_1 \\[2mm]
\rho_g u_g \dfrac{\partial Y}{\partial x} = \dfrac{\partial}{\partial x}\left(\dfrac{\lambda_g}{c_p}\dfrac{\partial Y}{\partial x}\right) - R_2 \\[2mm]
\rho_g u_g \dfrac{\partial Z}{\partial x} = \dfrac{\partial}{\partial x}\left(\dfrac{\lambda_g}{c_p}\dfrac{\partial Z}{\partial x}\right) + R_1 - \beta R_2
\end{array}\right\} \tag{6-92}$$

$$\rho_g c_p u_g \frac{\partial T}{\partial x} = \frac{\partial}{\partial x}\left(\lambda_g \frac{\partial Y_i}{\partial x}\right) + Q_{g1}R_1 + Q_{g2}R_2 \tag{6-93}$$

$$p = \frac{\rho_g R T}{M} \tag{6-94}$$

式中,ρ_g,u_g,λ_g,c_p 和 M 分别为气体密度、速度、导热系数、比定压热容和摩尔质量,其中 $\lambda_g = 1.08\times10^{-4}T + 0.0133(\text{W} \cdot \text{m}^{-1} \cdot \text{K}^{-1})$。

（3）固相能量方程

固相能量方程为

$$\frac{\lambda_c}{\rho_c c}\frac{\partial^2 T}{\partial x^2} - u\frac{\partial T}{\partial x} = 0 \tag{6-95}$$

式中,c 和 λ_c 分别为推进剂的平均比热容和平均导热系数。设 AP 和 HTPB 的固相比热容分别为 c_{AP} 和 c_B,导热系数分别为 λ_{AP} 和 λ_B,平均化处理结果为

$$c = \frac{\beta}{1+\beta}c_{AP} + \frac{1}{1+\beta}c_B \tag{6-96}$$

$$\lambda_c = \lambda_{AP}\alpha + \lambda_B(1-\alpha) \tag{6-97}$$

燃速 u 的形式为

$$u = \frac{\dot{m}}{\rho_c} = A_c \exp\left(-\frac{E_c}{RT_s}\right) \tag{6-98}$$

（4）燃烧表面耦合关系

燃烧表面耦合关系包括温度连续性方程以及质量通量、能量通量、组分通量平衡关系,即

$$T\big|_{0+} = T\big|_{0-} \tag{6-99}$$

$$\rho_g(u_g + u) = \rho_c u \tag{6-100}$$

$$\lambda_g \frac{\partial T}{\partial x}\bigg|_{0+} = \lambda_c \frac{\partial T}{\partial x}\bigg|_{0-} - \rho_c u Q_c \tag{6-101}$$

$$\rho_g(u_g + u)Y_i\big|_{0+} - \lambda_g/c_p \frac{\partial Y_i}{\partial x}\bigg|_{0+} = \rho_c u Y_i\big|_0 \tag{6-102}$$

式中,下标"0+"代表气相侧,"0－"代表固相侧,"0"代表燃烧表面处。

(5) 其他边界条件

其他边界条件包括气相和固相的远场边界,即

$$\frac{\partial T}{\partial x}\bigg|_{+\infty} = \frac{\partial Y_i}{\partial x}\bigg|_{+\infty} = 0 \tag{6-103}$$

$$T\big|_{-\infty} = T_{-\infty} \tag{6-104}$$

式中,下标"$+\infty$"代表气相远场,"$-\infty$"代表固相远场。

6.7.3　数值模拟结果与分析

为了验证本节所建立的 AP/HTPB 复合推进剂一维稳态燃烧模型,采用文献中的某型 AP/HTPB 复合推进剂为研究对象,AP 粒径为 110 μm,质量分数为 80%,则 AP/HTPB 质量当量比 $\beta = 4.0$。计算所需的化学反应动力学参数、固相和气相的主要计算参数分别如表 6-11 和表 6-12 所列。

在燃面两侧各取 500 μm,以保证气相和固相热/流场充分发展。在进行网格无关性检验后,确定的网格划分方法为:在气相区和固相区分别等比例划分 200 个网格单元,伸缩比为 1.02。

采用有限体积法对上述数学模型进行数值计算。密度、动量、能量和组分方程的离散采用一阶迎风格式,压力-速度的耦合采用 SIMPLE 格式,梯度的计算采用基于单元体的格林-高斯(cell-based Green-Gauss)格式。

表 6-11　固相主要计算参数

物理量	数　值	单　位
A	263.6	m/s
E/R	9 792.5	K
Q_c	-4.186×10^5	J/kg
λ_{AP}	0.405	W/(m·K)
λ_B	0.276	W/(m·K)
ρ_{AP}	1 950	kg/m³
ρ_B	920	kg/m³
$T_{-\infty}$	300	K

表 6-12　气相主要计算参数

物理量	数　值	单　位
c_p	1 255.7	J/(kg·K)
D_1	1.372×10^7	kg/(m³·s·bar^{n_1})
D_2	1.55×10^7	kg/(m³·s·bar^{n_2})
E_1/R	8 000	K
E_2/R	11 000	K
$Q_{g,1}$	1.152×10^6	J/kg
$Q_{g,2}$	8.941×10^6	J/kg
n_1	1.7	—
n_2	1.7	—
R	8.314	J/(mol·K)
M	0.034	kg/mol

采用 AP/HTPB 复合推进剂一维稳态燃烧模型计算得到的燃速与压力的关系如图 6-17 所示。由图可见,计算结果与文献的实验结果基本吻合,说明采用简化的一维稳态模型研究 AP/HTPB 复合推进剂燃烧问题具有一定的可行性。

不同压力下气相区的温度分布如图 6-18 所示。可以看出,AP/HTPB 复合推进剂最终火焰(即扩散火焰)温度超过 2 800 K,且压力越高,气相温度上升得越快,最终火焰距离燃烧表面越近。因此,来自气相火焰的热反馈作用增强,燃烧表面温度升高,进而提高了 AP/HTPB 复合推进剂的燃速。

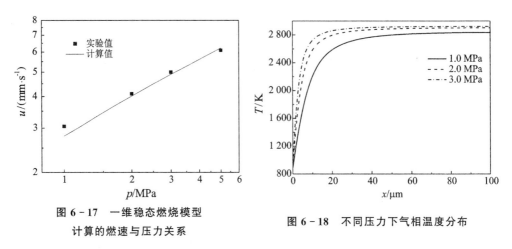

图 6-17　一维稳态燃烧模型
计算的燃速与压力关系

图 6-18　不同压力下气相温度分布

不同压力下燃烧表面上方气体产物 $\tilde{X}$,$\tilde{Y}$,$\tilde{Z}$ 的质量分数 X,Y,Z 分布如图 6-19~图 6-21 所示。可以看出,组分 $\tilde{X}$ 和 $\tilde{Y}$ 的质量分数分布规律类似,均是由于在燃烧表面被消耗而迅速减小;而组分 $\tilde{Z}$ 既为 $\tilde{X}$ 的分解产物,在距离燃烧表面较近处生成,同时又与 $\tilde{Y}$ 反应,在距离燃烧表面较远处消耗,因此,组分 $\tilde{Z}$ 的质量分数沿远离燃烧表面的方向先增大再减小。还可以看出,压力越高,气相反应区越贴近燃烧表面。如 $p=1.0$ MPa 时,组分 $\tilde{X}$ 在燃烧表面上方大约 15 μm 内被大量消耗,而 $p=3.0$ MPa 时,在燃烧表面上方大约 5 μm 内其质量分数就接近于零。

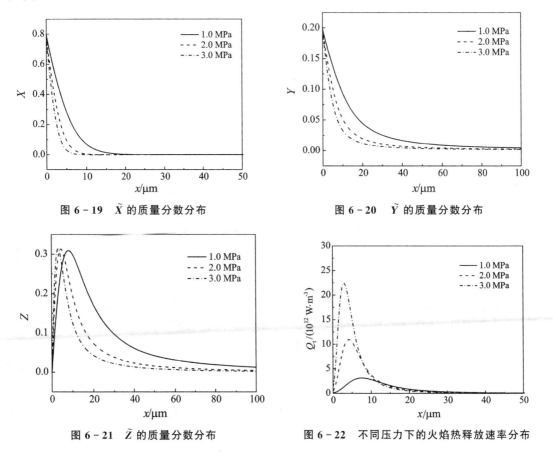

图 6-19　$\tilde{X}$ 的质量分数分布

图 6-20　$\tilde{Y}$ 的质量分数分布

图 6-21　$\tilde{Z}$ 的质量分数分布

图 6-22　不同压力下的火焰热释放速率分布

热释放速率等于反应速率与反应热的乘积,将两步气相反应总的热释放速率定义为火焰热释放速率,即 $Q_t = Q_{g_1} R_1 + Q_{g_2} R_2$,不同压力下的火焰热释放速率如图 6 – 22 所示。从图中可以看出,随着压力升高,火焰热释放速率升高,并且其最高点到燃烧表面的距离减小,这两种因素的共同作用使得火焰对燃烧表面的热反馈增强,最终导致推进剂的燃速增大。

6.8　AP/HTPB 复合推进剂二维稳态燃烧的数值模拟

本节采用二维热传导模型描述复合推进剂不同成分之间的传热过程,对气相采用理想气体假设,采用基于 BDP 多层火焰模型的简化化学反应动力学模型描述燃烧过程,通过求解完整的 N – S 方程组,重点分析在不同环境压力下,AP/HTPB 复合推进剂的微尺度燃烧与流动特性。

6.8.1　物理模型

AP/HTPB 复合固体推进剂二维周期性三明治结构燃烧模型如图 6 – 23 所示,氧化剂位于燃面下方 $|x| \leqslant \alpha L$ 区域,黏结剂位于燃面下方 $\alpha L < |x| \leqslant L$ 区域,相当于两层 HTPB 包夹一层 AP,即所谓的"三明治"结构。根据 AP/HTPB 复合推进剂微尺度燃烧的特点,采用如下简化假设:

① 仅考虑推进剂中的 AP 氧化剂与 HTPB 黏结剂,将它们当作两种独立的组元,且具有不同的定常热物理属性;

② 固相内部不发生反应,固相分解转化为气相的相变过程发生在靠近燃烧表面的一个极薄层内;

③ 采用阿累尼乌斯定律描述固相热分解,采用基于 BDP 多火焰模型的两步总包反应机理描述气相燃烧与火焰结构;

④ 在微尺度上,认为在整个气相空间内压力为均匀分布;

⑤ 燃气为理想气体,且气相各组分的 Le 数均为 1,但它们的热物理属性是随温度变化的;

⑥ 通过燃面处质量、能量通量平衡以及温度连续性关系处理气相与固相之间的耦合;

⑦ AP/HTPB 交界面作为内部界面处理;

⑧ 仅考虑气相对燃烧表面的热传导作用,忽略热辐射。

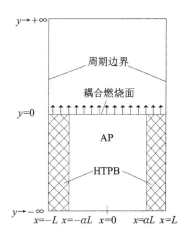

图 6 – 23　AP/HTPB 复合推进剂
二维燃烧模型

6.8.2　数学模型

(1) 化学反应机理

首先利用零阶表面反应机理描述推进剂在燃烧表面的相变过程,AP 和 HTPB 的热分解是相互独立的,即

$$AP(s) \xrightarrow{Q_{c,AP}} NH_4ClO_4(g)$$

$$HTPB(s) \xrightarrow{Q_{c,B}} HC(g)$$

气化速率分别为

$$u_{m,AP} = \rho_{AP} A_{AP} \exp\left(-\frac{E_{AP}}{R T_{AP,s}}\right) \tag{6-105}$$

$$u_{m,B} = \rho_B A_B \exp\left(-\frac{E_B}{R T_{B,s}}\right) \tag{6-106}$$

式中,$Q_{c,AP}$,$Q_{c,B}$ 分别为 AP 和 HTPB 的相变热;ρ_{AP},ρ_B 分别为 AP 和 HTPB 的密度;A_{AP},A_B 为分解速率常数;E_{AP},E_B 为分解活化能;$T_{AP,s}$,$T_{B,s}$ 分别为 AP 和 HTPB 燃面温度;R 为通用气体常数。

气相化学反应机理与 6.7.2 节相同,此处不再赘述。

(2) 气相控制方程组

质量守恒方程

$$\frac{\partial \rho_g}{\partial t} + \boldsymbol{\nabla} \cdot (\rho_g \boldsymbol{v}) = 0 \tag{6-107}$$

动量守恒方程

$$\left.\begin{aligned}
\rho_g \frac{D v_x}{D t} &= -\frac{\partial p}{\partial x} + \frac{\partial}{\partial x}\left(2\eta_g \frac{\partial v_x}{\partial x} - \frac{2}{3}\eta_g \boldsymbol{\nabla} \cdot \boldsymbol{v}\right) + \frac{\partial}{\partial y}\left[\eta_g\left(\frac{\partial v_x}{\partial y} + \frac{\partial v_y}{\partial x}\right)\right] \\
\rho_g \frac{D v_y}{D t} &= -\frac{\partial p}{\partial y} + \frac{\partial}{\partial y}\left(2\eta_g \frac{\partial v_y}{\partial y} - \frac{2}{3}\eta_g \boldsymbol{\nabla} \cdot \boldsymbol{v}\right) + \frac{\partial}{\partial x}\left[\eta_g\left(\frac{\partial v_x}{\partial y} + \frac{\partial v_y}{\partial x}\right)\right]
\end{aligned}\right\} \tag{6-108}$$

组分守恒方程

$$\left.\begin{aligned}
\rho_g \frac{DX}{Dt} &= \boldsymbol{\nabla} \cdot \left(\frac{\lambda_g}{c_p} \boldsymbol{\nabla} X\right) - R_1 \\
\rho_g \frac{DY}{Dt} &= \boldsymbol{\nabla} \cdot \left(\frac{\lambda_g}{c_p} \boldsymbol{\nabla} Y\right) - R_2 \\
\rho_g \frac{DZ}{Dt} &= \boldsymbol{\nabla} \cdot \left(\frac{\lambda_g}{c_p} \boldsymbol{\nabla} Z\right) + R_1 - \beta R_2
\end{aligned}\right\} \tag{6-109}$$

能量守恒方程

$$\rho_g \frac{DT}{Dt} = \boldsymbol{\nabla} \cdot \left(\frac{\lambda_g}{c_p} \boldsymbol{\nabla} T\right) + \frac{Q_{g1}R_1 + Q_{g2}R_2}{c_p} \tag{6-110}$$

状态方程

$$p = \frac{\rho_g R T}{M} \tag{6-111}$$

式中,$\boldsymbol{v} = (v_1, v_2) = (v_x, v_y)$,$v_x$ 和 v_y 分别为 x 方向和 y 方向的气体速度分量;ρ_g,η_g,λ_g,c_p 和 M 分别为气体密度、动力黏度、导热系数、比定压容和气体摩尔质量,其中 $\lambda_g = 1.08 \times 10^{-4} T + 0.0133 (\text{W} \cdot \text{m}^{-1} \cdot \text{K}^{-1})$,$\eta_g = Pr\lambda_g/c_p$;$R_1$ 和 R_2 分别为两步反应的反应速率,Q_{g1} 和 Q_{g2} 分别为相应的反应热。

(3) 固相能量方程

固相能量方程为

$$\rho_c c \frac{\partial T}{\partial t} = \lambda_c \boldsymbol{\nabla}^2 T \tag{6-112}$$

式中,$\boldsymbol{\nabla}^2 T = \partial^2 T/\partial x^2 + \partial^2 T/\partial y^2$;$\rho_c$,$c$ 和 λ_c 分别为 AP 和 HTPB 的密度、比热容和导热系

数,其中

$$\rho_c = \begin{cases} \rho_{AP}, \\ \rho_B \end{cases} \qquad c = \begin{cases} c_{AP}, \\ c_B \end{cases} \qquad \lambda_c = \begin{cases} \lambda_{AP}, & |x| \leqslant \alpha L \\ \lambda_B, & \alpha L < |x| \leqslant L \end{cases} \qquad (6-113)$$

式中,L 为 AP/HTPB"三明治"模型半宽度。

对于稳态过程,式(6-107)~式(6-110)以及式(6-112)中时间的偏导项为零。

(4) 燃面耦合关系

燃面温度连续性

$$T\big|_{0+} = T\big|_{0-} \qquad (6-114)$$

燃面质量通量平衡

$$\rho_g \boldsymbol{v} \cdot \boldsymbol{n} = \rho_c u \qquad (6-115)$$

式中,$\boldsymbol{n}$ 为燃面的单位法向量;AP 和 HTPB 燃面退移速率分别为

$$u = \begin{cases} u_{AP} = u_{m,AP}/\rho_{AP} = A_{AP}\exp(-E_{AP}/RT_{AP,s}), & |x| < \alpha L \\ u_B = u_{m,B}/\rho_B = A_B\exp(-E_B/RT_{B,s}), & \alpha L \leqslant |x| \leqslant L \end{cases} \qquad (6-116)$$

燃面能量通量平衡,即

$$\lambda_g \frac{\partial T}{\partial x}\bigg|_{0+} = \lambda_c \frac{\partial T}{\partial x}\bigg|_{0-} - \rho_c u Q_c \qquad (6-117)$$

式中,Q_c 为 AP/HTPB 固相的相变热。

(5) 边界条件

气相远场

$$\frac{\partial T}{\partial x}\bigg|_{+\infty} = \frac{\partial Y_i}{\partial y}\bigg|_{+\infty} = 0, \qquad Y_i = X, Y, Z \qquad (6-118)$$

固相远场

$$T\big|_{-\infty} = T_{-\infty} \qquad (6-119)$$

气固交界面组分分布

$$\begin{cases} X=1, Y=0, Z=0, & |x| \leqslant \alpha L \\ X=0, Y=1, Z=0, & \alpha L < |x| \leqslant L \end{cases} \qquad (6-120)$$

周期性边界

$$\begin{cases} v_x\big|_{x=0,\pm L} = 0 \\ \dfrac{\partial F}{\partial x}\bigg|_{x=0,\pm L} = 0, & F = v_y, T, X, Y, Z \end{cases} \qquad (6-121)$$

6.8.3　网格划分与求解参数设置

文献报道了若干种 AP/HTPB 推进剂在 $0.5 \sim 7.0$ MPa 范围内的燃速数据,本小节以其中某型 AP/HTPB 推进剂为研究对象,AP 粒径为 $110~\mu m$,质量分数为 80%,则 AP/HTPB 质量当量比 $\beta = 4.0$,AP 的体积分数为 $\alpha = 0.655$,模型计算宽度 $2L = 170~\mu m$,由于模型沿 x 方向具有对称性,取半宽度 $L = 85~\mu m$,气固两相计算域高度均为 $H = 500~\mu m$。在经过网格无关性检验后,确定的计算网格为:在 x 方向均匀划分 200 个单元,在 y 方向的气相区和固相区分别等比例划分 200 个单元,伸缩比为 1.02。气相计算参数同上节的表 6-12 所列,固相主要计算参数见表 6-13。

表 6-13　固相主要计算参数

物　理　量	数　　值	单　　位
A_{AP}	1.45×10^3	m/s
A_B	10.36	m/s
E_{AP}/R	11 000	K
E_B/R	7 500	K
$Q_{c,AP}$	-4.186×10^5	J/kg
$Q_{c,B}$	-1.967×10^5	J/kg
λ_{AP}	0.405	W/(m·K)
λ_B	0.276	W/(m·K)
ρ_{AP}	1 950	kg/m³
ρ_B	920	kg/m³
$T_{-\infty}$	300	K

采用基于有限体积方法的计算流体力学(CFD)软件 FLUENT,选用压力基求解器,通过用户自定义标量(UDS)引入三种组分,通过用户自定义函数(UDF)引入各方程的源项。压力-速度的耦合采用 SIMPLE 格式,密度、动量、能量和组分方程的离散采用二阶迎风格式,梯度的离散采用 Least Squares Cell Based 格式。

6.8.4　数值模拟结果与分析

(1) 燃烧场温度分布特性

图 6-24 所示为不同环境压力下燃面上方部分气相区域的温度分布。燃烧火焰在低压与高压下呈现出不同的结构特征,本质在于化学反应过程与扩散过程之间的竞争,速率较慢的一方为燃烧的控制因素。当压力较低时(如 0.2 MPa),化学反应速率较慢,所需时间较长,而气相组分的扩散过程相对较快。在化学反应完成之前,黏结剂气体和 AP 分解产物有足够的时间充分混合均匀。因此,整个燃面上方气相温度分布均匀,且火焰温度较低,火焰总体上呈预混结构,如图 6-24(a)所示。当压力升高时(如 0.5 MPa),化学反应速率增加很快,而扩散过程速率变化相对较小。相比之下,两个过程对气相燃烧反应都有相当的影响,此时燃烧受化学反应动力学和扩散过程的共同作用。如图 6-24(b)所示,火焰结构呈预混-扩散特征。当压力进一步升高时(如 1.0 MPa 及以上),化学反应速率急剧升高,而扩散速率变得相对较慢,扩散过程成为燃烧的控制因素。如图 6-24(c)~图 6-24(f)所示,火焰呈现出典型的扩散特征,并且压力越高,扩散火焰结构越明显。综上所述,随着压力升高,燃烧火焰结构由预混型逐渐发展为扩散型,与文献的实验结果定性吻合。

图 6-25 所示为不同压力下燃面的温度分布。可以看出,在低压下(如 0.2 MPa),HTPB 燃面温度高于 AP,并且最高温度点在 HTPB 中心。当压力升高时,整个燃面的温度升高,但压力较高时(如 1.0 MPa 及以上),HTPB 燃面温度分布受压力的影响较小,在 HTPB 燃面的大部分区域内变化很小。随着压力升高,燃面上的最高温度点趋近于 AP/HTPB 交界面,但始终偏向于 HTPB 一侧。

图 6-26 给出了当环境压力为 $p=2.0$ MPa 时,燃面上三个特征位置的纵向温度分布。在 AP 中心即 $x=0$ 处,受上方很近的 AP 火焰影响,气相温度先迅速升高到 AP 绝热火焰温度,然后以稍低的升温速率逐渐升高到终扩散火焰温度,最后缓慢下降并趋于远场温度。在 AP/HTPB 交界面即 $x=55$ μm 处,气相温度变化剧烈,从燃面温度 $T_s=960$ K 迅速升高到距

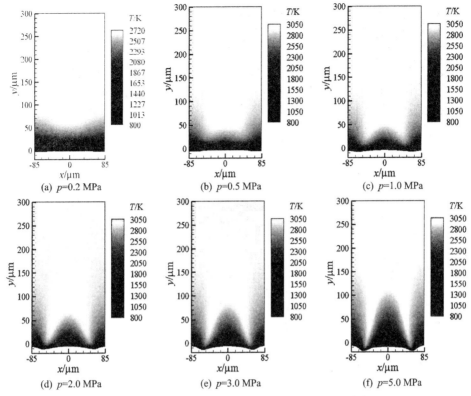

图 6-24 不同压力下气相场局部区域的温度分布

燃面约 25 μm 处的 2 400 K,随后缓慢上升,在大约 200 μm 处达到远场温度。

在 $x=85$ μm 处,温度上升速率比前两个特征位置都缓慢,因为该处距 AP 火焰和扩散火焰较远,受其影响较小。但通过缓慢上升,气相温度最终在大约 200 μm 处达到远场温度。

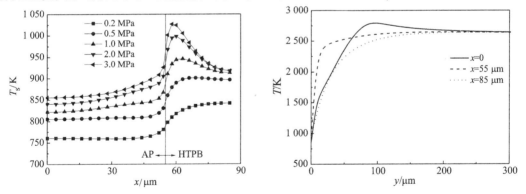

图 6-25 不同压力下燃面的温度分布

图 6-26 气相温度在燃面不同位置的纵向分布($p=2.0$ MPa)

(2)气相组分分布特性

图 6-27 和图 6-28 所示为不同压力下 AP 热解气体 $\tilde{X}$ 和黏合剂热解气体 $\tilde{Y}$ 的组分分布。由图 6-27(a)和图 6-27(b)可以看出,当压力较低时,AP 表面上方热解气体 $\tilde{X}$ 的分布区域较厚,并有部分气体向黏合剂上方扩散。由于化学反应速率随压力升高而迅速提高,AP 热解气体 $\tilde{X}$ 的消耗过程变得容易,因此,热解气体 $\tilde{X}$ 的分布区域随着压力升高而变得越来越薄,紧贴 AP 燃烧表面,如图 6-27(c)~图 6-27(f)所示。

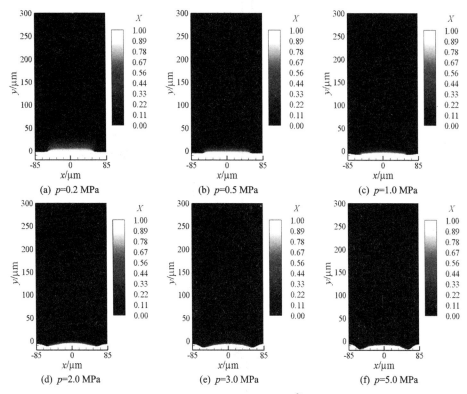

图 6 - 27 不同压力下 AP 热解气体 $\tilde{X}$ 的组分分布

由图 6 - 28(a)可以看出,当压力较低时(如 0.2 MPa),在整个燃烧表面上方较远处仍有少量未完全反应的黏合剂气体。随着压力升高,AP 上方分布的 $\tilde{Y}$ 组分逐渐减少,HTPB 上方 $\tilde{Y}$ 组分的分布区域变得越来越窄长,意味着其与 AP 分解产物 $\tilde{Z}$ 组分之间的扩散过程变得困难。

由于 $\tilde{Z}$ 组分既是 AP 分解反应 $\tilde{R}_1$ 的生成物,又是扩散反应 $\tilde{R}_2$ 的反应物,为了便于分析化学反应与扩散过程对燃烧的影响,图 6 - 29 给出了相应压力下的 $\tilde{Z}$ 组分分布。由图 6 - 29 (a)可以看出,当压力较低时,(如 $p=0.2$ MPa),在整个燃面上方都存在 $\tilde{Z}$ 组分,分布范围较大,从数值上看,$\tilde{Z}$ 组分的最大值只有 0.29,远小于其他几种压力下的最大值,这表明低压下 $\tilde{Z}$ 和 HTPB 分解气体 $\tilde{Y}$ 在反应前能够充分扩散混合。当压力升高时(如 $p=0.5$ MPa),化学反应动力学和扩散过程对燃烧的控制作用相当,$\tilde{Z}$ 组分的分布区域减小,HTPB 燃面上方大部分区域已较少出现,如图 6 - 29(b)所示。当压力较高时,扩散过程成为燃烧的控制因素。如图 6 - 29(c)~图 6 - 29(f)所示,在 AP 上方存留着大量的 $\tilde{Z}$ 组分,并且压力越高,$\tilde{Z}$ 组分的分布区域越大,换句话说,将 $\tilde{Z}$ 组分消耗完所需的空间和时间越多,意味着扩散混合越困难,间接说明高压下扩散过程对燃烧的控制作用比化学反应过程更强。

（3）火焰热释放速率及其对燃面的热反馈

图 6 - 30 所示为不同压力下 AP 火焰的热释放速率(定义为 $Q_1=Q_{g1}R_1$),实质上反映了 AP 火焰的特征。对比图 6 - 27 可以看出,AP 火焰的热释放速率与 $\tilde{X}$ 组分的分布轮廓十分相似,但根据式(6 - 87)可知,AP 火焰的热释放速率还取决于燃烧场的温度分布,因此,两者的分布规律又存在一些差异。由图 6 - 27(a)可以看出,AP 上方 $\tilde{X}$ 的质量分数沿＋y 方向是单

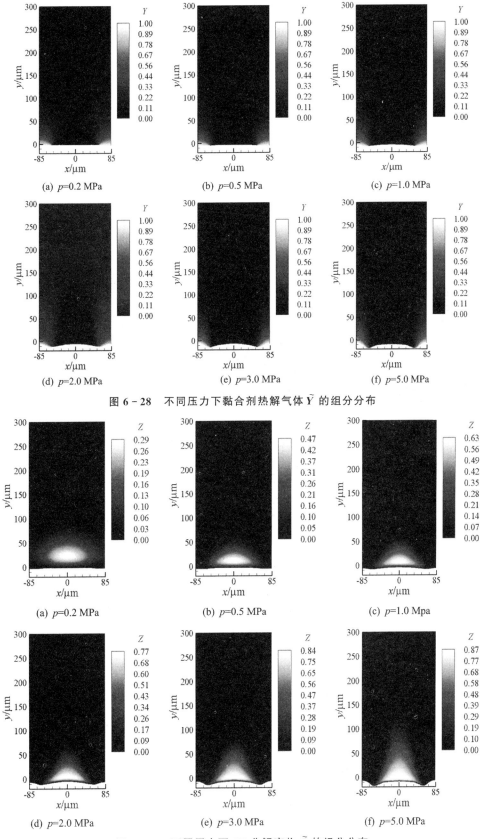

图 6 - 28　不同压力下黏合剂热解气体 $\tilde{Y}$ 的组分分布

图 6 - 29　不同压力下 AP 分解产物 $\tilde{Z}$ 的组分分布

调衰减的,但由于燃面上方的温度是逐渐升高的,越贴近燃面气相温度越低,因此,在燃面上方一定距离内(大约 25 μm),AP 火焰的热释放速率是先逐渐升高的;随着与燃面的距离进一步增加,尽管气相温度已达到稳定的高温状态,但 $\tilde{X}$ 组分逐渐转化为 $\tilde{Z}$ 组分,其质量分数迅速下降并最终趋于零,因此,AP 火焰的热释放速率在达到最大值后又逐渐降低,如图 6-30(a)所示。因此,在低压下 AP 火焰的热释放核心区集中在 AP 上方。随着压力升高,燃烧火焰呈现出越来越明显的扩散结构,而扩散火焰对 AP/HTPB 交界面具有较强的作用,使得交界点上方局部区域成为最靠近燃烧表面的高温区,进而影响 AP 火焰以及扩散火焰的热释放速率。由图 6-30(b)和图 6-30(c)可以看出,AP 火焰的热释放核心区随压力升高而被拉长,并具有分离成两个对称区域的趋势。当压力进一步升高至 $p=2.0$ MPa 时,AP 火焰的热释放核心区已被分离开来。压力越高,AP 火焰的热释放速率越快,并且核心区越集中在 AP/HTPB 交界点附近。除了两个交界点附近,AP 上方其他区域的火焰热释放速率还是比较均匀的。

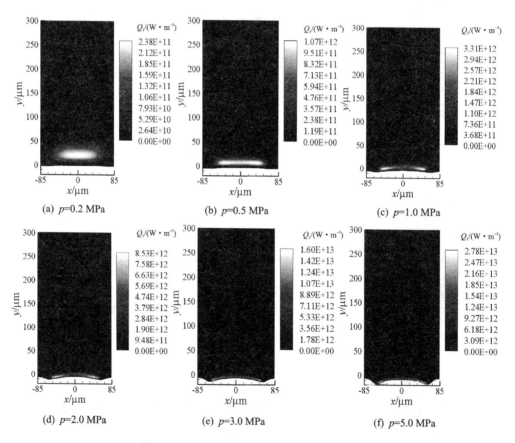

图 6-30　不同压力下的 AP 火焰热释放速率

图 6-31 所示为不同压力下扩散火焰的热释放速率(定义为 $Q_2=Q_{g2}R_2$),反映了扩散火焰的特征。根据式(6-88)可知,当压力一定时,扩散火焰的热释放速率受组分 $\tilde{Y}$、$\tilde{Z}$ 的质量分数 Y,Z 和气相温度 T_g 三者共同影响。当压力较低时,(如 $p=0.2$ MPa),扩散火焰的热释放速率在整个燃烧表面上方分布相对较为均匀,尤其是在 AP 上方形成一个宽大的核心区,这一点与 AP 火焰热释放速率的特征比较相似,间接说明了低压下扩散过程相对容易。当压力升高到 $p=0.5$ MPa 时,扩散火焰的热释放速率分布发生了明显变化,原先单一的宽大的核心区已分离成两个位于 AP/HTPB 交界点上方的较小的核心区;并且在 AP 中心上方,扩散火焰的分布

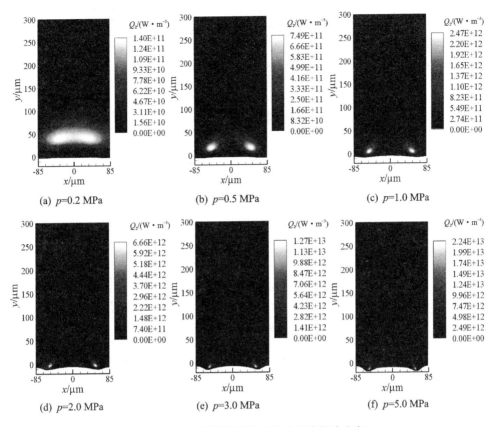

图 6-31　不同压力下的扩散火焰热释放速率

区域呈现出被拉伸的趋势。当压力升高到 $p=1.0$ MPa 时,可以清楚地看出,不但扩散火焰的核心区被分离了,燃面上方原本相连的扩散火焰也被分离成为两支扩散火焰了。而 $\tilde{Y}$ 和 $\tilde{Z}$ 两种组分之间的扩散主要是在扩散火焰分布区域内进行的,该区域的分布特征反映了扩散反应的特征。当压力进一步升高时,由图 6-31(d)～图 6-31(f)可以看出,距离燃面越远,两个扩散火焰分支靠得越近,其路径与 $\tilde{Z}$ 组分的轮廓很相似,这主要是受 $\tilde{Z}$ 组分分布的影响。并且压力越高,两个扩散火焰分支相距越远,如图 6-31(f)所示,当 $p=5.0$ MPa 时,两支扩散火焰接近并行分布,延伸到燃面上方较远处。

图 6-32 所示为不同压力下的总体火焰热释放速率(定义为 $Q_t=Q_{g1}R_1+Q_{g2}R_2$)。可以看出,总体火焰热释放速率随压力升高而增大。当压力较低时(如 $p=0.2$ MPa),化学反应速率较慢,预混火焰占优,在黏合剂上方形成合并的总体火焰,如图 6-32(a)所示。当压力升高至 $p=0.5$ MPa 时,火焰受化学反应和扩散共同控制,总体火焰核心集中在两侧的 AP/HTPB 交界点上方,且具有分离的趋势,如图 6-32(b)所示。当压力继续升高时,总体火焰核心分离,在 AP/HTPB 交界面上方形成两个扩散火焰分支,如图 6-32(c)～图 6-32(f)所示,并且压力越高,火焰核心越贴近燃烧表面,扩散火焰影响区域越远。

根据图 6-24 燃面上方的气相温度分布,可以获得不同压力下气相火焰对燃面的热反馈(此处用热流密度表征),如图 6-33 所示。可以看出,当压力较低时(如 $p=0.2$ MPa),由于燃烧火焰为预混占优,燃面上方附近的气相区域温度分布较为均匀,因此,火焰对燃面的热反馈也比较均匀。随着压力升高,火焰表现出越来越明显的扩散特征,对燃面的热反馈也逐渐加强。当压力较高时(如 $p=1.0$ MPa 及以上),火焰为扩散占优,交界面上方扩散火焰的热反馈

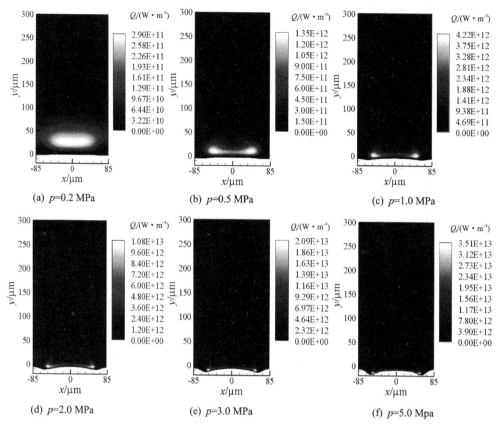

(a) p=0.2 MPa (b) p=0.5 MPa (c) p=1.0 MPa

(d) p=2.0 MPa (e) p=3.0 MPa (f) p=5.0 Mpa

图 6 - 32 不同压力下的总体火焰热释放速率

高于两侧远离交界面处的相应值。此外,与图 6 - 25 所示的燃面温度分布类似,热反馈最高点

随压力升高而逐渐向 AP/HTPB 交界面移动,但不同的是,燃面温度最高点始终偏向于 HT-PB 一侧,而热反馈最高点始终偏向于 AP 一侧,这是由火焰对燃面的热反馈和 AP/HTPB 不同的热物理性质共同决定的。

由于 AP 本身是一种单元推进剂,其燃烧过程受压力影响明显。随着压力升高,气相燃烧过程(包括化学反应和扩散混合)加速,AP 上方燃烧区厚度减小,AP 火焰与燃烧表面的平均距离减小,导致温度梯度增加。因此,AP 上方火焰的热反馈随压力升高得到明显的加强。而 HTPB 为高分子黏合剂,不能作为单元

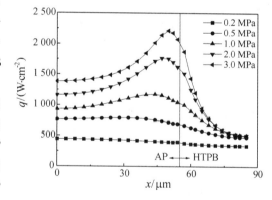

图 6 - 33 不同压力下火焰对燃面的热反馈

推进剂燃烧,其燃烧表面的热反馈来自于扩散火焰,因此,HTPB 中心附近区域的热反馈受压力影响较小。

(4) 燃速特性

不同压力下燃面各点的燃速如图 6 - 34 所示。尽管 AP 和 HTPB 燃面上温度具有连续性,但如果直接根据式(6 - 116)计算燃速,在 AP/HTPB 交界点处将发生间断,因此,有必要对 AP/HTPB 交界点附近的燃速进行适当修正,取 $u = u_{AP}{}^{\alpha} u_B{}^{1-\alpha}$。可以看出,燃面上的最高

燃速位于交界点附近,且随压力升高明显升高。当压力较低时(如 $p=0.2$ MPa),AP 的燃速低于 HTPB 燃速,但高压下(如 $p=2.0$ MPa 及以上)压力对 HTPB 中部燃速的影响不明显,而 AP 的燃速随压力升高逐渐升高,超过了 HTPB 的燃速。结合其他物理量分布云图可以看出,燃烧表面的轮廓特征为:低压下 HTPB 相对于 AP 凹陷,高压下 HTPB 相对于 AP 凸起,并且压力越高,凸起越明显。这与文献的实验观测结果一致。

根据图 6-34 对整个燃面上各点的燃速进行积分平均,可以得到 AP/HTPB 复合推进剂在不同压力下的平均燃速。

图 6-35 给出了平均燃速的计算结果与文献实验结果的比较,由图可见,两者吻合较好。

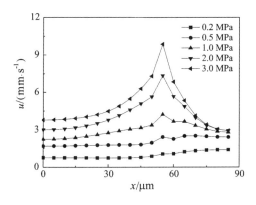

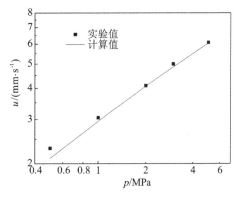

图 6-34　不同压力下的燃面燃速分布　　　　图 6-35　平均燃速计算结果与实验结果的比较

(5) 气相速度分布特性

图 6-36 给出了根据当前模型,通过求解完整的 N-S 方程组获得的 $p=2.0$ MPa 时燃面上方部分气相区域内的侧向速度 v_x、法向速度 v_y 及速度比 v_x/v_y 的分布特性。由图 6-36(a)可以看出,侧向速度 v_x 在 AP/HTPB 交界点附近局部区域内具有不同的方向(沿 x 正向为正,反向为负),且具有最大值;在图 6-36(b)中,交界点上方靠近 AP 侧的法向速度 v_y 比周围其他区域的法向速度大;而在远离燃烧表

面处,v_x 和 v_y 已充分发展,基本上都呈均一分布。形成上述现象的原因是气体组分在交界点附近发生较强的扩散反应,影响了燃面上方的气体流动。图 6-36(c)显示的速度比 v_x/v_y 表明,在距离燃烧表面较远处,侧向速度 v_x 相对于法向速度 v_y 很小;但在燃烧表面附近,尤其是

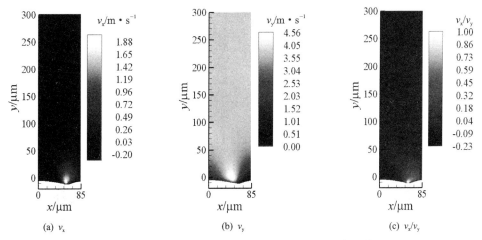

(a) v_x　　　　　　　　(b) v_y　　　　　　　　(c) v_x/v_y

图 6-36　$p=2.0$ MPa 下气相速度分量的分布特性

靠近交界点处,侧向速度 v_x 与法向速度 v_y 相差不大,速度比 v_x/v_y 的最大绝对值甚至达到 1.0,此时,侧向速度将对推进剂燃面上方的燃烧场与流场特性产生明显影响。因此,采用理想气体模型和求解完整的 N - S 方程的方法来研究复合推进剂的微尺度燃烧问题是十分必要的。

不同压力下燃气流速 $V\left(V=\sqrt{v_x^2+v_y^2}\right)$ 的分布特性如图 6 - 37 所示。压力对燃气流速的影响受以下两种因素的共同作用:①随着压力升高,燃面的温度与燃速升高,燃面质量通量将会增大,有利于燃气流速的提高;②压力升高的同时,燃气密度增大,可能引起燃气流速减小。

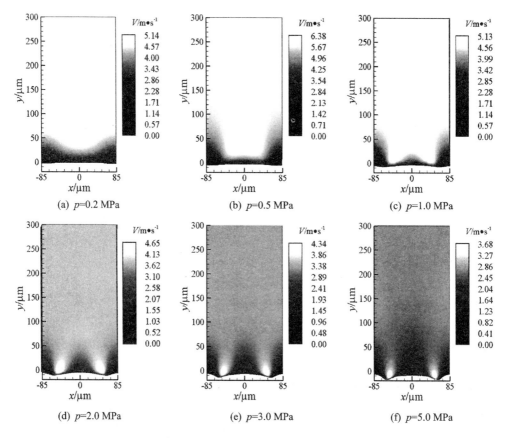

图 6 - 37　不同压力下的燃气流速分布

图 6 - 37 显示的结果表明,当压力低于 0.5 MPa 时,燃气的最大流速是随压力升高逐渐增大的;当压力高于 0.5 MPa 时,燃气的最大流速是随压力升高而减小的。

6.9　AP/HTPB 推进剂在亚大气压下稳态燃烧模型

本节针对亚大气条件下 AP/HTPB 的燃烧过程,建立了二维 BDP 微尺度数理模型,并进行数值模拟,通过对比不同 AP 含量和颗粒尺寸的 AP/HTPB 底排药剂的燃烧特性,获得了 AP 体积分数(0.76~0.88)和 AP 颗粒尺寸(半径为 40 μm,80 μm,120 μm)对 AP/HTPB 亚大气压下燃烧特性的影响规律。

6.9.1 物理模型

亚大气压下和高压下 AP/HTPB 燃烧有很大不同,纯 AP 无法自持燃烧时的压力均在 2 MPa 左右,而压力低于 0.01 MPa 时,AP/HTPB 仍可自持燃烧。在高压下可以单独反应的 AP,在亚大气压下,其分解气体必须与 HTPB 的分解气体反应,其放热量才足以维持燃烧。据此,做出以下假设:

① 亚大气压下,AP 和 HTPB 分解产生的气体(X 与 Y)之间的反应优先于其他气相反应;

② 不考虑固相的熔融,固相物性参数不变;

③ 燃气为理想气体混合物,物性参数随温度变化,Le 和 Pr 均为 1;

④ 利用阿累尼乌斯定律描述固相分解和气相反应;

⑤ 不考虑辐射影响。

本节主要针对 0.4 atm 压力下的 AP/HTPB 燃烧过程,进行亚大气压下的非稳态燃烧特性研究,数学模型与 AP/HTPB 推进剂二维非稳态燃烧的数学模型相同。

6.9.2 计算结果与分析

(1) AP 含量对燃烧特性的影响

图 6-38 所示为 0.4 atm 压力下 AP 半径为 80 μm、体积分数 α 为 0.76 时,三步反应的放热情况。可以看出,AP/HTPB 燃烧热量绝大部分是由第一步反应释放的,第一步反应放热对 AP/HTPB 燃烧影响占据主导地位,因此下面讨论内容的主要对象为第一步反应。

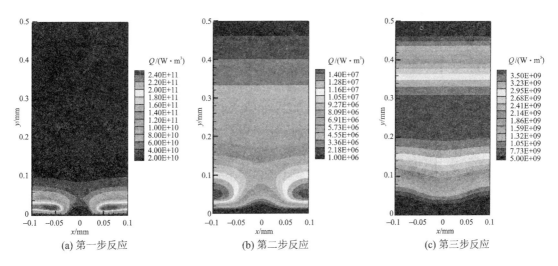

(a) 第一步反应   (b) 第二步反应   (c) 第三步反应

图 6-38 反应放热云图

在 AP 颗粒尺寸为 80 μm 时,对比 AP/HTPB 中 AP 体积分数 α 为 0.76(见图 6-39(a))和 0.86(见图 6-39(d))时的放热情况,可以看到,在 AP 体积分数为 0.86 时,由于 HTPB 含量较少,其分解产生的组分 Y 含量也较少,只在靠近 HTPB 区域组分 Y 浓度较高,因此反应的核心放热区面积较小。在 AP 体积分数为 0.76 时,由于 HTPB 含量增加,分解产生的组分 Y 含量增加,组分 Y 经过扩散,在较大的区域范围有较高浓度,放热核心区面积明显增加。图 6-40 所示为不同 AP 体积分数下 Y 组分浓度云图。

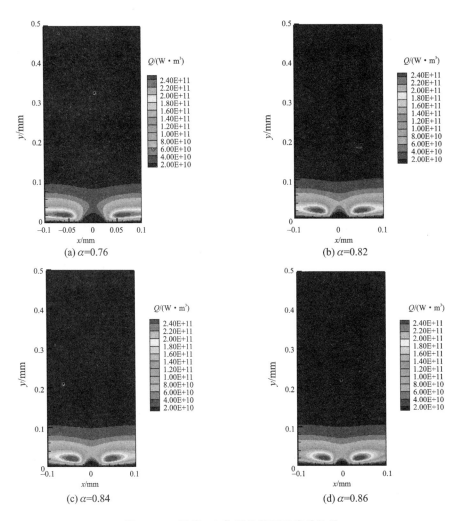

图 6 - 39 不同 AP 体积分数下反应放热量

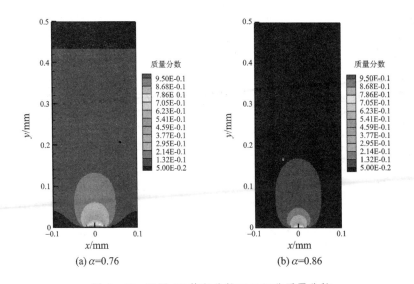

图 6 - 40 不同 AP 体积分数下 Y 组分质量分数

　　图 6-41 所示为 AP 颗粒和 HTPB 表面平均温度随 AP 含量变化的关系。可以看到,随着 AP 含量的提高,HTPB 表面平均温度呈上升趋势,而 AP 表面平均温度则呈现先升后降的趋势。由于纯 HTPB 无法燃烧,只有组分 Y 与组分 X,Z 反应时才能放热。组分 X,Y 的阿累尼乌斯反应阶数不同,因此反应热量的释放处于 HTPB 的两侧边缘位置。AP 含量较低时,HTPB 夹层宽度较宽,分布在 HTPB 两侧的火焰影响 HTPB 的范围有限。当 AP 含量上升,HTPB 夹层宽度变窄,火焰影响 HTPB 的范围比例变大,使 HTPB 的表面温度上升。对 AP 而言,由于反应放热主要在 AP 颗粒上方,综合三步反应放热率、放热面积影响,在 AP 体积分数为 0.84 时,AP 颗粒的表面平均温度最高。相较于 HTPB,尽管 AP 接受热反馈量较多,但由于 AP 分解的净吸热量相较于 HTPB 亦较多,所以燃面 AP 的平均温度要低于 HTPB。

　　利用体积分数加权平均,计算整个 AP/HTPB 的平均燃速。图 6-42 所示为 0.4 atm 压力下 AP 半径为 40 μm、80 μm 和 120 μm 的 AP/HTPB 燃面燃速随 AP 体积分数变化情况,可以看到,当 AP 半径为 80 μm,AP 体积分数为 0.84 时,AP/HTPB 燃速达到最大值,此时燃速为 0.754 mm/s。

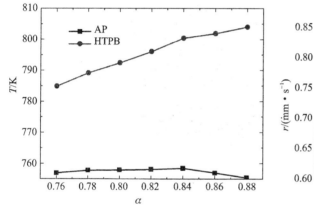

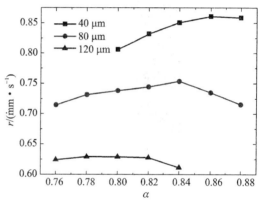

图 6-41　不同 AP 体积分数下表面温度　　　　图 6-42　不同 AP 体积分数下 AP/HTPB 燃速

　　通过分别计算 AP 和 HTPB 的燃速,可得到燃面形状的变化。图 6-43 所示为不同 AP 体积分数下,以 AP 为基准线,Δt 时间内 AP/HPTB 燃面形状的示意图。当 AP 含量降低,HTPB 凹陷程度将变平缓。

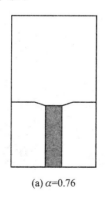

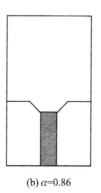

(a) $\alpha = 0.76$　　　　　　　　　　(b) $\alpha = 0.86$

图 6-43　不同 AP 体积分数下燃面形状示意图

（2）AP 颗粒尺寸对燃烧特性影响

在图 6-44 所示的 AP 含量范围内，AP 半径为 40 μm 时燃速最高。同一 AP 含量下，燃速随着 AP 颗粒半径的增加而降低。不同 AP 半径的 AP/HTPB 达到最高燃速时对应的 AP 含量不同。AP 半径为 40 μm 的 AP/HTPB 燃速最高点在 AP 含量为 0.86 处，AP 半径为 80 μm 的 AP/HTPB 燃速最高点在 0.84 处，AP 半径为 120 μm 的 AP/HTPB 燃速最高点在 0.78 处。

图 6-44 所示也是 AP 半径分别为 40 μm 和 120 μm，AP 含量为 0.82 时，在 0.4 atm 下的反应放热情况。对比图 6-44(a) 和图 6-44(b) 可知，AP 半径为 40 μm 时，核心放热区横贯整个 AP 颗粒的上方。AP 半径为 120 μm 时，核心放热区处于部分 AP 颗粒上方。这是由于 AP 颗粒小，Y 组分横向扩散更容易达到边界。图 6-45 所示为 Y 组分质量分数。由图 6-45 可以看到，AP 半径为 40 μm 时，靠近燃面处 Y 组分已横向扩散至边界，而 AP 半径为 120 μm，Y 组分在到达一定高度后才横向扩散至边界，而这个高度已超过了核心放热区所在高度，因此造成了两者核心放热区的差异，同时放热区的面积差异也导致 40 μm AP 颗粒表面受到气体反应放热的热反馈高于 120 μm AP 颗粒。

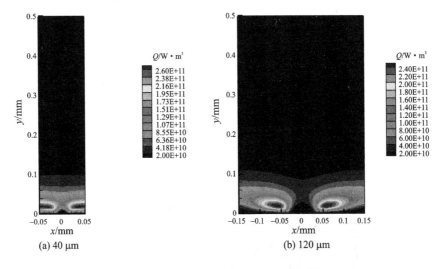

(a) 40 μm　　　　　　　　(b) 120 μm

图 6-44　不同 AP 半径下反应放热量

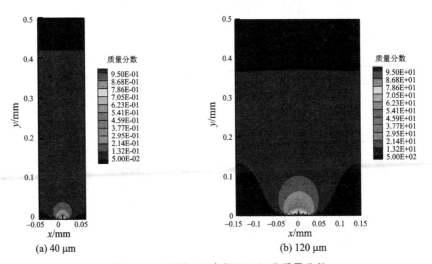

(a) 40 μm　　　　　　　　(b) 120 μm

图 6-45　不同 AP 半径下 Y 组分质量分数

习题与思考题

6-1　请结合固体推进剂的特征,说明它们在武器发射中的重要作用。

6-2　请简述双基推进剂和 AP 复合推进剂燃烧波各区所发生的主要物化现象。

6-3　固体推进剂受反应热加热后的温度是如何变化的? 请给出温度变化公式。

6-4　请简述热电偶法测定固体推进剂燃烧表面温度的方法。

6-5　什么是推进剂燃烧速度? 请给出两种表示方法。

6-6　请证明环境压力与推进剂燃速之间的关系,并给出推进剂稳定燃烧的临界条件。

6-7　试给出双基推进剂燃烧表面的能量平衡方程。

6-8　请说明 BDP 多层火焰燃烧模型的反应化学式,并给出该模型的适用范围。

6-9　AP/HTPB 推进剂燃烧表面的耦合关系包括了哪几种平衡关系? 请分别给出其平衡关系式。

6-10　低压和高压环境是如何影响 AP/HTPB 推进剂燃烧过程的? 结合燃烧场温度分布给出不同环境压力下控制燃烧的主要因素。

6-11　AP/HTPB 推进剂燃烧火焰对燃面的热反馈在不同环境压力下是如何变化的?

6-12　请查找资料列举几位我国在固体推进剂研制与燃烧领域代表性的专家,简述他们对国防事业的贡献。

第 7 章　固体推进剂非稳态燃烧特性及理论模型

【内容提要】

自 Ciepluch 首次系统开展固体推进剂降压熄火实验以来,国内外许多研究者对固体推进剂在快速降压条件下的非稳态燃烧特性进行了大量的实验和理论研究。固体推进剂的非稳态燃烧主要分为以下几个方面:点火和熄火过程;快速泄压条件下的瞬变燃烧;推力调节和推力终止;侵蚀燃烧;不稳定振荡燃烧;爆燃-爆轰转变以及其他一些非期望的过程(摩擦、冲击、静电、烤燃等)。在以上所有过程中,当进行非稳态燃烧分析时,都考虑燃烧过程中的特征时间尺度以及各时间尺度的相对大小。常考虑的时间尺度有:气相分子碰撞时间尺度、通过燃烧区的流动时间尺度、气相和固相热波的弛豫时间尺度,以及压力环境变化(增压、降压、声震动等)而导致的压力应变时间尺度。在解决实际非稳态燃烧问题的过程中,通常判断主要影响因素的时间尺度大小,然后作出合理的假设,以使问题简化,便于分析。为了建立正确的物理模型和确定合适的熄火准则,必须知道在熄火期间燃烧波中发生了哪些变化以及哪些区域是造成化学反应中止的主要原因。本章侧重介绍复合固体推进剂 AP/HTPB 在快速降压和旋转条件下的非稳态燃烧特性以及相关的理论模型。

【本章学习要求】

通过本章的学习,应熟悉并掌握以下主要内容:

(1) 固体推进剂非稳态燃烧的实验技术;

(2) 固体推进剂的四种非稳态行为及各自的典型特征;

(3) 固体推进剂一维和二维非稳态燃烧模型及反应动力学机理;

(4) 瞬态降压条件下,固体推进剂的非稳态燃烧机理及热交换模式;

(5) 降压条件对固体推进剂燃烧特性的影响机制;

(6) 瞬态降压条件下,固体推进剂熄火模型及临界条件;

(7) 固体推进剂在降压过程中的熄火特性。

7.1　固体推进剂非稳态燃烧实验装置

带有双透明观察窗的可视半密闭爆发器实验装置及测试系统如图 7-1 所示,其主要功能是可以开展固体推进剂等含能材料的非稳态燃烧特性的实验研究。它主要由主燃烧室、点火燃烧器组件、测温组件、泄压组件等几部分组成。点火燃烧室上的点火电极连接脉冲电源,为了避免透明观察窗受高压冲击发生破碎而损坏高速摄像仪的镜头,在透明观察窗前方适当距离放置了光路转换器。实验时,首先触发脉冲电源,点火燃烧室产生持续的高温燃气射流,对主燃烧室内的升压药包和固体推进剂包覆药条点火。当主燃烧室内压力达到剪切膜片的耐压极限时,剪切膜片被高压燃气击穿,主燃烧室内的压力便开始迅速下降。通过选择剪切膜片厚度和降压速率控制膜片开口直径,以及改变燃烧室内升压药包的种类和药量,达到控制燃烧室初始燃烧压力和降压速率的目的。

实验中高速摄像仪通过光路转换器拍摄推进剂药条的燃烧情况,压电传感器将主燃烧室

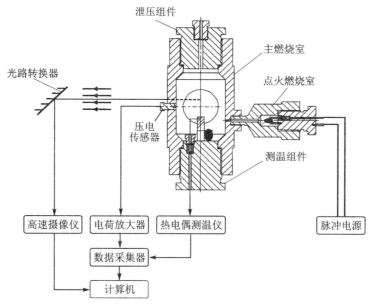

图 7 - 1　固体推进剂瞬态泄压燃烧失稳特性实验测试系统示意图

内的压力信号转换为电信号传给电荷放大器,热电偶测温仪将推进剂药条在燃烧过程中的温度信号转化为电信号。数据采集器采集并记录压力和温度数据,连同高速摄像照片一起传入计算机中,可以记录整个燃烧过程的序列照片,以及主燃烧室内的 p-t 曲线和推进剂药条固相的 T-t 曲线,以便对固体推进剂非稳态燃烧特性作综合分析处理。

7.2　AP/HTPB 推进剂非稳态燃烧特性

采用图 7 - 1 所示的实验测试系统,对 AP/HTPB 推进剂在半密闭爆发器快速泄压后的非稳态燃烧特性进行综合实验研究。实验采用的 AP/HTPB 推进剂尺寸为 10 mm×10 mm×20 mm 的长方体,除了一个侧面作为燃烧面之外,其他几个表面均用硅胶包覆,制成待测药条,如图 7 - 2 所示。药条试样与热电偶安装方式如图 7 - 3 所示。由于 K 型热电偶具有线性度好,热电动势较大,灵敏度高,稳定性和均匀性较好,抗氧化性能强,价格便宜等优点,因此选用 K 型微热电偶测试 AP/HTPB 推进剂固相温度。首先将 K 型微热电偶穿过测温堵头,将头部插入药条试样内距离燃烧表面 3 mm 处。然后用环氧胶填满旋在测温堵头上的金属套筒的内腔,实现固化密封,防止测试过程中发生漏气。整个实验装置安装完成后如图 7 - 4 所示。

图 7 - 2　AP/HTPB 底排推进剂药条试样

图 7 - 3　药条试样与热电偶安装方式

图 7-4 可视半密闭爆发器实验装置

在燃烧室最大压力约 3～8 MPa、最大降压速率约为 14～155 MPa/s 的范围内,观察到 AP/HTPB 推进剂存在持续燃烧、快速复燃、缓慢复燃以及熄火 4 种非稳态燃烧行为。

(1) 持续燃烧型

持续燃烧型是指 AP/HTPB 推进剂在半密闭爆发器喷口打开后一直燃烧,虽然火焰受到扰动处于非稳定燃烧状态,但没有发生熄火现象。其燃烧过程序列照片如图 7-5 所示。$t=1$ ms 时,点火射流开始喷射;$t=40$ ms 时,AP/HTPB 底排推进剂药条处于稳定燃烧状态;$t=52$ ms 时,喷口打开,燃烧室压力开始下降;之后,一直到 $t=200$ ms,火焰亮度逐渐减弱,但都清晰可辨;$t=280$ ms 时,火光已经十分微弱;$t=300$ ms 时,无法观察到火光,药条已经烧完,喷口排出的气体为残余燃气。

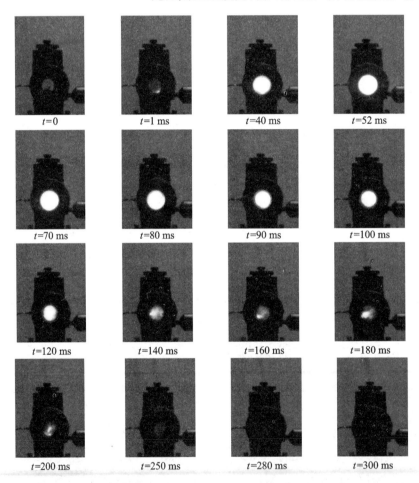

图 7-5 持续燃烧型特征过程序列照片

持续燃烧型的燃烧室对应的 p-t 曲线和 $\mathrm{d}p/\mathrm{d}t$-t 曲线如图 7-6 所示,可以看出,降压段初期压力下降较为缓慢,$\mathrm{d}p/\mathrm{d}t$-t 曲线在达到最大升压速率后经过 42 ms 才转变为第一次降压速率峰值;之后,降压速率的绝对值 $|\mathrm{d}p/\mathrm{d}t|$ 略有减小,然后增加到第二次降压速率峰值,为该降压过程的最大降压速率;随后,降压速率逐渐趋近于零。

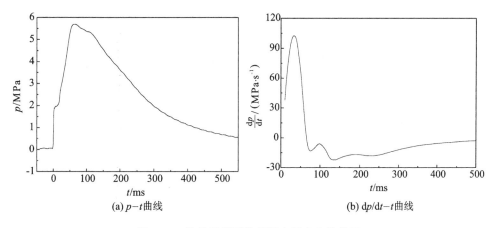

(a) p-t曲线　　　　　　　　　　　(b) dp/dt-t曲线

图 7 - 6　持续燃烧型的燃烧室压力变化关系

（2）快速复燃型

快速复燃型是指 AP/HTPB 推进剂在半密闭爆发器喷口打开后，由于燃烧环境压力突然降低，火焰出现短暂的熄灭现象，在几十毫秒到一百多毫秒内，推进剂自行复燃，出现二次火焰。其燃烧过程序列照片如图 7 - 7 所示。由图可见，$t=30$ ms 时，喷口打开，燃烧室压力开始下降；从 $t=80$ ms 到 $t=160$ ms 的过程中，火焰亮度明显变弱；至 $t=180$ ms 时，火焰暂时

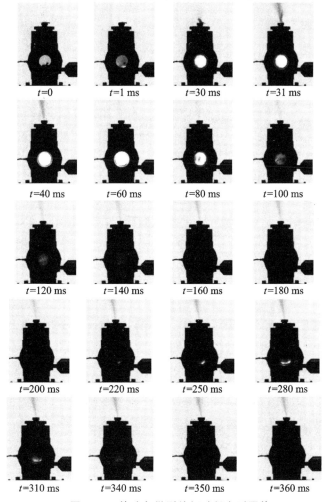

$t=0$	$t=1$ ms	$t=30$ ms	$t=31$ ms
$t=40$ ms	$t=60$ ms	$t=80$ ms	$t=100$ ms
$t=120$ ms	$t=140$ ms	$t=160$ ms	$t=180$ ms
$t=200$ ms	$t=220$ ms	$t=250$ ms	$t=280$ ms
$t=310$ ms	$t=340$ ms	$t=350$ ms	$t=360$ ms

图 7 - 7　快速复燃型特征过程序列照片

熄灭;在 $t=220$ ms 时,火焰已经复燃,复燃间隔仅为 40 ms 左右,复燃后的大约 100 ms 内,火焰亮度逐渐增强,这一段正好对应图 7 - 8 所示 $p-t$ 曲线降压过程中有一个明显的"平台"表象;之后,随着燃烧室压力持续下降,火光逐渐减弱,最终熄火。

快速复燃型的燃烧室对应的 $p-t$ 曲线和 $dp/dt - t$ 曲线如图 7 - 8 所示,可以看出,喷口打开后,燃烧室内压力迅速下降。从表面上看,在 $200\sim300$ ms 段,压力曲线似乎为"平台"。$dp/dt - t$ 曲线在达到最大降压速率 37.3 MPa/s 后,降压速率的绝对值 $|dp/dt|$ 逐渐减小,但没有减小到零,在经过稍微增大之后平稳地趋近于零。

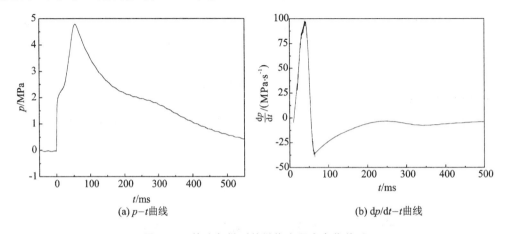

(a) $p-t$曲线　　　　　　　　　　　　(b) $dp/dt-t$曲线

图 7 - 8　快速复燃型的燃烧室压力变化关系

(3) 缓慢复燃型

缓慢复燃型是指 AP/HTPB 推进剂在半密闭爆发器喷口打开后,受燃烧环境压力迅速下降的影响,正在燃烧的 AP/HTPB 推进剂明火熄灭,但固相热分解一直在持续进行,经过一定时间后推进剂出现自行的稳定复燃(熄火发生后的数十毫秒内可能出现微弱的复燃现象,但很快再次熄火,这种复燃是不稳定的)。对于这种类型,从熄火到稳定复燃的时间间隔较长,大概在秒级水平。其燃烧过程序列照片如图 7 - 9 所示。由图可见,与持续燃烧型和快速复燃型观察到的燃烧过程不同,缓慢复燃型实验表现出一个有趣的现象:在喷口打开后的数毫秒内,在燃烧室外出现了一个明亮的三角形脱体火焰,悬浮在喷口上方一段距离处,从喷口边缘到火焰底部的这一段是透明的,类似于双基推进剂燃烧时的"暗区"。从图中可以看出,$t=38$ ms 时,即喷口打开的瞬间,大量的黑烟被排出,这些物质来源于未充分反应的气体组分。由于降压速率很高,AP/HTPB 推进剂分解产物来不及在燃烧室内充分反应即被喷出,进入到燃烧室外部环境中。这些气体组分中包含燃料气体和氧化性气体,再加上自身温度很高,具备燃烧的必要条件。但因为喷口处的气流速度很高,燃料气体和氧化性气体,也包括空气中的氧需要经过充分的扩散混合,才能形成二次燃烧火焰,因此,火焰出现在喷口上方一定距离处,而不是紧贴喷口边缘。

根据高速摄像序列照片中观察到的不同现象,可将缓慢复燃型在降压燃烧过程分为以下三个阶段:

1)二次燃烧火焰阶段

从 $t=40$ ms 出现清晰的二次燃烧火焰,到 $t=48$ ms 这段时间内,从观察窗看到的火焰亮度一直保持很强的状态,喷口上方的二次燃烧火焰亮度逐渐增强,从喷口排出的黑烟经过二次燃烧逐渐消失。从 $t=50$ ms 到 $t=80$ ms 二次火焰即将消失这段时间内,从观察窗看到的火焰亮度逐渐减弱,喷口上方的二次燃烧火焰在面积和亮度上都逐渐减小,但喷口上方一直没有出现黑烟。

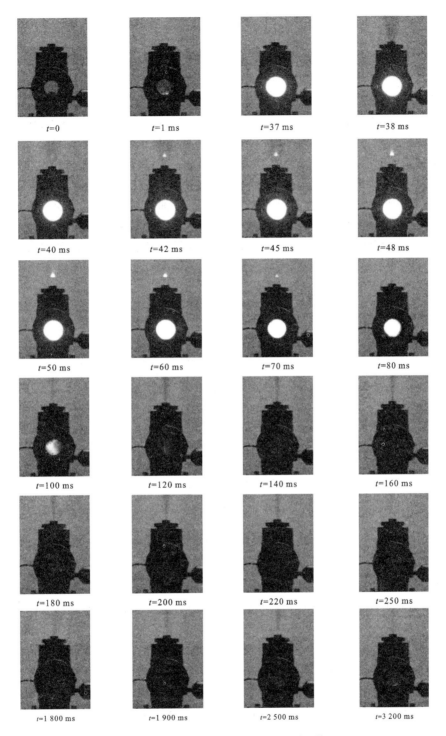

图 7-9　缓慢复燃型特征过程序列照片

2) 动态熄火阶段

从 $t=100$ ms 开始，喷口上方出现大量黑烟，从观察窗看到火焰亮度迅速减弱，到 $t=140$ ms 时火焰已十分微弱，当 $t=160$ ms 时看不到任何亮光，但 $t=180$ ms 时出现了微弱的火光，持续了 20 多毫秒，当 $t=220$ ms 火焰再次消失，但喷口上方仍排出黑烟，说明 AP/HTPB 推进剂热分解还在进行。当 $t=250$ ms，喷口上方已看不到明显的黑烟了，说明此时

AP/HTPB 推进剂的热分解被抑制了,其分解速率比较缓慢。

3)稳定复燃阶段

由于 AP/HTPB 推进剂燃烧时向各燃烧室器件传递了大量热量,使得它们具有较高的温度。在降压过程中,燃烧室内的气体温度迅速下降,而各燃烧室器件的温度的下降速度却低得多。只要各燃烧室器件的温度高于 AP/HTPB 推进剂的表面温度,就可对其形成热反馈,维持 AP/HTPB 推进剂表面的热分解。经过一段时间的缓慢热分解,贴近燃烧表面的固相分解区积累的热量越来越多,热分解速率加快,生成的气体也越来越多。当 $t=1\,800$ ms 时,观察窗中出现十分微弱的火光,从喷口缓慢排出一些气体,AP/HTPB 推进剂开始稳定复燃。从 $t=1\,900$ ms 到 $t=3\,200$ ms,火焰亮度逐渐增强,说明 AP/HTPB 推进剂出现稳定复燃。

缓慢复燃型的燃烧室对应的 $p-t$ 曲线和 $\mathrm{d}p/\mathrm{d}t-t$ 曲线如图 7-10 所示,可以看出,缓慢复燃型的 $p-t$ 曲线与持续燃烧型和快速复燃型相比,压力降是相当陡峭的,从点火开始,到下降到 1 MPa,这段时间间隔仅大约 100 ms。实验所能达到的最大降压速率很高,约为 110.8 MPa/s。降压速率的绝对值 $|\mathrm{d}p/\mathrm{d}t|$ 在达到最大值后,以类似于指数函数的规律,逐渐衰减为零。

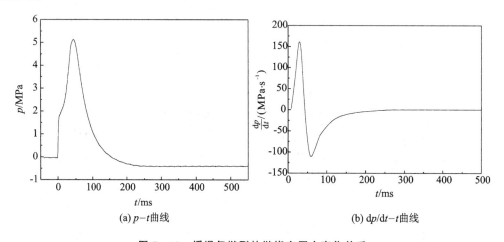

(a) $p-t$曲线　　　　　　(b) $\mathrm{d}p/\mathrm{d}t-t$曲线

图 7-10　缓慢复燃型的燃烧室压力变化关系

(4)熄火型

熄火型是指 AP/HTPB 推进剂在半密闭爆发器喷口打开后,由于燃烧环境压力急剧下降,导致 AP/HTPB 推进剂发生熄火而没有出现复燃现象。实验发现,熄火又可分为强熄火和弱熄火两种类型。

强熄火是指熄火后推进剂的热分解也随之停止,从实验后残留的推进剂试样表面看,有明显的燃烧痕迹,药条内部完好。弱熄火是指熄火后推进剂的热分解可能仍会发生,但热分解速率较低,达不到复燃条件,没有出现复燃火焰,实验后没有完整的药块,仅剩下一些泡沫状残余灰烬。其燃烧过程序列照片见图 7-11。由图可见,它与缓慢复燃型不同的是,喷口一打开就出现了二次燃烧火焰。从 $t=49$ ms 到 $t=70$ ms 这段时间内,观察窗内火焰和喷口上方的二次燃烧火焰亮度都逐渐降低,此外,二次燃烧火焰底部与喷口边缘的距离呈线性减小。当 $t=80$ ms 时,二次燃烧火焰接近消失,之后可清楚地观察到 AP/HTPB 推进剂动态熄火过程。当 $t=140$ ms 时,从观察窗已看不到任何亮光,但喷口仍在以较高的速率排出 AP/HTPB 推进剂的分解产物。当 $t=160$ ms 时,可见少量气体从喷口缓缓流出。当 $t=180$ ms 时,看不到喷口处有气体流出,之后数百毫秒内没有观察到喷口处有气体流出,但再经过一段时间后,可观察到从喷口流出了一股低速气流,但一直未发生复燃现象。强熄火型的燃烧过程在点火到熄火段与图 7-11 所示的弱熄火型类似,只是熄火后推进剂的热分解很快就终止,没有再次观察到喷口处有气体流出。

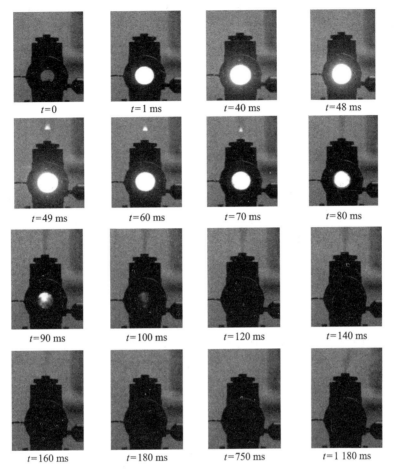

图 7-11　弱熄火型特征过程序列照片

图 7-12 所示为熄火型的典型 $p-t$ 曲线和 $dp/dt-t$ 曲线。由图 7-12(a)可以看出,熄火型的 $p-t$ 曲线更为陡峭,且最大压力点是一个尖锐的峰值。从图 7-12(b)中可以看出,由

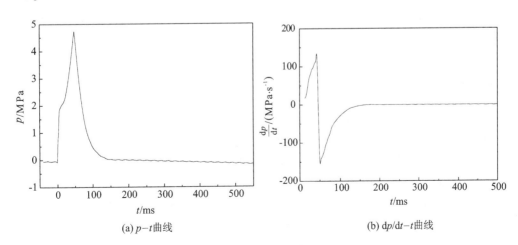

(a) $p-t$曲线　　　　　　　　　(b) $dp/dt-t$曲线

图 7-12　弱熄火型的燃烧室压力变化关系

于喷口直径较大（8.0 mm），该实验得到的最大降压速率非常高（达到 154.6 Mpa/s），仅用了几毫秒便完成了从最大升压速率到最大降压速率的过渡。与缓慢复燃型类似，降压速率的绝对值 $|\mathrm{d}p/\mathrm{d}t|$ 在达到最大值后，也以指数衰减规律迅速趋近于零。

综合以上实验结果表明，泄压前燃烧室初始压力相同，降压速率越高，AP/HTPB 推进剂燃烧越不稳定。同时也可看出，AP/HTPB 推进剂的燃烧行为与泄压前燃烧室内的压力密切有关。以泄压前初始压力 p 为横坐标，以最大降压速率 $|\mathrm{d}p/\mathrm{d}t|_{\mathrm{m}}$ 为纵坐标，绘制燃烧行为分布图，见图 7 - 13。从图中可以直观地看出，AP/HTPB 推进剂在快速泄压条件下的非稳态燃烧行为存在明显的分界，得到的燃烧行为分界线为

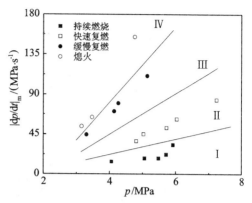

图 7 - 13　AP/HTPB 推进剂燃烧行为分布图

$$|\mathrm{d}p/\mathrm{d}t|_{\mathrm{m}}=\begin{cases}8.75p-12.92\\22.75p-46.03,\quad 3\ \mathrm{MPa}<p<8\ \mathrm{MPa}\\42.33p-88.83\end{cases}$$

当燃烧条件（p，$|\mathrm{d}p/\mathrm{d}t|_{\mathrm{m}}$）位于 I 区时，呈现出持续燃烧行为；当燃烧条件（p，$|\mathrm{d}p/\mathrm{d}t|_{\mathrm{m}}$）位于 II 区时，呈现出快速复燃行为；当燃烧条件（p，$|\mathrm{d}p/\mathrm{d}t|_{\mathrm{m}}$）位于 III 区时，呈现出缓慢复燃行为；当燃烧条件（p，$|\mathrm{d}p/\mathrm{d}t|_{\mathrm{m}}$）位于 IV 区时，呈现出熄火行为。

7.3　AP/HTPB 推进剂一维非稳态燃烧模型

在压力快速变化的条件下，复合推进剂的瞬态燃速将偏离于对应压力条件下的稳态燃速，这意味着在压力瞬变条件下，单纯的燃速-压力关系不足以表征复合推进剂退移速率的大小。从物理上说，由于气相能量释放以及火焰结构的调整，跟随压力瞬时变化而发生改变需要有一定的时间延迟，所以在压力快速变化过程中，压力变化速率越快，温度分布调整到与新的压力状况相适应所需的时间越长。在泄压过程中，有一个异相吹离效应，即化学反应性气体离开燃烧表面，这一异相吹离效应使气相热释放区变厚，并且远离燃烧表面，改变了表面温度梯度和来自火焰的热反馈，如果这一效应较强，则 AP/HTPB 推进剂将发生熄火。本节介绍 AP/HTPB 推进剂一维非稳态燃烧模型的建立，分析压力快速变化过程中燃速的变化特性。

7.3.1　物理模型

AP/HTPB 推进剂一维非稳态燃烧模型如图 7 - 14 所示，将坐标系固定在燃烧表面上，也即坐标系随着燃烧表面退移而移动。采用如下简化假设：

① AP/HTPB 推进剂是均匀的，各向同性的结构，除燃烧面外均是绝热的。

② 固相的密度、导热系数以及比热容均为常数。

③ 固相区域分为固相预热区和固相反应区，预热区通过导热使推进剂温度升高，进入固相反应区；固相反应区将推进剂组分转化为气体，进入气相区域。

④ 固相通过一阶、不可逆阿累尼乌斯定律描述推进剂的分解过程。

⑤ 气相为热力学理想气体混合物，假设 $Le=1$。

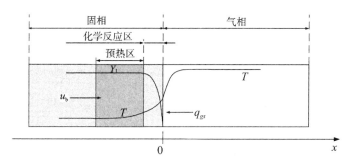

图 7 - 14　AP/HTPB 推进剂一维非稳态燃烧模型

⑥ 在空间上,气相压力分布是均匀的,但它随时间而变化。

⑦ 气相相对于固相是准稳定的。

7.3.2　数学模型

(1) 守恒方程

固相组分为

$$\rho_c \frac{\partial Y_1}{\partial t} + \rho_c u_b \frac{\partial Y_1}{\partial x} = \dot{\omega}_c \tag{7-1}$$

能量方程为

$$\rho_c c_c \frac{\partial T}{\partial t} + \rho_c c_c u_b \frac{\partial T}{\partial x} = \lambda_c \frac{\partial^2 T}{\partial x^2} + \dot{\omega}_c Q_c \tag{7-2}$$

气相控制方程为

$$\frac{\partial \rho_g}{\partial t} + \frac{\partial \rho_g u_g}{\partial x} = 0 \tag{7-3}$$

$$\rho_g \frac{\partial Y_i}{\partial t} + \rho_g (u_g + u_b) \frac{\partial Y_i}{\partial x} = \frac{\partial}{\partial x}\left(\rho_g D_{Y,i} \frac{\partial Y_i}{\partial x}\right) + \dot{\omega}_{g,i} \tag{7-4}$$

$$\rho_g c_g \frac{\partial T}{\partial t} + \rho_g c_g (u_g + u_b) \frac{\partial T}{\partial x} = \frac{\partial}{\partial x}\left(\lambda_g \frac{\partial T}{\partial x}\right) + \sum \dot{\omega}_{g,i} Q_{g,i} + \frac{\mathrm{d}p}{\mathrm{d}t} \tag{7-5}$$

式中,ρ,c,λ,D_Y 分别为密度、比热容、导热系数和分子扩散系数;u_b,u_g 分别为固相燃速和气相速度;$\dot{\omega}$ 为化学反应速率;Q 为放热量;下标 c 表示固相,g 表示气相,i 为组分序号。

理想气体状态方程为

$$p = \frac{\rho_g R T}{M_u} \tag{7-6}$$

式中,R 为摩尔气体常数;M_u 为气相组分平均分子质量。

(2) 耦合燃面关系

在气固交界面处满足质量通量、热流和组分平衡以及温度连续,即

$$\dot{m} = \rho_c u_b = \rho_g (u_g + u_b) \approx \rho_g u_g \tag{7-7}$$

$$\lambda_g \boldsymbol{\nabla} T \big|_{0^+} = \lambda_c \boldsymbol{\nabla} T \big|_{0^-} \tag{7-8}$$

$$\dot{m} Y_{i,0^-} = \dot{m} Y_{i,0^+} - \rho_g D_{Y,i} \boldsymbol{\nabla} Y_i \big|_{0^+} \tag{7-9}$$

$$T_{0^+} = T_{0^-} \tag{7-10}$$

(3) 瞬态燃速表达式

积分式(7-1)得

$$\int_{-\infty}^{0} \rho_c \frac{\partial Y_1}{\partial t} \mathrm{d}x + \int_{-\infty}^{0} \rho_c u_b \mathrm{d}Y_1 = \int_{-\infty}^{0} \mathrm{d}x \dot{\omega}_c \tag{7-11}$$

由假设③可知,推进剂通过固相化学反应生成气相初始混合物,并在燃烧表面处完全转化为气体,那么,在气-固界面处 $Y_1 = 0$,而在远场边界 $Y_1 = 1$。因此,瞬变燃速表达式为

$$u_b = \frac{1}{\rho_c} \int_{-\infty}^{0} \dot{\omega}_c \mathrm{d}x + \int_{-\infty}^{0} \frac{\partial Y_1}{\partial t} \mathrm{d}x \tag{7-12}$$

(4) 化学反应速率

固相化学反应速率采用零阶阿累尼乌斯定律,其表达式为

$$\dot{\omega}_c = -\rho_c A \exp\left(-\frac{E_c}{RT}\right) \tag{7-13}$$

式中,A 为固相反应指前因子;E_c 为活化能。

气相化学采用基于 BDP 模型的两步反应机理,化学反应历程为

$$(R_1): \tilde{X} \rightarrow \tilde{Z} \tag{7-14}$$

$$(R_2): \tilde{Y} + \beta\tilde{Z} \rightarrow \text{生成物} \tag{7-15}$$

其化学反应速率为

$$\dot{\omega}_{g,1} = A_1 p^{n_1} [X] \exp\left(-\frac{E_1}{RT}\right) \tag{7-15}$$

$$\dot{\omega}_{g,2} = A_2 p^{n_2} [Y][Z] \exp\left(\frac{-E_2}{RT}\right) \tag{7-16}$$

式中,β 为基于质量的化学计量系数;A_1,A_2 为气相化学反应指前因子;n_1,n_2 为压力指数;E_1,E_2 为活化能。

(5) 求解参数设置

为保证气相和固相热/流场充分发展,在燃面两侧各取计算域长度为 $500~\mu m$。在进行网格无关性检验后,确定网格划分方法为:在气相和固相区域采用渐缩网格,最小网格尺度为 $0.2~\mu m$,最大网格尺度为 $12.7~\mu m$。

采用有限体积法对上述数学模型进行数值求解,密度、组分和温度方程的离散格式采用二阶迎风格式,时间离散采用一阶隐式格式。远场边界各物理量的梯度为零。

气相计算参数如表 6-12 所列,固相计算参数如表 7-1 所列。

表 7-1 推进剂一维非稳态燃烧模型固相计算参数

物理量	$P = 2.0~\mathrm{MPa}$	$P = 3.0~\mathrm{MPa}$
A/s^{-1}	3.60×10^8	1.44×10^8
$E_c/(\mathrm{J \cdot mol}^{-1} \cdot \mathrm{K}^{-1})$	80 542	80 542
$Q_c/(\mathrm{J \cdot kg}^{-1})$	-0.604×10^6	-1.436×10^6
$\lambda_c/(\mathrm{W \cdot m}^{-1} \cdot \mathrm{K}^{-1})$	0.22	0.22
$\rho_c/(\mathrm{kg \cdot m}^{-3})$	1 692	1 692
$c_c/(\mathrm{J \cdot kg}^{-1} \cdot \mathrm{K}^{-1})$	1 862	1 862

7.3.3 计算结果与分析

(1) 稳态结果

图 7-15 给出了 AP 质量分数为 0.75 时,2.0 MPa 条件下 AP/HTPB 推进剂稳态燃烧结

果。由图可知,固相温度 T 约在 $50\ \mu m$ 内由燃烧表面温度 $T_s = 936\ K$ 降低到推进剂初始温度 $T_0 = 300\ K$,固相组分 Y_1 在 $10\ \mu m$ 内消耗完毕。在气相区域,化学反应层厚度为 $50\ \mu m$,组分 X,Y,Z 在化学反应层内完全反应,火焰温度达到绝热火焰温度 $T_f = 2\ 600\ K$。此时,由式(7-12)计算的推进剂燃速为 $u_b = 5.84\ mm/s$。

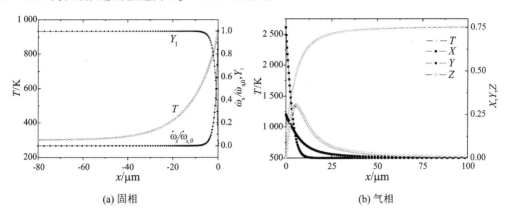

(a) 固相　　　　　　　　　　　　　(b) 气相

图 7-15　AP 质量分数为 0.75 时,2.0 MPa 条件下稳态计算结果

如果采用准稳态固相假设,也即将固相反应区域压缩成一个无限薄的薄层,包含在燃烧表面上,通常简化为界面吸热(放热),那么固相组分方程将被省略,取而代之的是固相组分 Y_1 在燃面处的一个阶跃函数。此时,将减小燃面处固相一侧的温度梯度分布,其示意图见图 7-16。

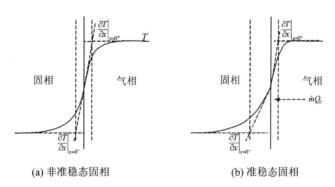

(a) 非准稳态固相　　　　　　　　　　(b) 准稳态固相

图 7-16　不同固相假设条件下燃面处温度梯度分布

(2) 瞬态燃烧

在压力瞬变燃烧过程中,常见的压力波动有增压、降压和压力振荡。考虑如下形式的压力瞬变条件

$$p(t) = p_f + (p_i - p_f)\exp\left[\frac{(dp/dt)_0}{p_i - p_f}t\right] \tag{7-17}$$

式中,p_i 为初始燃烧压力;p_f 为最终压力,$(dp/dt)_0$ 为初始降压速率。

对式(7-17)求导可以得到任意时刻的降压速率 dp/dt。需要指出的是,初始降压速率 $(dp/dt)_0$ 实际上是整个降压过程中的最大降压速率。

图 7-17 给出了初始压力为 $p_i = 3.0\ MPa$,终态压力为 $p_f = 2\ MPa$,初始降压速率为 $(dp/dt)_0 = -4\ 500\ MPa/s$ 时,降压过程中 $p-t$ 曲线及相应的 $dp/dt-t$ 曲线。从图中可以得到任何时刻的压力 p 和降压速率 dp/dt。在降压过程初始阶段,压力变化速率 $|dp/dt|$ 较快,压力 p 在 $0.5\ ms$ 内下降了 $0.9\ MPa$,大约在 $1.5\ ms$ 时,由初始压力下降到了终态压力 $2.0\ MPa$。

由图 7-18 可知,在快速降压过程中,瞬变燃速偏离于稳态燃速变化,瞬态燃速值先是快速下降,其后又逐渐增加,逐步趋近于终态压力 $p_f = 2.0$ MPa 条件下的稳态燃速值。

为便于分析降压过程中的瞬变燃速特性,定义固相特征时间尺度

$$t_{c,ref} = \frac{\alpha_c}{\bar{u}_{b,0}^2} = \frac{\lambda_c}{\rho_c} c_c \bar{u}_{b,0}^2 \qquad (7-18)$$

$t_{c,ref}$ 也可以称为固相热弛豫时间。同时引入压力变化速率参数 ζ,那么初始降压速率可以表征为

$$(dp/dt)_0 = -\zeta(p_i - p_f)/t_{c,ref} \qquad (7-19)$$

压力随时间变化曲线则为

$$p(t) = p_f + (p_i - p_f)\exp(-\zeta t/t_{c,ref}) \qquad (7-20)$$

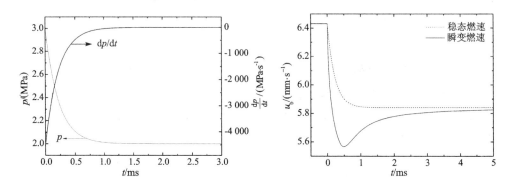

图 7-17 降压过程中 p-t 曲线及
相应的 dp/dt-t 曲线

图 7-18 降压过程中燃速变化特性

由式(7-20)可知,当 $\zeta > 1$ 时,表明外部压力变化速率快于推进剂热波层热弛豫过程变化速率,也即在瞬变过程中,推进剂热波层温度调整跟不上压力变化。此时,相对于该压力瞬变条件而言,这部分推进剂热波层内包含前一时刻热参数,对降压过程而言,相当于这部分推进剂被"过冷",推进剂瞬时燃速将低于对应压力条件下的稳态燃速;对增压过程而言,相当于这部分推进剂被"过热",推进剂瞬时燃速高于对应压力条件下的稳态燃速。当 $\zeta \leqslant 1$ 时,表明外部压力变化速率小于或等于推进剂热弛豫过程变化速率,推进剂内部温度分布有足够的时间来调整到对应压力条件下的稳态温度分布,表现为瞬时燃速曲线近似与图 7-18 中的稳态燃速曲线重合。

由图 7-18 可知,当 $p_i = 3.0$ MPa,稳态燃速 $u_{b,0} = 6.43$ mm/s,固相特征时间 $t_{c,ref} = 1.69$ ms,当终态压力 $p_f = 2.0$ MPa,初始降压速率 $(dp/dt)_0 = -4\,500$ MPa/s 时,压力变化速率参数 $\zeta = 7.6$,表明压力变化速率远快于推进剂热波层调整速率。当燃速减小时,固相热波层厚度增加,由于压力变化速率快于推进剂热波层调整速率,在快速降压过程中,固相热波层厚度相对于该压力瞬变条件而言被缩短了,也即固相区域欠预热,因而瞬时燃速快速下降,并低于其对应压力条件下的稳态值。当燃速减小到一定值时,气固交界面处质量通量连续性要求使得气体离开燃烧表面速度减小,气相热释放区域靠近燃烧表面,此时,燃速又逐渐增加,直至到达 2.0 MPa 条件下的稳态值。

图 7-19 给出了初始压力 $p_i = 3.0$ MPa,终态压力 $p_f = 2$ MPa 时,不同降压速率条件下瞬

变燃速随时间变化。由图可知,初始降压速率越大,固相温度分布调整滞后于压力变化所需的时间将变长,固相热波层内储存扰动前一时刻的欠预热区域也就越多,瞬时燃速低于稳态燃速也就越大。同时还可以发现,初始降压速率越大,推进剂瞬态燃速下降也就越快,使得气体离开燃烧表面速度也快速减小,气相热释放区域又将靠近燃烧表面,使得推进剂接收到的气相热反馈增多,燃速回升速率也将加快,直至到达 2.0 MPa 条件下的稳态值。

图 7-20 给出了 $p_i = 2.0$ MPa,$p_f = 3.0$ MPa 时,增压条件下瞬变燃速随时间的变化曲线。随着压力增加,瞬时燃速高于其对应压力下的稳态燃速,燃速快速增大并大于其稳态值,随后又逐渐衰减,到达 $p_f = 3.0$ MPa 条件下的稳态燃速。当燃速增加时,固相热波层厚度减小,由于压力变化速率快于推进剂热波层调整速率,在快速增压过程中,固相热波层厚度相对于该压力瞬变条件而言被增长了,也即相当于部分推进剂过预热,因而瞬时燃速快速增大。同时,随着压力变化速率的不断增加,固相温度分布调整滞后于压力变化所需的时间将变长,固相热波层内储存扰动前一时刻的被预热的区域也就越多,瞬时燃速高于稳态燃速也就越大。

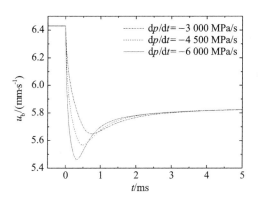

图 7-19　不同降压速率条件下燃
速随时间变化曲线

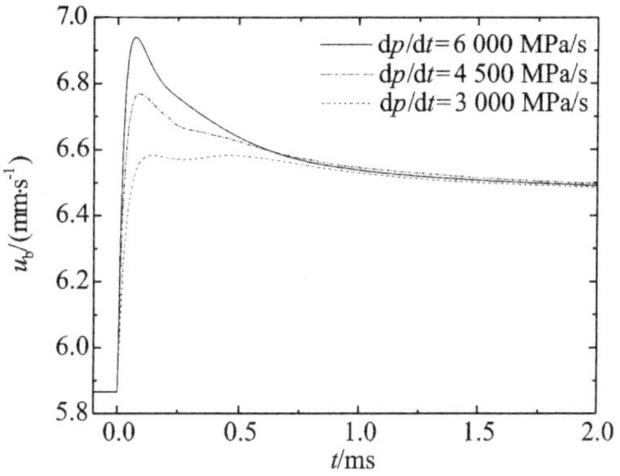

图 7-20　不同增压速率条件下燃
速随时间变化曲线

(3) 振荡燃烧

在稳态条件下,施加正弦形式的压力扰动,即

$$p(t) = \bar{p} + p'(t) = \bar{p}\left[1 + \delta\sin(2\pi f t)\right] \tag{7-21}$$

式中,$\bar{p}$ 为稳态压力;$p'(t)$ 为振荡压力,其振幅为其稳态压力值的 δ 倍;f 为振荡频率。

图 7-21 给出了稳态压力 $\bar{p} = 2.0$ MPa,频率 $f = 1\,000$ Hz,振幅 $\delta = 0.05$ 条件下,瞬时压力和燃速随时间变化。当稳态压力为 2.0 MPa 时,固相热弛豫特征时间 $t_{c,ref} = 2.05$ ms,此时,固相热弛豫特征频率 $f_c = 1/t_{c,ref} = 487.8$ Hz。由于压力变化速率快于固相热波层调整频率,从图中可以看出,燃速变化滞后于压力变化。

图 7-22 给出了稳态压力 $\bar{p} = 2.0$ MPa,频率 $f = 1\,000$ Hz 时,不同振幅条件下,气相对固相热反馈随时间的变化。由图可知,压力振荡振幅越大,气相对固相热反馈的响应幅值也就越大,燃速相对稳态值的变化也将越大。

实际上,复合固体推进剂在压力振荡或者压力单调变化过程中,为衡量复合推进剂质量燃速增大或减小的程度,常引入压力驱使频率响应函数来衡量,其定义式为

$$R_p = \frac{u_b'}{u_b} \bigg/ \left(\frac{p'}{\bar{p}}\right) \tag{7-22}$$

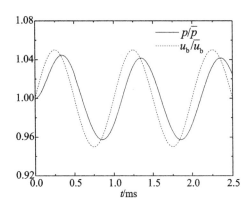

图 7 - 21　正弦压力变化情况下燃速响应
（$f = 1\ 000\ \text{Hz}, \delta = 0.05$）

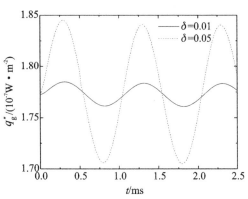

图 7 - 22　正弦压力变化条件下不同振幅的
气相热反馈（$f = 1\ 000\ \text{Hz}$）

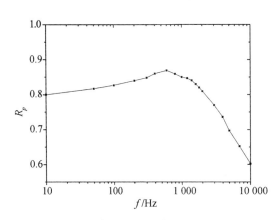

图 7 - 23　压力驱使频率与响应函数的关系

图 7 - 23 给出了压力驱使频率响应函数随频率变化关系。当稳态压力 $\bar{p} = 2.0\ \text{MPa}$ 时，计算得到的压力驱使频率响应函数 R_p 谐振频率为 500 Hz，其响应值为 0.87。在此条件下，该 AP/HTPB 推进剂固相特征时间 $t_{c,\text{ref}} = 2.05\ \text{ms}$，固相热波层调整所需的特征频率为 487.8 Hz，当压力振荡频率靠近特征频率时，将产生类似共振效果，此时，压力驱使频率响应函数值趋于最大。同时还发现，当压力振荡频率 f 小于固相热波层特征频率 $f_c = 487.8\ \text{Hz}$ 时，压力振荡频率对响应函数

R_p 的影响较大；而当压力振荡频率 f 大于固相热波层特征频率 f_c，随着压力振荡频率的增加，响应函数 R_p 则快速下降。这表明高频压力振荡对推进剂燃速的影响较小，而低频压力振荡对推进剂的燃速影响较大，也即燃速变化偏离稳态值越远，实际使用中则应当避免出现低频振荡。

7.4　AP/HTPB 推进剂二维非稳态燃烧模型

本节建立 AP/HTPB 推进剂二维非稳态燃烧模型，主要分析在压力下降过程中，推进剂二维火焰结构特征、组分分布、气相热反馈以及燃面温度变化特性。

7.4.1　物理模型

AP/HTPB 推进剂二维周期性三明治结构非稳态燃烧模型如图 7 - 24 所示，氧化剂 AP 位于燃面下方 $\alpha L < |x| < L$ 区域，黏结剂 HTPB 位于燃面下方 $|x| < \alpha L$ 区域，其中，α 为黏结剂 HTPB 体积分数。采用如下基本假设：

① 将固相中的氧化剂 AP 与黏结剂 HTPB 当作两种独立的组元，且各自具有不同的定常热物理属性。

② 在微观尺度上,认为压力在整个气相空间上均匀分布。但在压力扰动条件下,压力为时间的函数。

③ 燃气为理想气体混合物,气相中所有组分的路易斯数 Le 均为 1,但他们的热物理参数是随温度变化的。

④ 采用零阶阿累尼乌斯定律描述推进剂固相热分解;采用基于 BDP 模型的两步总包反应机制描述气相燃烧过程。

⑤ 在高温和高氧化性环境中,炭黑无法存在,因此忽略炭黑的影响;而高温气体辐射对推进剂燃速的影响小于 5%,故忽略高温气体的红外热辐射。

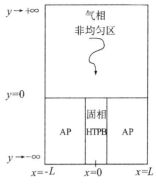

图 7 - 24　AP/HTPB 推进剂二维非稳态燃烧模型

7.4.2　数学模型

(1) 固相控制方程

固相控制方程为

$$\rho_c c_c \frac{\partial T}{\partial t} + \rho_c c_c u_b \frac{\partial T}{\partial y} = \mathbf{\nabla} \cdot (\lambda_c \mathbf{\nabla} T) \tag{7-23}$$

式中,ρ_c 为固相密度;λ_c 为固相导热系数;c_c 为固相比热容,u_b 为推进剂燃速,其中:

$$\lambda_c = \begin{cases} \lambda_{AP}; \\ \lambda_B \end{cases} \qquad \rho_c = \begin{cases} \rho_{AP}; \\ \rho_B \end{cases} \qquad c_c = \begin{cases} c_{AP}, & |\alpha L| < x < L \\ c_B, & x < |\alpha L| \end{cases}$$

(2) 化学反应速率

气相化学反应采用基于 BDP 模型的两步反应机理,参见 7.3.2 节,此处不再赘述。

(3) 气相控制方程

$$\partial \rho_g / \partial t + \mathbf{\nabla} \cdot (\rho_g \mathbf{V}) = 0 \tag{7-24}$$

$$\frac{\partial (\rho_g v_i)}{\partial t} + \mathbf{\nabla} \cdot (\rho_g v_i \mathbf{V}) = -\frac{\partial p}{\partial x_i} + \frac{\partial}{\partial x_j}\left(\eta_g \frac{\partial v_i}{\partial x_j}\right) + \frac{\partial}{\partial x_i}\left(\eta_g \frac{\partial v_j}{\partial x_i}\right) - \frac{2}{3}\frac{\partial}{\partial x_i}\left(\eta_g \frac{\partial v_j}{\partial x_j}\right) \tag{7-25}$$

$$\rho_g = pM_u / RT \tag{7-26}$$

气相组分和能量方程为

$$L(X,Y,Z) = (-\dot{\omega}_{g,1}, -\dot{\omega}_{g,2}, \dot{\omega}_{g,1} - \beta\dot{\omega}_{g,2}) \tag{7-27}$$

$$L(T) = (Q_{g,1}\dot{\omega}_{g,1} + Q_{g,2}\dot{\omega}_{g,2} + \mathrm{d}p/\mathrm{d}t)/c_g \tag{7-28}$$

其中,算子 L 定义为

$$L(\varphi) \equiv \partial(\rho_g \varphi)/\partial t + \mathbf{\nabla} \cdot (\rho_g \varphi \mathbf{V}) - \mathbf{\nabla} \cdot (\rho_g D_Y \mathbf{\nabla} \varphi) \tag{7-29}$$

以上各式中,$\mathbf{V} = (v_1, v_2) = (v_x, v_y)$,$v_x$ 和 v_y 分别为 x 方向和 y 方向的气体速度分量;ρ_g,η_g,c_g,D_Y 和 M_u 分别为气体密度、动力黏度、比定压热容、混合气体平均二元扩散系数和摩尔质量;$\mathrm{d}p/\mathrm{d}t$ 为压力变化速率;$\dot{\omega}_g$ 为化学反应速率;Q_g 为反应热。

压力随时间的变化关系采用指数形式

$$p(t) = p_f + (p_i - p_f)\exp\left[\frac{(\mathrm{d}p/\mathrm{d}t)_0}{p_i - p_f}t\right] \tag{7-30}$$

式中,p_i 为降压前初始压力;p_f 为最终压力;$(\mathrm{d}p/\mathrm{d}t)_0$ 为初始降压速率。

(4) 耦合燃面关系

在气固交界面处满足质量通量、热流和组分通量平衡以及温度连续,有

$$\dot{m} = \rho_c u_b = \rho_g (u_g + u_b) \approx \rho_g u_g \tag{7-31}$$

$$\lambda_g \boldsymbol{\nabla} T \big|_{0^+} = \lambda_c \boldsymbol{\nabla} T \big|_{0^-} \tag{7-32}$$

$$\dot{m} Y_{i,0^-} = \dot{m} Y_{i,0^+} - \rho_g D_Y \boldsymbol{\nabla} Y_i \big|_{0^+} \tag{7-33}$$

$$T_{0^+} = T_{0^-} \tag{7-34}$$

(5) 燃速表达式

推进剂燃速表达式为

$$u_b = \begin{cases} A_{AP} \exp\left(-\dfrac{E_{AP}}{RT_s}\right) \\[2ex] A_B \exp\left(-\dfrac{E_B}{RT_s}\right) \end{cases} \tag{7-35}$$

式中,A_{AP},A_B 为热解速率常数;E_{AP},E_B 为热解活化能。

(6) 边界条件

边界条件:如图 7-24 所示物理模型,对于固相远场边界,取温度为常温 300 K;对于气相远场边界,取温度和组分沿 y 方向的梯度为零;对于对称边界,各物理量沿 x 方向的梯度为零,数学表达式为

$$\partial F/\partial y \big|_{y \to \infty} = 0, \qquad F = T, X, Y, Z \tag{7-36}$$

$$\partial F/\partial x \big|_{x=0, \pm L} = 0, \qquad F = v_x, v_y, T, X, Y, Z \tag{7-37}$$

初始条件:不同初始压力 p 条件下的稳态燃烧结果。

7.4.3 计算结果与分析

采用两种不同的降压速率 $(\mathrm{d}p/\mathrm{d}t)_0 = -200\ \mathrm{MPa/s}$ 和 $(\mathrm{d}p/\mathrm{d}t)_0 = -500\ \mathrm{MPa/s}$,在初始压力为 5.0 MPa,终态压力为 0.1 MPa 条件下,分析降压过程对 AP/HTPB 推进剂燃烧的影响。

图 7-25 给出了初始降压速率为 $-500\ \mathrm{MPa/s}$ 时,不同时刻气相容积放热速率分布。当 $t=0\ \mathrm{ms}$ 时,火焰热释放核心处于 AP/HTPB 交界面上方偏向于 AP 一侧,并其后拖拽有两条细长相互分离的扩散化学反应带。随着降压过程的进行,化学反应速率降低,气相化学反应区域变厚并逐渐远离燃烧表面,气相化学反应过程将由扩散过程主导转为化学动力学过程主导,同时,最大热释放速率变小,热释放核心远离燃烧表面。在 $t=10\ \mathrm{ms}$ 时,分离的两条细长的扩散化学反应带变粗并且其前沿部分已经合并在一起,表明气相产物在 x 方向上具有较明显的扩散作用。随着压力的进一步下降,t 约为 20 ms 时,分离的扩散化学反应带基本合并在一起。当 $t=50\ \mathrm{ms}$ 时,压力已经降低到 0.13 MPa,此时,压力较低,化学反应速率较慢,相对而言,气相产物之间,有足够的时间扩散混合,化学动力学成为影响气相化学反应过程的主导因素。在整个降压过程中,随着降压过程的进行,平均热释放区域变厚,但平均热释放速率却下降。

图 7-26 给出了图 7-25 对应工况下的气相火焰温度分布。由图可知,降压初始时刻,压力较高,扩散过程成为影响气相化学动力学过程的主导因素,此时,气相火焰温度分布很不均匀,在 AP/HTPB 交界面上方靠近 AP 侧,存在相对高温区域,也即在化学反应带周围出现高

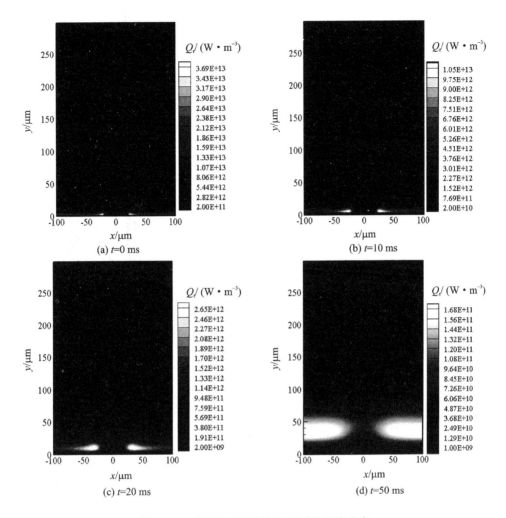

图 7 - 25　不同时刻的气相容积放热速率分布

温区域,而其他位置处的温度相对较低。然而,随着压力下降,气相化学反应动力学由扩散过程主导转化为由化学动力学过程主导,明显分离的扩散化学反应带逐渐合并,这一过程表现为气相火焰温度分布的不均匀性逐渐降低,当 $t=50$ ms 时,气相火焰温度近似为一维分布。

图 7 - 27 给出了初始降压速率为 -500 MPa/s 时,气相组分 Z 的空间分布。由于 Z 组分既是 AP 的分解产物,又是扩散反应的反应物,分析 Z 组分的空间分布,有助于认识降压过程中,化学动力学主导过程的转变。由于气相化学反应速率与压力 p^n 相关,在降压初始时刻 $t=0$ 时,燃烧压力为 $p=5.0$ MPa,此时,化学反应速率较高。同时,在较高压力下,扩散输运速率小于对流输运速率,气体组分需要足够的空间距离才能够混合,因此,在 AP 表面上方存留大量的 Z 组分,此时扩散过程成为主导化学反应过程的主导因素。当 $t=10$ ms 时,燃烧压力下降至 1.8 MPa,此时 Z 的分布区域相比 $t=0$ 时缩小很多,意味着组分 Z 在较小的区域内就能充分反应消耗,表明尽管压力下降时气相化学反应速率均有所降低,但压力下降更有利于扩散反应进行。当 $t=20$ ms 时,燃烧压力下降至大约 0.7 MPa,此时,组分 Z 的分布区域在 y 方向进一步缩小至大约 100 μm,但在 x 方向稍微扩展,并有少部分 Z 组分扩散到黏结剂 HTPB 中心上方,表明组分 Z 有向 HTPB 上方扩散的优势,组分之间的扩散变得更加明显。当 $t=50$ ms 时,此时推进剂近似在大气环境条件下燃烧,组分 Z 的最大值仅有 0.227,其在

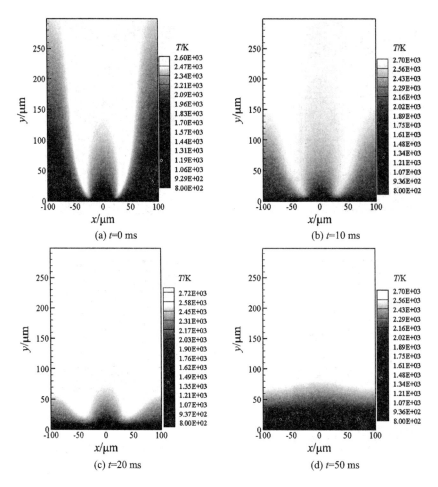

(a) $t=0$ ms

(b) $t=10$ ms

(c) $t=20$ ms

(d) $t=50$ ms

图 7 - 26 不同时刻的气相火焰温度分布

y 方向的分布高度大约为 $100~\mu m$，在 x 方向的分布宽度却扩散到黏结剂 HTPB 表面上方，表明此时气体扩散作用非常强。

图 7-28 给出 $x=100~\mu m$ 处组分 X 沿 y 方向的空间分布。由图可知，随着降压过程的进行，组分 X 的反应区域由 5.0 MPa 时的近 $10~\mu m$ 增加到 0.13 MPa 时的近 $100~\mu m$。表明当压力下降时，化学反应性气体有"吹离"燃烧表面的趋势，此时，化学反应区域变厚，平均热释放速率减小。

图 7-29 给出了降压过程中，扩散时间尺度 t_d，流动时间尺度 t_f 以及扩散化学反应时间尺度 t_c 随时间的变化关系。由图可知，随着降压过程的进行，扩散时间尺度 t_d 和流动时间尺度 t_f 随着压力的下降而下降，而化学反应时间尺度 t_c 却随着降压过程的进行而增加。表明在降压过程中，气体平均流速下降，扩散化学反应速率下降，但扩散混合过程却容易进行。

图 7-30 给出了降压过程中，$Pe(Pe=t_d/t_f)$ 和 $Da(Da=t_d/t_c)$ 随时间的变化关系。由图可知，随着降压过程的进行，Pe 和 Da 都快速减小，表明降压过程，有利于组分之间的扩散混合发生，气相化学反应的主导因素将逐渐由扩散混合过程控制向化学动力学因素控制方向转变。

图 7-31 给出了降压过程中，燃面接收到的平均气相热反馈随时间的变化曲线。由图可知，降压速率越大，气相对固相的平均热反馈下降得越快，即 AP/HTPB 推进剂的燃烧表面接

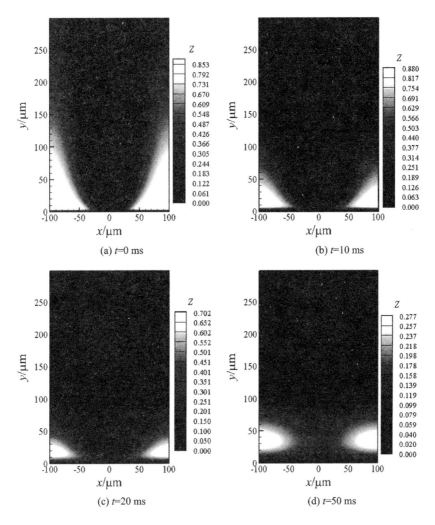

(a) $t=0$ ms

(b) $t=10$ ms

(c) $t=20$ ms

(d) $t=50$ ms

图 7 - 27　不同时刻的组分 Z 质量分数分布

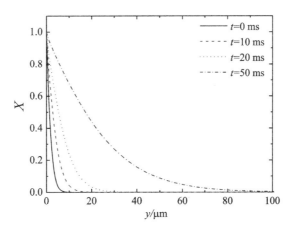

图 7 - 28　$x=100$ μm 处组分 X 空间分布

收到来自气相的热量也就越少,燃面平均温度下降得也就越快。

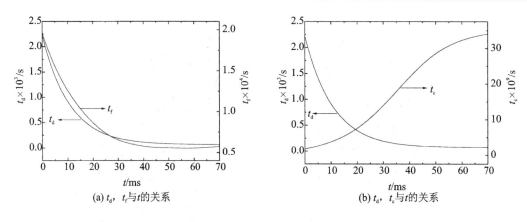

(a) t_d，t_f 与 t 的关系   (b) t_d，t_c 与 t 的关系

图 7 - 29 降压过程中特征时间参数随时间变化

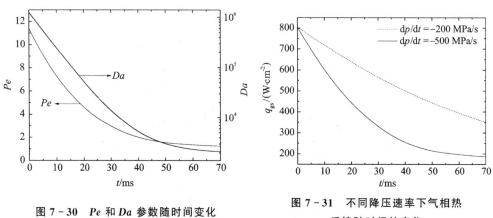

图 7 - 30 Pe 和 Da 参数随时间变化   **图 7 - 31 不同降压速率下气相热**
反馈随时间的变化

图 7 - 32 给出了不同降压速率条件下燃面平均温度随时间变化曲线。当降压速率为 $(dp/dt)_0 = -200$ MPa/s 时，在 $t = 70$ ms 时，平均燃面温度为 830 K，而当降压速率为 $(dp/dt)_0 = -500$ MPa/s 时，在同一时刻，平均燃面温度为 765 K。可以推测，如果降压速率更高，则燃面温度下降更快，当燃面温度过低时，推进剂可能发生熄火。

图 7 - 33 给出了不同降压速率条件下，平均燃速随时间的变化曲线。由上述分析可知，降压速率越大，推进剂接收到来自气相的热反馈也就越少，推进剂燃面温度下降也就越快，因此，降压速率越大，推进剂平均燃速下降也就越快。

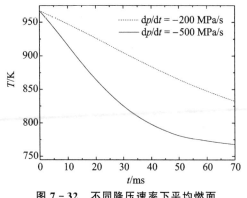

图 7 - 32 不同降压速率下平均燃面
温度随时间变化

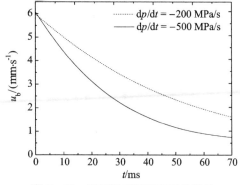

图 7 - 33 不同降压速率下平均燃速
随时间变化

7.5　AP/HTPB 推进剂降压熄火简化模型

在快速降压条件下,AP/HTPB 推进剂可能出现熄火,且熄火临界降压速率随着初始燃烧压力的增加而增加。AP/HTPB 推进剂熄火是指在某一时刻药剂的燃面温度太低以至于无法维持药剂分解而导致熄火,此时,推进剂瞬时燃速接近于零。本节分析 AP/HTPB 推进剂在快速降压条件下出现熄火的临界条件。

7.5.1　AP/HTPB 推进剂熄火临界条件

7.2 节的 AP/HTPB 推进剂降压非稳态燃烧实验,给出了降压燃烧行为与初始燃烧压力 p、最大降压速率 $|dp/dt|_{max}$ 之间的关系。采用一维非稳态燃烧模型推出 AP/HTPB 推进剂临界熄火条件。

AP/HTPB 推进剂降压熄火燃烧模型基本与 7.3 节相同,此处不再赘述。在该模型基础上,作如下修改。

(1) 温度边界条件

假设 AP/HTPB 推进剂充分发展的气相火焰区域为等熵流动,那么出口温度边界条件为

$$\rho_g c_g \frac{\partial T}{\partial t} = \frac{dp}{dt} \tag{7-38}$$

(2) 临界熄火温度

在研究推进剂点火特性时,曾采用"临界着火温度"作为点火判据,反之,可以提出一种"临界熄火温度"作为熄火判据,即推进剂在压力快速变化条件下,若燃面温度下降到某一临界温度,则发生熄火。尽管着火温度、熄火温度与环境条件有关,比如环境温度、压力等,但 Merkle 指出,当熄火温度小于 700 K 时,熄火温度对预测的熄火边界的影响可以忽略,此时,熄火温度的变化对计算结果的不敏感性,表明设置一个熄火温度上限是可行的。一些研究者在研究 AP/HTPB 推进剂点火分析中,提出推进剂的临界着火温度为 750 K,在本文计算中,提出 AP/HTPB 推进剂的临界熄火温度为 700 K,结合推进剂降压燃烧实验,检验"临界熄火温度"作为熄火判据的可行性,并在此基础上,数值研究降压燃烧行为与初始压力和最大降压速率之间的关系。

(3) "冷边界"问题

为避免熄火过程中出现燃速的"冷边界"问题,即采用式(7-12)所示的燃速表达式对任一温度分布均存在一个燃速数值相对应。那么,在降压过程中,即使发生熄火,采用式(7-12)计算的燃速值也恒不为零,这与实际观察到的实验结果不符。因此,在降压熄火过程中,需要对燃速表达式作适当修正,修改后的燃速表达式为

$$u_b = \begin{cases} \dfrac{1}{\rho_c} \displaystyle\int_{-\infty}^{0} \dot{\omega}_c \, dx + \int_{-\infty}^{0} \dfrac{\partial Y_1}{\partial t} \, dx, & T_s > T_{cr} \\ 0, & T_s \leqslant T_{cr} \end{cases} \tag{7-39}$$

其中,T_{cr} 为熄火临界温度。

7.5.2　计算结果与分析

本节将首先以 7.2 节实验工况条件为例,进行 AP/HTPB 推进剂降压条件下熄火、不熄

火行为计算以验证降压熄火模型的有效性。其次,采用式(7 - 30)所示的理想指数降压过程,研究降压燃烧行为与初始燃烧压力和最大降压速率之间的关系,模型所需计算参数如表 7 - 2 所列。

表 7 - 2　AP/HTPB 推进剂主要计算参数

物理量	数　值
A/s^{-1}	8.0×10^7
$E_c/(J \cdot mol^{-1} \cdot K^{-1})$	83 680
$Q_c/(J \cdot kg^{-1})$	-3.52×10^5
$\lambda_c/(W \cdot m^{-1} \cdot K^{-1})$	0.361
$\rho_c/(kg \cdot m^{-3})$	1 641
$c_c/(J \cdot kg^{-1} \cdot K^{-1})$	1 255.2
n_1	1.70
n_2	1.65

图 7 - 34(a)所示为某降压熄火工况计算所得的燃面温度随时间的变化曲线,由图可知,随着降压过程的进行,燃面温度不断下降,当燃面温度低于熄火临界温度 700 K 时,推进剂即发生熄火。计算得到的熄火时间 $t_{ext} = 180.8$ ms,而实验观察到 AP/HTPB 推进剂的熄火时间为 175 ms,计算值与实验结果的相对误差为 3.31%。

图 7 - 34(b)所示为某降压不熄火工况计算所得的燃面温度随时间变化曲线,由图可知,随着降压过程的进行,燃面温度不断下降,但由于降压速率相对较小,降压过程中带走的能量较少,燃面温度一直高于熄火温度。当燃烧室压力降低到环境压力时,推进剂燃烧过程将逐步调整到与大气环境相适应,燃面温度又逐渐升高,趋近大气环境下的稳态燃面温度。

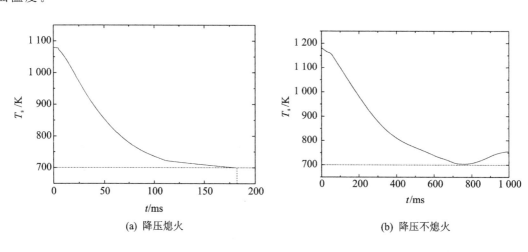

(a) 降压熄火　　　　　　　　(b) 降压不熄火

图 7 - 34　计算的燃面温度随时间变化关系

图 7 - 35 给出了推进剂初始燃烧压力为 $p_i = 6.0$ MPa,终态压力 $p_f = 0.1$ MPa 时,不同降压速率条件下推进剂燃面温度随时间的变化。由图可知,当初始降压速率为 $(dp/dt)_0 = -35$ MPa/s 时,推进剂燃面温度随着降压过程的进行逐渐降低,低于临界熄火温度而将发生熄火;当初始降压速率为 $(dp/dt)_0 = -30$ MPa/s 时,推进剂燃面温度随着降压过程的进行先是下降,后又逐渐上升,逐渐达到大气环境下的稳态燃烧状态。

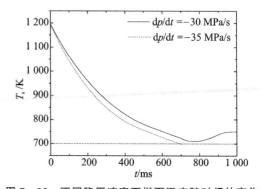

图 7 - 35　不同降压速率下燃面温度随时间的变化

由图 7 - 35 可知，AP/HTPB 推进剂在初始燃烧压力 $p_i = 6.0$ MPa，终态压力 p_f $=0.1$ MPa 时，其熄火临界降压速率应介于 -35 MPa/s 与 -30 MPa/s 之间。经逼近计算，AP/HTPB 推进剂熄火临界降压速率为 -32 MPa/s。当初始燃烧压力为 $3.0\sim6.0$ MPa 时，AP/HTPB 推进剂熄火临界降压速率为 $-(12\sim32)$ MPa/s。

7.6　AP/HTPB 推进剂旋转降压非稳态燃烧简化模型

本节基于 AP/HTPB 推进剂瞬态降压熄火的理论模型，耦合旋转角动量，采用动网格技术，建立 AP/HTPB 旋转降压下非稳态燃烧微尺度模型，详细分析在旋转降压下的火焰结构、化学组分的异相吹离效应以及燃面的变化过程，揭示旋转和降压对 AP/HTPB 气相火焰结构以及组分分布的影响规律。

7.6.1　旋转对 AP/HTPB 推进剂燃速的影响

为了保证大口径榴弹飞行稳定性，常采用高速旋转稳定的原理，因此底排弹在火炮膛内及空中会高速旋转，针对高速旋转引起的燃速变化，研究认为底排弹高速旋转时，径向加速度产生的离心惯性力使得底排推进剂气相火焰前沿贴近燃面，增加了传热量，且推进剂中含有的金属颗粒在旋转的作用下在燃面上形成凹坑，形成附加热源，最终引起燃速增大。针对弹丸旋转下推进剂的燃速有以下三种处理方式。

（1）平均系数法

弹丸静止时推进剂的燃速公式为

$$u_b = ap^n \tag{7-40}$$

弹丸旋转时，将旋转引起的燃速增加量表示为一个等效平均值，用系数 k 对静止时的推进剂燃速公式进行修正，修正后的燃速 u_b' 可表示为

$$u_b' = kap^n \tag{7-41}$$

k 值的大小由燃烧室结构和弹丸发射环境决定，一般由实验确定。平均系数法计算简单，但是主要是对燃速结果进行修正，使其达到实验预期，并没有考虑旋转过程对推进剂燃烧过程的影响，在底排装置推进剂的增面燃烧过程中适用性较弱。

（2）压力修正法

底排装置旋转时，转速越高，推进剂燃速越快，燃烧室内部的压力也越大。压力修正法就是通过修正推进剂旋转时的燃烧压力，即静止时推进剂的燃烧压力附加上弹丸旋转时引起的压力增量。将总压力带入推进剂燃速公式，得到修正后的燃速公式。

静止时燃烧室压力 p_{s0} 为

$$p_{s0} = b_0 p_1^{b_1} + b_2 S \tag{7-42}$$

式中，b_0、b_1 和 b_2 为实验系数；p_1 为大气静压；S 为推进剂燃面面积。

旋转时燃烧室压力 p_s 为

$$p_s = p_{s0} + b_3 \omega \tag{7-43}$$

式中，ω 为弹丸转速；b_3 为实验系数。

旋转时的推进剂燃速 u_b' 为

$$u_b' = ap_s^n = a(p_{s0} + b_3 \omega)^n \tag{7-44}$$

（3）旋转系数法

旋转系数法是通过转速相关的修正函数 $f(\omega)$ 来修正燃速公式，其燃速公式可表示为

$$u'_b = f(\omega) a p^n \tag{7-45}$$

旋转系数法是比较常用的修正方法,可用下列方法修正旋转对燃速的影响:

$$u'_b = \varepsilon u_b \tag{7-46}$$

修正系数 ε 可表示为

$$\varepsilon(\varepsilon-1) + \frac{D_1}{\sqrt{N}}\sqrt{\varepsilon}(\varepsilon-1) = D_2 \tag{7-47}$$

$$N = \frac{R\omega^2}{g} \tag{7-48}$$

$$R = \frac{d}{2} + e \tag{7-49}$$

式(7-47)~式(7-49)中,D_1、D_2 为无量纲常数,由实验确定,与推进剂燃烧产物的物理化学性能有关。ω 为弹丸转速;g 为重力加速度;d 为推进剂内孔直径;e 为推进剂已燃厚度。

本节选用旋转系数法修正旋转降压下的推进剂燃速,旋转系数法受转速和推进剂已燃厚度的影响,较平均系数法和压力修正法更接近推进剂的实际燃烧过程,且可动态修正整个非稳态燃烧过程中推进剂燃速受旋转的增加量。

7.6.2　计算结果与分析

本节针对初始燃烧压力为 3.5 MPa、终态压力为 0.1 MPa、初始降压速率为 1 000 MPa/s、转速为 10 200 r/min 的工况,采用动网格模拟燃面形状变化,进行旋转降压双重条件下三明治结构 AP/HTPB 推进剂燃面附近流场特性参数的数值分析,其中燃面附近气相压力变化规律可用式(7-30)表示。

容积放热速率等于反应速率与反应热的乘积,将两步气相化学反应总的热释放速率定义为容积热释放速率。容积放热速率分布反映了火焰结构特性,对应的 AP/HTPB 火焰结构如图 7-36 所示。由图可见,AP 预混火焰主要集中在 AP 表面上方几乎不受旋转影响,而扩散火焰受旋转影响较大。因此可知旋转条件下,主要是扩散火焰发生偏转从而影响了 AP/HTPB 推进剂的燃烧。

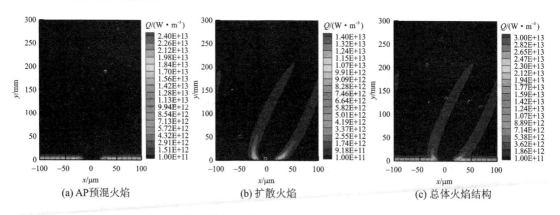

(a) AP预混火焰　　　　　　(b) 扩散火焰　　　　　　(c) 总体火焰结构

图 7-36　AP/HTPB 推进剂容积放热速率分布($p=3.5$ MPa,$\omega=10\ 200$ r/min)

图 7-37 给出了初始燃烧压力为 3.5 MPa、初始降压速率为 1 000 MPa/s、转速 ω 为 10 200 r/min 时各个时刻的容积放热速率。由图可知,随着压力的降低,化学反应速率下降,气相化学反应区逐渐变厚并远离燃面,气相化学反应由扩散过程主导转变为化学动力学主导,同时,最大容积放热速率逐渐变小,火焰放热核心远离燃面。当 $t=0.1$ ms 时,压力较大,化学

反应速率较快,扩散混合过程进行得较慢,使得火焰放热核心处于 AP/HTPB 交界面上方偏向 AP 一侧,并在表面上方形成两条分离的扩散化学反应带,细长扩散化学反应带受旋转动量影响向一侧偏转。当 $t=5$ ms 时,此时压力大约为 2.1 MPa,分离的两条扩散化学反应带变粗并且其前沿开始合并,此时受化学动力学和扩散双重影响。当 $t=9$ ms 时,此时压力进一步降低,化学反应速率变慢,相对而言扩散混合过程进行得较快,AP/HTPB 分解产物有足够的时间扩散混合,火焰区域连在一起,形成预混占优化学反应带,化学动力学成为影响气相区化学反应的主导因素。当 $t=20$ ms 时,两侧火焰放热核心合并,且受旋转影响火焰放热核心集中于右侧 AP 表面上方,热释放区域变厚,热释放核心有离开燃烧表面的趋势。当 $t=30$ ms 时,火焰放热核心继续远离燃面,且由于旋转的影响,合并的火焰放热核心开始向整个 AP 表面扩散。当 $t=50$ ms 时,放热核心进一步离开燃烧表面,且受旋转影响扩散至整个 AP 表面上方。整个降压过程中,平均热释放区域变厚,热释放核心相互靠近合并,不断远离燃面,表现为异相吹离效应,且受旋转影响由原来在 AP 与 HTPB 交界面附近扩散至整个 AP 表面上方。

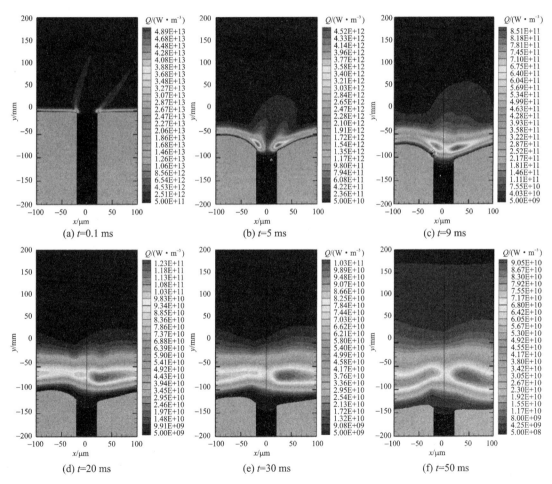

图 7 - 37　AP/HTPB 旋转降压过程中容积放热速率 Q 时空分布图

图 7 - 38 给出了图 7 - 37 对应工况下的气相火焰温度分布。由图可见,在整个旋转降压阶段,燃面附近燃气温度一直下降,这是因为快速降压导致燃面附近的燃气进行绝热膨胀,从而导致温度降低。在燃烧初始时刻,压力较高,扩散过程主导气相区化学反应,由图 7 - 36 的分析可知,旋转对扩散火焰结构影响较大,此刻气相火焰结构受旋转影响呈现倾斜的 W 形,高

温区集中在 AP/HTPB 交界面上方偏向 AP 一侧,即扩散占优化学反应带周围为高温区域,此时燃面变化主要集中在 AP 与 HTPB 交界面附近,HTPB 表面中间部分由于热反馈较小导致凸起。随着压力的下降,化学动力学成为主导气相区化学反应的主要因素,原本分离的扩散占优化学反应带逐渐合并,气相火焰不均匀性降低,由于气相火焰主要集中在 HTPB 表面上方,又因为旋转的影响,火焰向右侧偏转,导致右侧 AP 燃速较快,导致形成倾斜的 V 形燃面。降压结束后,此时压力较低,为 0.1 MPa,气相火焰形态由原先的压力主导转变为旋转主导,气相火焰不均匀性逐渐降低,x 方向气相火焰温度梯度逐渐降低,且火焰前沿逐渐远离燃面,表现为异相吹离效应。

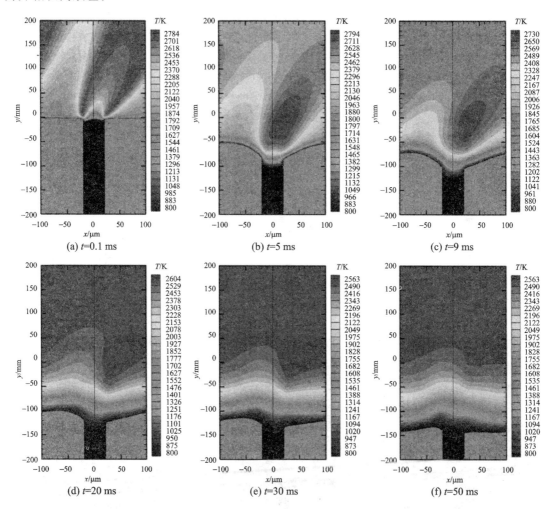

图 7-38　AP/HTPB 旋转降压过程中温度 T 时空分布图(ω=10 200 r/min)

图 7-39 给出了对应工况下的 Z 组分(Z 组分为 O_2+H_2O+HCl+N_2)分布。由于 Z 组分即是 AP 分解产物,又参与了扩散反应,所以分析 Z 组分的分布,有利于说明降压熄火过程中气相区化学反应主导因素的转变。在燃烧初始阶段,压力较高,对流速率大于扩散速率,又由于高压力导致的高化学反应速率,使得 Z 组分大量残留在 AP 表面上方,所以此时扩散过程成为气相区化学反应的主导过程。压力下降后,Z 组分区域缩小,意味着 Z 组分在更小的区域内就能进行充分反应,虽然压力下降时化学反应速率和扩散速率都有下降,但是这样更有利于扩散反应的进行。压力继续下降(见图 7-39(c)),Z 组分核心区域较之前的时刻远离燃烧表面,表面扩散反应十分强烈,化学动力学成为主导因素。降压结束后(见图 7-39(d)～(f)),由

于此时压力很低,化学反应速率很慢,相对而言扩散混合过程进行得较快,Z组分扩散过程受到旋转的影响,由左侧AP表面上方向整个AP表面扩散。整个旋转降压过程中Z组分逐渐远离燃面,说明了异相吹离效应的加剧。

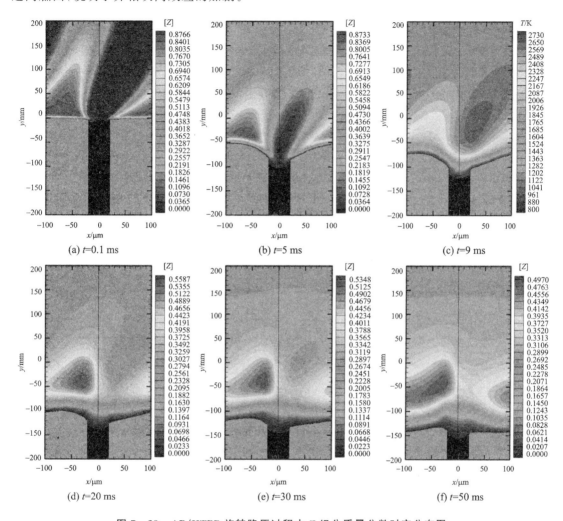

(a) t=0.1 ms　　　　　　(b) t=5 ms　　　　　　(c) t=9 ms

(d) t=20 ms　　　　　　(e) t=30 ms　　　　　　(f) t=50 ms

图7-39 AP/HTPB旋转降压过程中Z组分质量分数时空分布图

图7-40为图7-37工况下AP/HTPB旋转降压过程中燃面变化过程。由图可见,在整个降压旋转过程中,旋转使气相火焰向右侧偏转,导致右侧AP燃面较左侧AP燃面下移;降压初始阶段(0.1～9 ms)旋转对燃面形状的影响较小,燃面燃速主要受压力控制;当压力接近常压时(20～50 ms),压力对燃面影响减小,旋转导致气相火焰核心向AP表面中心扩散,此时AP燃面由凸起逐渐变成下凹。

图7-41所示为不同燃烧压力下气相火焰偏转角度分布,图中以气相火焰等温线图为基础标注出不同转速下气相火焰的偏转角度。图7-42和图7-43分别为不同压力和不同转速下气相火焰偏转角度及燃面平均雷诺数分布图。由图7-42和图7-43可知,气相火焰偏转角与压力呈线性正相关;在转速低于10 000 r/min时气相火焰偏转角与转速呈线性增长;当转速高于10 000 r/min时,气相火焰偏转角快速增大,表现为指数增长;雷诺数变化趋势与气相火焰偏转角度变化趋势基本一致。因此认为可以用燃面平均雷诺数来描述旋转与压力对气相火焰偏转角度的影响。

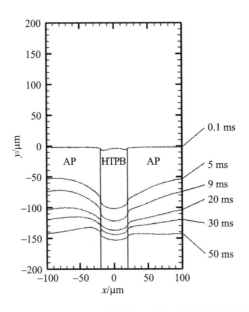

图 7 - 40　AP/HTPB 旋转降压过程中燃面变化过程

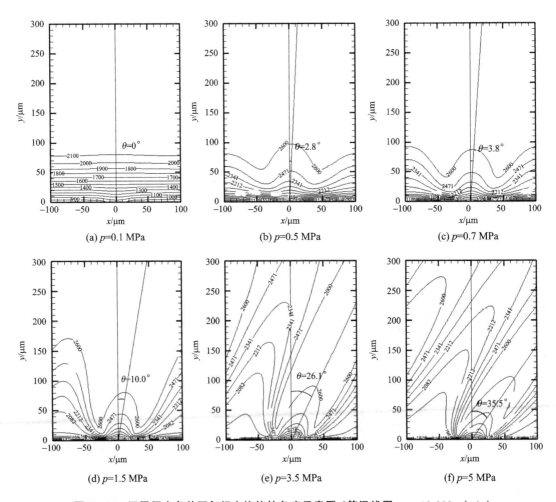

图 7 - 41　不同压力条件下气相火焰偏转角度示意图（等温线图，$\omega = 10\ 200$ r/min）

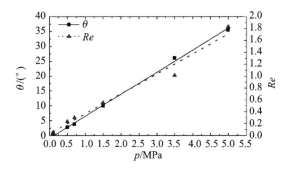

图7-42 气相火焰偏转角度及燃面平均雷诺数随压力的变化($\omega = 10\ 200$ r/min)

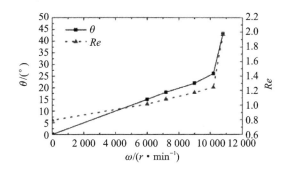

图7-43 气相火焰偏转角度及燃面平均雷诺数随转速的变化($p = 3.5$ MPa)

习题与思考题

7-1 请说明固体推进剂瞬态泄压燃烧失稳特性测试装置的设计特点。

7-2 请说明固体推进剂在瞬态泄压条件下快速复燃的特点，并结合 AP/HTPB 推进剂的模拟实验，说明其燃烧室压力和降压速率是如何变化的。

7-3 请说明固体推进剂在瞬态泄压条件下缓慢复燃的特点，它在何种情况下会发生熄火？

7-4 请说明固体推进剂在瞬态泄压条件下燃烧火焰为何会受到扰动，并结合 AP/HTPB 推进剂的模拟实验，说明其不熄火时燃烧室压力和降压速率是如何变化的。

7-5 请说明固体推进剂 AP/HTPB 的两种熄火类型，并给出各自的特点及分界线。

7-6 请写出固体推进剂 AP/HTPB 一维非稳态燃烧的气相控制方程以及耦合燃面计算关系式。

7-7 请给出固体推进剂 AP/HTPB 在瞬态泄压环境中燃烧的气相容积放热速率变化特征，并说明其与稳态时有何差异。

7-8 针对固体推进剂 AP/HTPB 熄火过程，在建立模型时如何处理"冷边界"问题？

7-9 AP/HTPB 推进剂在考虑旋转的情况下，燃烧特性会发生什么样的改变？

7-10 请用本章已学的知识，给出如何避免固体推进剂 AP/HTPB 在瞬态泄压条件下发生熄火的两种方法，并说明原因。

7-11 请结合所学固体推进剂燃烧方面的知识，畅想固体推进剂在未来新概念武器中的应用前景。

第8章 液体推进剂燃烧特性及简化模型

【内容提要】

液体火箭发动机由于具有比冲大、性能高、成本低廉、适应性强、工作可靠等优势,在大型运载火箭、卫星发射以及空间飞行器上得到了广泛的应用。我国的"长征"1号、2号、3号、4号火箭均使用的是液体火箭发动机。可以预见在今后很长一段时间内,液体火箭发动机仍将继续在航天推进系统中占据重要的地位。单组元推进剂主要用于姿态控制、速度修正、变轨飞行以及燃气发生器中,而双组元推进剂具有能量较高和使用较安全的特点,常用于液体火箭以及导弹的推进系统中。本章主要介绍了液体推进剂的分类和性能,重点围绕高能绿色液体推进剂 HAN 基液体推进剂,介绍其理化性能和点火燃烧模型。

【本章学习要求】

通过本章的学习,应熟悉并掌握以下主要内容:
(1) 液体推进剂的分类及其基本组成;
(2) HAN 基液体推进剂的热物性计算方法;
(3) HAN 基液滴燃烧的实验测试技术;
(4) 影响液体推进剂燃速的环境因素及影响机制;
(5) 液体推进剂线燃速的试验测量技术和方法;
(6) 液体推进剂的燃烧波结构特性;
(7) 液体推进剂高压稳态燃烧模型。

8.1 液体推进剂的分类及性能

液体推进剂作为液体火箭发动机的能源和工质,其性能的优劣将直接影响发动机的工作性能。液体推进剂品种繁多,既有肼类、过氧化氢等单组元推进剂,又有液氧/液氢、液氧/煤油等低温双组元推进剂,还有四氧化二氮/混肼、硝酸/肼、硝酸/偏二甲肼等。随着航天技术的不断发展,更为严格的环保要求以及对高性能推进剂的需求,世界各航天大国都致力于寻找廉价、无毒、无污染以及高比冲的绿色液体推进剂。目前常用的高能绿色液体推进剂有:硝酸羟胺(HAN)基单元液体推进剂、二硝酰胺铵(ADN)基单元液体推进剂、硝仿肼(HNF)基单元推进剂、过氧化氢(H_2O_2)基双元液体推进剂、一氧化二氮(N_2O)双组元液体推进剂等。美国航空航天局在寻求新的单元液体推进剂的过程中,发现 HAN 基系列单元液体推进剂是最具希望满足各种要求的液体推进剂。在美国陆军研究了 HAN 基液体推进剂有关环境、健康、安全、性能、密度和热控制的基础上,在 TOMS - EP,TRMM 以及 MAP 3 个推进器发射项目中,美国 NASA 针对 HAN 基和肼(N_2O_4)单元推进剂进行了对比研究。研究发现,HAN 基液体推进剂与肼相比,其能量高、冰点低、安全无毒、密度高、比冲高、常压下不敏感、储存安全,是发展新一代绿色高比冲液体火箭发动机的理想替代燃料之一。

HAN 基液体推进剂是以硝酸羟胺(HAN)为氧化剂,脂肪族胺的硝酸盐为燃料,再加上水以及微量添加剂组成的单元液体推进剂。选取不同种类的燃料,再加上不同的组分配比,就可以制得不同的 HAN 基液体推进剂。典型的 HAN 基液体推进剂有以三乙醇胺硝酸盐（TEAN）为燃料的 LP1845、LP1846，以羟乙基肼硝酸盐（HEHN）为燃料的 AF - 315 系列单元推进剂。

按化学组成，液体推进剂可分为单元液体推进剂和双元液体推进剂两大类。

8.1.1　单元液体推进剂

单元液体推进剂是一种含有推进剂和氧化剂的稳定而均质液体，可以由一种原料组成，如异丙基硝酸酯，也可以由两种以上可溶混原料组成，如由肼、硝酸肼和水混合而成。单元液体推进剂的主要优点是点火容易，喷射机构简单，使用方便；缺点是对冲击波和强烈点火源很灵敏，贮存不安全。表 8 - 1 列出一些单元推进剂组分及性能，并与普通固体发射药进行了比较。

考虑到液体发射药火炮的实际应用，单元推进剂显示出更多的优点，一些国家都集中对单元推进剂进行研究。除早期研究的 OTTO II 之外，美国海军研究过一种由硝酸羟胺（HAN）为基的单元推进剂，在此基础上美国弹道研究实验室又研制了一种新的以硝酸羟胺为基的 LP 系列单元推进剂。LP 系列中的推进剂组分主要为三甲基胺（TMAN，$C_3H_{10}N_2O_3$）、乙醇硝酸铵（FOAM，$C_2H_8N_2O_4$）、三乙基硝酸铵（EN，$C_6H_{16}N_2O_3$）。这些推进剂的组分及其性能见表 8 - 2。

表 8 - 1　有关单元液体推进剂和固体火药组分及性能

名　称	比能/(kJ·kg^{-1})	爆温/K	氧平衡/%	密度/(g·cm^{-3})
硝基甲烷(NM)CH$_3$NO$_3$	1 244	3 044	39.3	1.14
硝酸异丙基(IPN)C$_3$H$_7$NO$_3$	822	1 844	−99	1.04
肼(65%)+水(5%)+硝酸肼(30%)	1 099	1 792	−62.4	1.12
OTTO II	813	2 040	—	1.22
M$_1$(84.2% NC)	955	2 554	−516	
A502(93.5% NC)	962	2 721	−43	
NC873(96.6% NC)	1 012	2 968	−37.8	
A505(98.2% NC)	1 035	3 097	−34.5	
M8(52.5% NC/43% NC)	1 173	3 758	−21	

表 8 - 2　以 HAN 为基的单元液体推进剂组分及性能

牌　号	推进剂		HAN 质量分数	水 质量分数	密度/(g·cm^{-3})	火药力/(kJ·kg^{-1})	火焰温度/K
	符号	质量分数					
1776	TMAN	0.193	0.608	0.199	1.39	960.7	2 600
1781	EOAN	0.325	0.503	0.172	1.42	929.6	2 560
1812	TEN	0.136	0.675	0.189	1.40	959.8	2 620
1814	TEN	0.132	0.653	0.215	1.38	924.7	2 500
1835	TEN	0.118	0.684	0.198	1.41	885.7	2 410
1845	TEAN	0.200	0.632	0.168	1.46	962.3	2 730
1846	TEAN	0.192	0.608	0.200	1.42	934.5	2 570
1848	TEAN	0.145	0.663	0.192	1.46	820.7	2 260

实验证明：以 HAN 为基的液体推进剂的压缩点火与所剩空间大小、气泡大小、增压速率、最大压力及液体初始压力有关。压缩点火是液体推进剂一项重要的敏感性指标。液体推进剂的相变温度及其温度与黏性的关系也影响到燃料点火和燃烧性能。早期研究的以 HAN 为基的液体推进剂其相变温度在 $-30\ ℃$ 左右，这从军用角度来看是不能接受的，通常要求在 $-55\ ℃$ 以下才能满足要求。目前 LP1845 和 LP1846 可在 $-60\ ℃$ 下仍然保持液态。然而随温度的减小，黏性明显地增大，将影响到在低温条件下再生式液体发射药火炮控制推进剂的流动特性和喷射雾化过程。

8.1.2 双元液体推进剂

双元液体推进剂由推进剂和氧化剂两种原料组成。这两种原料在火箭外是分开的，发射时分别将两种原料注入燃烧室。双元液体推进剂按其点火方式又可分为自燃和非自燃两种。自燃的双元推进剂，当其推进剂和氧化剂接触时，不需外界能量激励能自动燃烧；非自燃双元推进剂则需外界给它点火后才能燃烧。目前主要的氧化剂为硝酸 (HNO_3)，其他可供选择的氧化剂有 N_2O_4，H_2O_2 和 $N_2H_4O_4$ 等。自燃双元燃料的组分有一甲诺肼（MMH）、非对称二甲基肼（UDMH）和三乙基胺（TEA）等。非自燃双元的燃料有十氢化萘、煤油（JP$_4$）、异辛烷和异丙醇（ZPA）等。双元液体推进剂的主要优点是氧化剂和燃料的配比可以在很宽的范围进行调节，以获得良好的点火性能和弹道性能。由于氧化剂和燃料分开存放，贮存和输运也比较安全。它的主要缺点是这些材料具有毒性和腐蚀性，会影响到操作人员的安全和火箭、喷射系统的寿命。表 8-3 所列为某些双元液体推进剂用的氧化剂和燃料的性能。

表 8-3 双元液体推进剂用的燃料和氧化剂及性能

	名　称	凝固点温度/ ℃	沸点温度/ ℃	密度/(g · cm^{-3})
燃料	异辛酸 $C_{14}N_{18}$	-109	117.6	0.69
	JP$_4$（煤油）	-60	104	0.773
	非对称二甲基肼（UDMN，$C_2H_8N_2$）	-57.2	63	0.791
	一甲基肼（MMH，CH_6N_2）	-52.4	87.6	0.875
	二乙基肼（TEA，$C_6H_{15}N$）	-114.7	89.3	0.728
	糖醇（FFA，$C_5H_6O_2$）	-32	171	1.13
	异丙醇（IPA，C_3H_8O）	-89.5	82.4	0.786
氧化剂	WFNA HNO$_3$	-41.6	84	1.513
	RFNA HNO$_3$	-52	40	1.557
	四氧化氮 N_2O_4	-11.2	21.3	1.45
	过氧化氢 H_2O_2 85% ig	-17.9	136.9	1.36

为了减少双元推进剂点火、输运控制系统的机构复杂性，在双元推进剂中人们对自燃双元推进剂比较感兴趣。正在研究中的双元推进剂的氧化剂主要是硝酸，燃料有一甲基肼（MMH）、二乙基胺（TEA）、糖醇（FFA）、异辛烷和异丙醇（IPA）等。某些自燃和非自燃双元推进剂的组成及其性能列于表 8-4 中。由于硝酸腐蚀性大，易产生泄漏，在输运系统中需要具有复杂加压计量供应系统的耐腐蚀设备，给使用带来困难。

表 8 - 4　自燃与非自燃双元液体推进剂组成及性能

名　称		比能/(kJ·kg⁻¹)	爆温/K	氧平衡/%
非自燃双元推进剂	JP₄/RFNA	1 016	3 200	
	异辛烷/WFNA - 90% ig	879	2 800	
	异辛烷/WFNA	1 278	3 581	
	异辛烷/N₂O₄	1 437	3 928	
	IPA/H₂O₂80% ig	1 146	2 851	−8.5
自燃双元推进剂	MMW/RFNA	1 446	3 510	−21.9
	UDMH/WFNA	1 375	3 500	−20.0
	TEA/WFNA	1 302	3 671	−20.2
	FA/WFNA	1 153	3 635	−16.7
	UDMH/RFNA	1 375		

8.2　HAN 基液体推进剂高压热物理性质的估算

在对 HAN 基液体推进剂进行高压蒸发及燃烧的数值模拟时,计算中往往需要用到燃料的热物理性质。热物理性质通常包括热力学性质和输运性质两大类,热力学性质是指燃料的热力学数据,包括密度、比热容、饱和蒸汽压、蒸发潜热以及摩尔相变热等;输运性质是指与质量、动量和能量传递过程有关的参数,如黏度、导热系数以及扩散系数等。热物性参数的选取对模拟计算结果的准确性影响很大。

8.2.1　热力学性质

(1) 密　度

1) 蒸气密度

液体推进剂蒸发变成燃料蒸气进入燃烧室,气体的密度可借助状态方程计算,考虑到高压条件下真实气体不能当作理想气体看待,因此必须选择合适的实际气体状态方程。由于 SRK 状态方程形式简单、计算精确且适用于极性物质,可选用 SRK 状态方程,其形式为

$$\left. \begin{aligned} p &= \frac{RT}{V_g - b} - \frac{a}{V_g(V_g + b)} \\ \rho_g &= \frac{M_g}{V_g} \end{aligned} \right\} \tag{8-1}$$

式中,ρ_g 为蒸气密度,g/cm³;V_g 为气体摩尔体积,cm³/mol;M_g 为气体的平均摩尔质量,g/mol;R 为摩尔气体常数,J/(mol·K);a,b 为 SRK 状态方程的参数,可由物质的临界参数计算得到。

2) 液体密度

液体推进剂在使用过程中,环境压力及环境温度发生变化时,相应地液体密度也会随之改变。目前,HAN 基液体推进剂密度与压力、温度的综合关系式中最常用的一种是由 Murad 根据水的 Tait 状态方程推导出来的,其形式为

$$\rho^* = \frac{1 - T^*}{1 - 0.145(1 + 5.788\,9\Delta t^*)\ln(1 + p^*/0.216\,5)} \tag{8-2}$$

式中，$\rho^* = \rho \times \alpha^3$；$T^* = T/\beta$；$p^* = p\alpha^3/\beta$；$\Delta t^* = (T - 298.15)/\beta$；$\rho$，$g/cm^3$；$T$，$K$；$p$，$MPa$。对于 LP1845：$\alpha = 0.843\,912$，$\beta = 2\,337$；对于 LP1846：$\alpha = 0.847\,544$，$\beta = 2\,303$。

根据 Murad 关联式，计算了 LP1845 液体密度随温度和压力的变化关系曲线，如图 8-1 所示。

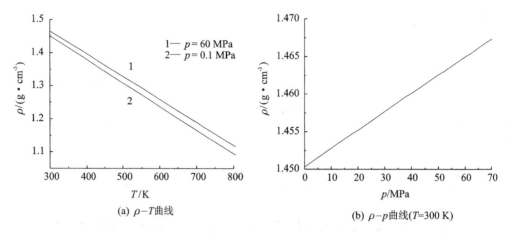

(a) ρ-T曲线　　　　　　　　　　　(b) ρ-p曲线(T=300 K)

图 8-1　LP1845 液体密度与温度、压力的关系

从图 8-1(a)中可以看出，对于 LP1845 来说，在压力保持恒定的情况下，在 300~800 K 范围内，随着温度的增加，液相密度显著减小。从图 8-1(b)中可以看出，当温度为 300 K 时，在 0.1~70 MPa 范围内，随着压力的增大，液相密度只相对增加了 1.17%。LP1846 的液相密度与 LP1845 有着类似的变化规律，但是在相同的温度和压力下，其值比 LP1845 的液相密度值要小。当 $T = 300$ K，$p = 0.1$ MPa 时，采用式(8-2)计算出的 LP1846 的密度估算值为 1.428 6 g/cm^3，而 LP1845 的密度估算值为 1.450 3 g/cm^3。

（2）比定压热容

1）气体比定压热容

在高压体系下的气体行为将大大偏离理想气体，所以气体的比热容必须按照实际气体比热容计算。在相同的温度条件下，实际气体和理想气体的比定压热容存在如下关系：$C_p = C_p^0 + \Delta C_p$，理想气体比定压热容 C_p^0 由经验公式确定。HAN 基液体推进剂蒸汽的 C_p^0 采用 Decker 公式来计算，即

$$C_p^0 = 2.29 + 9.78 \times 10^{-5} p \tag{8-3}$$

式中，C_p^0，$J/(g \cdot K)$；p，MPa。

在工程上，剩余比热容 ΔC_p 常常按照 Lee-Kesler 关联式计算

$$\frac{\Delta C_p}{R} = \left(\frac{\Delta C_p}{R}\right)^0 + \frac{\omega}{\omega_f}\left[\left(\frac{\Delta C_p}{R}\right)^f - \left(\frac{\Delta C_p}{R}\right)^0\right] \tag{8-4}$$

式中，角标 0，f 分别代表简单流体和参考流体；$(\Delta C_p/R)^0$，$(\Delta C_p/R)^f$ 分别为简单流体和参考流体的贡献项函数，在 Lee-Kesler 文中以对比压力 p_r、对比温度 T_r 的表格形式给出。此方法的适用范围是：$0 < p_r < 10$，$0.3 < T_r < 4$。

图 8-2 所示为不同压力下 LP1845 蒸汽比定压热容随温度的变化特性。由图可见，在相同的压力条件下，温度在 300~600 K 范围内变化时，温度对比定压热容基本无影响；之后，随着温度的上升，比热容略有增大；当达到某一温度之后，比热容迅速增大，达到峰值；随后，比定压热容随着温度的增大而急剧下降；当温度超过 1 400 K 以后，温度对比热容基本无影响。从图中还可以看出，当压力为 LP1845 的临界压力 68.1 MPa 时，比定压热容峰值最大。

2）液体比定压热容

对于液体比定压热容的估算,常用的方法有基团贡献法和对比态法两种。HAN 基液体推进剂采用了对比态法中常见的 Sternling - Brown 经验公式来估算液体比定压热容 C_{p1},即

$$C_{p1} - C_p^0 = R(0.5 + 2.2\omega)g(T_r) \tag{8-5}$$

其中

$$g(T_r) = 3.67 + 11.64(1 - T_r)^4 + 0.634(1 - T_r)^{-1} \tag{8-6}$$

Sternling - Brown 公式的实质是使用饱和压力下的液体比定压热容来代替所有压力下的比定压热容,即液体比定压热容仅为温度的函数。因此,可以认为 LP1845、LP1846 的液体比定压热容不随着压力而变化。

图 8-3 给出了 50 MPa 压力下 LP1845 的液体比定压热容随温度的变化关系。由图可见,在近临界温度区域附近,液体比定压热容出现了突变。LP1845 在其临界温度 824.3 K 附近,液体比定压热容从 2.98 J/(g·K) 迅速上升至 15.30 J/(g·K),之后又迅速下降。而在远临界温度区域,液体比定压热容基本不受温度的影响。

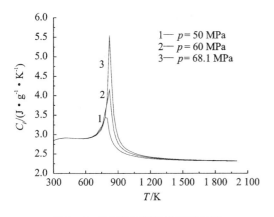

图 8-2　LP1845 蒸汽比定压热容

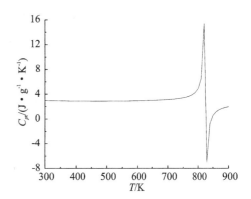

图 8-3　LP1845 液体比定压热容($p=50$ MPa)

（3）饱和蒸汽压

由于 HAN 基液体推进剂为均相液体,其饱和蒸汽压可由 Clapeyron 方程来描述

$$\frac{\mathrm{d}\ln p_{vp}}{\mathrm{d}(1/T)} = -\frac{L}{R\Delta Z_v} \tag{8-7}$$

式中,p_{vp} 为饱和蒸汽压;L 和 ΔZ_v 分别为蒸发潜热、饱和蒸汽与饱和液体之间的压缩因子差。

Decker 借助实验手段测量了 268.15～338.15 K 温度范围内 LP1845,LP1846 的蒸汽压数据。将实验数据代入上述 Clapeyron 方程中,可从理论上求得 LP1845,LP1846 在标准大气压下的沸点分别为 399.9 K,396.7 K。这两个数据在实验中不能可靠地被测量,其原因是 HAN 基液体推进剂在温度接近沸点时,部分组分已发生分解。

另外,假设 $L/\Delta Z_v$ 为常数,且与温度无关。对方程（8-7）进行积分,可得

$$\ln p_{vp} = \sigma - \frac{\delta}{T} \tag{8-8}$$

式中,σ 为积分常数;$\delta = L/(R\Delta Z_v)$。此式有时也被称为 Clausius - Clapeyron 方程,它在小温度区间内是一个比较理想的蒸汽压近似关联式。

基于 Clausius - Clapeyron 方程,结合 Decker 测量的实验数据,则 LP1845 饱和蒸汽压与温度的关系可最终表示为如下形式:

$$p_{vp} = e^{10.097 - \frac{4\,953.670}{T}} \tag{8-9}$$

(4) 蒸发潜热和摩尔相变热

在常压蒸理论中,常用蒸发潜热 L 来代替摩尔相变热 ΔH。但实际上,两者的数值和含义都是不相同的。蒸发潜热是指在某一温度 T 及与之对应的饱和压力下,饱和蒸汽与饱和液体之间的焓差;摩尔相变热是指在压力 p 和温度 T 下液体转变为蒸汽时所吸收的热量。液体在温度 T 时,从状态 p 变到饱和压力时摩尔焓的变化,称为等温焓差 ΔH_T。因此,摩尔相变热可以看作蒸发潜热与等温焓差之和,即: $\Delta H = L + \Delta H_T$。

蒸发潜热 L 可基于对比态法则求出,其中 Pitzer 偏心因子关系式是最准确方便的方法之一,需要知道临界温度和偏心因子的数据,其解析形式为

$$\frac{L}{RT_c} = 7.08(1 - T_r)^{0.354} + 10.95\omega(1 - T_r)^{0.456} \tag{8-10}$$

式中,ω 为偏心因子。

由化工热力学知识,等温焓差可以表示为

$$\frac{\Delta H_T}{RT^2} = Z - 1 - \frac{A^2}{B}\ln\left(1 + \frac{Bp}{Z}\right) \tag{8-11}$$

式中,$A = a^{0.5}/RT$,$B = b/RT$,Z 为压缩因子,a,b,Z 可由 SRK 状态方程求得。

图 8-4 所示为 LP1845 的蒸发潜热及摩尔相变热随温度的变化关系,由图可见,随着温度的升高,蒸发潜热逐渐降低。当温度接近 LP1845 的临界温度 824.3K 时,蒸发潜热趋近于零。曲线 2,3 分别表示压力为 30 MPa 和 50 MPa 时的摩尔相变热,摩尔相变热为压力和温度的二元函数。在一定的压力下,随着温度的升高,摩尔相变热减小。而在温度一定时,压力越大,摩尔相变热越小。在所研究的压力范围内,当温度接近 LP1845 的临界温度时,摩尔相变热趋于零。

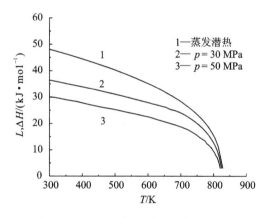

图 8-4 LP1845 蒸发潜热及摩尔相变热

8.2.2 输运性质

(1) 黏 度

由于高压下液体黏度的测量工作难以开展,目前在这方面还缺乏可靠的实验数据,为此对于液体推进剂的黏度基本都是采用理论预估。压力对 HAN 基液体推进剂黏度的影响可以表示为

$$\ln\eta^* = -9.373\,7 + \frac{2\,907.9\rho^*}{T^* - 141.25} \tag{8-12}$$

式中,$\eta^* = \eta\alpha/(M\beta)^3$,$\eta$ 为动力黏度,$Pa \cdot s$;$T^* = T/\beta$;ρ^* 依照式(8-2)计算。对于 LP1845:$\alpha = 1.814\,1$,$\beta = 1.168\,4$;对于 LP1846:$\alpha = 1.724\,4$,$\beta = 1.168\,4$。

图 8-5 显示了温度为 300 K 时 LP1845 的动力黏度随压力的变化关系。从图中可以看出,在 0.1~70 MPa 压力范围内,随着压力的升高,液体黏度增大。这是因为,当压力升高时,液体被压缩,体积变小,分子间距离缩短,固着力增大,于是液体的黏度随之增大。

（2）导热系数

在标准大气压下,液体推进剂在任意温度下的导热系数可以采用 Latini 公式来计算

$$\lambda^0 = \frac{W(1-T_r)^{0.38}}{T_r^{1/6}} \qquad (8-13)$$

式中,λ^0 为标准大气压下导热系数,W/(m·K)。对于 HAN 基液体推进剂,W 为

$$W = \frac{0.494T_c^{0.167}}{M^{0.5}} \qquad (8-14)$$

Latini 估算了很多种类液体化合物的导热系数,通过与其实验值进行比较,得到的误差大小各异,但一般不超过 10%,证实了其方法的可靠性。

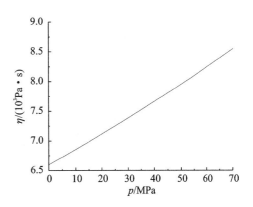

图 8-5　LP1845 液体黏度（$T = 300$ K）

修正压力对液体导热系数影响的方法有多种,Missenard 提出一个可以扩展到很高压力下的简单关系式,其解析式为

$$\lambda/\lambda^0 = 1 + Qp_r^{0.7} \qquad (8-15)$$

$$Q = (-0.003\,579 + 0.032\,518T_r) + (-0.001\,725 + 0.006\,630T_r)\ln p_r \qquad (8-16)$$

图 8-6 所示为 LP1845 液体导热系数随温度和压力的变化关系,从图 8-6(a) 可以看出,在压力相同的条件下,随着温度的升高,液体导热系数减小。当温度从 300 K 上升到临界温度时,导热系数减小到原来的 10% 左右。由图 8-6(a) 中还可以看出,压力对 LP1845 液体导热系数的影响较小。由图 8-6(b) 可知,在温度为 300 K,压力从 0.1 MPa 增加到 70 MPa 时,液体导热系数只增加了 1.12%。

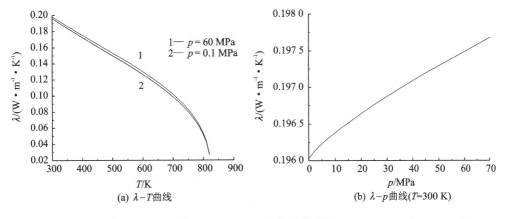

图 8-6　LP1845 液体导热系数

（3）质扩散系数

对于大气压下气体二元扩散系数的估算,可用的方法有多种。但一般而言,Fuller 公式产生的平均误差最小,应用广泛且已被证明相当可靠,其形式为

$$D_{12} = \frac{0.001\,43T^{1.75}}{pM_{12}^{1/2}\left[(\Sigma_v)_1^{1/3} + (\Sigma_v)_2^{1/3}\right]^2} \qquad (8-17)$$

式中,D_{12} 质为扩散系数,cm²/s;$M_{12} = 2(1/M_1 + 1/M_2)^{-1}$;$\Sigma_v$ 为分子扩散体积,由原子扩散体积相加得到;下标 1,2 分别代表两种相互扩散的气体,在这里指燃料蒸汽以及氮气。

为了研究压力对质扩散系数的影响,Takahashi 曾提出一个非常简单的对比态方法。由于高压下可用的数据库是有限的,目前这种方法还是令人满意的,其关联式为

$$\frac{D_{12}p}{(D_{12}p)^0} = (Dp)_{r,1}(1 - A'T_r^{-B'})(1 - C'T_r^{-E'}) \tag{8-18}$$

式中,$(D_{12}p)^0$ 表示大气压下的 Dp 值;$(Dp)_{r,1}$,A',B',C',E' 随对比压力 p_r 的变化而取不同的值。此高压修正方程的适用范围是:$0 < p_r < 5$,$0.9 < T_r < 5$。式(8-18)中的对比压力 p_r 和对比温度 T_r 由 Kay 混合规则确定,即

$$\left.\begin{array}{l} p_r = p/(y_1 p_{c1} + y_2 p_{c2}) \\ T_r = T/(y_1 T_{c1} + y_2 T_{c2}) \end{array}\right\} \tag{8-19}$$

式中,y 表示摩尔分数。

图 8-7 所示为气相混合物(10% 的 LP1845 燃料蒸汽和 90% 的 N_2 组成)在不同的温度和压力下质扩散系数的变化曲线。从图 8-7(a)中可以看出,在压力保持不变时,气体混合物的质扩散系数随着温度的增加而增大。这是因为温度越高,分子间运动越剧烈,有利于扩散过程的进行。图 8-7(b)中给出了温度为 300 K 时,质扩散系数随压力的变化情况,从图中可以看出:0.1~10 MPa 内,质扩散系数随着压力的增大迅速减小;10~70 MPa 内,随着压力的增大,质扩散系数只是略有减小。

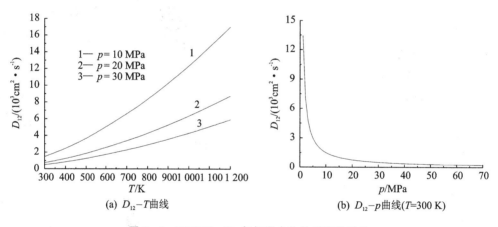

(a) $D_{12}-T$ 曲线　　　　　　　　　　(b) $D_{12}-p$ 曲线($T=300$ K)

图 8-7　LP1845-N_2 气相混合物的质扩散系数

8.3　HAN 基液体推进剂液滴的燃烧特性

利用液体燃料的武器系统一般采用喷雾燃烧推进方式,液体推进剂的喷雾状态和液滴燃烧特性是影响内弹道性能的重要因素。弄清楚液滴的着火、燃烧行为,对于进一步认识燃烧室中液滴群复杂的点火、传火及燃烧过程有实际意义。定量测试液滴的着火延迟期、生存期、液滴直径随时间变化及蒸发燃烧常数等特性参数,也可以为喷射机构和点火系统的设计提供理论指导。

8.3.1　液滴燃烧实验装置

液滴燃烧实验采用挂滴实验装置,其结构示意图见图 8-8。液滴通过超微量泵用注射装置挂在 $\phi 0.2$ mm 或 $\phi 0.5$ mm 的镍铬镍铝热电偶的结点上,此热电偶可以同时测出液滴的温升。在液滴附近再放置一根 $\phi 0.2$ mm 的铠装镍铬镍铝热电偶,测量气相的温升。这两个热

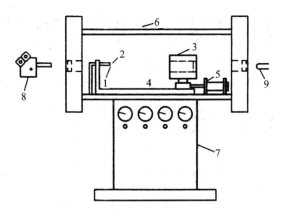

1—液相热电偶;2—气相热电偶;3—加热炉;4—燕尾槽;5—气动装置;
6—高压容器;7—控制台;8—高速摄影机;9—平行光源。

图 8 - 8　液滴燃烧实验装置示意图

电偶的温度变化信号由一台 SC18A 型光线示波器记录。管形加热炉的温度从常温到 1 000 K 可调,用一台 DWK - 702 型精密温控仪控制,控温精度为 ±1K。加热炉装在燕尾槽上,能被气动装置来回推动。高压容器两端各开有一个观察窗,装有直径 40 mm、厚度 20 mm 的石英玻璃,其背面有一观察孔,装上直径 20 mm、厚度 30 mm 的光学玻璃,该容器能承受 8 MPa 压力。实验操作由控制台控制,液滴着火燃烧全过程由高速摄影机记录。

当液滴突然置入研究的工况中时,用高速摄影机将液滴在电加热炉温度作用下所产生的汽化、分解和燃烧全过程记录下来。同时用光线示波器记录液滴气液两相温升曲线。通过分析温升曲线,可以了解液滴的着火延迟和生存期。另外,用读数显微镜从液滴照片上判读液滴尺寸的大小。其中椭球形液滴可用 Kobaysai 方法转换成具有相同体积的球,其当量直径为

$$D_1 = (ab^2)^{\frac{1}{3}} \tag{8-20}$$

式中,a 表示椭圆的长轴,b 为短轴。获得不同时刻的液滴尺寸大小,就可得到液滴面积平均减小速率,即

$$K = \frac{D_0^2 - D_1^2}{t} \tag{8-21}$$

式中,D_0 为液滴初始直径。

8.3.2　HAN 基液滴燃烧特性

实验结果表明,LP1846(HY911)液滴在高温环境下主要经历四个特征过程:第一,蒸发过程,蒸发产物为水蒸气;第二,周期性膨胀收缩过程,液滴膨胀的最大直径约为初始直径的两倍左右,在此过程中伴有液滴的轻度微爆现象,其微爆机理主要是水组分的过热;第三,较强热分解过程;第四,燃烧过程。图 8 - 9 所示为在环境温度 850 K 和 0.1 MPa 条件下 LP1846 液滴从受热到燃尽的序列过程。

在液滴燃烧全过程中,液滴直径随时间的变化关系不满足 D^2 定律,如图 8 - 10 所示。这种 $D^2 - t$ 的关系不同于一般燃料液滴燃烧所满足的 D^2 定律。但为了反映液滴表面积减小速率,针对图中始末几点作一最佳直线,其斜率即表示液滴表面积平均减小速率 K。图 8 - 11 所示为 K 随温度变化规律,图中 D_0 为液滴初始直径。

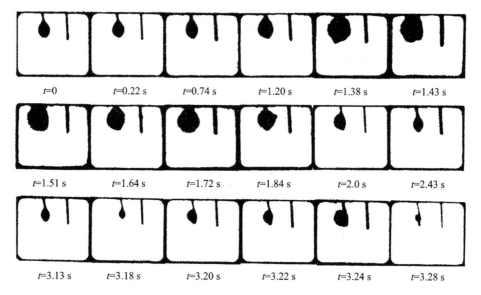

图 8 - 9　LP1846 液滴从受热到燃尽的序列过程($T_\infty = 850$ K, $p_\infty = 0.1$ MPa)

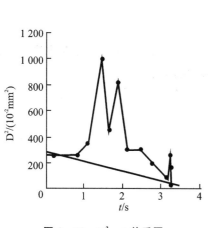

图 8 - 10　$D^2 - t$ 关系图

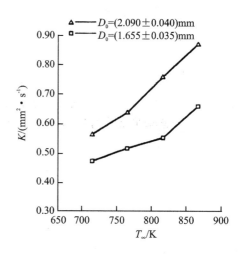

图 8 - 11　$K - T_\infty$ 关系图

　　LP1846 液滴从受热、分解、着火到燃尽的典型温升曲线如图 8 - 12 所示。当液滴着火时,气相测温热电偶感受到温度突变,曲线突跃。这时所对应的时刻即为着火延迟期 t_i,所对应的液相温度即为液滴的着火温度 T_c。当液滴燃尽后,液相热电偶温度上升,而气相热电偶温度下降,这时所对应的时刻即为液滴的生存期 t_b。由图 8 - 12 可以看出,LP1846 这种单元液体推进剂的分解燃烧特征明显不同某一些单元液体推进剂,如 OTTO II 和偏二甲肼。OTTO II 和偏二甲肼燃料液滴都有一个较长的稳定燃烧期,而 LP1846 液滴的着火延迟期很长,但燃烧时间很短。随着加热温度 T_∞ 的升高,液滴的着火延迟期 t_i 和生存期 t_b

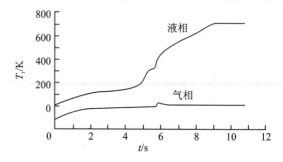

图 8 - 12　LP1846 液滴温升曲线

越短,着火温度 T_C 也越低。因为 T_∞ 高,意味着对液滴的加热速率大,因而传递给液滴的热量较多,液滴升温快。这样势必使液滴蒸发分解的速率加快,故较容易着火。

当环境压力升高时,在液滴膨胀、收缩过程中伴有较强的热分解反应,并且微爆特征更加显著,如图 8 - 13 所示。微爆机理是水组分的过热和微弱液相反应。因为当环境压力升高之后,LP1846 的沸点也相应提高,液滴的温度也跟着升高,所以液滴内局部过热状态很容易形成。过热状态的水分开始大量积累,并导致均相成核的发生,过热的水向核内蒸发。同时,LP1846 分解释放出的气体也有部分进入核内。这两个因素都促使液滴内气泡逐渐增大,最终爆裂导致液滴破碎。由此可见,LP1846 液滴燃烧特点受压力的影响很大,在常压下,液滴表现为分解燃烧。随着压力的升高,呈现破碎性燃烧,直至出现爆裂性燃烧。

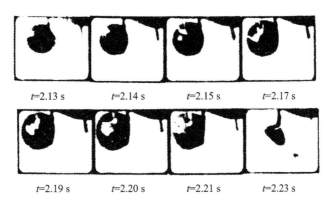

$t=2.13$ s　　$t=2.14$ s　　$t=2.15$ s　　$t=2.17$ s

$t=2.19$ s　　$t=2.20$ s　　$t=2.21$ s　　$t=2.23$ s

图 8 - 13　LP1846 液滴微爆的序列过程($p_\infty=0.4$ MPa,$T_\infty=700$ K)

8.4　HAN 基液体推进剂液滴燃烧的简化模型

8.4.1　物理模型

根据实验结果可知:LP1846 液滴的燃烧特点与一般燃料滴明显不同。它先在液相中分解释放出可燃性气体,再在气相中形成扩散火焰。为此,我们把液滴燃烧分 3 个区,如图 8 - 14 所示,即液滴因分解释放出可燃性气体的预热区、可燃性气体燃烧区和燃尽区。为便于计算,采用简化假设:①单滴在静止空气中燃烧,呈球对称特点,且过程是准定常的;②把液相反应释放可燃性气体的过程当作准蒸发过程处理;③忽略辐射传热,且不考虑气体在高温下的离解;④单滴燃烧化学反应满足阿累尼乌斯定律,且假设火焰区很薄,可当成绝热火焰处理;⑤把气相产物分成两部分,由液滴分解释放出的可燃性气体和燃烧产物、空气;⑥物性参数取平均值,且 $Le=1$。

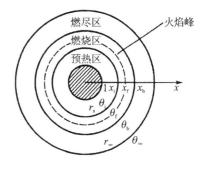

图 8 - 14　液滴燃烧分区模型示意图

8.4.2　数学模型

根据物理模型,可得液滴气相场中的基本方程(连续性、能量、扩散、状态方程)和边界条件为

$$4\pi r_s^2 \rho_s v_s = 4\pi r^2 \rho v = \dot{m} = \text{const} \qquad (8-22)$$

$$\dot{m}\bar{C}_p \frac{dT}{dt} = \frac{d}{dr}\left(4\pi r^2 \bar{\lambda} \frac{dT}{dr}\right) + 4\pi r^2 W_1 Q_1 \qquad (8-23)$$

$$\dot{m} \frac{df_1}{dr} = \frac{d}{dr}\left(4\pi r^2 \overline{D\rho} \frac{df_1}{dr}\right) - 4\pi r^2 W_1 \qquad (8-24)$$

$$P = \rho R_1 T \qquad (8-25)$$

$$\left.\begin{array}{c} r = r_s, \quad 4\pi r_s^2 \bar{\lambda}\left(\dfrac{dT}{dr}\right)_s = \dot{m}\tilde{q}, \quad -4\pi r_s^2 \overline{D\rho}\left(\dfrac{df_1}{dr}\right)_s + \dot{m}f_1 \mid_s = \dot{m} \\[3mm] \ln(Pf_1)\mid_s = -\dfrac{\Delta\tilde{H}}{RT_s} + \text{const}, \quad r \to \infty, T = T_\infty, f_1 = 0 \end{array}\right\} \qquad (8-26)$$

式中,Q_1 和 W_1 表示化学反应热和反应速率;$\tilde{q}$ 表示准蒸发热;f_1 表示可燃性气体质量分数;$\Delta\tilde{H}$ 表示准蒸发潜热。

为便于求解,引入几个无量纲量:

质量流量分数 $\quad \varepsilon_1 = \dfrac{\dot{m}_1}{\dot{m}} = \dfrac{\dot{m}f_1 - 4\pi r^2 \overline{D\rho}(df_1/dr)}{\dot{m}}$

无量纲温度 $\quad \theta = \dfrac{\bar{C}_p(T - T_s) + \tilde{q}}{Q_1}$

无量纲坐标 $\quad x = \dfrac{r_s}{r}$

无量纲燃速 $\quad \bar{u}_m = \dfrac{\dot{m}\bar{C}_p}{4\pi r_s \bar{\lambda}}$

利用这几个无量纲量来简化基本方程,可把它们化成 3 个一阶微分方程,即

$$\frac{d\varepsilon_1}{dx} = \frac{1}{\bar{u}_m}\left(\frac{\bar{C}_p}{\bar{\lambda}}\right)\frac{r_s^2}{x^4}W_1 \qquad (8-27)$$

$$\frac{d\theta}{dx} = \bar{u}_m(1 - \theta - \varepsilon_1) \qquad (8-28)$$

$$\frac{df_1}{dx} = \bar{u}_m(\varepsilon_1 - f_1) \qquad (8-29)$$

相应的边界条件也可化成

$$x = 1, \quad \theta = \theta_s, \quad \varepsilon_1 = 1 \qquad (8-30)$$

$$x = 0, \quad \theta = \theta_\infty, \quad f_1 = 0, \quad \varepsilon_1 = 0 \qquad (8-31)$$

由式(8-28)和式(8-29)消去 ε_1,得 $\dfrac{d(\theta + f_1)}{dx} = \bar{u}_m(1 - \theta - f_1)$,再在 $[0, x]$ 上积分一次,并将式(8-31)代入得

$$f_1 = 1 - \theta - (1 - \theta_\infty)\exp(-\bar{u}_m x) \qquad (8-32)$$

根据假设,火焰是绝热的,则 $\theta_\infty = 1$,所以 $f_1 = 1 - \theta$。

对于预热区,由于温度较低,忽略气相化学反应,粗略认为 $\varepsilon_1 = 1$,将方程(8-28)在 $[1, x_i]$ 上积分一次,得 $\bar{u}_m = \dfrac{1}{1 - x_i}\ln\dfrac{\theta_i}{\theta_s}$。考虑到火焰区很薄,所以可近似认为 $x_i \approx x_f$,$T_i \approx T_f$,这样可变成

$$\bar{u}_m \approx \frac{1}{1 - x_f} \ln \frac{\theta_f}{\theta_s} \qquad (8-33)$$

把无量纲量 $\theta, x, \bar{u}_m$ 代入式(8-33)可得

$$\dot{m} = 4\pi r_s \frac{\bar{\lambda}}{\bar{C}_p} \frac{r_f}{r_f - r_s} \ln\left[1 + \frac{\bar{C}_p(T_f - T_s)}{\tilde{q}}\right] \qquad (8-34)$$

对于燃烧区,由式(8-27)、式(8-28)可得

$$\frac{\mathrm{d}^2\theta}{\mathrm{d}x^2} + \bar{u}_m \frac{\mathrm{d}\theta}{\mathrm{d}x} + \frac{\bar{C}_p}{\bar{\lambda}} r_s^2 \frac{W_1}{x^4} = 0 \qquad (8-35)$$

对于火焰峰,$(\mathrm{d}\theta/\mathrm{d}x)_f = 0$,又因火焰区很窄,所以 $(\mathrm{d}\theta/\mathrm{d}x) \approx 0$。另外 $(\mathrm{d}^2\theta/\mathrm{d}x^2) = \frac{1}{2}\frac{\mathrm{d}}{\mathrm{d}\theta}$ $(\mathrm{d}\theta/\mathrm{d}x)^2$,将式(8-35)在 $[\theta_i, 1]$ 上积分一次,得

$$\frac{1}{2}\left(\frac{\mathrm{d}\theta}{\mathrm{d}x}\right)^2 \Bigg|_{\theta_i}^1 = -\int_{\theta_i}^1 \frac{\bar{C}_p}{\bar{\lambda}} r_s^2 \frac{W_1}{x^4} \mathrm{d}\theta \approx -\frac{\bar{C}_p}{\bar{\lambda}} \frac{r_s^2}{x_f^4} \int_{\theta_i}^1 W_1 \mathrm{d}\theta$$

即

$$\frac{1}{2}\left(\frac{\mathrm{d}\theta}{\mathrm{d}x}\right)^2 \Bigg|_{i_+} \approx \frac{\bar{C}_p}{\bar{\lambda}} \frac{r_s^2}{x_f^4} \int_{\theta_i}^1 W_1 \mathrm{d}\theta = \frac{\bar{C}_p}{\bar{\lambda}} \frac{r_s^2}{x_f^4} \int_0^1 W_1 \mathrm{d}\theta \qquad (8-36)$$

根据基本假设,W_1 可表示为

$$W_1 = A\rho^n f_1^m \mathrm{e}^{-E/(RT)}, \quad m > 0 \qquad (8-37)$$

把式(8-25)和无量纲量 θ 代入,可得

$$W_1 = H^2 \left(\frac{\bar{\lambda}}{\bar{C}_p}\right) \frac{f_1^m}{(\theta - \theta_A)^n} \exp\left(-\frac{\theta_a}{\theta - \theta_A}\right) \qquad (8-38)$$

式中

$$H^2 = A(\rho_s T_s)^n \left(\frac{\bar{C}_p}{Q_1}\right)^n \left(\frac{\bar{C}_p}{\bar{\lambda}}\right), \quad \theta_a = \frac{E\bar{C}_p}{RQ_1}, \quad \theta_A = \frac{\tilde{q} - \bar{C}_p T_s}{Q_1}$$

则有

$$\int_0^1 W_1 \mathrm{d}\theta = \int_0^1 H^2 \left(\frac{\bar{\lambda}}{\bar{C}_p}\right) \frac{(1-\theta)^m}{(\theta - \theta_A)^n} \exp\left(-\frac{\theta_a}{\theta - \theta_A}\right) \mathrm{d}\theta \qquad (8-39)$$

为求解式(8-39)右边积分的近似值,须对 $1/(\theta - \theta_A)^n$,$\theta_a/(\theta - \theta_A)$ 两函数作级数展开,并作坐标变换:$t = \theta_a(1-\theta)/(1-\theta_A)^2$。可得

$$\int_0^1 W_1 \mathrm{d}\theta \approx H^2 \left(\frac{\bar{\lambda}}{\bar{C}_p}\right) \frac{(1-\theta_A)^{2(m+1)-n}}{\theta_a^{m+1}} \exp\left(-\frac{\theta_a}{1-\theta_A}\right) \left[\Gamma(m+1) + n\Gamma(m+2)\frac{1-\theta_A}{\theta_a}\right]$$
$$(8-40)$$

把式(8-40)代入式(8-36),并开方,得

$$\left(\frac{\mathrm{d}\theta}{\mathrm{d}x}\right)_{i_+} = -\frac{Hr_s}{x_f^2} \frac{(1-\theta_A)^{1+m-\frac{n}{2}}}{\theta_a^{(1+m)/2}} \exp\left[1 - \frac{\theta_a}{2(1-\theta_A)}\right]$$
$$\sqrt{2\left[\Gamma(m+1) + n\Gamma(m+2)\frac{1-\theta_A}{\theta_a}\right]} \qquad (8-41)$$

根据连续性条件:$x = x_s$,$(\mathrm{d}\theta/\mathrm{d}x)_{i_-} = (\mathrm{d}\theta/\mathrm{d}x)_{i_+}$。式(8-28)在预热区改为

$$(\mathrm{d}\theta/\mathrm{d}x)_{i_-} = -\bar{u}_m\theta_{i_-} \approx -\bar{u}_m \tag{8-42}$$

将式(8-41)、式(8-42)代入连续性条件可得

$$\bar{u}_m = \frac{Hr_s}{x_f^2}\frac{(1-\theta_A)^{1+m-\frac{n}{2}}}{\theta_a^{(m+1)/2}}\exp\left[-\frac{\theta_a}{2(1-\theta_A)}\right]\sqrt{2\left[\Gamma(m+1)+n\Gamma(m+2)\frac{1-\theta_A}{\theta_a}\right]} \tag{8-43}$$

再把各个无量纲量代入,整理得液滴质量燃速为

$$\dot{m} = 4\pi r_f^2\sqrt{2A\left(\frac{\bar{\lambda}}{\bar{C}_p}\right)\left[\Gamma(m+1)+n\Gamma(m+2)\frac{RT_f}{E}\right]\left(\frac{\rho_s T_s}{T_f}\right)^n\left(\frac{\bar{C}_p T_f}{Q_1}\right)^{m+1}\left(\frac{RT_f}{E}\right)^{m+1}\mathrm{e}^{-E/(RT_f)}} \tag{8-44}$$

8.4.3　与实验结果的比较

式(8-44)中所用到的基本参数为:$E=8.65\times10^5$ J/mol,$T_f=2\,285$ K,$\bar{C}_p=1.98\times10^3$ J/kg · K,$T_s=443$ K,$A=2.83\times10^{26}$ 1/s,$\bar{\lambda}=2.99\times10^{-2}$ W/(m · K),$Q_1=9\times10^5$ J/kg,$\rho_g=3.45$ kg/m³,$n=1$,$m=2$。

另外,根据初始直径 D_0 约 2 mm 的 LP1846 液滴在大气压下燃烧的实验结果可知:扩散火焰圈半径与环境温度的经验公式为

$$r_f = 2.85\times10^{-3}T_\infty + 1.24, \quad 900\text{ K} < T_\infty < 1\,200\text{ K}$$

和基本参数值一并代入式(8-44),算出燃速的理论值,并与相应的测量值比较,列于图 8-15(D_0 为 2.08 ± 0.04 mm)中,两者最大误差小于 1%。

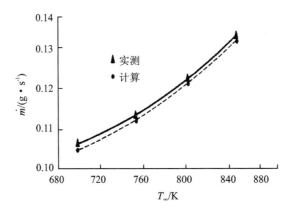

图 8-15　液滴质量燃速与环境温度的关系

8.5　影响液体推进剂燃速的环境因素

8.5.1　液体推进剂的燃烧速度

燃烧速度是液体推进剂燃烧性能的一个重要参数,它通常有两种表示方法,即表面线燃烧速度和质量燃烧速度。线燃速概念首先是从固体推进剂引入的,是根据 1839 年匹沃玻特提出的几何燃烧定律而建立起来的。这一定律指出,如果推进剂的组分是均匀的,且推进剂各点之间的性能差别足够小,固体推进剂燃烧表面(凝聚相与气相交界面的薄层),即平行等速地向推

进剂未燃部分推移。据此将推进剂的燃速定义为：单位时间内燃烧面沿其法线方向的位移,即

$$u = \frac{\mathrm{d}e}{\mathrm{d}t} \tag{8-45}$$

式中,u 表示推进剂的线燃速,cm·s^{-1} 或 mm·s^{-1};$\mathrm{d}e$ 表示在 $\mathrm{d}t$ 时间内燃烧面沿其法线方向的位移(弧厚)。当液体推进剂在线状燃烧器中燃烧时,其表观线燃速也可使用式(8-45)描述。

液体推进剂的燃烧速度还有另外一种表示方法,即质量燃速。质量燃速是指单位时间内单位燃烧面上沿其法线方向烧掉的液体推进剂质量。液体推进剂的质量燃速与表面线燃速之间满足下述关系

$$u_m = \rho_1 u \tag{8-46}$$

式中,u_m 为液体推进剂的质量燃速,kg·m^{-2}·s^{-1};ρ_1为液体推进剂的密度,kg·m^{-3}。

8.5.2　压力对液体推进剂燃速的影响

根据实验结果可知,压力对液体推进剂燃速的影响非常大。在液体推进剂的理化性能和燃烧前的初始温度一定时,液体推进剂的表观燃烧速度与压力的关系近似可表示为

$$u = b + ap^n \tag{8-47}$$

式中,a,b 为燃速常数;n 为燃速指数。a,b 和 n 的值取决于推进剂的配方、燃烧室的温度以及压力。

在实际使用中,对于大多数液体推进剂来说,在其工作压力范围内,表观燃速与压力满足指数关系,即

$$u = ap^n \tag{8-48}$$

对于同一种液体推进剂来说,当初始温度相同时,随着压力的增加,燃速指数 n 在一定范围内有增大的趋势。燃速指数是评价液体推进剂燃烧稳定性好坏的重要指标之一。

8.5.3　初温对液体推进剂燃速的影响

液体推进剂的燃烧速度除了受到压力的影响,还受到液体推进剂初始温度的影响。一般情况下,初温越高,燃速越大,其影响程度随着液体推进剂的配方和压力范围的差异而有所不同。

在压力保持不变的情况下,液体推进剂的燃烧速度随初始温度的变化关系为

$$\theta_p = \frac{(\partial u / \partial T)_p}{u} = \left(\frac{\partial \ln u}{\partial T} \right)_p \tag{8-49}$$

式中,θ_p 表示每单位温度的燃速变化率,即恒压下的燃速敏感度,单位为 K^{-1}。

当火箭发动机内液体推进剂的初始温度改变时,液体推进剂燃速就依照式(8-49)变化。但是在火箭发动机中主要是反映压力的变化,所以 θ_p 不能充分表达推进剂初温对火箭发动机性能的影响,为此使用下面的温度敏感度来估算温度的影响,即

$$\tau_\Omega = \frac{(\partial p / \partial T)_\Omega}{p} = \left(\frac{\partial \ln p}{\partial T} \right)_\Omega \tag{8-50}$$

式中,τ_Ω 表示每单位温度下燃烧室压力的相对变化,即 Ω 常值条件下的压力温度敏感度,单位为 K^{-1};Ω 表示推进剂燃烧表面积与喷管喉部面积的比值。

τ_Ω 只取决于液体推进剂的燃速特性,由推进剂的燃烧机理确定。值得注意的是,初始温度的变化永远不会改变液体推进剂内固有的化学能量,仅仅是改变了液体推进剂燃烧的化学

反应速率。另外,液体推进剂的化学组成、催化剂、物理结构等因素也都会对液体推进剂燃速产生影响。

8.6 液体推进剂线燃速的测量装置和工作原理

8.6.1 测量装置

液体推进剂的线燃速测量装置如图 8 - 16 所示,它主要由上部的密闭爆发器和下部的液体推进剂线状燃烧器两部分组成。密闭爆发器里面装有点火药以及固体火药,线状燃烧器里面装满液体推进剂,其侧壁上装有 4 个离子探针传感器。密闭爆发器和线状燃烧器的压力分别由 2 个压电传感器实时测量。测量装置的上下两部分之间是一个压力传递机构,一方面可以把密闭爆发器的压力传递给线状燃烧器中的液体推进剂,另一方面可以起到点火延迟的作用。密闭爆发器为线状燃烧器中的液体推进剂提供高恒压的燃烧环境,离子探针传感器用于测量液体推进剂燃烧时火焰面的传播速度。

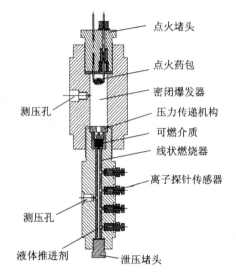

图 8 - 16 液体推进剂线燃速测量装置示意图

实验开始时,先由脉冲放电器放电点燃点火药,然后再引燃固体火药。固体火药燃烧产生的燃气沿着压力传递机构的内部孔道流动,如图 8 - 17 所示。由于内孔通道的迷宫设计,使得燃气在流动过程中改变了两次方向,才最终流向可燃介质,而不是直接冲击可燃介质。这样做的目的是使气流速度降低,减弱气流对可燃介质的冲击损伤,提高压力传递和点火延迟的可靠性。可燃介质的侧面经过钝感阻燃处理,故其燃烧只沿着轴向进行。另外,由于可燃介质中间圆柱段的端面与机构本体的圆柱台阶面之间留有间隙,所以在压力作用下可燃介质会稍向下运动,然后与线状燃烧器中的液面相接触。当可燃介质的锥状头部烧完之后,剩余的可燃介质相当于一个浮动的活塞,使得密闭爆发器和线状燃烧器中的压力基本相同。

当压力传递机构中的可燃介质烧完之后,燃气从密闭爆发器进入线状燃烧器,点燃液体单元推进剂。由于在可燃介质烧完之前,密闭爆发器和线状燃烧器中的压力基本相同,所以液体推进剂在被点燃之后不会飞溅。这样液体推进剂开始燃烧,火焰向前传播。

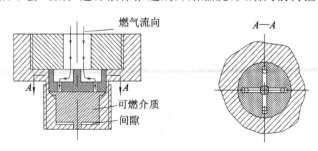

图 8 - 17 压力传递机构示意图

测量系统框图见图 8-18。实验时,四个离子探针传感器均与六路电子测时仪连接起来。当火焰面传播到图 8-16 中最上面的离子探针传感器时,第一个导通信号产生,并且被传送到六路电子测时仪。当火焰面到达第二个离子探针传感器时,测时仪接收到第二个导通信号,并显示出这两个导通信号的时间间隔。从安装在线状燃烧器上的压电传感器记录的压力曲线图中,找出这段时间所对应的压力区间,计算出平均压力,再结合相邻 2 个离子探针传感器的间距和导通时间,即可算出液体推进剂在平均压力下的表观线燃速。

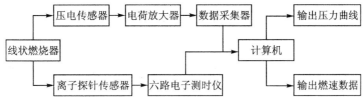

图 8-18　测量系统框图

8.6.2　高恒压环境的两种设计方法

在图 8-16 所示的实验装置中,密闭爆发器的作用是为线状燃烧器中液体推进剂的燃烧提供一个高恒压环境。高恒压环境的获取途径有两种:一种方法是在固体火药燃烧产生高压环境之后,通过在密闭爆发器内引入特种包覆火药柱燃烧,来进行热散失压降补偿;另一种方法是在密闭爆发器上外接一个燃气发生器,当固体火药燃烧形成高压环境之后,通过燃气发生器内的火药燃烧来补偿压降。

实验开始时,密闭爆发器内点火药包被引燃,然后点燃密闭爆发器内的固体主燃火药,火药燃烧产生高温燃气,容器内的压力迅速上升。密闭爆发器的最大压力由主燃火药的装药量决定。从范德瓦尔气体状态方程出发,考虑到火药燃气温度很高,分子引力可以忽略,但火药气体压力也很高,分子间的斥力必须考虑,则高温高压的火药气体状态方程为

$$p(v - \alpha) = RT \tag{8-51}$$

式中,α 和 v 分别为火药气体的余容和比体积,且比体积 v 可表示为

$$v = \frac{V_0 - \dfrac{\omega - \omega_{YR}}{\rho_p}}{\omega_{YR}} = \frac{V_0 - \dfrac{\omega}{\rho_p}\left(1 - \dfrac{\omega_{YR}}{\omega}\right)}{\omega_{YR}} \tag{8-52}$$

式中,ω,ω_{YR} 分别为主燃火药的装药质量和已燃质量;ρ_p 为主燃火药的密度;V_0 为密闭爆发器容积。

在定容条件下,考虑到火药燃烧时间极短,约 5~15 ms,若忽略热散失,则式(8-51)中的温度 T 即为火药燃烧时的爆温。对一定性质的火药来说,其爆温是一个常数。

为了便于推导,在这里引入了 3 个参量,分别为火药的已燃百分数 ψ、装填密度 Δ 和火药力 f,且它们的定义式分别为 $\psi = \omega_{YR}/\omega$,$\Delta = \omega/V_0$ 和 $f = RT$。

把上述 3 个参数以及式(8-52)代入式(8-51),则气体状态方程变为

$$p = \frac{f\Delta\psi}{1 - \dfrac{\Delta}{\rho_p} - \left(\alpha - \dfrac{1}{\rho_p}\right)\Delta\psi} \tag{8-53}$$

当主燃火药燃烧结束,即 $\psi = 1$ 时,密闭爆发器内压力达到最大值

$$p_m = \frac{f\Delta}{1 - \alpha\Delta} \tag{8-54}$$

式中, p_m 为密闭爆发器内压力最大值。

由于密闭爆发器是由特种钢制造而成的,在高温高压的火药气体作用下,器壁必然要从燃气中吸收一部分热量,同时还要发生弹性变形。因此,压力损失主要来自于两个方面,即热散失和弹性变形。在线燃速测量的实验压力条件下,密闭爆发器容积的相对增加量很小,因此可以忽略弹性变形的影响。但是,由于热散失所导致的压力损失必须考虑。

一般情况下,热散失导致的压力损失可以表示为

$$\frac{\Delta p_m}{p_m} = 0.601\ 2\ \frac{S}{V_0} \sum_{n=1}^{5} b_n t_k^n \tag{8-55}$$

式中, Δp_m 为热散失造成的压降; S 为密闭爆发器的内表面积;密闭爆发器的容积 $V_0 = 50 \sim 100\ \mathrm{cm}^3$; t_k 为火药燃烧结束时间; b_n 代表多项式系数,由实验数据拟合得到,其典型值列于表 8-5 中。

表 8-5　热散失经验系数

装填密度	b_1	b_2	b_3	b_4	b_5
$\Delta_1 = 0.10\ \mathrm{g \cdot cm^{-3}}$	673.376	40.139 2	$-3.378\ 55 \times 10^5$	$1.424\ 34 \times 10^6$	$5.377\ 19 \times 10^7$
$\Delta_2 = 0.20\ \mathrm{g \cdot cm^{-3}}$	606.491	2 689.1	$-3.133\ 69 \times 10^6$	$1.809\ 11 \times 10^8$	$-3.243\ 31 \times 10^9$

在实验中,为了给线状燃烧器中液体推进剂提供高恒压环境,必须补偿密闭爆发器内热散失造成的压力损失 Δp_m ,下面具体介绍两种补偿压降的方法。

(1) 高恒压环境的第一种设计方法

第一种方法是在密闭爆发器中装填一定质量的特种包覆火药柱,其侧面经过包覆阻燃处理。当固体主燃火药燃烧时,包覆火药由于侧面包覆层的覆盖,燃烧掉的只是表面的包覆层。当主燃火药烧完之后,特种包覆火药才开始燃烧。与主燃火药燃烧产生压力的推导过程类似,特种包覆火药燃烧产生的压力为

$$p^1 = \frac{f^1 \Delta^1 \psi^1}{1 - \dfrac{\Delta^1}{\rho_p^1} - \left(\alpha^1 - \dfrac{1}{\rho_p^1}\right)\Delta^1 \psi^1} \tag{8-56}$$

式中,上标 1 对应于特种包覆火药。

特种包覆火药的几何结构是一个锥形圆柱,如图 8-19 所示。

包覆火药已燃百分数 ψ^1 为

$$\psi^1 = \frac{\displaystyle\int_0^e \pi\left(r_0 + e\tan\frac{\beta}{2}\right)^2 de}{\displaystyle\int_0^{e_0} \pi\left(r_0 + e\tan\frac{\beta}{2}\right)^2 de} = \frac{r_0^2 e + r_0 e^2 \tan\dfrac{\beta}{2} + \dfrac{e^3}{3}\tan^2\dfrac{\beta}{2}}{r_0^2 e + r_0 e_0^2 \tan\dfrac{\beta}{2} + \dfrac{e_0^3}{3}\tan^2\dfrac{\beta}{2}} \tag{8-57}$$

式中, r_0 , e_0 分别为锥形圆柱的初始截面半径和总厚度; β 为锥形圆柱的顶角; e 表示已燃厚度。

假设包覆火药的燃烧服从指数燃速定律,即

$$\frac{de}{dt} = a p_m^n \tag{8-58}$$

根据式(8-55)~式(8-58),针对特种包覆火药选择合适的药形与弧厚,使其燃烧产生的压力能够补偿热散失造成的压降,即满足 $p^1 = \Delta p_m$,从而使密闭容器内压力保持近似恒定,以维持 HAN 基液体推进剂在近似恒定高压环境下燃烧。

(2) 高恒压环境的第二种设计方法

补偿热散失造成的压力损失的途径还有另外一种,如图 8 - 20 所示,即在密闭爆发器上外接一个燃气发生器,燃气发生器由高压室和低压室串联组成。高压室内有一个点火管,当点火管内的点火药被引燃之后,产生的火药燃气从点火管中流出,点燃高压室中的固体火药,火药在高压室中燃烧,达到一定压力后节流控制阀被打开,燃气通过节流孔从高压室流入低压室,这样低压室内的压力就能

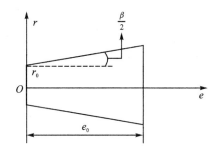

图 8 - 19 特种包覆火药形状示意图

保持相对稳定。之后低压室把这个稳定的压力输入给密闭爆发器,以补偿密闭爆发器内热散失造成的压降。

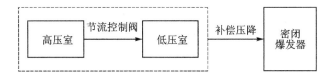

图 8 - 20 高恒压环境的第二种设计方法

假设固体火药只在高压室内燃烧,且燃烧遵循几何燃烧定律,燃速采用指数燃烧公式,则

$$\frac{\mathrm{d}e}{\mathrm{d}t} = a p_1^n \tag{8-59}$$

式中,p_1 为高压室压力。

假设高压室内固体火药的形状函数服从二项式,即

$$\psi = \chi Z + \chi \lambda Z^2 \tag{8-60}$$

式中,χ, λ 为火药形状特征量;ψ, Z 分别为火药已燃百分数和已燃相对厚度。

火药已燃厚度 e 与已燃相对厚度 Z 之间满足

$$Z = \frac{e}{e_1} \tag{8-61}$$

式中,e_1 为火药初始厚度。

假设火药燃气服从诺贝尔-阿贝尔方程,则其状态方程可表示为

$$p_1 = \frac{f \omega \psi}{V_{01} - \dfrac{\omega}{\rho_p}(1-\psi) - \alpha \omega \psi} \tag{8-62}$$

式中,V_{01} 为高压室容积。

当高压室压力达到节流孔的破孔压力时,节流孔打开,孔口的衬片为剪切破坏,则破孔压力可表示为

$$p_{pk} = \frac{4b\tau_k}{d} \tag{8-63}$$

式中,p_{pk} 为破孔压力;b 为衬片厚度;τ_k 为衬片材料的剪切强度;d 为节流孔直径。

当 $p_1 = p_{pk}$ 时,即可求出破孔时的火药已燃百分数 ψ_0

$$\psi_0 = \frac{p_{pk}\left(V_{01} - \dfrac{\omega}{\rho_p}\right)}{f\omega - p_{pk}\left(\dfrac{\omega}{\rho_p} - \alpha\omega\right)} \tag{8-64}$$

根据此时的 ψ_0，并联立式(8-59)、式(8-60)和式(8-61)，即可求出破孔时间 t_0 以及破孔时火药相对已燃厚度 Z_0，作为破孔之后的初始条件。

假设火药燃气在节流孔中以声速流动，即燃气通过节流孔时为临界状态，此时通过节流孔的临界质量流量为

$$G = \varphi_1 A_1 \left(\frac{2}{k+1} \right)^{\frac{1}{k-1}} \sqrt{\frac{2k}{k+1} p_1 \rho_1} \qquad (8-65)$$

式中，A_1 为节流孔面积；φ_1 为节流孔流量系数；k 为绝热指数；ρ_1 为高压室中火药燃气的密度。

节流孔打开之后，高压室内既存在固体火药的燃烧，燃气不断地生成，同时又有气体通过节流孔流入低压室，此时高压室内气体状态方程变为

$$p_1 = \frac{f\omega(\psi - \eta)}{V_{01} - \dfrac{\omega}{\rho_p}(1-\psi) - \alpha\omega(\psi - \eta)} \qquad (8-66)$$

式中，η 为从高压室流出的火药燃气相对质量流量，其与质量流量之间满足以下关系

$$\frac{\mathrm{d}\eta}{\mathrm{d}t} = \frac{G}{\omega} \qquad (8-67)$$

火药燃气通过节流孔从高压室流入低压室，使得低压室内压力逐渐上升，此时低压室内气体状态方程为

$$p_2 = \frac{f\omega\eta}{V_{02} - \alpha\omega\eta} \qquad (8-68)$$

式中，p_2 为低压室压力，V_{02} 为低压室容积。

通过调整高压室中固体火药的装药量、药型参数、节流孔面积等参数，即可调节低压室压力的大小，使得低压室压力等于密闭爆发器内热散失带来的压力损失，即满足 $p_2 = \Delta p_m$，从而使密闭容器内压力保持近似恒定，以维持 HAN 基液体推进剂在近似恒定高压环境下燃烧。

8.7　液体推进剂线燃速的测量结果

LP1846 是一种最常见的 HAN 基液体推进剂，其氧化剂为硝酸羟胺(HAN)，燃料为三乙醇胺硝酸盐(TEAN)，质量配比为：60.8% HAN＋19.2% TEAN＋20% H_2O。它具有良好的物理化学性质，主要用在再生式液体发射药火炮中。

AF-315 液体单元推进剂，是近年来美国空军在 HAN 基液体推进剂的研究基础上主导开发的新型液体单元推进剂。它是由硝酸羟氨(HAN)、羟乙基肼硝酸盐(HEHN)及水组成的混合物，通过改变各组分的质量分数可以得到不同型号的 AF-315 单元推进剂，其中最常用的一种主配方为：44.5% HAN＋44.5% HEHN＋11% H_2O。与普通的 HAN 基液体单元推进剂相比，AF-315 液体单元推进剂有着显著的优势：稳定性比 HAN-硝酸酯-水系列单元推进剂好；密度比 HAN-醇-水系列单元推进剂高；在比冲一定的情况下，比 HAN-醇-水、HAN-硝酸酯-水系列单元推进剂点火温度低、绝热燃烧温度低。

8.7.1　液体推进剂 AF-315 的实验结果与数据处理

利用图 8-16 所示的实验测量装置，高恒压环境采用第一种设计方法获得，测量液体推进剂 AF-315 在线状燃烧器中的燃烧速度。在对 AF-315 进行线燃速测量时，由 2 个压电传感器实时测量得到的密闭爆发器及线状燃烧器内的典型压力曲线如图 8-21 所示。

从图 8-21 可以看出,硝化棉点火药包被点燃之后,压力迅速上升,且点火压力约为 10 MPa。之后,主燃火药开始燃烧,压力继续上升。在压力达到最大值之前,两条曲线基本重合,这表明压力传递机构把密闭爆发器内的压力传递到线状燃烧器内。当容器内压力达到最大值之后,压力传递机构中的活塞状可燃介质烧完,火药燃气从密闭爆发器进入线状燃烧器,点燃 HAN 基液体推进剂。

因此,将压力曲线达到最大值时刻作为测试 HAN 基液体推进剂线燃速的起点。由测时仪测出相邻 2 个离子探针传感器的导通时间,并在 $p-t$ 图中找出对应的压力区间,计算出导通时间内的平均压力。根据相邻离子探针传感器的间距和导通时间,即可算出液体推进剂在此平均压力下的表观线燃速。调整密闭容器内的压力值,则可获得液体推进剂在不同环境压力下的表观线燃速。实验测量数据如表 8-6 所列,u 为 AF-315 的表观线燃速。考虑到离子探针的距离偏差,测量误差为 5%。

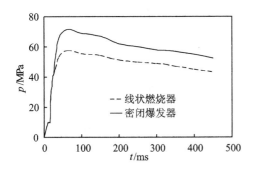

图 8-21　实验测量得到 AF-315 的压力曲线

表 8-6　AF-315 表观线燃速测量数据

p/MPa	$u/(\mathrm{mm \cdot s^{-1}})$
29.4	109.33 ± 5.47
36.3	115.26 ± 5.76
43.1	118.39 ± 5.92
50.9	171.80 ± 8.59
53.5	210.72 ± 10.54
55.0	218.70 ± 10.94

考虑到液体推进剂燃速与压力的关系表达式应用最广泛的是指数形式,根据表 8-6 中的数据,以 $\ln p$ 为横坐标,$\ln u$ 为纵坐标作图,如图 8-22 所示。从图中可以看出,在所研究的压力范围内,$\ln u - \ln p$ 对应曲线可以看作由两段不同斜率的直线所组成,即:低压段(29.4～43.1 MPa)直线和高压段(43.1～55.0 MPa)直线。

采用最小二乘法,分段拟合出 AF-315 液体推进剂在 29.4～43.1 MPa 和 43.1～55.0 MPa 压力范围内表观线燃速的经验公式,即

$$u = \begin{cases} 53.9469p^{0.2097}, & 29.4 \leqslant p \leqslant 43.1 \\ 7.7105 \times 10^{-3} p^{2.5586}, & 43.1 < p \leqslant 55.0 \end{cases} \tag{8-69}$$

式中,u 的单位为 $\mathrm{mm \cdot s^{-1}}$,p 的单位为 MPa。

根据表 8-6 中的数据,以 p 为横坐标,u 为纵坐标作图,如图 8-23 所示。图中实线表示根据实验数据点拟合出的曲线,其拟合精度为 $R^2 = 0.9739$。

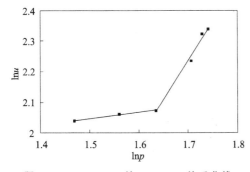

图 8-22　AF-315 的 $\ln u - \ln p$ 关系曲线

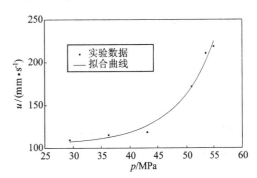

图 8-23　AF-315 的 $u-p$ 关系曲线

8.7.2　液体推进剂 LP1846 的实验结果与数据处理

在液体推进剂 LP1846 燃速测量实验中,由压电传感器实时测量线状燃烧器的压力,由测时仪测出相邻两个离子探针传感器的导通时间。根据离子探针传感器之间的间距和导通时间,可以计算出液体推进剂 LP1846 在环境压力下的表观线燃速。通过调整高压环境产生室的压力,即可测量出不同环境压力下 LP1846 的表观线燃速,实验结果如表 8-7 所列,考虑到探针之间的距离偏差,测量误差为 5%。

表 8-7　LP1846 表观线燃速测量数据

p/MPa	$u/(\text{mm} \cdot \text{s}^{-1})$
6.1	15.6 ± 0.78
10.2	18.9 ± 0.95
15.5	21.7 ± 1.08
21.3	22.5 ± 1.13
28.6	24.9 ± 1.25

根据表 8-7 中的数据,以 $\ln p$ 为横坐标, $\ln u$ 为纵坐标作图,如图 8-24 所示。从图中可以看出,在所研究的压力范围内, $\ln u - \ln p$ 关系曲线近似为一条直线。基于最小二乘法线性拟合出的 LP1846 在 6～28 MPa 范围内表观线燃速的经验公式为

$$u = 9.371 p^{0.294} \tag{8-70}$$

式中, u 的单位为 $\text{mm} \cdot \text{s}^{-1}$, p 的单位为 MPa。

Vosen 根据自己测量的 LP1846 燃速结果,并结合 Lee,Mcbratney 的实验数据,拟合出 HAN 基液体推进剂在 1～100 MPa 压力范围内,表观线燃速与环境压力之间的关系为 $u = 9.45 p^{0.275}$(u 的单位为 $\text{mm} \cdot \text{s}^{-1}$, p 的单位为 MPa)。图 8-25 所示为 LP1846 线燃速的几种测量数据及其拟合曲线,由图可见,结果是非常接近的。

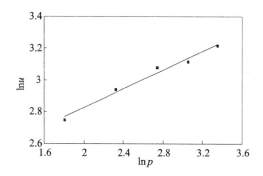

图 8-24　LP1846 的 $\ln u - \ln p$ 关系曲线

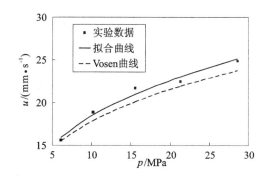

图 8-25　LP1846 的 $u - p$ 关系曲线

8.8　HAN 基液体推进剂的一维燃烧波结构

HAN 基液体推进剂在高压下的燃烧过程是一个非常复杂的过程,除了燃烧各个阶段的化学反应之外,还有液体推进剂从高温气体的吸热过程,分解产物和燃烧产物从液体推进剂表面向外流动及其相互扩散的质量传递过程,以及各种反应产物在流动扩散中的动量交换。这些化学反应、传热、传质、动量交换的过程之间相互联系,相互渗透,共同构成了 HAN 基液体推进剂在高温高压下的燃烧过程。

HAN 基液体推进剂是由硝酸羟胺(HAN)、脂肪族胺硝酸盐(TEAN 或 HEHN 等)以及水(H_2O)组成的液体推进剂,是一种单元推进剂。与固体推进剂中的双基推进剂类似,HAN 基液体推进剂物理结构均匀,燃烧火焰属于预混火焰,其在线状燃烧器中燃烧时,燃面与固体

推进剂燃烧时的燃面类似,可以近似看作一维推进。因此,借鉴双基推进剂的一维燃烧波结构,可提出线状 HAN 基液体推进剂的一维燃烧波结构的概念。

线状 HAN 基液体推进剂的一维燃烧波,从液体推进剂向外依次也可以分为预热区、表面反应区、嘶嘶区、暗区、火焰区。为了研究 HAN 基液体推进剂在线状燃烧器中的稳态燃烧性能,有必要针对各区内发生的物理化学反应,以及相关参数的变化作具体的比较与分析。

HAN 基液体推进剂的一维燃烧波结构如图 8-26 所示。液体推进剂表面受到点火作用的加热之后,开始蒸发、分解,气态产物扩散到空气中进行化学反应,生成燃烧产物,将液体推进剂内部贮存的化学能转化成热能释放出来。这样液体推进剂表面吸收气相反应区的热量,使得液体推进剂的温度从初温 T_0 上升到表面温度 T_s。在液相外表面处,表面的分解反应和初始气态产物的放热反应共同作用,使得温度迅速从 T_s 升高到暗区温度 T_d。由于暗区进行的反应很慢,这一区域的温度基本保持不变,直到火焰区发生强烈的氧化还原反应,放出大量的热量,使温度从 T_d 升高到火焰区温度 T_g。

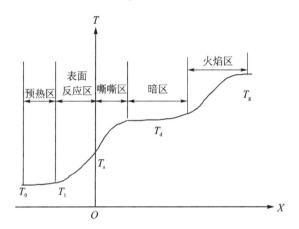

图 8-26　HAN 基液体推进剂的一维燃烧波结构示意图

HAN 基液体推进剂一维燃烧波各区的结构特点如下。

(1) 预热区

由于热传导的作用,点火药燃烧后释放的热量或者液体推进剂本身燃烧放出的热量,使得液体推进剂表面层被加热并向推进剂内层传递,这样接近表面的一层推进剂温度升高,形成温度梯度,这一层就称为预热区。在预热区,只有蒸发等物理变化,还没有发生化学反应,温度由初温 T_0 升高到 T_1 仅仅是传热造成的。

(2) 表面反应区

当液体推进剂表层温度升高到 T_1 之后,开始发生分解反应、分解产物与液体推进剂之间的反应以及初始分解产物之间的反应。一般来说分解反应吸收热量,分解产物之间的反应放热,而且放热量大于吸热量,因此该区放热量为正值,温度从 T_1 升高到表面温度 T_s。

(3) 嘶嘶区

在这一区域,液体推进剂的分解产物,其中包括还没有完全分解的液体和气体都从表面逸出,形成气、液并存的混合相区,它们之间继续相互作用,并发出嘶嘶的声响。在液体推进剂燃烧的过程中,嘶嘶区具有非常重要的意义。该区的化学反应对液体推进剂的燃烧速度有很大影响,可以说是燃速控制区。另外,该区所发生的反应都是放热反应,并且该区总厚度比较薄,因此温度梯度比较大。

(4) 暗　区

在这一区域中,中间产物继续反应,主要发生还原反应,各气体组分基本上不发生物理变化。由于温度不够高,还原反应进行得很慢,因此形成了不发光的区域。该区放热量很少,所以温度梯度很小。另外,该区厚度很大,并且在高压下厚度会被显著压缩。

(5) 火焰区

火焰区的出现与气体的温度有关,一般燃气被加热到 1 800 K 时就会开始发光。该区是暗区的继续,也是燃烧反应的最后阶段,会生成最后的燃烧生成物,放出大量的热量,使产物温度升至最高温度 T_g,并产生强烈的光辐射。

在 HAN 基液体推进剂的实际燃烧过程中,这五个区域之间并不存在严格的界限,而是一个连续的过程。在有些燃烧条件下,可能只存在其中的几个区,这与推进剂的组分、温度以及压力等条件都有关系。

8.9　HAN 基液体推进剂高压稳态燃烧的一维简化模型

8.9.1　物理模型

根据 HAN 基液体推进剂稳态燃烧时燃烧波各区的结构特点,可以忽略火焰区传递给燃烧表面的热量,且认为 HAN 基液体推进剂的燃烧速率由表面反应区和嘶嘶区所控制,因此可以把 HAN 基液体推进剂的燃烧区域简化为表面反应区和嘶嘶区两个区。以燃烧表面为基准,设其为坐标原点,反应表面的两侧分别称为反应表面液相侧和反应表面气相侧,如图 8－27 所示。T_0,T_s 和 T_g 分别表示液体推进剂的初始温度、反应表面温度以及火焰温度。

为了简化燃速公式的推导,作出以下基本假设:

① 液体推进剂在线状燃烧器中燃烧时其燃烧反应区是按轴向一维发展的;

② 液体推进剂在恒定高压下稳定燃烧,且燃烧气体近似作理想气体处理;

③ 忽略火焰区对反应表面的热辐射;

④ 反应表面液相侧内没有放热反应,化学反应集中在反应表面上进行;

⑤ 发光的火焰区不影响嘶嘶区对反应表面的传热;

⑥ 在反应表面气相侧和嘶嘶区内均无组分扩散;

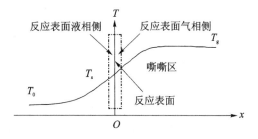

图 8－27　HAN 基液体推进剂一维稳态燃烧物理模型

⑦ 液体推进剂和燃气的导热系数、比定压热容及质扩散系数均认为是常数。

8.9.2　数学模型

根据基本方程,可分别列出反应表面液相侧和反应表面气相侧的能量守恒方程

$$\lambda_1 \frac{\mathrm{d}^2 T}{\mathrm{d}x^2} - \rho_1 u_1 C_{p1} \frac{\mathrm{d}T}{\mathrm{d}x} + w_1 q_1 = 0 \tag{8-71}$$

$$\lambda_g \frac{\mathrm{d}^2 T}{\mathrm{d}x^2} - \rho_g u_g C_{pg} \frac{\mathrm{d}T}{\mathrm{d}x} + w_g q_g = 0 \tag{8-72}$$

式中,λ_1,λ_g 分别为液体推进剂和燃气的导热系数,W・m^{-1}・K^{-1};ρ_1,ρ_g 分别为液体推进剂和

燃气的密度，$kg \cdot m^{-3}$；C_{p1}，C_{pg} 分别为液体推进剂和燃气的比定压热容，$J \cdot g^{-1} \cdot K^{-1}$；$u_1$，$u_g$ 分别为液体推进剂燃速和燃气的速度，$m \cdot s^{-1}$；w_1，w_g 分别为液体推进剂和燃气的反应速率，$kg \cdot m^{-3} \cdot s^{-1}$；$q_1$，$q_g$ 分别为液体推进剂和燃气的单位质量反应热，$J \cdot kg^{-1}$。

在反应表面液相侧，由于温度较低、化学反应速率较小，因此可以忽略化学反应的影响，则式(8-71)可以变为

$$\lambda_1 \frac{d^2 T}{dx^2} - \rho_1 u_1 C_{p1} \frac{dT}{dx} = 0 \tag{8-73}$$

对应的边界条件为

$$\left.\begin{array}{ll} x = -\infty, & T = T_0 \\ x = 0, & T = T_s \end{array}\right\} \tag{8-74}$$

将式(8-73)从 $T_0 \to T_s$ 积分，可得从反应表面到液体推进剂的热反馈为

$$\lambda_1 \left(\frac{dT}{dx}\right)_{0^-} = \rho_1 u_1 C_{p1} (T_s - T_0) \tag{8-75}$$

在反应表面处的能量平衡条件为

$$\lambda_1 \left(\frac{dT}{dx}\right)_{0^-} = \lambda_g \left(\frac{dT}{dx}\right)_{0^+} + \rho_g u_g q_s \tag{8-76}$$

式中，q_s 为反应表面上的净反应热，$J \cdot kg^{-1}$；下标 0^- 和 0^+ 分别为反应表面液相侧和反应表面气相侧。

要从式(8-75)和式(8-76)中求出液体推进剂的燃速，关键在于求出嘶嘶区对反应表面气相侧的热反馈，即求出式(8-76)等式右端第一项。假设温度仅随 x 变化，w_g 是温度的函数，则可认为 w_g 仅是 x 的函数，对式(8-72)积分，可得

$$\lambda_g \left(\frac{dT}{dx}\right)_{0^+} = q_g \int_0^{+\infty} \exp\left(-\frac{\rho_g u_g C_{pg} x}{\lambda_g}\right) w_g dx \tag{8-77}$$

为了积分出式(8-77)的右端项，假定 w_g 是一阶梯函数，即：w_g 在 $x_i \leqslant x \leqslant x_g$ 范围内为一常数，其值等于嘶嘶区内实际反应速度的平均值 $\bar{w}_g$；在 $0 < x < x_i$ 和 $x > x_g$ 上，w_g 值均为零。在对 w_g 的上述假定下，式(8-77)可变为

$$\lambda_g \left(\frac{dT}{dx}\right)_{0^+} = \frac{\lambda_g \bar{w}_g q_g}{\rho_g u_g C_{pg}} \left[\exp\left(-\frac{\rho_g u_g C_{pg} x_i}{\lambda_g}\right) - \exp\left(-\frac{\rho_g u_g C_{pg} x_g}{\lambda_g}\right)\right] \tag{8-78}$$

若反应从反应表面开始，则 $x_i = 0$，于是

$$\lambda_g \left(\frac{dT}{dx}\right)_{0^+} = \frac{\lambda_g \bar{w}_g q_g}{\rho_g u_g C_{pg}} \left[1 - \exp\left(-\frac{\rho_g u_g C_{pg} x_g}{\lambda_g}\right)\right] \tag{8-79}$$

根据实验数据，在压力超过 0.1 MPa 时，$\exp(-\rho_g u_g C_{pg} x_g / \lambda_g) \approx 0$，则进一步简化为

$$\lambda_g \left(\frac{dT}{dx}\right)_{0^+} = \frac{\lambda_g \bar{w}_g q_g}{\rho_g u_g C_{pg}} = \frac{\lambda_g \bar{w}_g q_g}{\rho_1 u C_{pg}} \tag{8-80}$$

将式(8-75)和式(8-80)代入式(8-76)，即可解出 HAN 基液体推进剂的燃速表达式

$$u = \left[\frac{\lambda_g \bar{w}_g q_g}{\rho_1^2 C_{p1} C_{pg} (T_s - T_0 - q_s/C_{p1})}\right]^{1/2} \tag{8-81}$$

为了求出 u 与 p 的函数关系，假定嘶嘶区内发生的反应是 $O + F \to P$ 的二级气相反应，则由阿累尼乌斯定律可得

$$\bar{w}_g = \rho_g^2 Y_O Y_F A_g \exp\left(-\frac{E_g}{R T_g}\right) \tag{8-82}$$

式中，T_g 为燃气的温度；Y_O，Y_F 分别为气相反应中氧化剂和燃料的质量分数；A_g，E_g 分别为二级气相反应的指前因子和活化能；R 为通用气体常数。

由理想气体状态方程可得

$$\rho_g = \frac{p}{R_g T_g} \tag{8-83}$$

式中，R_g 为燃气的气体常数，$R_g = R/M_g$。

综合式(8-81)、式(8-82)和式(8-83)可得

$$u = p \left\{ \frac{\lambda_g q_g Y_O Y_F A_g \exp\left[-E_g (R T_g)^{-1}\right]}{\rho_l^2 C_{pl} C_{pg} \left(T_s - T_0 - \dfrac{q_s}{C_{pl}}\right)(R_g T_g)^2} \right\}^{1/2} \tag{8-84}$$

其中，λ_g，C_{pg} 和 C_{pl} 等由液体推进剂的组成决定；q_s 根据表面分解机理求出；A_g，E_g 由气相反应机理求出；T_g 为

$$T_g = T_0 + \frac{q_s}{C_{pl}} + \frac{q_g}{C_{pg}} \tag{8-85}$$

表面温度 T_s 可由液体推进剂的分解机理决定。假定燃烧表面处的分解反应可用阿累尼乌斯定律表示

$$u = A_s \exp\left(-\frac{E_s}{R T_s}\right) \tag{8-86}$$

式中，A_s，E_s 分别为分解反应的指前因子和活化能。

由式(8-84)、式(8-85)和式(8-86)，可得 HAN 基液体推进剂稳态燃烧时的燃速 u 和环境压力 p 之间的函数关系式

$$u = p \left\{ \frac{\lambda_g q_g Y_O Y_F A_g \exp\left[-E_g R^{-1}\left(T_0 + \dfrac{q_s}{C_{pl}} + \dfrac{q_g}{C_{pg}}\right)^{-1}\right]}{\rho_l^2 C_{pl} C_{pg} \left[-E_s R^{-1}\left(\ln \dfrac{u}{A_s}\right)^{-1} - T_0 - \dfrac{q_s}{C_{pl}}\right]\left[R_g\left(T_0 + \dfrac{q_s}{C_{pl}} + \dfrac{q_g}{C_{pg}}\right)\right]^2} \right\}^{1/2} \tag{8-87}$$

式(8-87)是一个非线性超越方程，没有解析解，可以采用二分法编制对应的计算程序，进行数值求解，即可得到不同环境压力条件下液体推进剂稳态燃烧的表观线燃速。

8.9.3　计算结果与分析

针对 HAN 基液体推进剂 LP1846，求解过程中所使用的基本参数如表 8-8 所列。

表 8-8　HAN 基液体推进剂一维稳态燃烧模型的基本参数表

物理量	单位	数值	物理量	单位	数值	物理量	单位	数值
λ_g	$W \cdot m^{-1} \cdot K^{-1}$	0.07	q_g	$J \cdot kg^{-1}$	4.55×10^6	Y_O	无量纲	0.608
Y_F	无量纲	0.192	A_g	$m^3 \cdot kg^{-1} \cdot s^{-1}$	8.8×10^{21}	E_g	$J \cdot mol^{-1}$	2.3×10^5
T_0	K	298.15	ρ_l	$kg \cdot m^{-3}$	1420	C_{pl}	$J \cdot g^{-1} \cdot K^{-1}$	4.18
C_{pg}	$J \cdot g^{-1} \cdot K^{-1}$	2.49	q_s	$J \cdot kg^{-1}$	6.20×10^5	A_s	$m \cdot s^{-1}$	7.2×10^{15}
E_s	$J \cdot mol^{-1}$	1.7×10^5	R_g	$J \cdot kg^{-1} \cdot K^{-1}$	349.53	R	$J \cdot mol^{-1} \cdot K^{-1}$	8.314 5

考虑到 8.7 节根据实验测量数据拟合出的 LP1846 表观线燃速的经验公式为指数形式，根据本节建立的液体推进剂稳态燃烧简化模型的计算结果，尝试以 $\ln p$ 为横坐标，$\ln u$ 为纵坐

标作图,如图 8-28 所示。

从图 8-28 中可以看出,在所研究的压力范围内,$\ln u - \ln p$ 关系曲线近似为一条直线。采用最小二乘法,线性拟合出 LP1846 在 6~28 MPa 范围内表观线燃速与环境压力之间的理论关系式,即

$$u = 8.648 p^{0.324} \qquad (8-88)$$

式中,u 的单位为 $\mathrm{mm \cdot s^{-1}}$,p 的单位为 MPa。

表 8-9 给出了模拟结果与实验数据的对比。从表中可以看出,模拟结果与实验数据两者吻合较好,最大相对误差为 3.2%,说明建立的 HAN 基液体推进剂稳态燃烧简化模型是可行的。

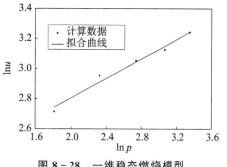

图 8-28　一维稳态燃烧模型
计算的 $\ln u - \ln p$ 关系曲线

表 8-9　一维稳态燃烧模型计算结果与实验数据的对比

环境压力/MPa	实测燃速/(mm·s⁻¹)	计算燃速/(mm·s⁻¹)	相对误差/%
6.1	15.6	15.1	3.2
10.2	18.9	19.2	1.6
15.5	21.7	21.2	2.3
21.3	22.5	22.8	1.3
28.6	24.9	25.6	2.8

习题与思考题

8-1　液体推进剂分为哪几类,各自都有什么特点?

8-2　工程上,如何计算 LP1845 蒸汽定压比热容,给出计算公式。

8-3　试给出 LP1845 的蒸发潜热和摩尔相变热(30MPa 环境)与温度的关系式。

8-4　给出液滴燃烧分区模型图,并推导液滴的质量燃速,说明液滴质量燃速与环境温度之间的关系。

8-5　请简述液体推进剂初始温度是如何影响其燃速的,并给出燃速和初温的关系式。

8-6　请说明线状燃烧器测量液体推进剂燃速的原理和关键技术是什么。

8-7　请说明液体推进剂在高压下的燃烧结构,并解释表面反应区的温度是如何变化的。

8-8　请给出液体推进剂在高压环境中燃烧时的两相能量守恒方程,并说明其与常压时有何差异。

8-9　请查找资料列举几位我国在液体推进剂研制与燃烧领域代表性的专家,简述他们对国防事业的贡献。

第9章　烟火药燃烧特性及简化模型

【内容提要】

大口径火炮增程技术作为弹药发展的新方向,一直是世界各军事强国的重要研究领域。火炮增程技术的应用使得火炮弹丸射程得到大幅度提高。远程火炮可对其纵深目标进行远距离压制打击。随着高新技术在兵器领域的广泛应用,坦克、飞机等军用装备都产生了质的飞跃,这对现代火炮的远程精确打击作战能力提出了更高的要求。未来几十年内,固体发射药火炮在现代战争中的地位和作用仍然不可替代。因此,本章主要介绍底排点火具在大口径火炮远程精确打击中的作用,底排点火具的一般结构,烟火药稳态和非稳态燃烧特性,并给出了基本的实验研究方法和结果、理论模型及数值模拟等。

【本章学习要求】

通过本章的学习,应熟悉并掌握以下主要内容:

(1) 底排点火具的结构及常用的烟火药组分;

(2) 底排点火具工作机理及燃烧的实验技术;

(3) 常压下,烟火药的燃烧机理及主要影响参数;

(4) 各种类型烟火药非稳态燃烧的数学模型及反应动力学机理;

(5) 瞬态降压条件下,底排点火具的非稳态燃烧机理及热交换模式;

(6) 各种参数对底排点火具燃烧特性的影响机制(降压条件,烟火药组分);

(7) 底排药柱二次点火延迟时间分布及影响机制;

(8) 底排药柱表面的对流传热机理。

9.1　不同工作环境中烟火药的燃烧特性

本节从底排点火具自身燃烧特性出发,介绍其在不同工况下烟火药燃烧特点。9.1.1 小节介绍了不同底排点火具在大气环境中燃烧喷射过程的实验研究,从点火具燃烧射流扩展特性的角度,分析了镁/聚四氟乙烯(MT)、硝酸钡($Ba(NO_3)_2$)和氢化锆/氧化铅($ZrH_2/PbO2$) 3 种烟火药剂和喷孔直径(6.5 mm、8 mm)对点火具燃烧特性的影响,进而初步讨论了其对底排药剂 AP/HTPB 的点火作用。9.1.2 小节采用半密闭爆发器模拟底排装置瞬态降压过程,并利用高速摄像仪和压力测试系统,观测点火具在快速降压条件下的燃烧射流特性、抗扰动能力和持续工作时间等。

9.1.1　大气环境中烟火药燃烧特性

(1) 底排点火具结构及特点

底排点火具在底排增程弹中起着至关重要的作用,承担了对底排药剂 AP/HTPB 的二次点火作用。底排点火一般采用 3 种烟火药剂,分别以镁/聚四氟乙烯(MT)、硝酸钡($Ba(NO_3)_2$)和氢化锆/氧化铅(ZrH_2/PbO_2)为主要成分,其中,MT 烟火药剂的成分是颗粒尺寸为 25～50 μm 的镁粉和 5 μm 的聚四氟乙烯,该药剂配制了三种配方,MT 质量比分别为 45:55、55:45、61:39。将上述各试样称量并混合均匀后,分别压制在内径 30 mm、外径 34 mm,高 32 mm 的点火具内。图 9-1(a)为底排点火具结构示意图,其端面周向均布 6 个喷孔,孔径 d 为 6.5 mm 或者 8 mm;两种孔径的点火具实物见图 9-1(b)。据此设计的 7 种模拟点火具的主要设计参数如表 9-1 所列。

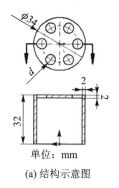

(a) 结构示意图

(b) 实物图

图 9-1　底排点火具

表 9-1　7 种点火具的设计参数

点火具	孔径/mm	烟火药组分	质量比	烟火药质量/g
1#	8	MT	45:55	20
2#	8	MT	55:45	20
3#	8	MT	61:39	20
4#	6.5	MT	55:45	20
5#	6.5	MT	61:39	20
6#	6.5	$Ba(NO_3)_2$	—	20
7#	6.5	ZrH_2/PbO_2	40:60	80

（2）实验系统

整个实验系统主要由点火具、丁烷喷枪点火器、高速摄像仪（HSC）、红外热像仪（ITI）和数据采集装置等实验仪器组成。其中,丁烷喷枪点火器为韩国柯曼 CAMPINGMOON 公司生产的 D-power 大博士高温喷枪,其输出功率为 12 000 kcal/h（约 14 kW）,是普通喷枪的 9 倍,能够持续稳定点火,实物如图 9-2 所示。高速摄像仪为日本 PHOTRON 公司生产的 FASTCAM APX 高速摄像仪,该高速摄像仪用于动态高速摄影,具有高感光灵敏度和高分辨率,与传统的机械式转镜式高速相机和 Speed Cam VISARIO 数字化相机相比,在记录时间、摄影频率和曝光时间等方面具有较强的优越性,实物如图 9-3 所示。红外热像仪为美国菲力尔 Flir Systems 公司生产的 SC7000 热像仪,该热像仪在热与辐射测量方面具有高灵敏度和高精度,其探测器采用 320*256 或 640*512 面阵方式,在提供高灵敏度的同时,能够保持卓越的动态量程和完美的线性特征,实物如图 9-4 所示。数据采集装置是支持高速摄像仪和红外热像仪的计算机。

图9-2　丁烷喷枪点火器图　　　图9-3　高速摄像仪　　　图9-4　红外热像仪

图9-5为实验观测系统示意图。实验时,底排点火具通过螺纹固定在铁质底盘上,然后在点火具端面上放置少量的硝化棉引火药,再通过丁烷喷枪点火器点燃,进而引燃点火具中的烟火药剂。采用高速摄像仪记录点火具喷射燃烧随时间的演变过程,同时借助红外热像仪监测燃烧时的火焰温度并获得火焰温度的空间分布。

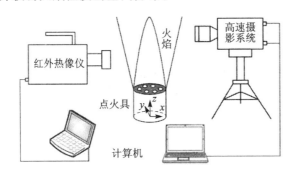

图9-5　实验观测系统示意图

(3) 实验结果与分析

通过观察表9-1中1♯~7♯点火具在大气中的点火和燃烧过程,根据火焰特性,将点火具燃烧分为两大类型。1♯~6♯点火具的燃烧射流主体为高温气体,其中包含少量的凝聚相粒子,并伴有强烈的白炽亮光,具有明显的火焰区,称为Ⅰ类型点火具。由于各点火具的燃烧扩展过程类似,因此这里以5♯点火具为例,取点火具初次出现火焰的前一帧为零时刻,即点火具开始着火的时刻,其在大气中的燃烧演变过程如图9-6(a)所示。0.672 s时,点火射流呈现明显的多股射流掺混现象,随着时间推移,多股燃烧射流汇聚完成,整体上表现出单股自由射流特征。这种点火具主要以热对流和热辐射的方式对底排药剂进行热点火,少量的凝聚相粒子使得侵蚀燃烧较微弱,不会破坏底排药剂的"平行层"燃烧规律,有利于增加底排弹射程,改善纵向密集度。图9-6(b)所示为7♯点火具在大气中燃烧的演变过程,该点火具燃烧产物大部分为稠密凝聚相粒子,无明显火焰区,称为Ⅱ类型点火具。该点火具燃烧产物的主要成分是高密度的ZrO_2和PbO粒子,且空间分布比Ⅰ类型点火具大得多,主要通过稠密热粒子黏附于底排药剂表面,以热传导实现点火。底排装置工作时,在离心作用力下,较高的转速使得它们必然会对底排药剂造成严重的蚀坑,破坏底排药剂的"平行层"燃烧规律,导致底排药剂出现块状掉落,降低底排弹射程,减小密集度。根据对底排药剂点火进行的中止燃烧实验,发现采用ZrH_2/PbO_2点火具点火的药柱燃面不但有坑,而且中间形成了几乎使药柱断开的较大沟槽。

点火一致性是影响底排弹射程散布的主要因素之一,而点火具从着火到稳燃的工作时间

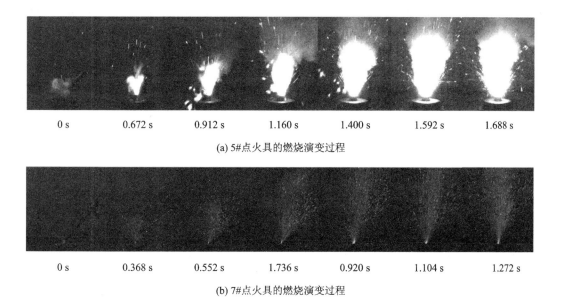

| 0 s | 0.672 s | 0.912 s | 1.160 s | 1.400 s | 1.592 s | 1.688 s |

(a) 5#点火具的燃烧演变过程

| 0 s | 0.368 s | 0.552 s | 1.736 s | 0.920 s | 1.104 s | 1.272 s |

(b) 7#点火具的燃烧演变过程

图 9-6　点火具在大气中燃烧的演变过程

对底排药剂点火延迟时间有重要影响。点火具被引燃时间 t_{ig} 定义为:点火具从着火开始,到火焰高度和射流扩展角基本不变,点火具燃烧达到稳定状态的时间。实验中对 1♯～6♯ 点火具燃烧过程高速录像照片的测量,可得出火焰高度 H 和燃烧射流扩张角 θ 随时间的变化曲线,如图 9-7 所示。

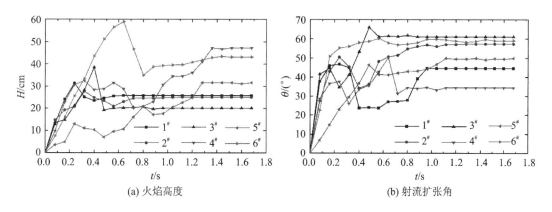

(a) 火焰高度　　　　　　　　　　　　　(b) 射流扩张角

图 9-7　烟火药燃烧火焰高度和射流扩张角随时间的变化

由图 9-7 可知,点火具从着火开始后,烟火药剂火焰脉动较强烈,火焰高度和射流扩张角均有一个先增大再减小的过程,之后略有波动。各点火具的引燃时间 t_{ig}、稳定燃烧时的火焰高度 H 和射流扩张角 θ 如表 9-2 所列。由表 9-2 可知,对于 1♯～3♯ 点火具,点火具孔径不变(为 8 mm),引燃时间随着镁含量增大而缩减,分别为 0.96 s、0.8 s 和 0.56 s;点火具稳定燃烧后,镁含量越大,燃烧射流扩张角越大,但火焰高度却会随之降低,对孔径为 6.5 mm 的 4♯ 和 5♯ 点火具也能得出相同的结论,相应的引燃时间分别为 1.36 s 和 1.28 s。对于 2♯、4♯ 点火具或 3♯、5♯ 点火具,烟火药质量比一定,点火具孔径增大,则引燃时间缩短,燃烧射流扩张角增大,火焰高度变短。由此可得,对于 MT 点火具,增大镁含量或增大孔径有利于缩短点火具的引燃时间,提高底排弹的点火一致性。但是,相应地,燃烧火焰高度和射流扩张角也会改变。若火焰高度达不到底排药柱高度,则会导致喷口处底排药柱局部温度偏低;若射流扩张角过小,则会由于点火"死角"的存在,近点火具处底排药柱温度相对偏低,进而引起底排药柱内表面燃速不一致,破坏其燃烧规律,不能有效增程。

表9-2　1♯～6♯点火具燃烧性能参数

性能参数	点火具序号					
	1♯	2♯	3♯	4♯	5♯	6♯
t_{ig}/s	0.96	0.80	0.56	1.36	1.28	1.30
H/cm	25.856	25.056	20.096	47.200	31.616	43.136
$\theta/(°)$	44.6	57.2	61.0	34.4	49.8	59.0

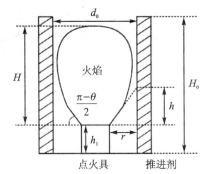

图9-8　底排药柱点火示意图

　　为综合分析火焰高度 H 和燃烧射流扩张角 θ 对底排药柱点火的影响,提出以点火面积有效因子 ξ 来表示底排药柱点火面积的有效程度。图9-8为底排药柱点火示意图,图中 r 为点火具与底排药柱燃面间距,h_1 为点火具高度,d_0 为底排药柱内径,H_0 为底排药柱高度。

　　点火面积有效因子 ξ 定义为:点火具火焰覆盖底排药柱表面积 S_1 与底排药柱内表面积 S_0 之比。须注意的是,若火焰比底排药柱高,那么 $H=H_0-h_1$。点火面积有效因子 ξ 为

$$\xi=\frac{S_1}{S_0}=\frac{\pi d_0(H-h)}{\pi d_0 H_0}=\frac{H-h}{H_0}=\frac{H-r\tan\left(\frac{\pi-\theta}{2}\right)}{H_0}=\frac{H-r\cot\frac{\theta}{2}}{H_0},\quad 0<\theta<\pi$$

ξ 越接近1,则表明点火有效面积越大。针对某火炮底排弹配套用制式药柱,其内径 $d_0=41.5$ mm,高 $H_0=100$ mm,则1♯～6♯点火具的点火面积有效因子 ξ 如表9-3所列。从火焰扩展特性来说,对于1♯～6♯点火具,3♯点火具对底排药柱的点火有效面积最大,火焰扩展性能最好,结合表9-3可知,3♯点火具引燃时间也最短。

表9-3　1♯～6♯点火具火焰扩展性能评估

物理量	点火具					
	1♯	2♯	3♯	4♯	5♯	6♯
ξ	0.588	0.611	0.616	0.559	0.599	0.614

　　图9-9为1♯～6♯点火具在大气中燃烧的火焰红外热像图。由于红外热像仪测温方式为非接触式,燃烧流场外围的低温区未能捕捉,所以取高于500 ℃的温度区域。实验表明,点

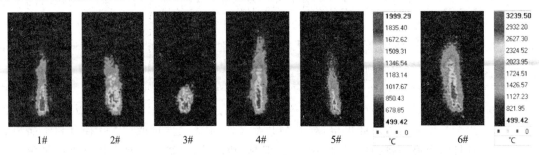

图9-9　1♯～6♯点火具燃烧火焰红外热像图

火具燃烧流场的最高温度区都位于近喷孔区域,镁含量越大,火焰温度越低,点火具喷孔直径并不会影响火焰温度大小,但会影响火焰高度。6♯点火具的火焰温度最高,火焰高度仅次于4♯点火具。1♯~6♯点火具燃烧基本稳定时的火焰最高温度如图9-10所示。

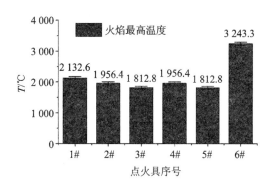

图 9-10　1♯~6♯点火具燃烧火焰最高温度

9.1.2　快速降压条件下烟火药燃烧特性

(1) 实验样品

实验测试采用 3 种烟火药剂,分别以镁/聚四氟乙烯(MT)、硝酸钡($Ba(NO_3)_2$)和氢化锆/氧化铅(ZrH_2/PbO_2)为主要成分,将各试样称量并混合均匀后分别压制在如图 9-1 所示的点火具内。据此设计的 3 种模拟点火具的主要性能参数如表 9-4 所示。

表 9-4　3 种点火具的设计参数

点火具序号	孔径/mm	烟火药组分	质量比	烟火药质量/g
6♯	8	$Ba(NO_3)_2$	—	20
7♯	6.5	ZrH_2/PbO_2	40:60	80
8♯	8	MT	61:39	41

(2) 实验观测系统

采用半密闭爆发器作为模拟实验装置,其结构示意图见图 9-11。实验装置由黄铜剪切膜片、压电传感器、燃烧室、点火具和底盖组成。黄铜剪切膜片的一面开有深 0.5 mm 的十字形预制凹槽,用以提高膜片的剪切一致性。压电传感器为瑞士奇石乐 KIS-TLER 公司生产的 6215 型压电传感器,见图 9-12,安装在实验装置壳体中。电荷放大器也是瑞士奇石乐 KISTLER 公司生产的,型号为 5015,实物如图 9-13所示。燃烧室内放置有硝化棉药包和60 g 4/7 单基发射药,燃烧室自由容积为550 ml。点火具通过螺纹固定在实验装置底盖上。

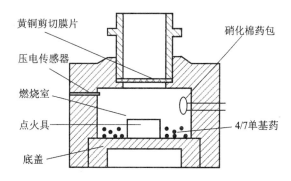

图 9-11　半密闭爆发器结构示意图

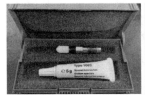

图 9-12　6215 型压电传感器　　　　　　图 9-13　5015 型电荷放大器

图 9-14 所示为实验瞬态测量系统。实验开始时,通过脉冲电点火器点燃硝化棉药包,进而引燃 4/7 单基药,产生大量的高温燃气,在封闭的燃烧室内形成与炮膛内相似的高温高压环境,同时点火具被点燃,当燃烧室内的压力达到黄铜膜片破膜压力时,黄铜膜片被剪切,高温高压燃气从喷口喷出,燃烧室内的压力迅速下降到大气压,重现了弹丸出炮口时底排装置内急剧降压这一过程。实验过程采用高速摄像仪拍摄记录膜片剪切后的燃烧火焰喷射过程,燃烧室内的压力随时间的变化通过瞬态压力采集系统获得。

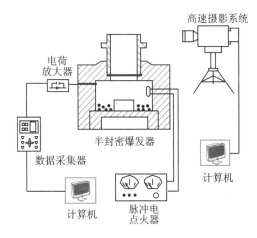

图 9-14　实验瞬态测量系统示意图

(3) 实验结果与分析

对表 9-4 中的 3 种点火具在快速降压条件下的燃烧特性进行测试,每种点火具测试 2 次。由于同一种点火具在相同瞬态降压环境中的燃烧射流特性基本相同,故对每种点火具在快速降压条件下的燃烧实验,选取其中最具有代表性的单次实验结果来说明装载不同烟火药的点火具在高降压速率条件下的燃烧射流特性,膜片剪切后各点火具的燃烧火焰序列如图 9-15 所示。其中,图 9-15(a)、图 9-15(b) 和图 9-15(c) 分别为 6♯、7♯ 和 8♯ 点火具在快速降压条件下燃烧的典型火焰序列图。

由图 9-15(a) 和图 9-15(c) 可知,在同样的初始压力和降压速率下,6♯ 点火具与 8♯ 点火具一样,膜片剪切,4/7 单基药燃烧火焰从喷口喷出后,点火具的燃烧火焰紧跟着连续出现,没有丝毫间断,射流火焰挺拔有力,火焰外形稳定。这表明在高降压速率造成的强烈瞬态扰动下,6♯ 点火具和 8♯ 点火具仍能稳定工作,抗扰动能力强。但在降压过程中,6♯ 点火具与 8♯ 点火具燃烧火焰均随时间变化而出现小幅度脉动。此外,6♯ 点火具燃烧火焰射流中基本未见凝聚相颗粒,燃烧产物主要为气态。实验后,点火具壳体内只残留很少量的灰白色残渣,表明快速降压条件下点火具内烟火药剂会燃烧完全。8♯ 点火具燃烧火焰射流上游明亮火焰区主要为气态燃烧产物,射流下游分布有凝聚相粒子,这是因为过量的镁与空气中的氧气反应形成

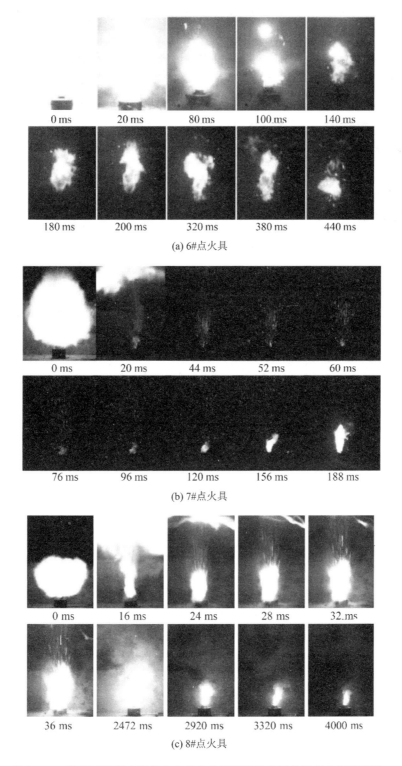

图 9 - 15　装载不同烟火药的点火具在快速降压条件下的燃烧火焰序列图

的 MgO 和烟火药燃烧产物 MgF_2 随温度降低凝结成凝聚相颗粒。实验后，8♯点火具壳体内残渣也较少，说明快速降压条件下点火具内烟火药剂也会基本完全燃烧。

由图 9 - 15(b) 可知，7♯点火具的燃烧射流特性明显不同于 6♯点火具和 8♯点火具。膜片剪切,4/7单基药燃烧火焰喷出后,7♯点火具燃烧射流立即出现,但这种点火具燃烧射流主要为稠密凝聚相粒子流,射流中未存在明显火焰,52 ms后,在点火具近端面处观察到微小的火焰,直至120 ms之后,7♯点火具燃烧射流中才形成较为明亮的火焰,燃烧射流主要为高温燃气。结合图9-6(b)可知,这是因为降压开始时,7♯点火具燃烧产生的凝聚相颗粒和燃气均被压缩在燃烧室内,随着燃烧室压力的降低,点火具燃烧产生的凝聚相颗粒首先喷出,降压

图9-16 实验后的7♯点火具

结束后,燃烧室内的点火具燃气从喷口喷出,形成气态火焰。实验后,该点火具燃烧结束后壳体内残渣较多,其质量约为燃烧前烟火药质量的3/8,烟火药燃烧效率低,而且这些残渣被烧结成一个团块,致使点火具喷孔严重堵塞,如图9-16所示。因此,7♯点火具燃烧射流特性不利于其对底排药剂的点火。

表9-5列出了实验测得的燃烧室喷口密封膜片剪切时的初始压力、点火具火焰持续时间、点火具燃烧后壳体内剩余的残渣质量以及点火具工作持续能力等参数。其中,点火具火焰持续时间以膜片剪切时刻为零时刻,定义为:膜片剪切后到点火具燃烧火焰熄灭时刻的时间间隔,其与烟火药质量的比值代表快速降压条件下点火具的工作持续能力。

表9-5 3种点火具的实验结果

实验次序	点火具	烟火药质量 m_i/g	初始压力 p_m/MPa	点火具火焰持续时间 t_i/ms	烟火药燃烧残渣质量 m_l/g	点火具工作持续能力 $(t_i/m_i)/(\text{ms}\cdot\text{g}^{-1})$
1	6♯	20	65.3	604	1.54	30.2
2	6♯	20	63.6	472	1.66	23.6
3	7♯	80.49	64.0	1 140	30.75	14.2
4	7♯	80.65	60.3	1 888	28.17	23.4
5	8♯	41.61	60.2	4 168	4.12	100.2
6	8♯	41.84	59.9	4 520	4.87	108.0

为了解燃烧室内压力随时间的变化规律,以表9-5中的实验1为例,典型的燃烧室内压力随时间的变化曲线如图9-17所示。初始压力为65.3 MPa,与实际底排弹出炮口时膛口压力相当。膜片剪切后,燃烧室绝对压力大约在6 ms内从65.4 MPa下降至大气压。对图9-17的压力-时间曲线求取斜率,可得到压力变化速率随时间的变化曲线,如图9-18所示。可知,膜片剪切后,燃烧室降压速率最大为61×10^3 MPa/s。

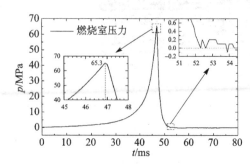

图9-17 燃烧室内压力随时间的变化曲线

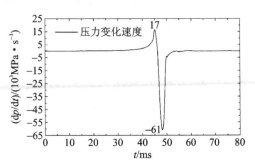

图9-18 燃烧室压力变化速率随时间的变化曲线

由表 9-5 可知,在快速降压条件下,6♯点火具、7♯点火具和 8♯点火具的平均工作持续能力分别为 26.9 ms/g、18.8 ms/g 和 104.1 ms/g。可见,8♯点火具的工作持续能力强于 6♯点火具和 7♯点火具,而 7♯点火具的工作持续能力较差。

从上述 3 种点火具在瞬态快速降压条件下的燃烧射流特性可以看出,快速降压过程中,MT 点火具和 Ba(NO₃)₂ 点火具的燃烧射流火焰紧跟着发射药火焰出现,点火具火焰脉动小,火焰稳定,抗扰动能力强,且烟火药燃烧效率高,但 MT 点火具的工作持续能力强于 Ba(NO₃)₂ 点火具。ZrH₂/PbO₂ 点火具燃烧射流比较特殊,射流主要为凝聚相粒子流,在压力突降条件下,紧跟着发射药火焰出现的是凝聚相粒子流,降压结束后,压缩在燃烧室内的点火具燃气喷出,形成气态火焰射流。此外,ZrH₂/PbO₂ 点火具的工作持续能力较差,烟火药燃烧效率低下。

9.2　烟火药二维稳态燃烧特性及理论模型

本节以 MT 烟火药为例,从流体动力学和反应动力学等理论出发,分别建立 MT 烟火药柱燃烧的二维稳态数学理论模型和 MT 烟火型点火具燃烧的三维稳态数学理论模型,通过数值模拟详细分析这两种情况下 MT 烟火药燃烧射流场特征参数的分布规律,揭示 MT 烟火药柱及其点火具稳态燃烧的内在物理化学机制,并分析了常压和高压环境以及 MT 烟火药质量比的影响。

9.2.1　物理模型

制作底排点火具时,一般将多组分烟火药压制在底排点火具器件内,烟火药压缩形成圆柱形,烟火药柱侧面和下端面包覆有阻燃层以维持上端面燃烧。MT 烟火药柱的多相燃烧包括固相燃烧和气相燃烧,其燃烧示意图见图 9-19。实验研究中测得 MT 烟火药柱燃烧时,其燃面温度高于 PTFE 的热分解温度(800~900 K)和 Mg 的熔点(923 K),因此固相反应区包括 PTFE 的热分解和 Mg 颗粒的反应。据此对 MT 烟火药柱的喷射燃烧过程提出如下简化假设:

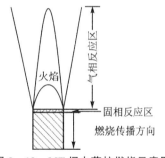

图 9-19　MT 烟火药柱燃烧示意图

① 在固相反应区,将 PTFE 分解产生的主要产物 C₂F₄ 作为唯一气相生成物,不考虑其他微量产物的影响;Mg 金属直接气化产生气态 Mg。

② 不考虑 PTFE 分解过程和 Mg 金属气化过程,气相反应物按质量比以一定速率和初温通过药柱端面喷射到气相。

③ 在气相反应区,不考虑凝聚相粒子影响和辐射影响,气相反应物、生成物均设为不可压理想气体。

④ 气相反应只在 MT 混合气体内部组分之间发生,化学反应速率遵循 Arrhenius 定律。

⑤ 采用涡耗散概念(EDC)模型,模拟湍流流动与化学反应相互作用。

9.2.2　数学模型

(1) 气相控制方程

基于上述简化假设,建立下述基本控制方程。

1）质量守恒方程

$$\frac{1}{r}\frac{\partial}{\partial r}(r\rho v_r) + \frac{\partial}{\partial y}(\rho v_y) = 0 \tag{9-1}$$

式中，r 为径向；y 为轴向；v_r 为径向速度；v_y 为轴向速度；ρ 为混合气体密度。

2）动量守恒方程

$$\frac{1}{r}\left[\frac{\partial}{\partial r}(rv_r v_r \rho) + \frac{\partial}{\partial y}(rv_y v_r \rho)\right] = 2\mu \frac{\partial}{\partial r}\left(\frac{\partial v_r}{\partial r} - \frac{1}{3}\nabla \cdot v\right) + \mu \frac{\partial}{\partial y}\left(\frac{\partial v_y}{\partial r} + \frac{\partial v_r}{\partial y}\right) - \frac{\partial p}{\partial r} + \rho F_r$$

$$\tag{9-2}$$

$$\frac{1}{r}\left[\frac{\partial}{\partial r}(rv_r v_y \rho) + \frac{\partial}{\partial y}(rv_y v_y \rho)\right] = 2\mu \frac{\partial}{\partial y}\left(\frac{\partial v_y}{\partial y} - \frac{1}{3}\nabla \cdot v\right) + \frac{\mu}{r}\frac{\partial}{\partial r}\left[r\left(\frac{\partial v_y}{\partial r} + \frac{\partial v_r}{\partial y}\right)\right] - \frac{\partial p}{\partial y} + \rho F_y$$

$$\tag{9-3}$$

式中，μ 为动力黏度；$\nabla \cdot v$ 表示速度矢量 v 的散度；F_r 为径向体积力；F_y 为轴向体积力。

3）组分质量守恒方程

$$p\left(v_r \frac{\partial Y_i}{\partial r} + v_y \frac{\partial Y_i}{\partial y}\right) = \frac{1}{r}\frac{\partial}{\partial r}\left(r\rho D_i \frac{\partial Y_i}{\partial r}\right) + \frac{\partial}{\partial y}\left(\rho D_i \frac{\partial Y_i}{\partial y}\right) - \omega_i \tag{9-4}$$

式中，Y_i 为组分 i 的质量分数；D_i 为组分 i 的扩散系数。

4）能量守恒方程

$$\frac{\rho c_p}{r}\left[\frac{\partial}{\partial r}(rv_r T) + \frac{\partial}{\partial y}(rv_y T)\right] = \frac{1}{r}\left[\frac{\partial}{\partial r}(rv_r p) + \frac{\partial}{\partial y}(rv_y p)\right] + \frac{1}{r}\frac{\partial}{\partial r}\left(\lambda r \frac{\partial T}{\partial r}\right)$$
$$+ \frac{\partial}{\partial y}\left(\lambda \frac{\partial T}{\partial y}\right) + \sum_i \rho_i v_i F_i + \sum_i h_i \omega_i + \phi$$

$$\tag{9-5}$$

式中，c_p 为比热容；p 为压力；T 为温度；λ 为导热系数；ρ_i 为组分 i 的密度；v_i 为组分 i 的扩散速度；F_i 为组分 i 的体积力；h_i 为组分 i 的标准生成焓；ω_i 为单位体积内组分 i 的化学反应速率；ϕ 为耗散功。

（2）湍流控制方程

采用 Relizable $k-\varepsilon$ 模型模拟湍流效应，方程如下：

$$\frac{1}{r}\frac{\partial(\rho k r v_r)}{\partial r} + \frac{\partial(\rho k v_y)}{\partial y} = \frac{1}{r}\frac{\partial}{\partial r}\left[r\left(\mu + \frac{\mu_t}{\sigma_k}\right)\frac{\partial k}{\partial r}\right] + \frac{\partial}{\partial y}\left[\left(\mu + \frac{\mu_t}{\sigma_k}\right)\frac{\partial k}{\partial y}\right] + G_k - \rho\varepsilon$$

$$\tag{9-6}$$

$$\frac{1}{r}\frac{\partial(\rho\varepsilon r v_r)}{\partial r} + \frac{\partial(\rho\varepsilon v_y)}{\partial y} = \frac{1}{r}\frac{\partial}{\partial r}\left[r\left(\mu + \frac{\mu_t}{\sigma_\varepsilon}\right)\frac{\partial \varepsilon}{\partial r}\right] + \frac{\partial}{\partial y}\left[\left(\mu + \frac{\mu_t}{\sigma_\varepsilon}\right)\frac{\partial \varepsilon}{\partial y}\right] +$$
$$\rho C_1 E\varepsilon - \rho C_2 \frac{\varepsilon^2}{k + \sqrt{v\varepsilon}}$$

$$\tag{9-7}$$

式中，μ_t 为湍动黏度；G_k 是由于平均速度梯度引起的湍动能 k 的产生项；σ_k 和 σ_ε 分别是与湍动能 k 和耗散率 ε 对应的 P_r；$C_2 = 1.9$。

$$C_1 = \max\left(0.43, \frac{\eta}{\eta+5}\right), \quad \eta = (2E_{ij} \cdot E_{ij})^{1/2}\frac{k}{\varepsilon}, \quad E_{ij} = \frac{1}{2}\left(\frac{\partial v_r}{\partial y} + \frac{\partial v_y}{\partial r}\right)$$

Deyong 提出的反应动力学机理共有 18 步反应，如果以这种复杂的反应机理耦合湍流模型来数值模拟，计算的代价比较大，所以有必要对其进行简化。根据 Christo 对 MT 气相混合组分反应动力学敏感性分析可知：镁（Mg）主要通过与 CF_2 反应生成 MgF_2 而消耗，F 对 Mg

的氧化微乎其微,可以忽略;同时,火焰温度不仅与四氟乙烯(C_2F_4)的分解有很大关系,碳的结合反应2C—C_2对其也有很大影响,其余高碳反应影响甚微,可不作考虑,故 MT 气相组分燃烧模型可简化成表 9-6 所列的三步主要反应。

表 9-6　MT 组分反应动力学机理

序　号	反　　应	$k = AT^b \exp(-E/(RT))$ 各系数		
		$A/(mol \cdot cm \cdot s \cdot K)$	b	$E/(J \cdot mol^{-1})$
1	$C_2F_4 + M = 2CF_2 + M$	7.82×10^{15}	0.5	2.33×10^5
2	$Mg + CF_2 = MgF_2 + C$	4.00×10^{14}	0.5	8.37×10^4
3	$2C = C_2$	1.80×10^{21}	-1.6	0

为验证三步简化机理的合理性,分别以 Deyong 提出的反应动力学机理和三步简化机理,计算了质量比为 61:39 的 MT 点火具在 0.1 MPa 下零维完全搅拌反应器(PSR)内燃烧时主要组分的浓度变化,如图 9-20 所示。由图可知,以三步简化机理预测主要成分的摩尔分数是可信的,虽然简化机理的反应时间延迟了 7 μs,但湍流特征时间尺度约为 10^{-3} s,对于流动与化学反应耦合,Da 约为 10^3,所以相对于湍流,化学反应足够快,故反应延迟时间影响可忽略。

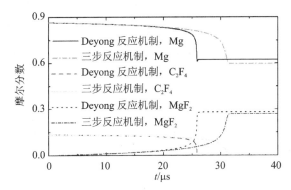

图 9-20　Deyong 机理与三步机理主要组分摩尔分数比较

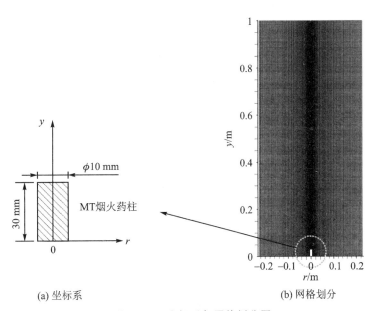

图 9-21　坐标系与网格划分图

针对 MT 烟火药柱,以其下端面中心为原点,建立图 9 - 21(a)所示的坐标系,烟火药柱尺寸为 10 mm×30mm。图 9 - 21(b)为计算域网格划分图,计算域径向长 $r=225$ mm,轴向长 $y=1\ 000$ mm。采用四边形结构网格划分计算域,药柱端面上方局部加密,网格数为 77 644,并进行了网格无关性验证。固相产生的多组分气体以 10 m/s 的速度从上端面进入气相,其初始温度取为 1 366 K,计算域左边界、右边界以及上边界均为压力出口边界,计算域下边界和烟火药柱侧面为无滑移绝热壁面边界。

9.2.3 计算结果与分析

(1) 温度分布特性

针对质量比为 61:39 的 MT 烟火药柱,不同压力下的燃烧流场温度分布如图 9 - 22 所示。可以看出,在 0.1～5 MPa 时,燃烧场的最高温度基本没有变化,约为 2 140 K。整个温度场呈射流形态,可以算得射流温度场扩张角约为 17.3°。同时,发现下游的火焰宽度比上游的大,但径向最大温度差却会随轴向距离的增大而减小,所以越靠近火焰核心,径向温度梯度就越大。

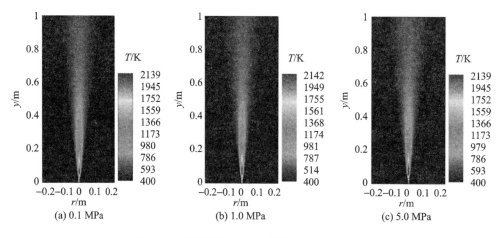

(a) 0.1 MPa   (b) 1.0 MPa   (c) 5.0 MPa

图 9 - 22 不同压力下 MT 燃烧流场的温度云图

图 9 - 23 为不同压力下 MT 烟火药燃烧流场的轴向温度分布云图,由图可知火焰温度在燃面上方一段距离内呈急剧上升状态,距离燃面约 16～18 mm(即轴向位移约 46～48 mm)处时,燃烧火焰温度达到 1 800 K。压力为 0.1 MPa 时,距离燃面 38 mm(即轴向位移约 68 mm)处,火焰达到最高温度,而压力升高到 1 MPa 和 5 MPa 时,距离燃面分别为 45 mm(即轴向位移约 75 mm)和 47 mm(即轴向位移约 77 mm)处,温度达到最大值,说明随着压力的升高,火焰核心会向下游移动。火焰达到最高温度后,温度沿轴向快速下降,表明温度上升段为化学反应的主要区域。

当压力不变时,以 5 MPa 为例,不同质量比(45:55、55:45、61:39)下 MT 烟火药柱的燃烧场温度分布如图 9 - 24 所示。总体来说,射流形态基本没多大变化,但随着 MT 质量比的增大,Mg 含量越多,燃烧

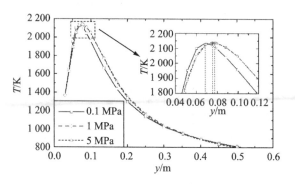

图 9 - 23 不同压力下 MT 燃烧流场的轴向温度分布

场温度会衰减,质量比为45:55时,火焰温度最高,为2 450 K;质量比为61:39时,火焰温度最低,为2 138 K。

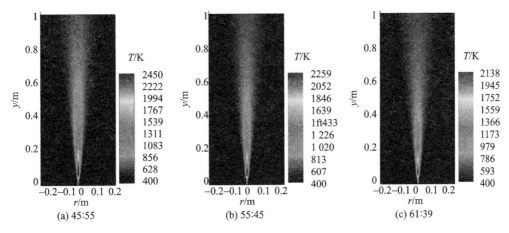

(a) 45:55　　　　　　(b) 55:45　　　　　　(c) 61:39

图9-24　不同质量比下的温度分布云图

取图9-24所示的燃烧场温度分布云图的轴向和径向剖面,量化分析质量比对温度分布的影响。图9-25所示为三种不同质量比下温度沿中心轴线上的分布曲线。由图可知,Mg含量越小,沿轴向分布的火焰温度越高,且轴向升温越快,温度最高值大约位于燃面上方50 mm(即轴向位移80 mm)附近。

图9-26为轴向位置为0.08 m和0.2 m处的火焰温度径向分布曲线图。

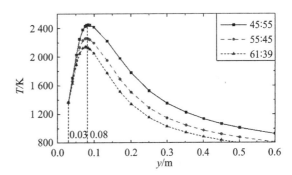

图9-25　不同质量比下的轴向温度分布曲线

由图可见,不同轴向位置处沿径向分布的火焰温度变化趋势相同,Mg含量越小,温度及其梯度越大;而0.08 m处的温度曲线比0.2 m处的更加陡峭,表明越靠近火焰核心,径向温度变化越剧烈,温度梯度越大。

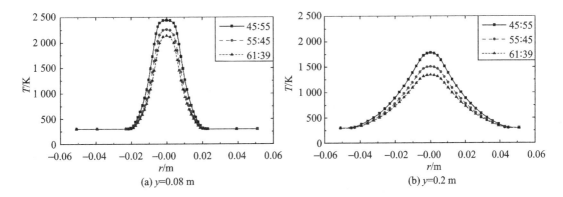

(a) $y=0.08$ m　　　　　　　　　　　　(b) $y=0.2$ m

图9-26　不同质量比下的径向温度分布曲线

(2) 组分分布特性

图9-27为5 MPa压力下、质量比为61:39时反应物Mg、C_2F_4和最终产物MgF_2、C_2四种组分的轴向分布曲线图。可以看出,四氟乙烯C_2F_4主要分布在燃面上方50 mm(即轴向位

移 80 mm)以内,在这部分区域完成分解反应,并消耗完全。在该段轴向距离内,Mg 消耗剧烈,而在流场下游,曲线较为平缓,这是因为 Mg 质量分数较大,反应后略有剩余,在湍流影响下分布在整个流场内。生成物 MgF_2 和 C_2 也在燃面上方约 50 mm 处达到峰值,MgF_2 的摩尔分数最大为 0.24,与文献报道的实验结果较吻合,C_2 的摩尔分数为 0.12。这些均说明燃面上方约 50 mm 内即为反应区域,随后的组分分布均为流动的作用。

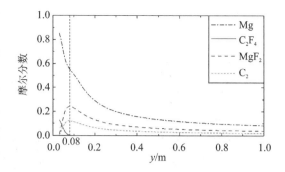

图 9-27 四种组分的轴向分布

不同压力下中间产物 CF_2 和 C 的组分分布如图 9-28 和图 9-29 所示。可以明显地看出,压力对两者有较大的影响,在气相反应区,两者的摩尔分数随着压力的增大而减小,且在气相中占比都很小,说明生成后就很快被消耗掉,而且压力越大消耗得越快。由图可知,CF_2 的分布核心会随压力增大而往下游移动,而原核心位置的 CF_2 摩尔分数会减少乃至消失;C 分布的上游也有形成两个小核心的趋势。CF_2 和 C 的组分分布会随压力增大而出现上述变化,主要是压力对反应速率有很大影响的原因。

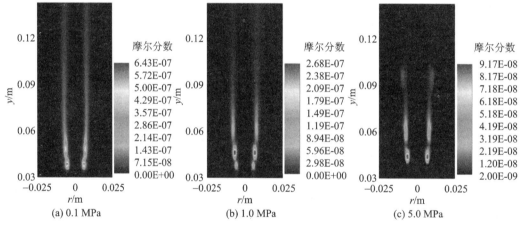

图 9-28 不同压力下 CF_2 的摩尔分数分布

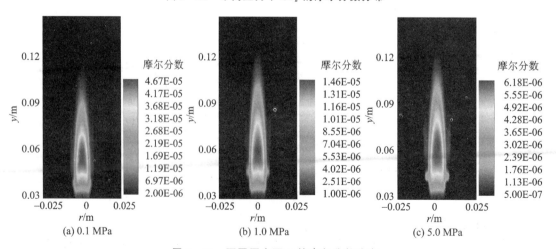

图 9-29 不同压力下 C 的摩尔分数分布

（3）反应特性

图 9 - 30、图 9 - 31 和图 9 - 32 分别为 $C_2F_4 + M = 2CF_2 + M$，$Mg + CF_2 = MgF_2 + C$ 和 $2C = C_2$ 反应在不同压力下的反应速率云图。可以看出，随着压力的增大，三步反应的动力学反应速率都明显地增大。由图可知，四氟乙烯的分解反应区域会随压力升高而变大，CF_2 分布在 C_2F_4 分解区域的两侧；$Mg + CF_2 = MgF_2 + C$ 的反应区域会有所减小，且反应核心位置随压力增大往下游移动，原核心位置在 5 MPa 时消失不见，表明此处组分反应完全，其反应区域由 CF_2 的分布决定，产物 C 分布在反应区域的内侧；碳的结合反应核心会随着压力的增大由一个中心反应核心沿径向朝两边移动，最后形成两个小的反应核心，这与图中 C 的摩尔分数分布规律一致。所以，随着压力的变化，中间产物组分分布和反应核心的移动是两者自身相互作用的结果。

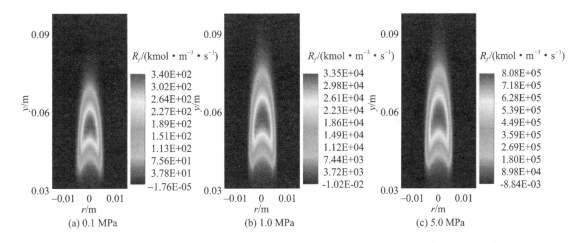

图 9 - 30　不同压力下 $C_2F_4 + M = 2CF_2 + M$ 的反应速率

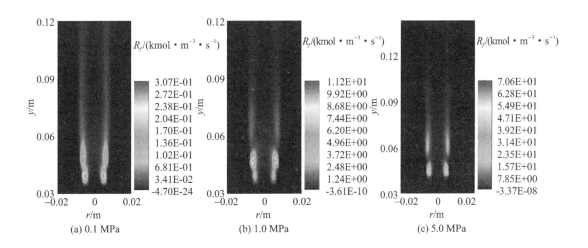

图 9 - 31　不同压力下 $Mg + CF_2 = MgF_2 + C$ 的反应速率

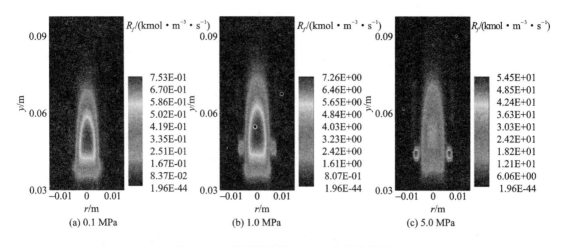

图 9 - 32　不同压力下 2C=C₂ 的反应速率

9.3　烟火药三维稳态燃烧特性及理论模型

在实际工程中,MT 烟火药柱装载于端面周向均布多孔的点火具中,故实际的 MT 烟火型点火具的燃烧射流场,不仅涉及流动与化学反应的耦合,也包括多股燃气射流的相互作用。因此,本节针对孔径 $d=6.5$ mm 的 MT 烟火型 6 孔点火具稳态燃烧过程进行数值研究,并分析 Mg 和 PTFE 质量比分别为 45∶55、55∶45 和 61∶39 时对点火具燃烧射流场的影响,揭示 MT 烟火型点火具燃烧时的流场特征规律。

9.3.1　物理模型

针对 MT 烟火型点火具在大气中的多股燃烧射流特性,对其喷射燃烧过程作如下假设:

① 不考虑凝聚相粒子影响,固相蒸发、分解仅产生 Mg 蒸气和 C_2F_4 气体,作为气相初始反应物;

② 多股燃气射流为不可压理想气体射流,做三维定常流动;

③ 只考虑射流混合气内部组分反应,忽略与大气的反应;

④ 多组分气体化学反应速率遵循 Arrhenius 定律;

⑤ 采用 Realizable$k-\varepsilon$ 模型模拟流场中的湍流效应;

⑥ MT 烟火剂混合燃气中主要辐射产物为具有较高发射率的组分 C,但含量较少,所以可忽略 MT 烟火剂气相燃烧中的辐射传热。

9.3.2　数学模型

根据上述物理模型,建立直角坐标系下三维稳态流动燃烧基本控制方程。

(1) 连续性方程

$$\nabla \cdot (\rho V) = 0 \tag{9-8}$$

式中,V 是速度;ρ 是混合气体密度。

$$\rho = \frac{p}{RT \sum\limits_i \dfrac{Y_i}{M_i}} \tag{9-9}$$

式中，p 是压力；R 是通用气体常数；T 是温度；Y_i 为组分 i 的质量分数；M_i 是组分 i 的摩尔质量。

（2）动量方程

$$\frac{\partial}{\partial x_j}(\rho u_k u_j) = \frac{\partial}{\partial x_j}\left(\mu \frac{\partial u_k}{\partial x_j}\right) - \frac{\partial p}{\partial x_k} \tag{9-10}$$

式中，j 和 k 指标取值范围是 $(1, 2, 3)$；μ 是动力黏度。

（3）能量方程

$$\nabla \cdot (\rho T V) = \nabla \cdot \left(\frac{\lambda}{c_p} \nabla T\right) + S_T \tag{9-11}$$

式中，λ 是气相传热系数；S_T 为黏性耗散项；c_p 是气相混合物比热容。

$$c_p = \sum_i Y_i c_{p,i} \tag{9-12}$$

（4）组分输运方程

$$\nabla \cdot (\rho Y_i V) = -\nabla \cdot \boldsymbol{J}_i + R_i \tag{9-13}$$

式中，由于 $\sum_i Y_i = 1$，所以只求解 $n-1$ 种成分；R_i 为系统内部单位时间内单位体积通过化学反应产生的该组分的质量，即净产生速率；$\boldsymbol{J}_i$ 为物质 i 的扩散通量，由浓度梯度产生。

$$\boldsymbol{J}_i = -\left(\rho D_{i,m} + \frac{\mu_t}{Sc_t}\right) \nabla Y_i \tag{9-14}$$

式中，$D_{i,m}$ 是组分 i 在混合气体中的质量扩散系数；μ_t 是湍动黏度；Sc_t 是湍流施密特数。

针对六孔点火具建立图 9-33(a) 所示的三维直角坐标系，假定点火具燃烧流场为三维对称结构，为减小计算负担，参照点火具尺寸，取六分之一流场为数值模拟的计算域，如图 9-33(b) 所示，计算域径向长为 250 mm，轴向长为 1 000 mm。点火具喷孔为速度入口边界，其他三类边界分别是燃气的出口压力边界、无滑移绝热壁面边界以及对称边界。开始时计算域内燃烧射流未喷出，因此初始化为大气环境参数：$T = T_0 = 300$ K，$p = p_0 = 101\ 325$ Pa。入口边界速度值由实验确定，即 $V = V_0 = 10$ m/s，燃气入口温度为大气压下 Mg 的沸点，即 $T = T_1 = 1\ 366$ K。

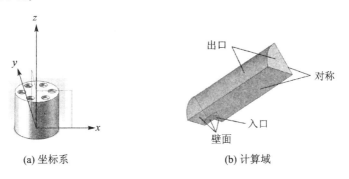

(a) 坐标系　　　　　　　　(b) 计算域

图 9-33　坐标系和计算域

采用结构化网格对计算域进行离散，点火具上方网格区域做加密处理，并进行网格无关性验证。以 MT 质量比为 61:39 的工况为例，图 9-34 为三种不同网格数（mesh1:27.3 万网格；mesh2:40.9 万网格；mesh3:66.4 万网格）燃烧流场中心轴线上的温度分布曲线图。由图可知 mesh2 和 mesh3 之间差别很小，而 mesh1 和另外两个网格之间差别相对较大，所以采用 mesh2。

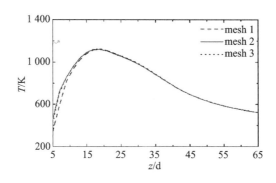

图 9 - 34　网格无关性验证

9.3.3　计算结果与分析

(1) 数值结果的实验验证

以 MT 质量比为 61:39 的工况(5♯点火具)为例,图 9 - 35 为点火具在大气中稳态燃烧射流场的实验照片和模拟的密度扩展云图,实验和模拟的燃烧射流边界扩展角分别为 $\alpha = 31.46°$、$\beta = 31.22°$,误差为 0.76%。需注意的是,这里的扩张角是根据点火具燃烧射流下游边界所测量的扩张角,小于表 9 - 6 中 5♯点火具的燃烧射流扩张角,这是因为表 9 - 6 中各点火具的燃烧射流扩张角是根据射流上游边界所测量的,而随着点火具燃烧射流向下游发展,射流边界会向中心轴线方向有所聚拢。

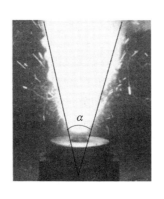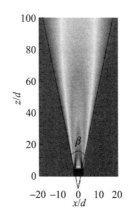

图 9 - 35　扩展界面对比

图 9 - 36 为三种工况下,点火具燃烧射流场的红外温谱图和模拟计算的温度云图。由于红外热像仪测试温度的方式为非接触式,燃烧流场外围的低温分布未能捕捉,所捕获的温度场对应图中模拟云图圆锥边界内的温度场。实验表明,点火具燃烧流场的高温区都位于近喷孔区域,且 Mg 含量越大,火焰温度越低。结合图可知,数值计算的点火具燃烧射流的扩展形态和燃烧场温度分布均与实验结果吻合较好。

图 9 - 37 为点火具燃烧流场火焰最高温度随 MT 烟火药质量比变化的曲线图,计算误差为 4.9%～6.4%,数值模拟结果与实验值吻合较好,验证了所使用模型的合理性。

(2) 速度分布特性

为分析六股射流相互干扰的流场结构,以 MT 烟火药质量比为 45:55 的点火具燃烧流场的时均速度分布为例,取纵向 $x - z$ 剖面($y = 0$),该剖面穿过两个相对的射流孔中心。

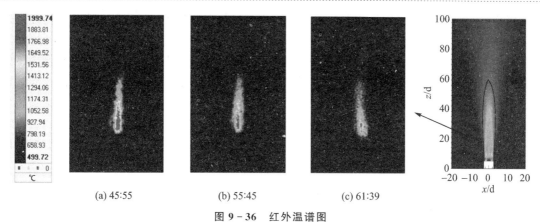

(a) 45:55   (b) 55:45   (c) 61:39

图 9 - 36   红外温谱图

图 9 - 38 为燃烧流场分区图。点火具每个喷孔的燃烧射流初始段都为单股自由射流形态,随着轴向发展,每股燃烧射流的中心流线强烈弯曲,直至合并,表现出单股燃烧射流特征,这是因为六股燃烧射流相互卷吸和干扰,以致使六股射流空腔内形成负压,紊流动量从每股单一燃烧射流向中心区传递抽吸效应。根据六股燃烧射流的流动特性,整个燃烧射流场可分为两大区域,六股燃烧射流出喷孔后在 $z/d=5\sim23$ 阶段会

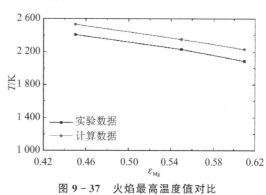

图 9 - 37   火焰最高温度值对比

聚,即为会聚区,而每股射流的初始段未受掺混影响,在 $z/d=5\sim6$ 阶段,每个喷孔的上方区域又称为势流核心区,$z/d>23$ 时,六股燃烧射流合并成单股燃烧射流,故称为联合区。

图 9 - 39 为质量比为 45:55 的点火具燃烧流场中,$V/V_0=1.6$ 时的三维速度等值面图。该等速面呈环形出现在每个喷孔的上方,结合图可知,速度在 $z/d=5\sim6$ 段达到最大值,为初始速度值的 1.63 倍,可推断出燃烧流场最大速度区环绕在每个喷孔的势流核周侧。射流速度比初始速度大,是因为这一阶段开始发生化学反应,燃烧所产生的部分能量转化为动能,从而提升了射流速度。

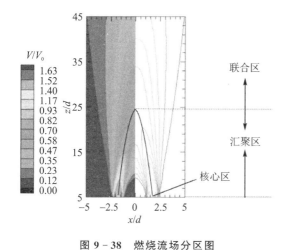

图 9 - 38   燃烧流场分区图

图 9 - 39   三维速度等值面图

图 9-40 为三种不同质量比 MT 烟火型点火具燃烧射流场中,x-z 剖面上的时均速度分布云图。可以看出,燃烧流场的结构基本相同,总体来说,速度分布与六股射流扩展特性相关,速度边界逐渐向两侧扩展,且射流边缘的流速降低,这是因为燃烧射流自喷孔出射后与周围静止流体之间形成了速度不连续的间断面,从而引起紊动,形成卷吸,被卷吸并和射流一起运动的流体不断增多。由于周围静止流体与射流的掺混,相应产生了对射流的阻力,使得射流边缘流速难以保持原来的初始速度。燃烧流场的最大速度均位于近喷孔区域,在每个喷孔上方均出现两个环形等速线。Mg 质量分数为 $0.45 \sim 0.61$ 时,燃烧流场最大速度值随着 Mg 含量的增大而减小,分别为 $1.63V_0$,$1.54V_0$ 和 $1.48V_0$。

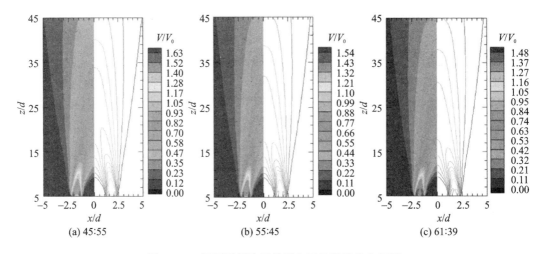

图 9-40 不同质量比下的纵向时均速度分布云图

图 9-41 为不同质量比烟火型点火具的燃烧射流场中,x-z 剖面上的纵向时均速度分布曲线图。其中,图 9-41(a) 为纵向最大时均速度分布曲线图,图 9-41(b) 为沿燃烧流场中心轴线的时均速度分布曲线图。从图中可知,燃烧射流场的最大速度区分布在喷孔近场,最大速度值随流向下衰减,在 $z/d = 5 \sim 8$ 段,六股射流开始会聚,相互干扰程度小,紊流动量开始从每股射流向中心传递,所以最大速度值衰减梯度小,燃烧流场中心轴向速度缓慢提升,而在 $z/d = 8 \sim 15$ 段,六股射流强烈干扰,每股射流中心流线强烈扭曲,紊流动量传递大,所以速度最大值急剧衰减,燃烧流场中心轴向速度快速提升;$z/d = 15 \sim 23$ 段为六股射流会聚后期,射流趋于稳定,干扰程度小,所以速度最大值衰减趋于平缓,燃烧流场中心轴向速度提升变慢,在 $z/d = 23$ 处达到最大值;$z/d > 23$ 段为射流联合区,此时,流场速度最大值位于燃烧流场中心

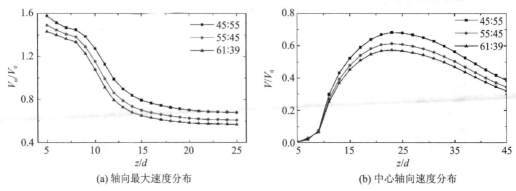

图 9-41 轴向速度分布曲线

轴线上,速度沿轴线随流向下降低,衰减梯度与开始会聚时的速度增长梯度相当。Mg 质量分数为 0.45～0.61 时,Mg 含量越小,燃烧流场纵向分布的速度值越大,流场中心轴向速度梯度越大。

为了解点火具燃烧流场不同区的流动特性和质量比对其的影响,分别取剖面 $z/d=5.5$、$z/d=7$、$z/d=15$ 和 $z/d=25$,图 9-42 为各剖面上的径向时均速度分布曲线图。由图可知,在剖面 $z/d=5.5$ 上,速度沿径向脉动最大,速度曲线下凹所在位置对应势流核心区,最大速度位于势流核两侧。剖面 $z/d=7$ 和 $z/d=15$ 均位于六股射流汇聚区,速度沿径向先增大再衰减。随着往下游发展,最大速度开始往燃烧流场中心轴线方向偏移,燃烧流场中心轴向速度增大,但速度梯度减小。$z/d=25$ 时处于射流联合区,速度沿径向呈单向衰减,最大速度位于燃烧流场中心轴线上,此时,径向速度曲线比较平缓,速度梯度最小。Mg 质量分数为 0.45～0.61 时,Mg 含量越小,沿径向分布速度越大,速度梯度也越大。

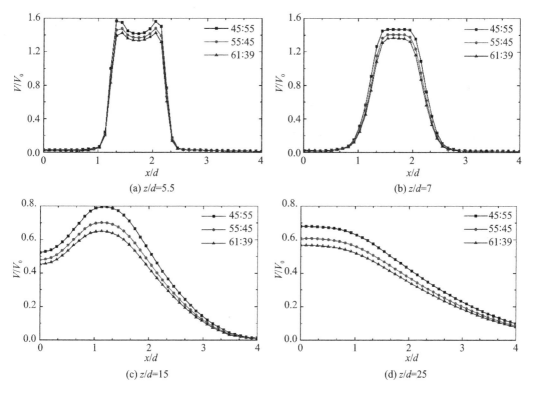

图 9-42　速度沿径向的分布曲线

以烟火药质量比为 45:55 的点火具燃烧流场为例,图 9-43 为六股燃烧射流联合区不同横向剖面上的时均速度分布曲线图。其中,b 为半值宽,即从燃烧流场中心轴线到速度为 $0.5 V_m$ 点的距离。由图可以看出,射流联合区的时均速度剖面存在相似性,通过高斯拟合,可近似表示为

$$\frac{V}{V_m} = \exp\left[-0.6891\left(\frac{x}{b}\right)^2\right] \tag{9-15}$$

(3) 温度分布特性

为了解三种不同配比烟火药点火具燃烧射流场的火焰温度分布特性,取纵向剖面 x-z,如图 9-44 所示,燃烧流场的火焰温度分布也与多股射流的扩展结构相关,不同质量比烟火药的点火具燃烧流场火焰温度分布相似。火焰最高温度区均位于喷孔近场,等温线分布表现出

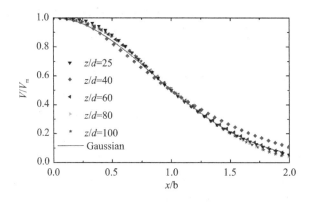

图9-43 联合射流区时均速度的相似性剖面

多股射流会聚和联合的结构特征。随着往下游发展,温度边界向两侧扩展,火焰温度逐渐降低。MT 烟火药质量比为 45:55 时,点火具燃烧流场火焰温度最高,为 2 530 K。当 Mg 含量大于 0.45 时,火焰温度随 Mg 含量的增大而降低。

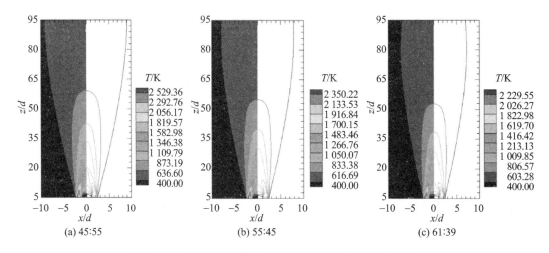

(a) 45:55   (b) 55:45   (c) 61:39

图9-44 不同质量比 MT 点火具射流的温度分布云图

图9-45 为不同质量比烟火药点火具的燃烧射流场中,x-z 剖面上的纵向火焰温度分布曲线图。其中,图9-45(a)为纵向最高温度分布曲线图,图9-45(b)为沿燃烧流场中心轴向的火焰温度分布曲线图。由图可知,在 $z/d=5\sim7$ 段,火焰温度最大值急剧升高,并于 $z/d=7$ 处达到最高值,可见六股射流会聚开始时就发生化学反应,燃烧所产生的能量通过热对流向燃烧流场中心轴线方向传递,中心轴向火焰温度迅速升高。随着向下游发展,火焰温度最大值先快速降低再缓慢衰减,表明燃烧主要发生在近喷孔区域,中心轴向火焰温度一直升高到 $z/d=19$ 后才逐渐衰减,说明六股燃烧射流会聚阶段热量传递比较强烈。在六股燃烧射流联合区,火焰最高温度分布在中心轴线上。Mg 质量分数为 $0.45\sim0.61$ 时,Mg 含量越小,燃烧流场纵向火焰温度越高,沿中心轴向火焰温度梯度越大。

图9-46 为质量比为 45:55 的点火具燃烧流场中,火焰温度为 2 300 K 和 1 000 K 时的三维温度等值面云图。由图可知,温度等值面呈圆锥形态,最高温度区分布在每个喷孔的势流核上方。

为了解点火具燃烧射流场不同纵向位置的火焰温度分布特性,以 MT 烟火药质量比为 45:55 的工况为例,分别取横向剖面 $z/d=5.5$、$z/d=7$、$z/d=15$ 和 $z/d=25$,如图9-47 所

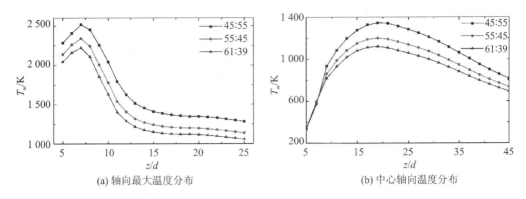

(a) 轴向最大温度分布　　　　　　　(b) 中心轴向温度分布

图 9 - 45　轴向温度分布曲线

示。$z/d = 5.5$ 时，火焰温度分布分为六个区域，分别
成环形位于每个喷孔上方，每股射流的火焰中心温度
低于周侧温度。横向剖面 $z/d = 7$ 上，六个火焰区域开
始合并成一个整体，火焰最高温度区域依旧分为六个，
位于每个喷孔上方，但都处于每股射流的核心位置，且
形态不再是圆形，射流汇聚中心区的温度升高。$z/d =$
15 时，火焰区域完全成为一个圆形整体，六股燃烧射流
会聚中心温度低于周侧温度。$z/d = 25$ 时，火焰最高
温度位于区域中心，此时处于射流联合区。同时，也可
看出，随着往下游扩展，温度分布域的面积逐渐增大。

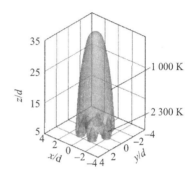

图 9 - 46　三维等温面分布云图

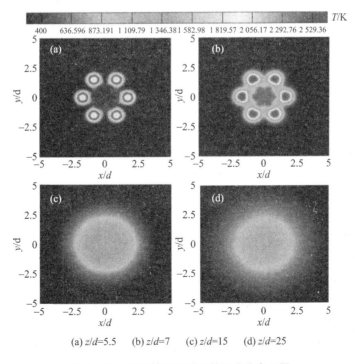

(a) $z/d = 5.5$　(b) $z/d = 7$　(c) $z/d = 15$　(d) $z/d = 25$

图 9 - 47　不同轴向位移处的温度分布云图

图 9 - 48 为不同质量比烟火药点火具的燃烧射流场中，剖面 $z/d = 5.5$、$z/d = 7$、$z/d = 15$
和 $z/d = 25$ 上的径向火焰温度分布曲线图。从图中可知，各剖面上的径向火焰温度分布与径

向时均速度分布相似。在剖面 $z/d=5.5$ 上,火焰温度沿径向脉动最大,温度曲线下凹所在位置对应势流核心区,势流核火焰温度低于其两侧温度。剖面 $z/d=7$ 和 $z/d=15$ 均位于多股燃气射流的汇聚区,火焰温度沿径向先升高再降低,随着六股燃烧射流会聚,最高温度开始往燃烧流场中心轴线方向偏移,燃烧流场中心轴向温度升高,但温度梯度减小。结合图 9-48(a)和图 9-48(b),也可发现,燃烧流场最高温度区位于势流核上方。$z/d=25$ 时,处于射流联合区,火焰温度沿径向呈单向衰减,最高温度位于燃烧流场中心轴线上,此时,径向温度曲线比较平缓,温度梯度最小。Mg 质量分数为 $0.45\sim0.61$ 时,Mg 的含量越小,沿径向分布火焰温度越高,温度梯度也越大。

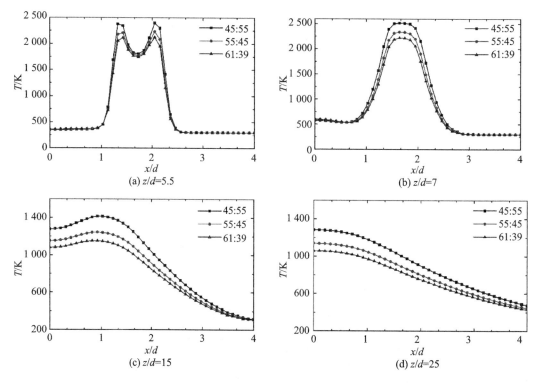

图 9-48 温度沿径向的分布曲线

(4) 组分分布特性

图 9-49 为不同质量比烟火型点火具燃烧射流场中,x-z 剖面上反应物和最终产物的纵向分布曲线图。其中,图 9-49(a)为纵向组分最大质量分数分布曲线,图 9-49(b)为沿燃烧流场中心轴向的组分质量分数分布曲线。由 9-49(a)可知,四氟乙烯 C_2F_4 主要分布在 $z/d=5\sim7.5$ 内,在这部分区域完成分解反应,并消耗完全。在该段纵向距离内,Mg 消耗剧烈,而在流场下游,曲线较为平缓,这是因为 Mg 质量分数较大,反应后略有剩余,在湍流影响下扩散分布于整个流场内。生成物 MgF_2 和 C_2 也在约 $z/d=7.5$ 处达到高峰。这些均说明燃烧流场六股射流会聚开始段 $z/d=5\sim7.5$ 即为反应区域,且燃烧均为贫氧燃烧,随后的组分分布均为流动扩散的作用。Mg 质量分数为 $0.45\sim0.61$ 时,随着 Mg 含量增大,MgF_2 和 C_2 的质量分数减小,未完全反应的 Mg 也越多。由图 9-49(b)可知,在六股射流会聚作用下,Mg 和产物 MgF_2 以及 C_2 沿流场中心轴向快速扩散,约在 $z/d=19$ 处质量分数达到最大,随着 Mg 含量增大,MgF_2 和 C_2 沿轴向分布梯度减小,而 Mg 沿轴向分布梯度增大。六股射流联合成一股后,各组分质量分数随流动向下游减小。

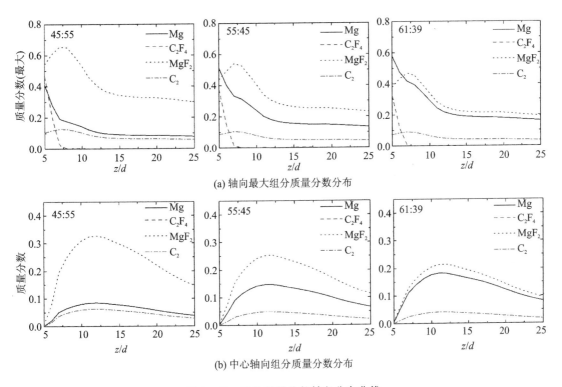

(a) 轴向最大组分质量分数分布

(b) 中心轴向组分质量分数分布

图 9－49　组分质量分数轴向分布曲线

图 9－50 为不同质量比烟火型点火具的燃烧射流场中,剖面 $z/d=5.5$、$z/d=7$、$z/d=15$ 和 $z/d=25$ 上反应物和最终产物的径向分布曲线图。在剖面 $z/d=5.5$ 上,反应物分布曲线 在势流核区达到高峰,而生成物分布曲线在势流核区下凹,可知势流核周侧反应剧烈,而内部 反应相对较弱。$z/d=7$ 时,反应物 C_2F_4 基本消耗完,各组分在势流核上方分布最多,说明势 流核上方反应最为剧烈,且各组分开始向燃烧流场中心轴线方向扩散,结合图 9－50(a)和 图 9－50(b)可知,化学反应发生在势流核及其上方区域,反应最为激烈的区域正是火焰最高 温度区,相应地,此处 MgF_2 的质量分数最大。剖面 $z/d=15$ 位于射流会聚后期,燃烧流场中 心轴线上组分明显增多。$z/d=25$ 时处于射流联合区,各组分质量分数沿径向呈单向衰减, 最高质量分数位于燃烧流场中心轴线上,此时,径向组分分布曲线比较平缓,质量分数梯度最 小。Mg 质量分数为 $0.45\sim0.61$ 时,随着 Mg 含量的增大,沿径向分布的 C_2F_4、MgF_2 和 C_2 质 量分数和梯度减小,而沿径向分布的 Mg 质量分数和梯度增大。

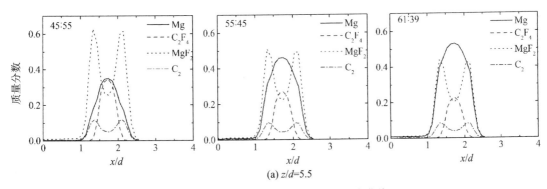

(a) $z/d=5.5$

图 9－50　组分质量分数沿径向的分布曲线

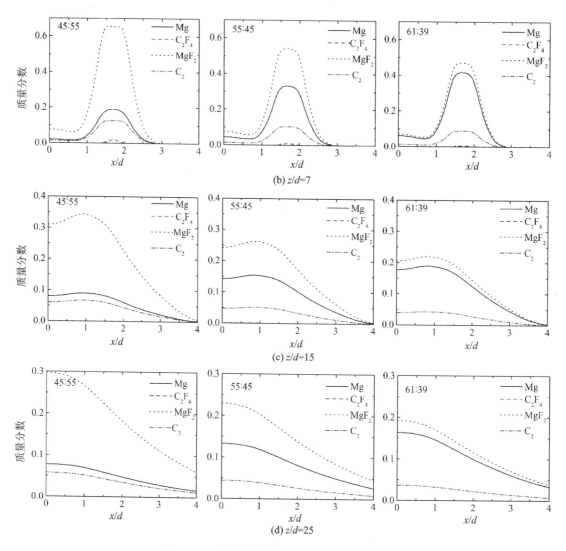

图 9 - 50　组分质量分数沿径向的分布曲线(续)

　　表 9 - 7 所列为 MT 烟火药不同质量比条件下各反应的最大动力学反应速率和单位时间反应热,由表可知四氟乙烯分解速率最大,随着 Mg 含量增多,各反应动力学速率都降低,单位时间反应热减少,从而导致火焰温度降低。

表 9 - 7　反应最大动力学速率和单位时间反应热

参　数	反　应	质量比		
		45∶55	55∶45	61∶39
$\dot{R}$ /(kmol·m^{-3}·s^{-1})	1	2 822.3	1 010.5	484.2
	2	0.046 5	0.022 8	0.013 5
	3	68.575	7.260	3.578
$\dot{Q}$ /W	—	1.175	0.863	0.702

9.4　烟火药非稳态燃烧特性及理论模型

9.3 节介绍了 MT(镁/聚四氟乙烯)烟火药柱及其点火具稳态燃烧过程的数值结果,使读者对 MT 烟火药稳态燃烧射流场的内在物理规律有了详细了解和清晰认知。在此基础上,有必要进一步了解底排装置快速降压过程中装置内部燃气流动行为和点火具瞬态燃烧射流特性,因为底部排气弹射程和落点散布与弹丸出炮口时点火具的瞬态燃烧特性密切相关。本节以底排弹出火炮膛口时,底排药剂瞬间熄火,MT 烟火型点火具对底排药剂的点火过程为工程背景,通过半密闭爆发器模拟弹丸出膛口时,底排装置内的快速降压过程,实验分析底排模拟装置快速降压过程中,近喷口喷焰羽流的发展行为。在实验基础上,采用高分辨率迎风格式AUSM＋捕捉激波和有限速率动力学模型求解点火具燃气化学反应速率,建立降压过程中发射药燃气与点火具燃气相互作用的二维轴对称模型,并根据实验工况对半密闭爆发器内外耦合流场进行数值模拟,得到发射药燃气和点火具燃气耦合流动的计算结果。通过与实验观测的火焰形态进行定性定量对比,以及燃烧室内压力变化的定量对比,验证模拟结果的正确性和数值模型的合理性,并进一步详细地阐述快速降压条件下,底排药剂熄火时,点火具燃烧火焰射流与发射药燃气射流的耦合流动特性,以及降压瞬间初始喷压比对点火具燃气射流扩展特性和传热特性的影响。

9.4.1　物理模型

为模拟弹丸出炮口快速降压过程中底排点火具的瞬态点火行为,采用图 9 - 51 所示的半密闭爆发器作为点火实验装置。该实验装置由黄铜剪切膜片、发射药燃烧室、压电传感器、底排药燃烧室、药柱、点火具和底盖组成,在发射药燃烧室内放置单基药和硝化棉药包。点火具中压制的点火药为镁/聚四氟乙烯(MT)烟火剂,镁和聚四氟乙烯的质量比为 6∶4,镁的颗粒尺寸为 22 μm,聚四氟乙烯的颗粒尺寸为 450 μm。

以底排模拟装置破膜时刻为零时刻,发射药燃气开始高速膨胀,假设此时发射药燃烧完全或

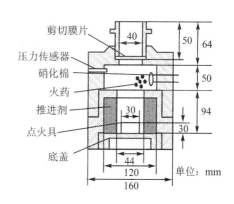

图 9 - 51　半密闭爆发器示意图

者残余发射药立即随发射药燃气从喷口处喷出,即膜片剪切后燃烧室内不存在发射药燃烧,只有发射药高温高压燃气。快速降压过程中,底排药剂在极短时间内熄火,故忽略底排药剂燃烧。针对发射药燃气膨胀过程和 MT 烟火型点火具在底排模拟装置泄压过程中的燃气射流喷射特性,作如下假设:

① 膜片剪切前一瞬间燃烧室内高温高压燃气速度为零;

② 发射药燃气膨胀过程和点火具燃气射流均视为二维轴对称流动;

③ MT 烟火剂固相蒸发、分解仅产生 Mg 蒸气和 C_2F_4 气体,作为气相初始反应物;

④ 发射药燃气和 MT 烟火剂燃气均为有黏理想可压气体;

⑤ 只考虑烟火剂混合燃气内部组分反应,化学反应速率遵循阿累尼乌斯定律;

⑥ MT 烟火剂混合燃气中主要辐射产物为具有较高发射率的组分 C,但含量较少,所以可忽略 MT 烟火剂气相燃烧中的辐射传热。

9.4.2　数学模型

(1) 控制方程

根据物理模型,建立圆柱坐标系下二维轴对称可压缩非定常 Navior – Stokes 矢量方程组:

$$\frac{\partial \boldsymbol{W}}{\partial t} + \frac{\partial (\boldsymbol{F}^i - \boldsymbol{F}^v)}{\partial x} + \frac{\partial (\boldsymbol{G}^i - \boldsymbol{G}^v)}{\partial r} = \frac{\boldsymbol{H} - \boldsymbol{G}^i + \boldsymbol{G}^v}{r} + S \tag{9-16}$$

式中,$\boldsymbol{W}$ 表示守恒矢变量,即

$$\boldsymbol{W} = (\rho, \rho u, \rho v, \rho E, \rho_1, \rho_2, \cdots, \rho_N)^{\mathrm{T}} \tag{9-17}$$

$\boldsymbol{F}^i$ 和 $\boldsymbol{G}^i$ 表示非黏性矢通量,即

$$\boldsymbol{F}^i = (\rho u, \rho u^2 + p, \rho uv, u(\rho E + p), \rho_1 u, \rho_2 u, \cdots, \rho_N u)^{\mathrm{T}} \tag{9-18}$$

$$\boldsymbol{G}^i = (\rho v, \rho uv, \rho v^2 + p, v(\rho E + p), \rho_1 v, \rho_2 v, \cdots, \rho_N v)^{\mathrm{T}} \tag{9-19}$$

$\boldsymbol{F}^v$ 和 $\boldsymbol{G}^v$ 表示黏性扩散矢通量,即

$$\boldsymbol{F}^v = \left(0, \tau_{xx}, \tau_{xr}, u\tau_{xx} + v\tau_{xr} + q_x, \rho D_1 \frac{\partial Y_1}{\partial x}, \rho D_2 \frac{\partial Y_2}{\partial x}, \cdots, \rho D_N \frac{\partial Y_N}{\partial x}\right)^{\mathrm{T}} \tag{9-20}$$

$$\boldsymbol{G}^v = \left(0, \tau_{xr}, \tau_{rr}, u\tau_{xr} + v\tau_{rr} + q_r, \rho D_1 \frac{\partial Y_1}{\partial r}, \rho D_2 \frac{\partial Y_2}{\partial r}, \cdots, \rho D_N \frac{\partial Y_N}{\partial r}\right)^{\mathrm{T}} \tag{9-21}$$

$\boldsymbol{H}$ 为轴对称源项矢量,即

$$\boldsymbol{H} = (0, 0, p - \tau_{\theta\theta}, 0, 0, 0, \cdots, 0)^{\mathrm{T}} \tag{9-22}$$

$\boldsymbol{S}$ 为化学反应源项矢量,即

$$\boldsymbol{S} = (0, 0, 0, 0, \omega_1, \omega_2, \cdots, \omega_N)^{\mathrm{T}} \tag{9-23}$$

其中,E 为总能,$\tau_{xx}, \tau_{xr}, \tau_{rr}$ 和 $\tau_{\theta\theta}$ 为剪切应力张量,q_x 和 q_r 为热通量矢量,各表达式如下:

$$E = \frac{1}{\rho}\left(\sum_{i=1}^N \rho_i h_i - p\right) + \frac{1}{2}(u^2 + v^2) \tag{9-24}$$

$$\tau_{xx} = -\frac{2}{3}\mu\left(\frac{\partial u}{\partial x} + \frac{\partial v}{\partial r} + \frac{v}{r}\right) + 2\mu\frac{\partial u}{\partial x} \tag{9-25}$$

$$\tau_{xr} = \mu\left(\frac{\partial u}{\partial r} + \frac{\partial v}{\partial x}\right) \tag{9-26}$$

$$\tau_{rr} = -\frac{2}{3}\mu\left(\frac{\partial u}{\partial x} + \frac{\partial v}{\partial r} + \frac{v}{r}\right) + 2\mu\frac{\partial v}{\partial r} \tag{9-27}$$

$$\tau_{\theta\theta} = -\frac{2}{3}\mu\left(\frac{\partial u}{\partial x} + \frac{\partial v}{\partial r} + \frac{v}{r}\right) + 2\mu\frac{v}{r} \tag{9-28}$$

$$q_x = \lambda\frac{\partial T}{\partial x} + \sum_{i=1}^N \rho D_i h_i \frac{\partial Y_i}{\partial x} \tag{9-29}$$

$$q_r = \lambda\frac{\partial T}{\partial r} + \sum_{i=1}^N \rho D_i h_i \frac{\partial Y_i}{\partial r} \tag{9-30}$$

其中,x 和 r 坐标方向分别表示轴向和径向;u 和 v 分别为轴向速度和径向速度;ρ 是混合气体密度;$\rho_i (i=1,2,\cdots,N)$ 为组分 i 的密度;h_i 为组分 i 的静焓;ω_i 为系统内部单位时间内单位体积通过化学反应产生的该组分的质量,即净产生速率;压力 p 满足理想气体状态方程:

$$p = \rho R T \sum_i \frac{Y_i}{M_i} \tag{9-31}$$

式中,R 是通用气体常数;T 是温度;Y_i 为组分 i 的质量分数,$Y_i = \rho_i/\rho$,且由于 $\sum_{i=1}^N Y_i = 1$,所

以只求解 $N-1$ 个组分；M_i 是组分 i 的摩尔质量。组分 i 在混合气体中的质量扩散系数 D_i 为

$$D_i = D_{i,m} + \frac{\mu_t}{\rho Sc_t} \tag{9-32}$$

式中，μ_t 为湍流动力黏性系数；Sc_t 是湍流施密特数，取为 0.7；$D_{i,m}$ 是组分 i 在混合气体中的时均流动质量扩散系数：

$$D_{i,m} = \frac{1-X_i}{\sum\limits_{j,j\neq i}^{N} \frac{X_j}{D_{ij}}} \tag{9-33}$$

式中，X_i，X_j 是组分 i 和组分 j 的摩尔分数，D_{ij} 为组分 i 在组分 j 中的二元质量扩散系数。

混合气体热传导系数 λ 为

$$\lambda = \lambda_l + c_p \frac{\mu_t}{Pr_t} \tag{9-34}$$

式中，Pr_t 为湍流普朗特数；λ_l 为混合气体时均流动热传导系数，根据动力理论可得

$$\lambda_l = \sum_i \frac{X_i \lambda_i}{\sum_j X_j \phi_{ij}} \tag{9-35}$$

其中，

$$\phi_{ij} = \frac{\left[1 + \left(\frac{\mu_i}{\mu_j}\right)^{1/2} \left(\frac{M_j}{M_i}\right)^{1/4}\right]^2}{\left[8\left(1 + \frac{M_i}{M_j}\right)\right]^{1/2}} \tag{9-36}$$

c_p 是混合气体定压比热容，即

$$c_p = \sum_{i=1}^{N} c_{p,i} Y_i \tag{9-37}$$

式中，$c_{p,i}$ 为组分 i 的定压比热容，是关于温度的多项式函数，即

$$c_{p,i} = (a_0 + a_1 T + a_2 T^2 + a_3 T^3 + a_4 T^4) \frac{R}{M_i} \tag{9-38}$$

混合气体黏性系数 μ 为

$$\mu = \mu_l + \mu_t \tag{9-39}$$

式中，μ_l 表示混合气体时均流动动力黏性系数，根据动力理论可得

$$\mu_l = \sum_i \frac{X_i \mu_i}{\sum_j X_j \phi_{ij}} \tag{9-40}$$

其中，μ_i 为组分 i 的分子黏性系数。

（2）湍流模型

采用雷诺时间平均法，将 N-S 方程组中的求解变量分解成平均值和脉动值。由此导致动量方程中多出雷诺应力项，必须建立模型以使方程组封闭。引入 Boussinesq 提出的涡黏假设，建立涡黏模型将湍动黏度 μ_t 与时均参数联系起来，通过求解湍流方程确定 μ_t。

涡黏两方程模型 Realizable $k-\varepsilon$ 由于在旋转均匀剪切流动、包含有射流和混合流的自由流动、管道内流动、边界层流动以及分离流中的优越性能，特别是能够准确地模拟圆形射流和轴对称射流，从而得以广泛应用。二维轴对称形式的 Realizable $k-\varepsilon$ 方程如下：

1) 湍流动能方程

$$\frac{\partial(\rho k)}{\partial t} + \frac{\partial(\rho k u)}{\partial x} + \frac{\partial(\rho k v)}{\partial r} = \frac{\partial}{\partial x}\left[\left(\mu_l + \frac{\mu_t}{\sigma_k}\right)\frac{\partial k}{\partial x}\right] + \frac{\partial}{\partial r}\left[\left(\mu_l + \frac{\mu_t}{\sigma_k}\right)\frac{\partial k}{\partial r}\right]$$

$$+ \frac{1}{r}\left[\left(\mu_l + \frac{\mu_t}{\sigma_k}\right)\frac{\partial k}{\partial r} - \rho k v\right] + G_k - \rho\varepsilon - Y_M$$

$$(9-41)$$

2) 湍流耗散率方程

$$\frac{\partial(\rho\varepsilon)}{\partial t} + \frac{\partial(\rho\varepsilon u)}{\partial x} + \frac{\partial(\rho\varepsilon v)}{\partial r} = \frac{\partial}{\partial x}\left[\left(\mu_l + \frac{\mu_t}{\sigma_\varepsilon}\right)\frac{\partial\varepsilon}{\partial x}\right] + \frac{\partial}{\partial r}\left[\left(\mu_l + \frac{\mu_t}{\sigma_\varepsilon}\right)\frac{\partial\varepsilon}{\partial r}\right]$$

$$+ \frac{1}{r}\left[\left(\mu_l + \frac{\mu_t}{\sigma_\varepsilon}\right)\frac{\partial\varepsilon}{\partial r} - \rho\varepsilon v\right] + \rho C_1 S\varepsilon - \rho C_2 \frac{\varepsilon^2}{k + \sqrt{\mu_l\varepsilon/\rho}}$$

$$(9-42)$$

式(9-41)和式(9-42)中,G_k 是由于平均速度梯度引起的湍动能 k 的产生项;Y_M 代表可压缩湍流中脉动扩张的贡献;σ_k 和 σ_ε 分别是与湍动能 k 和耗散率 ε 对应的普朗特数,且 $\sigma_k = 1.0$,$\sigma_\varepsilon = 1.2$;$C_2 = 1.9$;湍流黏性系数 μ_t 由下式计算:

$$C_1 = \max\left(0.43, \frac{\eta}{\eta+5}\right), \quad \eta = S\frac{k}{\varepsilon}, S = (2S_{xr}S_{xr})^{1/2}$$

$$\mu_t = \rho C_\mu \frac{k^2}{\varepsilon}$$

$$(9-43)$$

其中,$C_\mu = \dfrac{1}{A_0 + A_s k U^*/\varepsilon}$,$U^* \equiv \sqrt{S_{xr}S_{xr} + \widetilde{\Omega}_{xr}\widetilde{\Omega}_{xr}}$,$\widetilde{\Omega}_{xr} = \Omega_{xr} - 2\varepsilon_{xrk}\omega_k$,$\Omega_{xr} = \overline{\Omega_{xr}} - \varepsilon_{xrk}\omega_k$。其中,$\overline{\Omega_{xr}}$ 是从角速度为 ω_k 的参考系中观察到的时均旋转速率张量,常数 A_0 和 As 分别为

$$A_0 = 4.04, \quad A_s = \sqrt{6}\cos\phi$$

其中,$\phi = \dfrac{1}{3}\cos^{-1}(\sqrt{6}S_{xr}S_{rk}S_{kx}/\widetilde{S}^3)$,$\widetilde{S} = \sqrt{S_{xr}S_{xr}}$,$S_{xr} = \dfrac{1}{2}\left(\dfrac{\partial u}{\partial r} + \dfrac{\partial v}{\partial x} + \dfrac{u}{r}\right)$。

(3) 化学动力学模型

由实验可知,快速降压开始的一段时间内,点火具燃气被高温发射药燃气形成的高压环境压制在点火具端面,湍流脉动较小,且反应物是预混的,燃烧属于慢速燃烧,燃烧过程主要由化学反应动力学速率控制。因此,忽略湍流脉动的影响,采用有限速率动力学模型计算化学组分源项 ω_i,表示组分 i 参与的 N_R 个可逆基元反应的反应源项之和,其表达式为

$$\omega_i = M_i \sum_{r=1}^{N_R} \hat{\omega}_{i,r} \tag{9-44}$$

式中,$\hat{\omega}_{i,r}$ 为第 r 步基元反应中组分 i 产生或消失的摩尔速率。第 r 步基元反应方程式可写为一般形式:

$$\sum_N^{i=1} v'_{i,r}M_i \underset{k_{b,r}}{\overset{k_{f,r}}{\rightleftharpoons}} \sum_N^{i=1} v''_{i,r}M_i \tag{9-45}$$

式中,$v'_{i,r}$ 为第 r 步基元反应中反应物 i 的化学计量系数;$v''_{i,r}$ 为第 r 步基元反应中生成物 i 的化学计量系数;M_i 为组分 i 的化学符号;$k_{f,r}$ 和 $k_{b,r}$ 分别为第 r 步基元反应的正反应速率常数和逆反应速率常数。第 r 步基元反应中组分 i 产生或消失的摩尔速率 $\hat{\omega}_{i,r}$ 可表示为

$$\hat{\omega}_{i,r} = \Gamma(v''_{i,r} - v'_{i,r})\left(k_{f,r}\prod_{j=1}^N [C_{j,r}]^{\eta'_{j,r}} - k_{b,r}\prod_{j=1}^N [C_{j,r}]^{v''_{j,r}}\right) \tag{9-46}$$

式中，$C_{j,r}$ 为第 r 步基元反应中组分 j 的摩尔浓度；$\eta'_{j,r}$ 为第 r 步基元反应中反应物 j 的反应速率指数；Γ 表示第三体对反应速率的影响，表达式为

$$\Gamma = \sum_{j}^{N} \gamma_{j,r} C_j \tag{9-47}$$

式中，$\gamma_{j,r}$ 表示第 r 步基元反应中组分 j 的第三体效应。

模型采用的三步简化反应动力学机理为可逆反应，第 r 步基元反应的正反应速率常数的阿累尼乌斯表达式为

$$k_{f,r} = A_r T^{\beta_r} \mathrm{e}^{-E_r/(RT)} \tag{9-48}$$

式中，A_r 为指前因子，β_r 为温度指数，E_r 为化学反应活化能。

第 r 步基元反应的逆反应速率常数表示为

$$k_{b,r} = \frac{k_{f,r}}{K_r} \tag{9-49}$$

式中，K_r 为第 r 步基元反应的平衡常数，可由下式求得

$$K_r = \exp\left(\frac{\Delta S_r}{R} - \frac{\Delta H_r}{RT}\right)\left(\frac{p_{\mathrm{atm}}}{RT}\right)^{\sum_{i=1}^{N}(v''_{i,r} - v'_{i,r})} \tag{9-50}$$

式中，p_{atm} 表示大气压。指数函数内的项表示 Gibbs 自由能的变化，表达式分别为

$$\frac{\Delta S_r}{R} = \sum_{i=1}^{N}(v''_{i,r} - v'_{i,r})\frac{S_i}{R} \tag{9-51}$$

$$\frac{\Delta H_r}{RT} = \sum_{i=1}^{N}(v''_{i,r} - v'_{i,r})\frac{h_i}{RT} \tag{9-52}$$

式中，S_i 和 h_i 分别是常压下，温度为 T 时组分 i 的熵和焓。

(4) 控制方程离散

采用基于内节点的有限体积法将计算域划分成四边形结构网格，则一个网格单元就是一个控制体积。在每个控制体积上对守恒型的控制方程进行积分，则任意一个控制体积 V 上的控制方程积分形式为

$$\int_V \frac{\partial \boldsymbol{W}}{\partial t}\mathrm{d}V + \oint \left[(\boldsymbol{F}^i - \boldsymbol{F}^v)\boldsymbol{x} + (\boldsymbol{G}^i - \boldsymbol{G}^v)\boldsymbol{r}\right]\cdot \mathrm{d}\boldsymbol{A} = \int_V \left(\frac{\boldsymbol{H} - \boldsymbol{G}^i + \boldsymbol{G}^v}{r}\right)\mathrm{d}V \tag{9-53}$$

式中，x 和 r 分别为 x 方向和 r 方向的单位向量，$|x| = |r| = 1$。方程在控制体积 V 上的离散形式为

$$\frac{\partial \boldsymbol{W}}{\partial t}V + \sum_{f}^{N_{\mathrm{faces}}} \left[(\boldsymbol{F}_f^i - \boldsymbol{F}_f^v)\boldsymbol{x} + (\boldsymbol{G}_f^i - \boldsymbol{G}_f^v)\boldsymbol{r}\right]\cdot \boldsymbol{A}_f = \left(\frac{\boldsymbol{H} - \boldsymbol{G}_f^i + \boldsymbol{G}_f^v}{r}\right)V \tag{9-54}$$

式中，N_{faces} 为一个控制体积中单元面的总数，下标 f 表示单元面。

离散控制方程的非黏性项和黏性项都由单元界面上的值构成，单元面上的物理量必须通过插值的方式由节点的物理量来表示。黏性项的单元界面值总是用中心差分格式进行插值，具有二阶精度。对于超声速可压缩流动，采用 AUSM$^+$ 格式对非黏性项进行插值，兼有间断高分辨率以及高计算效率的双重优势。

AUSM$^+$ 格式将非黏性通量分裂为对流通量和压力通量，以 x 方向非黏性通量 F^i 为例：

$$\boldsymbol{F}^i = \boldsymbol{F}^c + \boldsymbol{F}^p \tag{9-55}$$

式中，

$$\boldsymbol{F}^c = Ma\boldsymbol{Q} \tag{9-56}$$

$$\boldsymbol{Q} = (\rho, \rho u, \rho v, \rho H, \rho_1, \rho_2, \cdots, \rho_N)^{\mathrm{T}} \tag{9-57}$$

$$F^p = (0, p, p, 0, 0, 0, \cdots, 0)^T \qquad (9-58)$$

式中,H 为总焓,$H = E + p/\rho$。从上述表达式可知,对流通量 F^c 的表达式中包含有马赫数、当地声速 a 和变量矢量 Q,而压力通量 F^p 的表达式中只有压力项。因此,单元界面对流通量可以表示为

$$F_f^c = M_f a_f Q_f \qquad (9-59)$$

$$F_f^p = (0, p_f, p_f, 0, 0, 0, \cdots, 0)^T \qquad (9-60)$$

变量矢量 Q_f 采用一阶迎风格式进行插值:

$$Q_f = \begin{cases} Q_{f-1/2}, & Ma_f \geqslant 0 \\ Q_{f+1/2}, & Ma_f < 0 \end{cases} \qquad (9-61)$$

单元界面马赫数 Ma_f 和压力 p_f 可以写成以下关于上游节点值和下游节点值的函数形式:

$$Ma_f = Ma_{f-1/2}^+ + Ma_{f+1/2}^-, Ma_{f-1/2}^{\pm} = Ma^{\pm}(Ma_{f-1/2}) \qquad (9-62)$$

$$p_f = p_{f-1/2}^+ p_{f-1/2} + p_{f+1/2}^- p_{f+1/2}, p_{f-1/2}^{\pm} = p^{\pm}(p_{f-1/2}) \qquad (9-63)$$

马赫数函数 $Ma^{\pm}$ 和压力函数 $p^{\pm}$ 分别为

$$Ma^{\pm} = \begin{cases} \dfrac{1}{2}(Ma \pm |Ma|), & |Ma| \geqslant 1 \\ \pm \dfrac{1}{2}(Ma \pm 1)^2 \pm \dfrac{1}{8}(Ma^2 - 1)^2, & |Ma| < 1 \end{cases} \qquad (9-64)$$

$$p^{\pm} = \begin{cases} \dfrac{1}{2}(1 \pm \mathrm{sign} Ma), & |Ma| \geqslant 1 \\ \dfrac{1}{4}(Ma \pm 1)^2 (2 \mp Ma) \pm \dfrac{3}{16} Ma (Ma^2 - 1)^2, & |Ma| < 1 \end{cases} \qquad (9-65)$$

为了能够精确地捕捉到激波且适用于亚声速流动,界面声速 a_f 为以下形式:

$$a_f = \min(\tilde{a}_{f-1/2}, \tilde{a}_{f+1/2}) \qquad (9-66)$$

$$\tilde{a} = a^{*2} / \max(a^*, |u|) \qquad (9-67)$$

式中,a^* 为临界声速。

采用双时间步方法进行隐式时间推进,在物理时刻点上引入虚拟时间迭代方法进行内迭代以提高预测结果的精确度。在上述控制方程(9-16)中引入虚拟时间导数预处理项,可得

$$\frac{\partial}{\partial t} \int_V W \mathrm{d}V + \Psi \frac{\partial}{\partial \tau} \int_V E \mathrm{d}V + \oint [(F^i - F^v)x + (G^i - G^v)r] \cdot \mathrm{d}A = \int_V \left(\frac{H - G^i + G^v}{r} \right) \mathrm{d}V \qquad (9-68)$$

式中,t 为物理时间;τ 为时间推进过程中的虚拟时间;Ψ 为 Jacobian 矩阵;E 为自变量矢量。方程中的时间项以隐式形式进行离散,可写为以下半离散形式:

$$\left[\frac{\Psi}{\Delta \tau} + \frac{\varepsilon_0}{\Delta t} \frac{\partial W}{\partial E} \right] \Delta E^{k+1} + \frac{1}{V} \oint [(F^i - F^v)x + (G^i - G^v)r] \cdot \mathrm{d}A$$

$$= \frac{H - G^i + G^v}{r} - \frac{1}{\Delta t}(\varepsilon_0 W^k - \varepsilon_1 W^n + \varepsilon_3 W^{n-1}) \qquad (9-69)$$

式中,k 为内迭代计数器;n 为任意物理时刻点;Δt 为物理时间步长;$\Delta \tau$ 为虚拟时间步长,由柯朗数 CFL 确定。

(5) 计算域与初边界条件

针对实验装置,建立图 9-52(a)所示的圆柱坐标系。参照实验装置尺寸,建立二维轴对称计算域,如图 9-52(b)所示,计算域轴向长 $mn = 4$ m,径向宽 $no = 2.5$ m。整个计算域分为

高压内流域 Zone1 和外流域 Zone2。中心轴线为轴对称边界,实验装置壳体壁面和底排药剂表面为绝热无滑移壁面边界,计算域出口为压力出口边界,点火具出口作为质量流率入口边界。烟火药燃速是基于压力的指数函数,根据 Kubata 的实验可拟合出如下燃速-压力关系式:

$$\dot{r} = ap^n \tag{9-70}$$

则质量流率 $\dot{m}$ 表示为

$$\dot{m} = \rho_s \dot{r} A_s \tag{9-71}$$

式中,a 为烟火药燃速系数;p 为 Zone1 中绝对静压的面积加权平均;n 为烟火药燃速压力指数;ρ_s 为烟火药密度;A_s 为点火具端面面积,各参数值如表 9-8 所列。

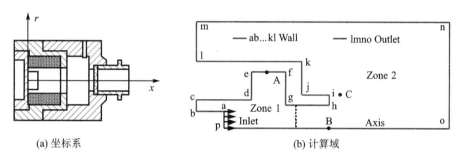

(a) 坐标系　　　　　　　　　　(b) 计算域

图 9-52　坐标系和计算域

同时,为监测泄压过程中参数随时间的变化规律,设立三个监测点,分别为 A (0.124 m, 0.055 m),B (0.208 m,0 m) 和 C (0.228 m,0.03 m)。其中,监测点 A 对应于实验中压电传感器的位置,点 B 用于监测喷口参数变化,点 C 处流动参数变化较剧烈,用于网格无关性验证。以破膜时刻为初始时刻,此时发射药燃烧产生的高温高压燃气充满 Zone1 区域,总压和总温分别为 p_r 和 T_r,燃气比热比为 γ,外流域 Zone2 为大气环境,绝对压力和绝对温度分别为 p_b 和 T_b。燃烧室总压 p_r 与大气环境绝对压力 p_b 之比 p_r/p_b 定义为喷压比(NPR)。对于 155 mm 大口径底排弹火炮,根据不同的发射药药量和发射药号,火炮膛口压力在 50～80 MPa 范围内变化。故本节选取三种工况进行分析,数值参数如表 9-8 所列。

表 9-8　数值工况和特征参数

Case	p_r/MPa	p_b/MPa	$p_r/p_{b/t=0}$	T_r/K	T_b/K	γ	a	n	$\rho_s/$ (kg·m^{-3})	A_s/m^2
1	56.4	0.101 325	556.6							
2	66.4	0.101 325	655.3	2 200	300	1.25	11.988	0.134	1 966.8	7.069× 10^{-4}
3	76.4	0.101 325	754.0							

(6) 网格无关性验证

采用分块结构网格划分计算域,并选取三套网格验证网格独立性,三套网格的节点数分别为 22.3 万、35.6 万和 63.0 万。以 Case 1 为例,使用这三套网格计算获得流场参数并进行对比。图 9-53 所示为监测点 C 处马赫数随时间的变化曲线,网格节点数对 C 点速度影响很小,图 9-54 所示为 5.5 ms 时中心轴向温度分布曲线,网格节点数对轴向流场参数分布影响较大,但网格节点数大于 35.6 万后,网格已经足够细,对流场基本没有影响,所以采用节点数为 35.6 万的网格进行数值计算。

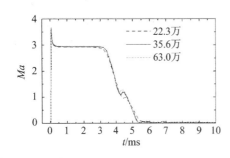

图 9 - 53 监测点 C 处的马赫数

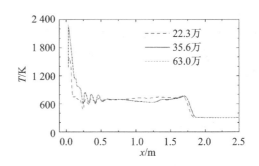

图 9 - 54 5.5 ms 时中心轴向绝对温度分布

9.4.3 计算结果与分析

(1) 实验结果与数值验证

实验测得底排模拟装置燃烧室内最大压力,即破膜压力为 56.3 MPa,以此为数值模拟验证工况(Case 1)。监测点 A 对应于实验中压电传感器的位置,故以 A 点的压力值进行对比,图 9 - 55 所示为实验和计算得到的泄压过程中相对静压-时间曲线和泄压速率一时间曲线。总体来说,模拟结果和实验结果吻合较好。误差最大的时间段为 0.5 ms内,这是由于泄压开始 0.5 ms 内发射药未燃尽,残余发射药继续燃烧,产生高温燃气,使得燃烧室内压力高于计算的压力值,压力下

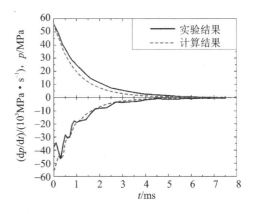

图 9 - 55 计算和实验数据对比

降速率剧烈波动且低于模拟计算的降压速率。0.5 ms 后,残余发射药燃尽或者喷出底排模拟装置外,实验所得降压速率与计算的降压速率之间误差很小。

图 9 - 56 为实验和模拟的泄压过程中近喷口火焰形态演变序列图。显然,泄压过程中燃气喷射羽流先为欠膨胀超声速流动,之后转变为亚声速流动。模拟所得羽流结构与实验记录的喷焰形态吻合较好,验证了数值方法的合理性。根据观察到的喷焰形态,将高温高压燃气喷射过程分为三个阶段:初始阶段、中期阶段和临终阶段。0.5 ms 时属于初始阶段,如图 9 - 56(a)所示,高温高压燃气火焰喷射进压力较低的大气环境,在喷口处快速膨胀,形成"蘑菇形"火焰。4.5～6.1 ms 时属于中期阶段,如图 9 - 56(b)～(e)所示,羽流火焰呈现明暗相间的菱形火焰串形态。燃气从排气孔喷出后,在喷口形成普朗特-迈耶膨胀波扇,经过膨胀波的燃气温度降低,使得火焰熄灭,随着膨胀波扇在羽流边界上反射形成压缩波扇并叠加成入射激波,燃气向中心轴线方向流动,轴对称入射激波在中心轴线上相遇并反射,形成反射倾斜激波,燃气经过反射激波后,温度升高,达到着火点,继而产生火焰,而反射激波又会在羽流边界上反射形成膨胀波,燃气重复经历膨胀压缩这一系列过程,所以火焰位于激波单元的反射激波后和相邻下游激波单元的膨胀波之前,故而能看到周期间隔菱形火焰的产生。泄压过程中羽流的发展,最多形成五个菱形火焰,此时燃气羽流下游压力趋近于大气压,不会继续膨胀和压缩。8 ms 时属于临终阶段,如图 9 - 56(f)所示,燃气羽流呈现连续火焰形态。此时,燃气作亚声速流动,射流主要成分为点火具燃气,底排模拟装置已完成泄压,燃烧室内的压力

为大气压。

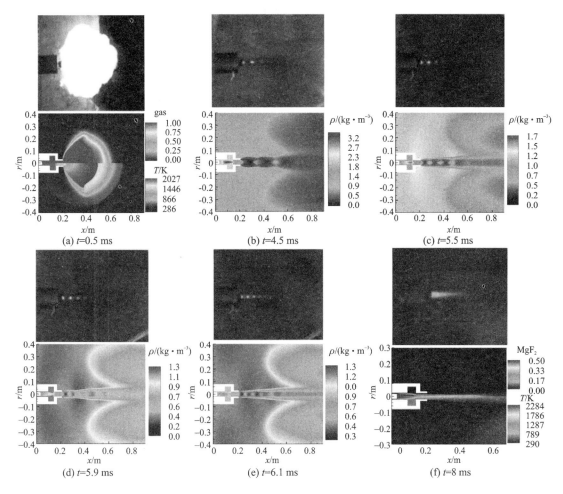

图 9 - 56　近喷口火焰形态的演变

图 9 - 57 为第一个入射激波交叉点高度 h 的实验和模拟值对比图,该高度定义为第一个入射激波交叉点到喷口的距离。由图 9 - 57 可知,4.5 ms 时误差较大,这是因为降压开始短时间内,燃烧室内有残余发射药继续燃烧,导致此时实验与计算的值不一致,但随着残余发射药燃尽或者喷出底排模拟装置外,实验与计算值逐渐趋于一致,误差逐渐减小。总体而言,模拟计算所得结果与实验测得值一致性较好。

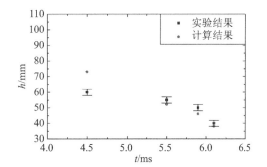

图 9 - 57　第一个入射激波交叉点高度

（2）点火具燃气和发射药燃气耦合流动特性研究

Donaldson 对不同喷压比的燃气射流进行了实验研究,得出喷压比和喷口压比共同决定了燃气射流状态的结论。喷压比（NPR）定义为燃烧室总压与外部环境绝对压力之比;喷口压比（NEPR）定义为喷口绝对压力和外部环境绝对压力之比,外部环境为静止空气。

图 9-58 所示为降压瞬间不同初始 NPR 下,底排模拟装置泄压过程中 NPR 和降压速率随时间的变化曲线,随着时间推移,以 Zone1 中总压的面积加权平均作为 p_r。降压瞬间不同初始 NPR 下底排模拟装置降压过程均是在 2 ms 内急剧降压,降压速率先增大再剧烈衰减,0.2 ms 时降压速率达到最大值。2 ms 后压力曲线和降压速率曲线都趋于平缓,燃烧室压力在 10 ms 内下降到大气压。降压瞬间初始 NPR 越大,降压越快,燃烧室压力降到大气压所需时间稍变长,但随着时间发展,降压瞬间不同初始 NPR 的压力曲线差和降压速率曲线差越来越小。

以监测点 B 的压力值代表喷口压力,图 9-59 所示为降压瞬间不同初始 NPR 下,喷口压比(喷口处绝对压力与外部环境绝对压力之比)和马赫数随时间的变化曲线。膜片破裂后,高温高压燃气在排气孔内高速膨胀,压缩空气,以降压瞬间初始 NPR 为 556.6 的工况为例,0.02 ms 时中心轴线上各参数分布如图 9-60 所示,图中 gas 代表发射药燃气。燃气膨胀,轴向压力迅速下降,速度增大,温度降低,到燃气和空气交接层时,速度减小,温度急剧升高,但压力不变,直到以空气为主要成分的压缩区后,压力才迅速衰减。据此可知,喷口压力有一个升高过程,而燃气和空气混合区前缘温度最高,后缘速度最高,所以喷口速度先增大再减小。0.2 ms 时,喷口压力达到最大,如图 9-60 所示。同时,速度几乎不随时间变化,衰减非常缓慢,直至喷口压力降到大气压后,驱使燃气流动转变为亚声速流动,速度才快速降低,但流动状态转变存在延迟。降压瞬间初始 NPR 越大,喷口压力也越大,在燃气喷出喷孔前和喷口压力降至大气压后喷口速度也越大,但降压瞬间初始 NPR 对中间时段的速度没有影响。

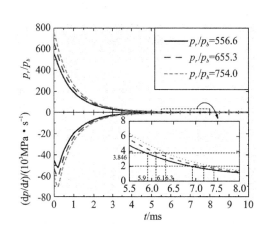

图 9-58　喷压比和降压速率曲线图

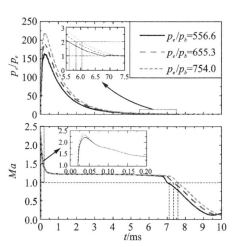

图 9-59　喷口压比和马赫数曲线图

燃气射流状态判定条件如下:

　　　　喷压比 NPR　　　　　　　喷口压比 NEPR

$$\begin{cases} 1 < p_r/p_b < 1.894, & p_e/p_b = 1 & \text{亚声速射流} \\ 2.083 < p_r/p_b < 3.846, & 1.1 < p_e/p_b \leqslant 2 & \text{中等欠膨胀射流} \\ 3.846 \leqslant p_r/p_b, & p_e/p_b \geqslant 2 & \text{强欠膨胀射流} \end{cases}$$

根据上述燃气射流状态判定条件,结合图 9-58 和图 9-59 可知,底排模拟装置内燃气从排气孔喷出后,降压瞬间初始 NPR 为 556.6、655.3 和 754.0 的燃气射流开始均为高度欠膨胀射流,然后分别在 5.9 ms、6.1 ms 和 6.3 ms 时变为中等欠膨胀射流,最后分别在 7.2 ms、7.4 ms 和 7.6 ms 时转变为亚声速流动。

为更深入地理解泄压过程中喷焰羽流随时间的发展过程并确定三种火焰形态所在的精确时段，以降压瞬间初始 NPR 为 556.6 的工况为例，详细的时间序列马赫数和温度云图呈现在图 9-61 中。1.4 ms 之前为初始阶段，燃气射流喷出，快速膨胀，燃气向外侧流动，在喷口附近出现一个高速涡环，燃气射流正前方形成一个球形

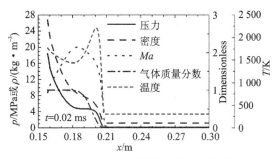

图 9-60　0.02 ms 时刻中心轴向参数分布

激波，随着燃气继续膨胀，高速涡环变成高速球形盖，当燃气射流向外膨胀过度，压力低于大气压时，燃气流动转向内侧，膨胀波在射流边界反射变成压缩波并叠加成入射倾斜激波。1.4～7.2 ms 为中期阶段，高 NPR 导致入射激波角足够大，在 1.4 ms 时形成马赫发射，波系结构如图 9-62(a)所示，随着泄压过程中 NPR 降低，入射激波角减小，马赫盘变小，到 2.3 ms 时马赫反射转变为规则反射，规则反射波系结构如图 9.62(b)所示。燃气经过反复膨胀压缩，在 6.1 ms 时形成了 5 个钻石形激波单元。7.2 ms 后为临终阶段，此时喷口速度已变为亚声速，但射流中还存在前一时刻遗留的超声速区域，随着时间推移，超声速区消失，射流完全转变为亚声速射流。

为分析底排模拟装置降压过程中点火具燃烧射流特性，以降压瞬间初始 NPR 为 556.6 的工况为例，图 9-63 为 MgF_2 质量分数云图，图 9-64 为密度和温度云图。在初始阶段，即 1.4 ms 之前，由于燃烧室内的高压，点火具火焰被压制在点火具端面，此时点火具端面燃气密度最大，温度最高。在中期阶段，随着燃烧室内压力持续降低，点火具燃烧火焰往下游发展，渐成竖立的"ω"形态，这是因为降压过程中，喷孔燃气沿径向速度在中心轴线处最低，所以点火具火焰在中心轴线处凹陷，而发射药燃气从燃烧室流经喷孔时，截面突然变小，流动往中心轴线方向偏转，同时，发射药燃气和点火具燃气在流动过程中掺混，迫使点火具燃气射流边界逐渐变窄。到 3.7 ms 时，与发射药燃气掺混的少量点火具燃气随其从喷孔喷出，点火具燃气射流下游形成条状燃气带，喷焰羽流开始转变为发射药燃气和点火具燃气的混合射流，此时燃烧室中心燃气密度最大，燃气最高温度区仍位于点火具端面，但向下游延展。5.5 ms 时，点火具和发射药混合燃气形成了钻石形激波结构，随着点火具火焰往下游挤进，燃烧室内点火具火焰变为锥形，最高温度区向下游扩展，点火具火焰和喷孔之间燃气密度最大。在临终阶段，7.2 ms 时，点火具和发射药混合燃气射流逐渐转变为亚声速射流，但点火具燃烧射流下游燃气带仍然存在，射流外的空气密度最大。到 9.5 ms 时，点火具燃气带消失，燃烧室内没有发射药燃气继续喷出，只存在点火具燃气射流。

图 9-65 为降压瞬间初始 NPR 为 556.6 的工况下，不同时刻流场中心轴向温度和组分分布曲线图。整个底排模拟装置降压过程中，任意时刻在点火具端面附近，Mg 剧烈消耗，而生成物 MgF_2 和 C_2 质量分数都很快达到峰值，且燃气温度快速升高到最大值，表明点火具燃气化学反应发生在其端面附近，而且随着时间推移，点火具燃气最大温度持续升高。1.4 ms 时，如图 9-65(a)所示，点火具燃气轴向扩展位移为 0.02 m，这表明 1.4 ms 之前，点火具火焰由于高压被压制。1.4～3.7 ms 时段内，如图 9-65(a)～(c)所示，随着底排模拟装置内压力降低，点火具燃气射流向下游流动，3.7 ms 之前，点火具燃气在端面附近燃烧完即与发射药燃气发生掺混，温度衰减梯度大，到 3.7 ms 时，点火具燃气向下游扩展一段距离后才与发射药燃气掺混，此时点火具燃气射流在轴向上由点火具燃气区和燃气混合区构成。降压过程中，底排模

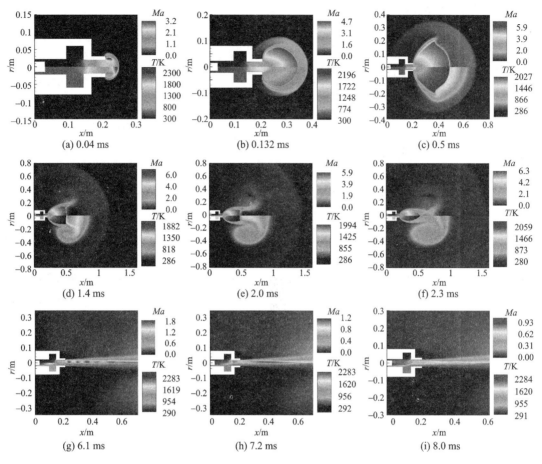

(a)～(c)为初始阶段;(d)～(g)为中期阶段;(h)、(i)为临终阶段

图 9 - 61　喷焰羽流马赫数和温度云图

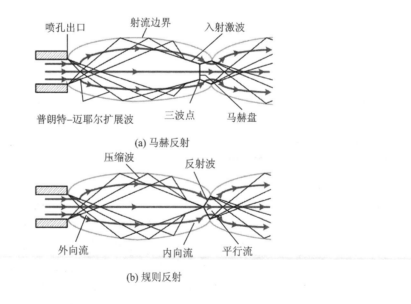

(a) 马赫反射

(b) 规则反射

图 9 - 62　欠膨胀流动中马赫反射和规则反射波系结构

拟装置内燃气膨胀导致混合区温度持续降低,但随着时间推移,点火具燃气高温区产生,轴向

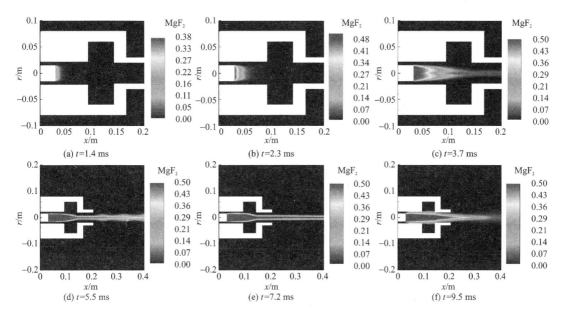

图 9 - 63　MgF₂ 质量分数云图

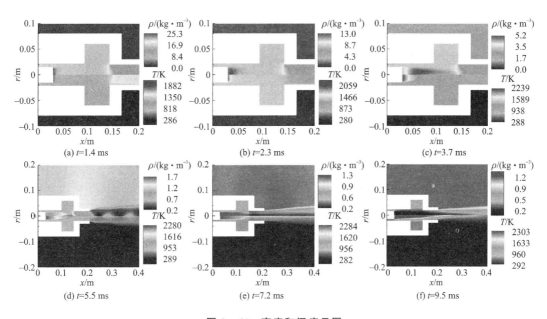

图 9 - 64　密度和温度云图

热对流和热扩散变强,使得中心轴向温度衰减梯度减小。5.5～9.5 ms 时段内,如图 9 - 65(d)～(f)所示,点火具燃气射流的燃气混合区位于喷口外,随着时间推移,底排模拟装置内点火具燃气射流中心轴向组分质量分数最终保持不变,点火具燃烧放热累积,底排模拟装置内下游中心轴向温度升高,温度梯度减小,到 9.5 ms 时,底排模拟装置内点火具燃气射流中心轴向温度保持不变。

　　由上述讨论可知,降压瞬间初始 NPR 为 556.6 的工况下,9.5 ms 时刻,底排模拟装置内点火具燃气射流部分为其燃气高温区,轴向温度均衡,都为最高温度。为分析此时底排模拟装置内点火具燃气射流的径向传热特性,取轴向位移为 0.04 m 和 0.09 m 处的剖面,如图 9 - 66 所示。点火具燃气射流下游高温区变窄,但径向温度梯度变小,温度沿径向衰减缓慢,热对流

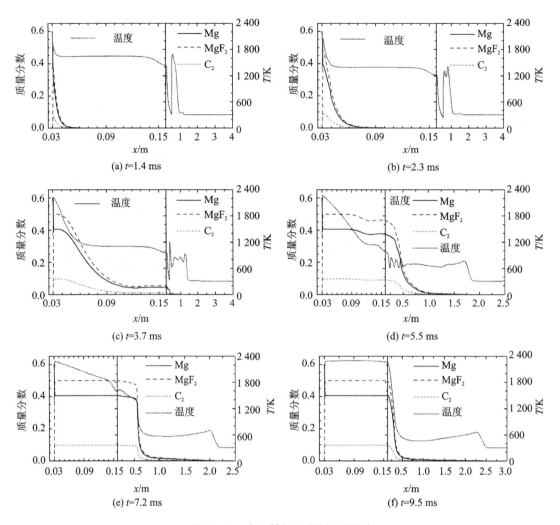

(a) $t=1.4$ ms

(b) $t=2.3$ ms

(c) $t=3.7$ ms

(d) $t=5.5$ ms

(e) $t=7.2$ ms

(f) $t=9.5$ ms

图 9 - 65　中心轴向温度和组分分布

和热扩散比上游更强烈。图 9 - 67 所示为底排药剂表面,即 $r=0.022$ m 处的温度分布曲线。可知随着底排模拟装置中压力下降,燃气膨胀,导致热量损失,药柱表面温度降低,但在点火具高温燃气射流的对流传热作用下,下游处的底排药剂表面温度持续升高,所以下游处的底排药剂会首先着火。

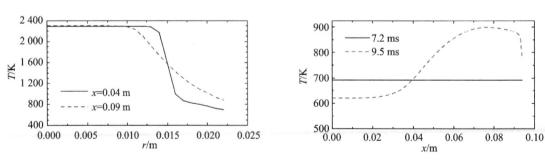

图 9 - 66　9.5 ms 时径向温度分布

图 9 - 67　底排药剂表面燃气温度

9.5　实际底排装置中的烟火药非稳态燃烧特性及理论模型

通过底排模拟装置降压过程中喷焰羽流的数值结果可知,它与实验观测的喷焰羽流结构及其形态转变过程,以及燃烧室内压力变化关系均吻合,验证了模拟结果的正确性和数值模型的可靠性,并了解了底排模拟装置内的燃气流动行为和点火具的瞬态燃烧特性。然而,实际底排装置与底排模拟装置的几何结构有较大差异,导致实际底排装置降压过程中的燃气流动特性会发生较大变化。因此,本节在 9.4 节建立的数学模型基础上,进一步对实际底排装置快速降压过程进行数值研究,以期揭示实际底排装置降压过程中的燃气流动规律和点火具中烟火药瞬态燃烧特性。

9.5.1　物理模型

底排装置一般由壳体、底排药剂、点火具、燃烧室等主要部件组成,其结构示意图见图 9 - 68。

底排弹出炮口时,底排装置燃烧室内高温高压发射药燃气快速膨胀,燃烧室压力迅速下降。针对底排装置快速降压过程中的 MT 烟火药剂燃烧特性和燃气流动特性,对计算模型采用如下简化假设:

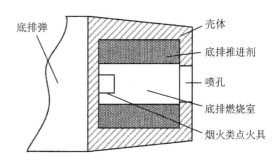

图 9 - 68　底排装置结构示意图

① 快速降压过程中,底排药剂在极短时间内熄火,忽略底排药剂燃烧;

② 发射药燃气膨胀过程和点火具燃烧射流均视为二维轴对称流动;

③ MT 烟火剂固相蒸发、分解仅产生 Mg 蒸气和 C_2F_4 气体作为气相初始反应物;

④ 发射药燃气和 MT 烟火剂燃气均为有黏理想可压气体;

⑤ 只考虑 MT 烟火剂混合燃气组分之间的化学反应,反应速率遵循阿累尼乌斯定律;

⑥ MT 烟火剂混合燃气中主要辐射产物为具有较高发射率的组分 C,但含量较少,所以可忽略 MT 烟火剂气相燃烧中的辐射传热。

9.5.2　计算模型

（1）计算域与初始条件

针对静止的实际底排装置,建立如图 9 - 69(a)所示的圆柱坐标系。参照底排装置尺寸,建立图 9 - 69 (b)所示的二维轴对称计算域,其中,$ma = 15$ mm,$ab = 20$ mm,$cd = 60$ mm,$ef = 9$ mm,$lm = 1\,500$ mm,径向宽 $kl = 800$ mm。整个计算域分为高压内流域 Zone1 和外流域 Zone2。以底排装置离开炮口的一瞬间为初始时刻,此时发射药燃烧产生的高温高压燃气充满 Zone1 区域,总压和总温分别为 p_r 和 T_r,燃气比热比为 γ;外流域 Zone2 为大气环境,绝对压力和绝对温度分别为 p_b 和 T_b。为监测底排装置燃烧室压力随时间的变化规律,取中心轴线上 5 个监测点,分别为:$P_0(40$ mm, 0 mm),$P_1(50$ mm, 0 mm),$P_2(60$ mm, 0 mm),$P_3(70$ mm, 0 mm)和 $P_4(80$ mm, 0 mm)。

（2）边界条件

底排装置中心轴线作为轴对称边界,壳体壁面和底排药剂表面为绝热无滑移壁面边界,计

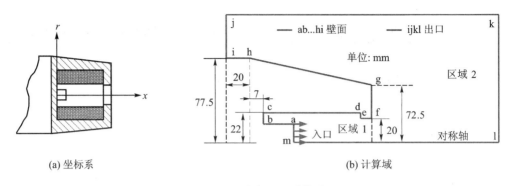

(a) 坐标系　　　　　　　　　　　　(b) 计算域

图 9-69　坐标系和计算域

算域流场边界为压力出口边界,点火具喷口作为质量流率入口边界,质量流率由下式计算:

$$\dot{m} = \rho_s \dot{r} A_s \tag{9-72}$$

式中,ρ_s 为烟火药密度;A_s 为点火具端面面积。烟火药燃速 $\dot{r}$ 为基于压力的指数函数:

$$\dot{r} = a p^n \tag{9-73}$$

式中,p 为 Zone1 中绝对压力的面积加权平均;a 为烟火药燃速系数;n 为烟火药燃速压力指数。

为确定 Mg、PTFE 颗粒大小和 Mg 含量对 MT 烟火药柱燃速的影响,Kubata 实验测试了多种配方 MT 烟火药柱的燃速特性,其中 5 种配方 MT 烟火药柱的燃速测量结果如图 9-70 所示,本节以这 5 种配方 MT 烟火药作为数值研究工况。根据该实验结果拟合燃速-压力关系式,可得不同 Mg、PTFE 粒度和 Mg 含量下的 MT 烟火药柱燃速公式中的参数,如表 9-9 所列。

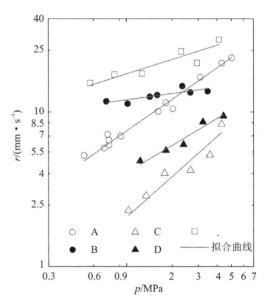

图 9-70　Mg/PTFE 烟火药柱的燃速特性

表 9-9　Mg/PTFE 烟火组分和燃速公式参数

配　方	组　成				$\dot{r} = a p^n$（燃速公式)	
	Mg		PTFE			
	22 μm	200 μm	25 μm	450 μm	a	n
A	60%	—	40%	—	7.527	0.678
B	60%	—	—	40%	11.988	0.134
C	—	60%	40%	—	2.088	0.866
D	—	60%	—	40%	4.062	0.578
E	70%	—	30%	—	17.629	0.306

(3) 网格无关性验证

采用分块结构网格划分整个计算域。为满足数值计算的精度需求,必须保证网格的收敛性,为此采用 GCI（Grid Convergence Index）方法评估数值计算的离散误差。以 A 配方 MT

烟火药为例,底排装置降压初始表压为 56.3 MPa,采用节点数分别为 13 万、42 万和 95 万的三套网格对该工况进行数值计算。图 9 - 71(a)所示为这三套网格计算所得监测点 P_4 处绝对压力随时间的变化曲线。可知,13 万节点网格和 42 万节点网格计算结果最大误差相对较大,为 0.23%,而 42 万节点网格和 95 万节点网格计算结果最大误差仅为 0.000 14%。图 9 - 71(b)所示为这三套网格计算所得 0.3 ms 时刻绝对压力沿中心轴线的分布曲线。可知,三套网格计算结果误差最大位于 0.02 m$<x<$0.08 m 范围内,13 万节点网格和 42 万节点网格计算结果最大误差为 1.58%,42 万节点网格和 95 万节点网格计算结果最大误差为 1.63%。因此,在保证数值求解值足够精确的前提下,为提高计算效率,本文采用节点数为 42 万的网格进行数值计算。

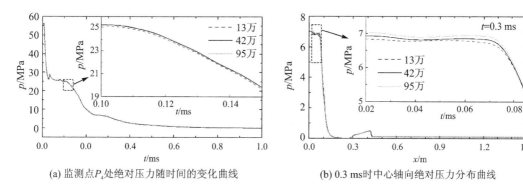

(a) 监测点 P_4 处绝对压力随时间的变化曲线　　　(b) 0.3 ms 时中心轴向绝对压力分布曲线

图 9 - 71　网格无关性验证

9.5.3　计算结果与分析

底排装置强降压过程不仅会导致底排药剂瞬间熄火,也会对点火具燃气射流和底排药剂的二次点火过程造成很大影响,而底排装置降压过程中底排药剂的二次点火过程实际上是点火具燃气与发射药燃气的耦合流动,以及点火具燃气与底排药剂之间的气固相间传热过程。所以首先要对底排装置降压过程中发射药燃气和点火具燃气耦合流动的物理特性有充分了解。实际底排装置与模拟底排装置降压过程中的燃气流动特性区别较大,本小节针对表 9 - 9 中的 A 配方 MT 烟火药,选取底排装置降压初始表压为 56.3 MPa,相关参数值如表 9 - 10 所列。

表 9 - 10　数值参数

物理量	数　值	物理量	数　值	物理量	数　值	物理量	数　值
p_r/MPa	56.4	p_b/MPa	0.101 325	$p_r/p_b\mid_{t=0}$	556.6	ρ_s/kg·m^{-3}	1 966.8
T_r/K	2 200	T_b/K	300	γ	1.25	A_s/m^2	7.069×10^{-4}

(1) 底排装置降压特性

图 9 - 72 和图 9 - 73 所示分别为底排装置燃烧室静压和降压速率随时间变化曲线。其中,燃烧室平均静压随时间的变化曲线平滑,且最高降压速率为 266 MPa/ms,而燃烧室中心轴线上各监测点的降压情况则各不相同,在近喷口处降压速率最高,达到 3 441 MPa/ms。结合图 9 - 72(a)和图 9 - 73(a)可以看出,约 0.1 ms 内,各监测点压力均是先以非常高的降压速率快速降低,然后再缓慢地波动下降。喷口处监测点降压最早,压力下降最快,同一时刻的压力值最低,说明瞬态降压扰动是从喷口向燃烧室上游传递的,且降压扰动向上游逐渐减小。0.05~0.1 ms 时段内,监测点越靠近喷口,压力缓慢降低时间越长,降压速率越小。0.1 ms

后,各监测点压力以大小相近、波动减小的降压速率平缓降低。由图 9-72(b)和图 9-73(b)可知,监测点越靠近喷口,就越早地降到大气压,但降压结束后,各监测点静压和降压速率都会上下波动地在零值趋于稳定。

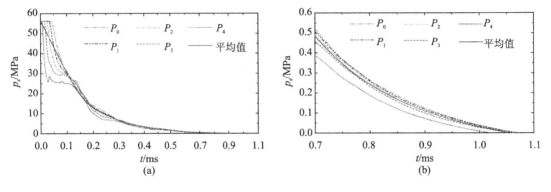

图 9-72　底排装置燃烧室静压随时间变化曲线

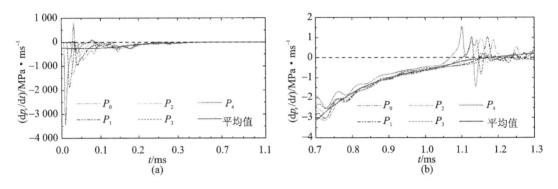

图 9-73　底排装置燃烧室降压速率随时间变化曲线

　　为更清楚地了解底排装置燃烧室降压过程中流场特征参数的时空分布规律,图 9-74 给出了底排装置降压过程中燃烧室绝对压力的分布云图,图 9-75 给出了底排装置降压过程中燃气速度流场和马赫数分布云图。可以看出,燃烧室高温高压燃气从喷孔喷射进大气环境中时,燃气高速膨胀,燃烧室压力快速降低。0.05 ms 时,如图 9-74(a)和图 9-75(a)所示,从燃气流动方向来看,燃烧室下游喷口处压力大幅度下降,速度快速攀升,燃气流动迅速,而上游压力还未开始降低,速度提升有限,燃气流动缓慢。在径向上,压力和速度则分布均匀。0.1 ms时,如图 9-74(b)和图 9-75(b)所示,燃烧室上游压力快速下降,燃气速度迅速升高,但点火具燃气速度低于周侧的发射药燃气速度,形成轴向相对运动,引起 Kelvin-Helmholtz 不稳定性,使得交界面扭曲变形,点火具燃气和发射药燃气相互掺混,在点火具端周侧形成小尺寸涡旋。随着时间推移,燃烧室压力持续下降,上游压力仍高于下游压力,涡旋往下游移动。到1.1 ms 时,燃烧室压力降至大气压,燃烧室内压力分布均匀,点火具燃气和发射药燃气界面产生的涡旋彻底消亡。

　　图 9-76 所示为底排装置降压过程中不同时刻燃烧室中心轴向静压分布曲线。可以看出,0.05 ms 内,由于底排装置燃烧室高温燃气和大气环境之间的压力差,喷口处燃气快速膨胀,压力迅速下降,燃烧室内燃气流动发展迅速,导致燃烧室上下游中心轴向压力差很大,燃烧室喷口瞬态降压扰动最强烈。0.05~0.1 ms 时,燃烧室中心轴线上各处压力降低,但喷口处压力下降幅度很小,而越往燃烧室上游,压力下降幅度越大,上下游压力差减小。显然,燃烧室降压扰动在 0.1 ms 内从喷口向上游传递。0.1 ms 后,燃烧室中心轴线上各处压力逐渐以大小相

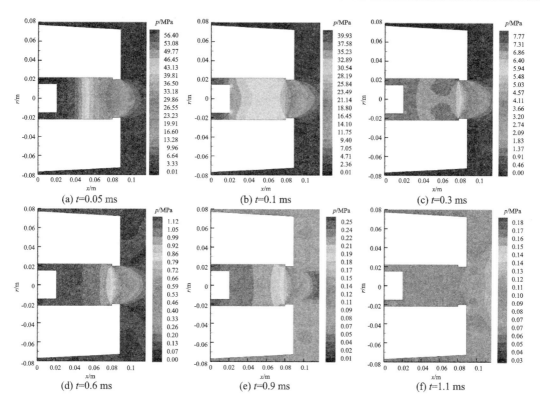

(a) t=0.05 ms　　(b) t=0.1 ms　　(c) t=0.3 ms

(d) t=0.6 ms　　(e) t=0.9 ms　　(f) t=1.1 ms

图 9-74　底排装置降压过程中绝对压力分布云图

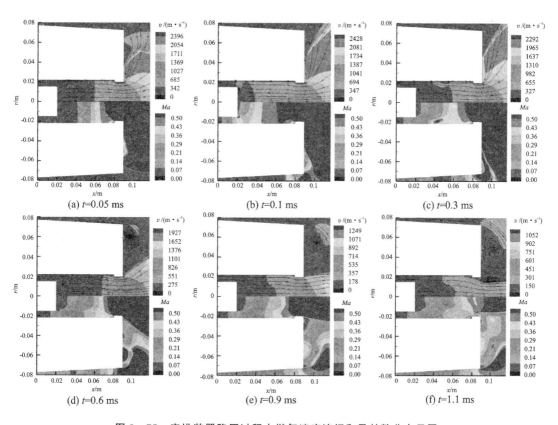

(a) t=0.05 ms　　(b) t=0.1 ms　　(c) t=0.3 ms

(d) t=0.6 ms　　(e) t=0.9 ms　　(f) t=1.1 ms

图 9-75　底排装置降压过程中燃气速度流场和马赫数分布云图

近的降压速率平稳下降。随着时间推移,降压结束后,由于燃气流动惯性,燃烧室内燃气继续排出,导致燃烧室内压力低于大气压,形成负压差。

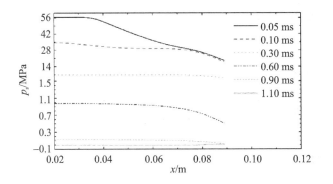

图 9 – 76　底排装置降压过程中燃烧室中心轴向静压分布

(2) 点火具瞬态燃烧特性

在深入了解多参数变化对降压过程中点火具燃烧射流的影响之前,必须充分地认识和理解底排装置燃烧室降压过程中点火具的燃烧射流特性。图 9 – 77 为底排装置降压过程中燃气密度和温度分布云图。图 9 – 78 为底排装置降压过程中点火具燃气组分 MgF_2 的质量分数分布云图。可以看出,底排装置降压过程中,燃气密度逐渐降低,点火具端面燃气最高温度区逐渐往下游扩展变大。0.1 ms 内,整个燃烧室内均为高温燃气,温度分布较为均匀,温差不大。燃烧室内主体燃气为发射药燃气,点火具燃气均分布在点火具端面,导致点火具端面燃气密度

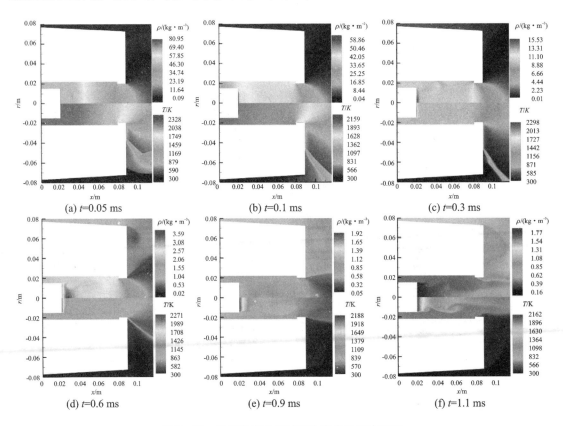

图 9 – 77　底排装置降压过程中密度和温度云图

最大,并且由于点火具燃气速度低于周侧的发射药燃气速度,形成轴向相对运动,引起 Kelvin-Helmholtz 不稳定性,使得点火具端面周侧形成小尺寸涡旋。0.3 ms 时,燃烧室轴向燃气温差增大,可以明显地看出燃气最高温度区位于点火具端面,且点火具燃气往下游有所扩展。由于 Kelvin-Helmholtz 不稳定性,点火具燃气和发射药燃气相互掺混,在燃烧室中部底排药内侧面处又形成一组大尺度涡旋,但涡旋中掺混的点火具燃气量较少。0.6 ms 时,随着压力下降,燃烧室内发射药燃气减少,发射药燃气膨胀导致其温度降低,燃烧室轴向燃气温差进一步增大,点火具燃气继续往下游扩展,小尺寸涡旋也随之往下游移动,且涡旋尺寸有所增大。随着点火具燃气和发射药燃气掺混的加剧,大尺度涡旋中掺混的点火具燃气量增大,此外,大尺度涡旋在轴向上有所延展,且向中心轴方向有所内缩,但涡旋中间仍是发射药燃气。0.9 ms时,随着点火具燃气往下游扩展,小尺寸涡旋往下游移动且涡旋尺寸有所增大,大尺度涡旋中掺混的点火具燃气更多,涡旋中间为点火具和发射药两种混合燃气。1.1 ms 时,由于燃烧室内为负压,点火具燃气往上游内缩,小尺寸涡旋和大尺度涡旋均有所变小,大尺度涡旋中间主要为点火具燃气。

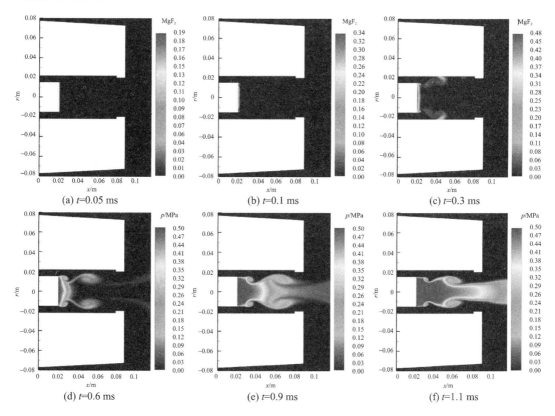

图 9 - 78　底排装置降压过程中 MgF_2 质量分数分布云图

为进一步分析底排装置降压过程中点火具燃气温度及其组分分布特性,图 9 - 79 给出了不同时刻底排燃烧室中心轴线上的温度和点火具燃气主要组分分布曲线。由图可知,底排装置降压过程中,任意时刻在点火具端面附近,Mg 剧烈消耗,生成物 MgF_2 和 C_2 的质量分数都很快达到峰值,且燃气温度快速升高到最大值,表明点火具燃气化学反应发生在其端面附近。0.05 ms 时,如图 9 - 79(a)所示,点火具燃气化学反应处于非平衡状态,结合图 9 - 77(a)可知,此时燃烧室燃气最高温度为 2 328 K,高于初始燃气温度(2 200 K),这是因为降压扰动还未传递到燃烧室上游,点火具燃气的产生和挤进导致点火具端面附近压力升高,温度上升。

0.6 ms 内,如图 9-79(a)~(d)所示,随着压力下降,发射药燃气减少,点火具燃气往下游扩展,同时 Mg 消耗逐渐增大,生成物 MgF_2 和 C_2 的浓度逐渐升高,直到各组分浓度不随时间变化,此时点火具燃气达到化学平衡状态,化学平衡燃烧温度近 2 200 K。0.9 ms 后,如图 9-79(e)~(f)所示,随着燃烧室压力降低,点火具燃气往下游扩展,直至喷出底排燃烧室。

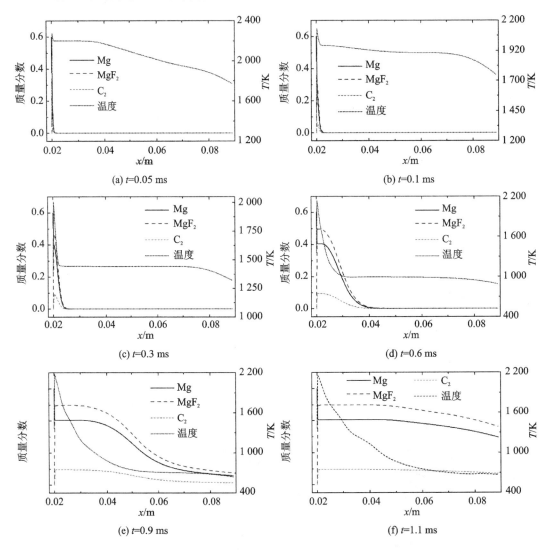

图 9-79　不同时刻点火具燃气组分和温度沿中心轴线分布曲线

图 9-80 所示为底排装置降压过程中燃烧室中心轴向温度和 MgF_2 质量分数分布曲线。由图 9-80(a)可知,底排装置降压过程中,点火具端面附近燃气温度最高,点火具燃气化学反应发生在其端面附近。0.05 ms 时,由于底排燃烧室喷口处燃气快速膨胀,压力迅速下降,瞬态降压扰动最强烈,温度衰减剧烈,而燃烧室上游压力还未降低,故燃气温度仍保持高温不变。0.05~0.1 ms 时,燃烧室降压扰动从喷口向上游传递,喷口处燃气温度基本保持不变,而越往燃烧室上游,温度衰减越大。0.1 ms 后,燃烧室中心轴线上各处压力逐渐以大小相近的降压速率平稳下降,故点火具燃气温度沿中心轴向在化学反应区达到峰值后也以大小相近的衰减速率平稳减小,且随着点火具燃气往下游扩展,中心轴向燃气温度衰减梯度也逐渐减小。0.9 ms 后,点火具燃气开始排出底排燃烧室,中心轴向燃气温度在燃烧室下游基本保持不变。结合图 9-79 和图 9-80(b)可知,0.6 ms 内,MgF_2 最高浓度随时间推移逐渐增大,而 0.6 ms

后保持不变,这说明点火具燃气化学反应在 0.6 ms 内达到平衡状态。

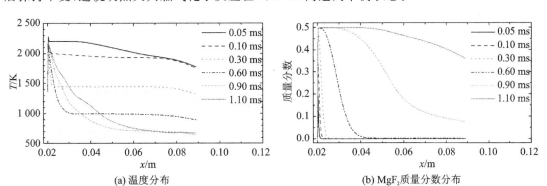

(a) 温度分布　　　　　　　　　　　　　(b) MgF₂质量分数分布

图 9-80　降压过程中燃烧室中心轴向温度和 MgF₂ 质量分数分布曲线

图 9-81 所示为底排装置降压过程中不同时刻底排药剂表面,即 $r=0.022$ m 处的燃气温度分布曲线。由图可知,0.05 ms 时,因为底排燃烧室喷口处燃气快速膨胀,压力迅速下降,温度衰减剧烈,而燃烧室上游压力还未降低,燃气温度仍保持高温不变。0.1 ms 后,$r=0.022$ m处燃气温度沿轴向温度变化很小。0.3 ms 时,由于 Kelvin-Helmholtz 不稳定性引起点火具高温燃气和发射药燃气掺混的大尺度涡旋在底排药剂表面产生,使得 $x=0.04$ m 附近燃气温度出现一个峰值。1.1 ms 时,$r=0.022$ m 处沿轴向分布的燃气温度约为 610 K,结合图 9-77可知,此时底排药剂表面分布的仍为发射药燃气,点火具高温燃气还未接触底排药剂。采用底排药剂着火临界判据 $T_{cr}=650$ K,认为底排药剂局部温度到达 650 K 时即着火。因此,点火具燃气接触到底排药剂对其加热前,在低温发射药燃气热对流和热扩散作用下,底排药剂表面温度会持续降低。

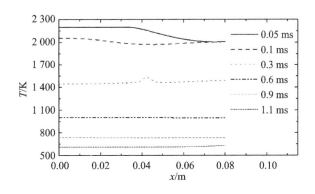

图 9-81　降压过程中不同时刻底排药剂表面处燃气温度分布

(3) 底排药柱二次点火延迟时间

由 9.5.2 小节分析可知,底排装置燃烧室压力下降到大气压时,点火具火焰射流还未开始对底排药剂进行对流加热。以点火具火焰射流开始接触底排药剂表面时为分段时间点,可将点火具火焰射流对底排药剂的点火过程分为两个阶段:点火具火焰射流延迟阶段和点火具火焰射流对底排药剂对流加热阶段,那么二次点火延迟时间 t_d 就包含点火具火焰射流延迟时间t_{fd} 和底排药剂对流加热点火延迟时间 t_{ign} 两个时间段,可表示为

$$t_d = t_{fd} + t_{ign} \qquad (9-74)$$

为确定点火具火焰射流延迟阶段具体的点火具火焰射流延迟时间 t_{fd},图 9-82 给出了底排装置降压结束后 MgF₂ 质量分数和燃气温度分布云图,图 9-83 给出了降压后燃气速度流

场和马赫数分布云图。结合图 9-82 和图 9-83 可知,底排装置降压结束后,由于燃气流动惯性,燃烧室内燃气继续排出,燃烧室内压力低于大气压,形成负压差,然后燃气回流,燃气向外部流动转变为向内部流动,点火具燃气射流逐渐往上游内缩,同时点火具端面燃气涡旋向径向扩展,在 1.35～1.40 ms 内接触到底排药柱内侧面,开始对底排药柱进行对流加热。根据 1.35～1.40 ms 之间计算所得数据可知,点火具火焰射流延迟时间 $t_{fd}=1.362$ ms。

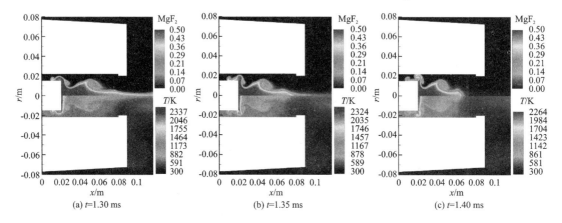

图 9-82　降压后 MgF$_2$ 质量分数和燃气温度分布云图

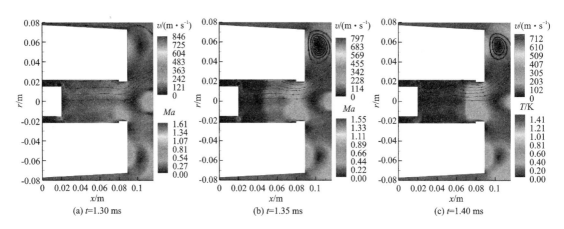

图 9-83　降压后燃气速度流场和马赫数分布云图

　　点火具燃气射流开始对底排药柱进行对流加热后,若点火具燃气热流密度在一个恒定值上下波动,那么可以假定对底排药柱加热的为恒定热流密度的点火具燃气对流。因此,只要知道底排药剂对流加热点火延迟时间 t_{ign} 随对流加热热流密度的变化关系式和点火具燃气热流密度值,就可估算出底排药剂对流加热点火延迟时间 t_{ign}。Baer 对通过对流加热的 AP 复合推进剂的点火特性进行了实验研究,得到了不同热流密度下的点火时间,并与辐射热流加热下的点火时间进行了对比,发现相同热流密度下,通过对流加热的点火时间比通过辐射加热的点火时间短,而且两种加热条件下的点火时间随热流密度变化的对数曲线均为直线且几乎平行。在此研究的基础上,根据图 9-84 所示的 Cain 对 AP/HTPB 进行辐射点火的实验结果,可先拟合出点火时间随恒定辐射热流密度变化的经验关系式:

$$\sqrt{t_{ign}} = a_0 q''^b_{cons} \tag{9-75}$$

并据此可推断出对流加热条件下点火时间随恒定热流密度变化的关系式。辐射加热和推断的对流加热条件下的点火时间经验关系式参数如表 9-11 所列。可知,$\lg t_{ign} - \lg q''_{cons}$ 直线斜率

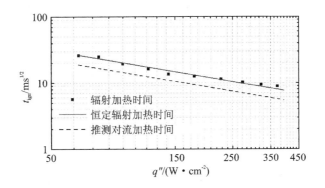

图 9 - 84　AP/HTPB 药剂的辐射和对流点火

为 -1.36，在 -1.7~-1 范围内，符合标准。

表 9 - 11　点火时间和热流密度的经验关系式参数

点火方式	经验关系式参数	
	a_0	b
辐　射	447.825 63	-0.680 77
对　流	319.875 45	-0.680 77

图 9 - 85 所示为点火具燃气开始对底排药剂加热后 $r=0.022$ m 处燃气最高温度随时间变化曲线。由图可知，点火具燃气接触到底排药剂并开始对其加热后，10 ms 内，$r=0.022$ m 处燃气最高温度随时间推移上下波动逐渐增大，可近似拟合为

$$T_{\max}=82.925\ 52\ t+948.989\ 76 \tag{9-76}$$

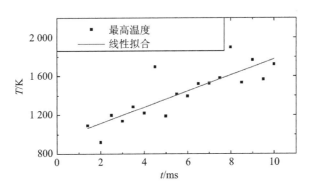

图 9 - 85　点火具燃气加热后 $r=0.022$ m 处燃气最高温度随时间变化曲线

底排药剂在高降压速率条件下迅速熄火，且其表面温度随着燃烧室燃气快速膨胀而持续降低。假设底排药剂受点火具燃气射流对流加热时的表面温度为 T_s，点火具燃气射流对底排药剂对流加热的热流密度表示为

$$q''=h_g(T_g-T_s) \tag{9-77}$$

式中，T_g 为点火具燃气温度，这里取底排药柱表面点火具燃气温度；h_g 为点火具燃气对流换热系数：

$$h_g=1.14\lambda_g\left\{\left[\frac{u_g}{(v_g D)}\right]^{0.5}\left(\frac{v_g}{a_g}\right)^{0.37}\right\} \tag{9-78}$$

式中，λ_g 为燃气导热系数；u_g 为燃气速度；v_g 为燃气运动黏性系数；D 为底排药柱特征尺寸，

$D=0.044$ m,a_g 为燃气热扩散系数(见式(9-79))。由于底排药柱表面处燃气速度为零,故上述各参数取底排药柱表面一层网格处点火具燃气参数值。

$$a_g = \frac{\lambda_g}{\rho_g c_{p,g}} = \frac{\upsilon_g}{Pr_g} \tag{9-79}$$

式中,ρ_g 为燃气密度,$c_{p,g}$ 为燃气比热容,Pr_g 为燃气普朗特数。

根据公式(9-77),针对不同时刻,可计算得到底排药柱表面对流加热位置处点火具燃气最大热流密度随时间的变化曲线,如图9-86所示。由图可知,底排药柱表面处点火具燃气最大热流密度随时间推移而上下波动,除个别时刻振荡幅度较大,其余时刻振荡幅度均较小。故为估算底排药柱的对流加热点火延迟时间,对不同时刻的燃气热流密度取算术平均值,简化等效成一个恒定的对流加热热流密度,平均热流密度为 61.382 W·cm^{-2}。根据式(9-75)可计算得到底排药柱的对流加热点火延迟时间 $t_{ign}=376.246$ ms,那么底排药柱的二次点火延迟时间 $t_d=377.608$ ms。

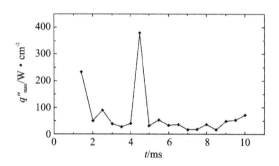

图9-86 点火具射流最大热流密度变化曲线　　图9-87 点火具燃气最大热流密度位置随时间变化

图9-87为 $r=0.022$ m处点火具火焰射流最大热流密度所在位置随时间变化关系图。由图可知,点火具燃气射流对底排药柱表面对流加热的位置一直在 0.015 m$\leq x \leq 0.04$ m 范围内,故底排药柱着火点也在该范围内。

习题与思考题

9-1 底排点火具工作特征是什么?试给出底排点火具的一般结构。

9-2 试分析从我国古代烟火到现代底排烟火药点火具的烟火药剂的发展轨迹与启示。

9-3 用公式表示点火面积的有效因子,并参考图9-88,计算当MT烟火药的质量为20 g时的点火面积有效因子。

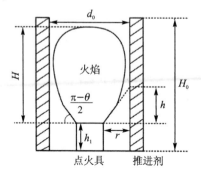

图9-88 习题9-3示意图

9-4　给出 MT 烟火药的化学反应动力学模型,并计算每一步基元反应的化学反应速率,并说明在计算化学反应速率时所采用的方法及理由。

9-5　请给出烟火药在瞬态泄压环境中燃烧时的气相动量控制方程,并说明其与常压下有何差异。

9-6　请解释为什么点火具的喷压比和喷口压比共同决定了烟火药燃烧的射流状态,并给出亚声速、中等欠膨胀及强欠膨胀射流各自对应的喷压比和喷口压比范围。

9-7　请分别简述欠膨胀流动中马赫反射和规则反射波系结构。

9-8　什么是底排药柱的二次点火延迟时间?并给出其计算方法。

9-9　请用本章已学的知识,至少给出提高底排弹的远程精确打击能力的两种方法,并说明原因。

9-10　请查找资料列举几位我国在烟火药研制与燃烧领域有代表性的专家,简述他们对国防事业的贡献。

9-11　请结合所学烟火药燃烧方面的知识,畅想烟火药在未来新概念武器中的应用前景。

参考文献

[1] KUO K K. Principles of Combustion[M]. 2nd ed. Hoborken，New Jersey：John Wiley & Sons，Inc.，2004.

[2] GLASSMAN I. Combustion[M]. 3rd ed. San Diego，CA：Academic Press，1996.

[3] 徐通模，惠世恩. 燃烧学[M]. 北京：机械工业出版社，2010.

[4] KUO K K. 燃烧原理[M]. 陈义良，张孝春，孙慈，译. 北京：航空工业出版社，1992.

[5] 徐旭常. 燃烧理论与燃烧设备[M]. 北京：机械工业出版社，1990.

[6] 张斌全. 燃烧理论基础[M]. 北京：北京航空航天大学出版社，1990.

[7] 岑可法，姚强，骆仲泱，等. 高等燃烧学[M]. 杭州：浙江大学出版社，2000.

[8] KUO K K. 燃烧原理[M]. 郑楚光，袁建伟，米建春，译. 武汉：华中理工大学出版社，1991.

[9] 谢兴华. 燃烧理论[M]. 徐州：中国矿业大学出版社，2002.

[10] 傅维镳，卫景彬. 燃烧物理学基础[M]. 北京：机械工业出版社，1984.

[11] 周力行. 燃烧理论及化学流体力学[M]. 北京：科学出版社，1986.

[12] 王伯羲，冯增国，杨荣杰. 火药燃烧理论[M]. 北京：北京理工大学出版社，1997.

[13] 黄人骏. 火药与装药设计基础[M]. 北京：国防工业出版社，1988.

[14] 陶文铨. 数值传热学[M]. 西安：西安交通大学出版社，2001.

[15] 埃克特. 传热与传质分析[M]. 北京：科学出版社，1983.

[16] 付维镳，张永廉，王清安. 燃烧学[M]. 北京：高等教育出版社，1989.

[17] 特纳斯. 燃烧学导论：概念与应用[M]. 2版. 姚强，李水清，王宇，译. 北京：清华大学出版社，2009.

[18] 严传俊，范玮. 燃烧学[M]. 西安：西北工业大学出版社，2005.

[19] 赵学庄. 化学反应动力学原理(上册)[M]. 北京：高等教育出版社，1984.

[20] 王克秀，李葆萱，吴心平. 固体火箭推进剂及燃烧[M]. 北京：国防工业出版社，1983.

[21] 李作骏. 多相催化反应动力学基础[M]. 北京：北京大学出版社，1990.

[22] 伊元根. 多相催化剂的研究方法[M]. 北京：化学工业出版社，1988.

[23] 王守范. 固体火箭发动机燃烧与流动[M]. 北京：北京工业学院出版社，1987.

[24] 张平，孙维申，眭英. 固体火箭发动机原理[M]. 北京：北京理工大学出版社，1992.

[25] GRAY P. Fudamental Principles of Thermal Expolsions and Recent Applications[M]// Bulusu S N. Chemistry and Physics of Energetic Materials. Nerherlands：Klumer Academic Publishers，1990.

[26] KRISHNAN S，JEENU R. Combustion Characteristics of AP/HTPB Propellants with Burning Rate Modifiers[J]. Journal of Propulsion and Power，1992，8(4)：748-755.

[27] HERMANCE C E. Solid-Propellant IgnitionTheories and Experiments[M]// Fundamentals of Solid-Propellant Combustion (Progress in Astronautics and Aeronautics. Vol. 90). New York：AIAA，1984.

[28] KUMAR M，KUO K K. Flame Spreading and Overall Ignition Transient[M]// Fun-

damentals of Solid-Propellant Combustion (Progress in Astronautics and Aeronautics. Vol. 90). New York：AIAA，1984.

[29] 冯长根. 热爆炸理论[M]. 北京：科学出版社，1988.

[30] 周起槐，任务正. 火药物理化学性能[M]. 北京：国防工业出版社，1983.

[31] 钱由贤. 燃气燃烧原理[M]. 北京：中国建筑工业出版社，1989.

[32] 曲作家，张振铎，孙思诚. 燃烧理论基础[M]. 北京：国防工业出版社，1989.

[33] 张仁. 固体推进剂的燃烧与催化[M]. 长沙：国防科技大学出版社，1992.

[34] AOKI I，KUBOTA N. Combustion Ware Structures of High and Low Energe Double-base Propellants[R]. AIAA Paper 80-1165. New York：AIAA，1980.

[35] BECKSTEAD M W. A Model for Double Base Propellant Combustion[R]. AIAA Paper 80-1164. New York：AIAA，1980.

[36] FONG C W，SMITH R F. The Relationship Between Plateau Buring Behavior and Ammonium Perchlorate Particle Size in HTPB-AP Compsite Propellants[J]. Combustion & Flame，1987，67：235-247.

[37] 岑司法，姚强，骆仲泱，等. 燃烧理论与污染控制[M]. 北京：机械工业出版社，2004.

[38] JOSHI A D，SINGH H. Effect of Certain Lead and Coprer Compounds as Ballistic Modifier for Double Base Rocket Propellants[J]. Journal of Energetic Materials，1992，10：299-309.

[39] KUMAR R N，STRAND L D. Theoretical Combustion Modeling Study of Nitramine Propellants[J]. Journal of Spacecraft and Rockets，1977，14(7)：427-433.

[40] THOMPSON JR C L，SUH N P. Gas Phase Reactions Near the Solid-gas Interface of A Deflarating Double Base Propellant Strand[J]. AIAA Journal，1977，9(1)：154-159.

[41] 新井纪男. 燃烧生成物的发生与抑制技术[M]. 赵黛青，赵哲时，王昶，等，译. 北京：科学出版社，2001.

[42] 张续柱，肖忠良. 液体发射药[M]. 北京：中国科学技术出版社，1993.

[43] 贺芳，方涛，李亚裕，等. 新型绿色液体推进剂研究进展[J]. 火炸药学报，2006，29(4)：54-57.

[44] 符全军. 液体推进剂的现状及未来发展趋[J]. 火箭推进，2004，30(1)：1-6.

[45] 陈景仁. 流体力学及传热学[M]. 北京：国防工业出版社，1984.

[46] 李汝辉. 传质学基础[M]. 北京：北京航空学院出版社，1987.

[47] 韩兆熊. 传递过程原理[M]. 杭州：浙江大学出版社，1988.

[48] 金志明. 现代内弹道学[M]. 北京：北京理工大学出版社，1992.

[49] 鲍延钰. 内弹道学[M]. 北京：北京理工大学出版社，1995.

[50] 金志明. 枪炮内弹道学[M]. 北京：北京理工大学出版社，2004.

[51] 刘继华. 火药物理化学性能[M]. 北京：北京理工大学出版社，1997.

[52] 钱森元. 黑火药及导火索[M]. 北京：国防工业出版社，1983.

[53] 余永刚，周彦煌，刘东尧，等. 含能液体高压燃速的测量装置与试验结果[J]. 燃烧科学与技术，2004，10(1)：88-91.

[54] 潘玉竹，余永刚，张琦. AF-315 液体单元推进剂高压燃速的实验研究[J]. 弹道学报，2012，24(2)：79-82.

[55] PAN Y Z，Y U Y G，ZHOU Y H. Measurement and Analysis of the Burning Rate of

HAN-Based Liquid Propellants[J]. Propellants Explosives Pyrotechnics, 2012, 37(4)：439-444.

[56] 潘玉竹, 余永刚, 周彦煌, 等. HAN 基液体发射药高压热物性参数的估算[J]. 火炸药学报, 2012, 35(4)：77-82.

[57] 曹永杰, 余永刚, 叶锐. 底排推进剂瞬态泄压工况下燃烧流场的数值模拟[J]. 含能材料, 2013, 21(4)：464-468.

[58] 曹永杰, 余永刚, 叶锐. AP/HTPB 复合推进剂微尺度燃烧模型及数值分析[J]. 推进技术, 2013, 34(11)：1567-1574.

[59] 曹永杰, 余永刚, 叶锐. 含气固耦合的 AP/HTPB 微尺度燃烧数值模拟[J]. 燃烧科学与技术, 2013, 19(2)：151-156.

[60] 曹永杰, 余永刚, 叶锐. 底排推进剂 AP/HTPB 高压燃烧实验及燃速的优化模型[J]. 火炸药学报, 2013, 36(4)：65-68.

[61] CAO Y J, YU Y G, YE R. Numerical analysis of AP/HTPB composite propellant combustion under rapid depressurization[J]. Applied Thermal Engineering, 2015, 75：145-153.

[62] YE R, YU Y G, CAO Y J. Experimental Study of Transient Combustion Characteristics of AP/HTPB Base Bleed Propellant Under Rapid Pressure Drop[J]. Combustion Science and Technology, 2015, 187(3)：445-457.

[63] 叶锐, 余永刚, 曹永杰. AP/HTPB 二维火焰结构和燃速数值分析[J]. 工程热物理学报, 2013, 34(3)：576-580.

[64] 金志明, 余永刚, 钟良生. HAN 基液体发射药液滴燃烧特性研究[J]. 兵工学报, 1995, 16(1)：18-22.

[65] 余永刚, 金志明. 含能液滴在高压下爆裂性燃烧现象的研究[J]. 爆炸与冲击, 1996, 16(1)：47-52.

[66] 余永刚, 金志明. HAN 基液体发射药液滴的简化模型[J]. 兵工学报, 1996, 17(4)：294-297.

[67] 余永刚, 金志明. 含能液滴微爆特性分析[J]. 推进技术, 1998, 19(1)：75-77.

[68] 余永刚, 金志明. 单元推进剂液滴在高温高压下的微爆现象观测[J]. 高压物理学报, 2000, 14(4)：302-308.

[69] 叶锐, 余永刚, 曹永杰. AP/HTPB 推进剂扩散火焰结构分析[J]. 固体火箭技术, 2013, 36(6)：766-770.

[70] YE R, YU Y G, CAO Y J. Analysis of Micro-scale Flame Structure of Base Bleed Propellant AP/HTPB Combustion[J]. Defence Technology, 2014, 9(4)：217-223.

[71] YU Y G, LU C Y, ZHOU Y H. Study on Unsteady Combustion Behaviors of AP/HTPB Base-Bleed Propellant under Transient Depressurization Conditions[J]. Propellants Explosives Pyrotechnics, 2014, 39：511-517.

[72] 陆春义, 周彦煌, 余永刚. 底排点火具在高降压速率下瞬态燃烧特性的实验研究[J]. 含能材料, 2008, 16(5)：629-632.

[73] 陆春义, 周彦煌, 余永刚. 高降压速率下复合底排药剂瞬变燃烧特性研究[J]. 含能材料, 2007, 15(6)：587-591.

[74] XUE X C, YU Y G, YE Z W. Heat and mass Transfer Mechanism of Micro-combus-

tion System with Dual-fuel at High Environmental Load[J]. Applied Thermal Engineering, 2022, 200:117698.

[75] ZHOU S P, YU Y G. Effects of High-speed Spin on the Reacting Flow of Drag Reduction Equipment under Rapid Depressurization[J]. Applied Thermal Engineering, 2022, 203:117856.

[76] XUE X C, YU Y U. An Improvement of the Base Bleed Unit on Base Drag Reduction and Heat Energy Additionas wellas Mass Addition[J]. Applied Thermal Engineering, 2016,109: 238-250

[77] 赵健锋, 余永刚. 亚大气压下 AP/HTPB 微尺度稳态燃烧的数值模拟[J]. 火炸药学报, 2021,44(1): 78-84.

[78] MA L Z, YU Y G. Numerical and Experimental Analyses of the Characteristics of Burning Jets of Base Bleed Ignited in the Atmospheric Environment[J]. Numerical Heat Transfer, PartA: Applications, 2017,71(11): 1141-1158.

[79] 马龙泽, 余永刚. AP/HTPB 推进剂微尺度燃烧特性的数值分析[J]. 含能材料, 2017, 25 (3): 178-183.

[80] 赵健锋, 余永刚. 不同 AP 颗粒尺度与含量对 AP/HTPB 亚大气压下燃烧特性影响的数值分析[J]. 工程热物理学报, 2022,43(6): 1684-1690.

[81] 叶振威, 余永刚. 脉冲点火射流与高氯酸铵/端羟基聚丁二烯固体推进剂耦合燃烧的试验研究及数值模拟[J]. 兵工学报, 2018,39(8): 1507-1514.

[82] XUE X C, YU Y G, YE R. Unsteady Chemical Kinetics Behavior of AP/HTPB Propellant with Micro-scale Model[J]. Combustion Science and Technology, 2018,190(12): 2164-2187.

[83] MA L Z, YU Y G. Coupling Characteristics of Combustion-gas Flows Generated by two Energetic Materials in Base Bleed Unit under Rapid Depressurization[J]. Applied Thermal Engineering, 2019,148: 502-515.

[84] YE Z W, YU Y G. Coupled Combustion Characteristics of the Base-bleed Propellant and the Igniter under Transient Depressurization based on Detailed Chemical Kinetics [J]. Applied Thermal Engineering, 2019,163: 114348.

[85] YE Z W, YU Y G. Numerical Simulation and Unsteady Combustion Model of AP/HTPB Propellant under Depressurization by Rotation [J]. Propellants Explosives Pyrotechnics, 2019,44(4): 493-504.

[86] 马龙泽, 余永刚. 底部排气装置快速降压过程中燃烧流动特性数值分析[J]. 兵工学报, 2019,40(03): 43-54.

[87] 叶振威, 余永刚. 旋转条件下 AP/HTPB 二维火焰结构的数值分析[J]. 含能材料, 2019, 27(1): 1-8.

[88] XUE X C, MA L Z, YU Y G. Effects of Mg/PTFE Pyrotechnic Compositions on Reignition Characteristics of Base Bleed Propellants and Heating Mechanism[J]. Defence Technology, 2022, 18(1): 94-108.